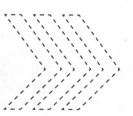

图解建设工程细部
施工做法系列图书

尚东明　周光禹　编著

图解建筑工程
现场细部施工做法　（第二版）

U0231323

 化学工业出版社

·北京·

内 容 简 介

本书以"示意图和现场照片、注意事项、施工做法详解、施工总结"四大步骤为主线，以建筑工程中一个个现场细节做法为基本内容，并对所有的细节做法都配有施工节点图、现场施工图片、每个施工细节操作的注意事项、精炼的施工做法以及施工重点内容的总结，从而将施工规范、设计做法、实际效果三者很好地结合在一起，让很多从事现场施工不久的技术人员能够看得懂、有具体认知、能够参照指导施工。本书在第一版的基础上对相关施工细节做法进行了补充（增加大量的节点图、施工现场图），使得内容更加全面。同时本书还增加了重点施工做法的现场操作视频，更有利于帮助读者对内容的理解。

本书可供从事土建工程施工的技术员、施工管理人员以及大中专院校相关专业师生参考。

图书在版编目（CIP）数据

图解建筑工程现场细部施工做法/尚东明，周光禹编著. —2版. —北京：化学工业出版社，2022.10
（图解建设工程细部施工做法系列图书）
ISBN 978-7-122-41784-8

Ⅰ.①图⋯ Ⅱ.①尚⋯ ②周⋯ Ⅲ.①建筑工程-工程施工-图解 Ⅳ.①TU74-64

中国版本图书馆CIP数据核字（2022）第112646号

责任编辑：彭明兰　　　　　　　　　　　　文字编辑：徐照阳　陈小滔
责任校对：田睿涵　　　　　　　　　　　　装帧设计：史利平

出版发行：化学工业出版社（北京市东城区青年湖南街13号　邮政编码100011）
印　　刷：三河市航远印刷有限公司
装　　订：三河市宇新装订厂
787mm×1092mm　1/16　印张17½　字数466千字　2023年1月北京第2版第1次印刷

购书咨询：010-64518888　　　　　　　售后服务：010-64518899
网　　址：http://www.cip.com.cn
凡购买本书，如有缺损质量问题，本社销售中心负责调换。

定　　价：78.00元

第二版前言

随着我国建筑行业的快速发展，土建施工人员的技术水平、处理现场突发事故的能力直接关系着现场工程施工的质量、进度、成本、安全以及工程项目能否按期完成，这就对工程建设管理技术人员提出了较高的要求。

本书以现场细节做法为出发点，按照"示意图和现场照片、注意事项、施工做法详解、施工总结"这四大步骤为主线对全书内容进行组织。本书共分为9章，以土建施工技术为重点，详细介绍了土建各分部分项工程的施工方法、施工总结以及施工注意事项等知识，具体包括土方工程、地基与基础工程、防水工程、砌筑工程、钢筋混凝土结构工程、屋面工程、钢结构与防腐工程、装配式混凝土结构工程、季节性施工等内容。本书在第一版的基础上增加了大量的施工节点图和现场施工图，同时也对施工细节做法进行了补充，最后还在重点施工做法讲解的过程中配以现场施工做法操作视频，可使读者快递掌握所需内容。本书具有很强的针对性和适用性，理论与实践相结合，更加注重实际操作性，结构体系上重点突出、详略得当，注意知识的融贯性，突出了整合性的编写原则，可供从事土建工程施工的技术员、施工管理人员以及大中专院校相关专业师生参考。

本书在编写过程中参考了有关文献和一些项目施工管理经验性文件，并且得到了许多专家和相关单位的关心与大力支持，在此表示衷心的感谢。

由于编写时间和水平有限，尽管编者尽心尽力，反复推敲核实，但难免有疏漏及不妥之处，恳请广大读者批评指正，以便做进一步的修改和完善。

编著者

2022年8月

目录

113   第五章   钢筋混凝土结构工程

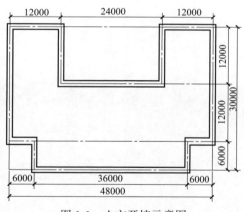

第一章

土方工程

第一节 ▶ 施工准备与辅助工作

一、开挖条件

1. 示意图和现场照片

土方开挖示意图和现场照片如图 1-1 和图 1-2 所示。

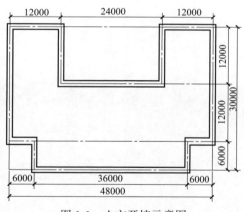

图 1-1 土方开挖示意图

图 1-2 土方开挖准备现场

2. 注意事项

① 山区施工，应事先了解当地地层岩性、地质构造、地形地貌和水文地质等。

② 在陡峻山坡脚下施工，应事先检查山坡坡面情况，当有危岩、孤石、崩塌体、古滑坡体等不稳定迹象时，应做妥善处理。

③ 在夜间施工时，应合理安排工序，防止错挖或超挖。

3. 施工做法详解

施工工艺流程 ▶▶▶▶

施工准备→设置控制桩→设临时排水沟。

（1）**主要机具** 测量仪器、铁锹（尖、平头）、手锤、手推车、梯子、铁镐、撬棍、龙门板、土方密度检查仪等。

（2）作业条件

① 土方开挖前，应摸清地下管线等障碍物，并应根据施工方案的要求，将施工区域内的地上、地下障碍物摸清楚并处理完毕。

② 建筑物或构筑物的位置或场地的定位控制线（桩）、标准水平桩及按方案确定的基槽的灰线尺寸，必须经过检验合格，并办完预验手续。

③ 场地表面要按施工方案确定的排水坡度清理平整，在施工区域内，要挖临时性排水沟。

④ 开挖基底标高低于地下水位的基坑（槽）、管沟时，应根据工程地质资料，在开挖前采取措施降低地下水位，一般要降至低于开挖底面 500mm，然后再开挖。

4. 施工总结

① 土方开挖前，应编制施工方案，并经审批，向操作人员进行技术安全交底。

② 土方工程应在定位放线后，方可施工。在城市规划区域内，应根据城市规划部门测放的建筑界线、街道控制桩和水准点测量。

③ 在施工区域内，有碍施工的已有建筑物和构筑物、道路、沟渠、管线、坟墓、树木等，应在施工前妥善处理。

④ 施工机械进入现场所经过的道路、桥梁和卸车设施等，应先做好必要的加宽、加固等准备工作。

二、平整场地

1. 示意图和现场照片

平整场地示意图和现场照片如图 1-3 和图 1-4 所示。

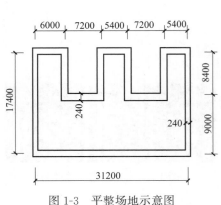

图 1-3 平整场地示意图

图 1-4 平整场地现场

2. 注意事项

场地平整应经常测量和校核其平面位置，检查水平标高和边坡坡度是否符合设计要求。平面控制桩和水准控制点应采取可靠措施加以防护，定期复测和检查，土方不应堆在边坡边缘。

3. 施工做法详解

施工工艺流程

场地勘察→对现场规划→场地平整施工。

① 当确定工程为平整工程时，施工人员首先应到现场进行勘察，了解场地地形、地貌和周围环境。根据总平面图及规划来了解并确定平整场地的大致范围。

② 平整前必须把现场平整范围内的障碍物如树木、电线、电杆、管道、房屋、坟墓等清理干

净。场地如有高压线、电杆、塔架、地上和地下管道、电缆、坟墓、树木、沟渠以及旧有房屋、基础等进行拆除或搬迁、改建、改线；对附近原有建筑物、电杆、塔架等采取有效的防护和加固措施，可利用的建筑物应充分利用。在黄土地区或有古墓地区，应在工程基础部位，按设计要求位置，用洛阳铲进行详探，若发现墓穴、土洞、地道、地窖、废井等，应对地基进行局部处理。

③ 场地平整时，需要标定平整范围，适宜采用网格式施工方法。在施工过程中，需要经常复核标高。

4. 施工总结

① 平整场地的表面坡度应符合设计要求，如无设计要求，一般应向排水沟方向做成不小于0.2%的坡度。

② 平整后的场地表面应逐点检查，检查点为每 $100\sim400m^2$ 取一点，但不少于 10 点；长度、宽度和边坡均为每 20m 取一点，每边不少于一点。

第二节 ▶ 土方施工

一、人工挖基槽（坑）

1. 示意图和现场照片

人工挖基槽（坑）示意图（Ⅰ、Ⅱ表示分段，①～③表示层数）和现场照片如图 1-5 和图 1-6 所示。

扫码看视频

人工挖基槽

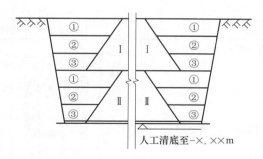

人工清底至-×.××m

图 1-5 人工挖基槽（坑）示意图

图 1-6 人工挖基槽（坑）现场

2. 注意事项

① 定位桩、轴线引桩、水准点、龙门板不得碰撞，必须用混凝土筑护。

② 对邻近建筑物、道路、管线等除了按规定加固外，应随时注意检查、观测。

③ 距槽边 600mm 挖 200mm×300mm 明沟，并设有 0.2% 坡度，排除地面雨水。或筑 450mm×300mm 土墙挡水。

④ 基底保护：基槽或管沟开挖后，应尽量减少对地基土的扰动。基础不能及时施工时，可在基底标高以上留 200～300mm 厚土层，待做基础时再挖至设计标高。

3. 施工做法详解

`施工工艺流程` ▶▶▶▶▶

测量放线→定桩位→基槽开挖。

① 开挖浅的条基，当不放坡时，应先沿灰线直边切除槽轮廓线，然后自上至下分层开挖。每层深500mm为宜，每层应清理出土，逐步挖掘。

② 在挖方上侧弃土时，应保证边坡和直立壁的稳定，抛于槽边的土应距槽边1m以外。

③ 在接近地下水位时，应先完成标高最低处的挖方，以便在该槽处集中排水。

④ 挖到一定深度时，测量人员及时测出距槽底500mm的水平线，每条槽从端部开始，每隔2~3m在槽边上钉小木橛。

⑤ 挖至槽底标高后，由两端轴线引桩拉通线，检查基槽尺寸，然后修槽清底。

⑥ 开挖放坡基槽时，应在槽帮中间留出800mm左右的倒土台。

4. 施工总结

① 严禁超挖。发生超挖后，不得随意填平，须经设计处理。

② 桩群上开挖，应在打完桩间隔一段时间后对称开挖。

③ 尽量减少对基底的扰动，如不及时施工，应在底标高以上留300mm的土层待以后开挖。

④ 应防止漏钎和步数不够。

⑤ 人工挖基槽（坑）质量检查应符合表1-1的规定。

表1-1 人工挖基槽（坑）质量检查

检查项目	允许偏差或允许值/mm				检验方法
	柱基、基坑、基槽	人工挖方场地平整	管沟	地(路)面基层	
标高	−50	±30	−50	−50	水准仪
长度、宽度(由设计中心线向两边量)	+200 −50	+300 −100	+100 0		经纬仪，用钢尺量
边坡	按设计要求				观察或用坡度尺检查
表面平整度	20	20	20	20	用2m靠尺或楔形塞尺检查
基底土性	按设计要求				观察或土样分析

注：地(路)面基层的偏差只适用于直接在挖、填方上做地(路)面的基层。

二、机械挖基坑（槽）

1. 示意图和现场照片

机械挖基坑（槽）示意图和现场照片如图1-7和图1-8所示。

扫码看视频

机械挖基坑

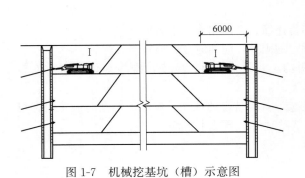

图1-7 机械挖基坑（槽）示意图

图1-8 机械挖基坑（槽）现场

2. 注意事项

① 挖土方时应注意保护定位标准桩、轴线引桩、标准水准点，并定期复测检查定位桩和水准基点是否完好。

② 开挖施工时，应保护降水措施、支撑系统等不受碰撞或损坏。挖土时应对边坡支护结构做好保护，以防碰撞损坏。

③ 基底保护：基坑（槽）开挖后应尽量减少对基土的扰动。如果基础不能及时施工，可在基底标高以上预留300mm土层不挖，待做基础时再挖。

④ 雨季施工时有槽底防泡、防淹措施；冬期施工时，槽底应及时覆盖，防止槽底受冻。

3. 施工做法详解

施工工艺流程

测量控制网布设→分段、分层均匀开挖→修边、清底。

（1）测量控制网布设

① 标高误差和平整度标准均应严格按规范标准执行。机械挖土接近坑底时，由现场专职测量员用水平仪将水准标高引测至基槽侧壁。然后随着挖土机逐步向前推进，将水平仪置于坑底，每隔4～6m设置一标高控制点，纵横向组成标高控制网，以准确控制基坑标高。最后一步，将土方挖至距基底150～300mm位置，所余土方采用人工清土，以免扰动了基底的老土。

② 测量精度的控制及误差范围见表1-2。

表1-2 测量精度的控制及误差范围

测量项目	测量的具体方法及误差范围
测角	采用三测回，测角过程中误差控制在2″以内，总误差在5mm以内
测弧	采用偏角法，测弧误差控制在2″以内
测距	采用往返测法，取平均值
量距	用鉴定过的钢尺进行量测并进行温度修正，轴线之间偏差控制在2mm以内

③ 对地质条件好、土（岩）质较均匀、挖土高度为5～8m的临时性挖方的边坡，其边坡坡度可按表1-3取值，但应验算其整体稳定性并对坡面进行保护。

表1-3 临时性挖方边坡值

土的类别		边坡值
砂土（不包括细砂、粉砂）		（1∶1.25）～（1∶1.50）
一般性黏土	硬	（1∶0.75）～（1∶1.00）
	硬、塑	（1∶1.00）～（1∶1.25）
	软	1∶1.50 或更缓
碎土	充填坚硬、硬塑黏性土	（1∶0.50）～（1∶1.00）
	充填砂石	（1∶1.00）～（1∶1.50）

注：1. 设计有要求时，应符合设计标准。
2. 如采用降水或其他加固措施，可不受本表限制，但应计算复核。
3. 开挖深度，对软土不超过4m，对硬土不应超过8m。

（2）分段、分层均匀开挖

① 当基坑（槽）或管沟受周边环境条件和土质情况限制无法进行放坡开挖时，应采取有效的边坡支护方案。开挖时应综合考虑支护结构是否形成，做到先支护后开挖，一般支护结构强度达到设计强度的70%以上时，才可继续开挖。

② 开挖基坑（槽）或管沟时，应合理确定开挖顺序、路线及开挖深度，然后分段分层均匀下挖。

③ 采用挖土机开挖大型基坑（槽）时，应从上而下分层分段，按照坡度线向下开挖，严禁

在高度超过 3m 或在不稳定土体之下作业，每层的中心地段应比两边稍高一些，以防积水。

④ 在挖方边坡上发现有软弱土、流砂土层时，或地表面出现裂缝时，应停止开挖，并及时采取相应补救措施，以防止土体崩塌与下滑。

⑤ 采用反铲、拉铲挖土机开挖基坑（槽）或管沟时，其施工方法有下列两种。

a. 端头挖土法：挖土机从坑（槽）或管沟的端头，以倒退行驶的方法进行开挖，自卸汽车配置在挖土机的两侧装运土。

b. 侧向挖土法：挖土机沿着坑（槽）边或管沟的一侧移动，自卸汽车在另一侧装土。

⑥ 土方开挖宜从上到下分层分段依次进行。随时做成一定坡势，以利泄水。

a. 在开挖过程中，应随时检查槽壁和边坡的状态。深度大于 1.5m 时，根据土质变化情况，应做好基坑（槽）或管沟的支撑准备，以防塌陷。

b. 开挖基坑（槽）和管沟，不得挖至设计标高以下，如不能准确地挖至设计基底标高，可在设计标高以上暂留一层土不挖，以便在抄平后，由人工挖出。

c. 暂留土层：一般铲运机、推土机挖土时，应大于 200mm；挖土机用反铲、正铲和拉铲挖土时，大于 300mm 为宜。

⑦ 对机械施工挖不到的土方，应配合人工随时进行挖掘，并用手推车把土运到机械能挖到的地方，以便及时用机械挖走。

（3）修边、清底

① 放坡施工时，应人工配合机械修整边坡，并用坡度尺检查坡度。

② 在距槽底设计标高 200～300mm 槽帮处，抄出水平线，钉上木桩，然后用人工将暂留土层挖走。同时由两端轴线（中心线）引桩拉通线（用小线或钢丝），检查距槽边尺寸，确定槽宽标准。以此修整槽边，最后清理槽底土方。

③ 槽底修理铲平后，进行质量检查验收。

④ 开挖基坑（槽）的土方，在场地有条件堆放时，一定要留足回填需用的好土；多余的土方应一次运走，避免二次搬运。

4. 施工总结

① 土方开挖前，应制订防止邻近已有建筑物或构筑物、道路、管线发生下沉和变形的措施。必要时与设计单位或建设单位协商采取防护措施，并在施工中进行沉降或位移观测。

② 挖土机沿挖方边缘移动：机械距离边坡上缘的宽度不得小于基坑（槽）和管沟深度的 1/2，挖土深度超过 5m 时，应按专业性施工方案来确定。

③ 防止基底超挖：开挖基坑（槽）、管沟不得超过基底标高，一般可在设计标高以上暂留一层 300mm 土不挖，以便经抄平后由人工清底挖出。如个别地方超挖，其处理方法应取得设计单位同意。

④ 合理安排施工顺序：严格按施工方案规定的施工顺序进行土方开挖，应注意宜先从低处开挖，分层、分段依次进行，形成一定坡度，以利排水。

⑤ 防止施工机械下沉：施工时必须了解土质和地下水位情况。推土机、铲土机一般需要在地下水位 0.5m 以上推铲土；挖土机一般需在地下水位 0.8m 以上挖土，以防机械自身下沉。正铲挖土机挖方的台阶高度，不得超过最大挖掘高度的 1.2 倍。

⑥ 控制开挖尺寸：防止边坡过陡，对于基坑（槽）或管沟底部的开挖宽度和坡度，除应考虑结构尺寸要求外，应根据施工需要增加工作面宽度，如排水设施、支撑结构等所需宽度。

⑦ 在地下水位以下挖土：必须有技术和施工措施方案，对于地质资料反映有粉细砂、粉土、中粗砂等土层的工程项目，必须有截水、降水等有效防止流砂的措施，并制订行之有效的降排水方案。

三、拉铲挖掘机的施工方法

1. 示意图和现场照片

拉铲挖掘机的示意图和现场照片如图 1-9 和图 1-10 所示。

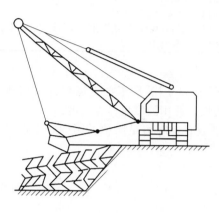

图 1-9　拉铲挖掘机示意图

图 1-10　拉铲挖掘机现场

2. 注意事项

施工过程中，在距槽底设计标高 200～300mm 槽帮处抄出水平线，钉上木桩，然后用人工将暂留土层挖走。同时由两端轴线（中心线）引桩拉通线（用小线或铅丝），检查距槽边尺寸，确定槽宽标准，以此修整槽边。最后人工紧随挖土机械清除槽底土方。

3. 施工做法详解

施工工艺流程 ▶▶▶

测量放线→挖掘机挖土方。

施工做法见表 1-4。

表 1-4　挖掘机施工方法

方式类别	操作方法及使用范围
三角开挖法	①三角开挖法适用于开挖宽度在 8m 左右的沟槽。 ②拉铲按"之"形移位，与开挖沟槽的边缘成 45°左右。本铲拉法的回转角度小，生产效率高，而且边坡开挖整齐
挖沟开挖法	①沟端开挖法适用于就地取土、填筑路基及修筑堤坝等。 ②拉铲停在沟端，倒退着沿沟纵向开挖。开挖宽度可以达到机械挖土半径的 2 倍。能两面出土，汽车停放在一侧或两侧，装车角度小，坡度较易控制，并能开挖较陡的坡
沟侧开挖法	①沟侧开挖法适用于开挖土方就地堆放的基坑（槽）以及填筑路堤等工程。 ②拉铲停在沟侧沿沟横向开挖，沿沟边与沟平行移动，如沟槽较宽，可在沟槽的两侧开挖。本法开挖宽度和深度均较小，一次开挖宽度约等于挖土半径，且开挖边坡不易控制
分段拉土法	①分段拉土法适用于开挖宽度大的基坑（槽）沟渠工程。 ②当沟底（或坑底）土质较硬，地下水位较低时，应使汽车停在沟下装土，铲斗装土后稍微提起即可装车，既能缩短铲斗起落时间，又能减小臂杆的回转角度
层层拉土法	①层层拉土法适用于开挖较深的基坑，特别是圆形或方形基坑。 ②拉铲按从左到右或从右到左的顺序逐层挖土，直至设计深度。本法可以挖得平整，拉铲斗的时间可以缩短。当土装满铲斗后，可以从任何高度提起铲斗，运送土时的提升高度可减少到最低限度，但落斗时要注意将拉斗钢绳与落斗钢绳一起放松，使铲斗垂直下落
顺序挖土法	①顺序挖土法适用于开挖土质较硬的基坑。 ②挖土时先挖两边，保持两边低、中间高的地形，然后按顺序向中间挖土。本法挖土只有两边遇到阻力，较省力，边坡可以挖得整齐，铲斗不会发生翻滚现象

方式类别	操作方法及使用范围
转圈挖土法	①转圈挖土法适用于开挖较大、较深的圆形基坑。 ②拉铲在边线顺圆周转圈挖土，形成四周低中间高的地形，可防止铲斗翻滚。当挖到5m以下时，则需配合人工在坑内沿周边下挖一条宽500m，深400～500mm的槽，然后进行开挖，直至槽底平，接着再人工挖槽，最后用拉铲挖土，如此循环作业至设计标高位置
扇形挖土法	①扇形挖土法适用于挖直径和深度不大的圆形基坑或沟渠。 ②拉铲先在一端挖成一个锐角三角形，然后挖土机沿直线按扇形后退挖土，直至完成。本法挖土机移动次数少，汽车在一个部位循环，道路少，装车高度小

4. 施工总结

① 凡机械挖不到的地方，应配合人工随时进行开挖，并用手推车把土运到机械挖到的地方，再用机械挖走。放坡施工时应人工配合机械修整边坡，并用坡度尺检查坡度。

② 开挖基坑（槽）、管沟的土方，在场地有条件堆放时，应留足回填需用的好土，多余的土方，应一次运走，避免二次搬运。

第三节 ▶ 基坑支护

一、土钉墙

1. 示意图和现场照片

土钉墙施工示意图和现场照片如图 1-11 和图 1-12 所示。

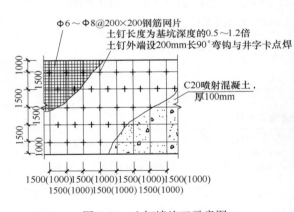

图 1-11 土钉墙施工示意图

图 1-12 土钉墙施工现场

2. 注意事项

① 成孔后应及时安插土钉主筋，立即注浆，防止塌孔。

② 施工过程中，应注意保护定位控制桩、水准基点桩，防止碰撞产生位移。

3. 施工做法详解

施工工艺流程

排水设施的设置→基坑开挖→边坡处理→设置土钉→钻孔→插入土钉钢筋→注浆→铺钢筋网→喷射面层→土钉现场测试。

（1）排水设施的设置

① 水是土钉支护结构最为敏感的问题，不但要在施工前做好降排水工作，还要充分考虑土钉支护结构工作期间地表水及地下水的处理，设置排水构造措施。

② 基坑四周地表应加以修整并构筑明沟排水和水泥砂浆或混凝土地面，严防地表水向下渗流。

③ 基坑边有透水层或渗水土层时，混凝土面层上要做泄水孔，按间距 1.5～2.0m 均布插设长 0.4～0.6m、直径 40mm 的塑料排水管，外管口略向下倾斜。

④ 为了排除积聚在基坑内的渗水和雨水，应在坑底设置排水沟和集水井（图 1-13）。排水沟应离开坡脚 0.5～1.0m，严防冲刷坡脚。排水沟和集水井宜采用砖砌并用砂浆抹面以防止渗漏。坑内积水应及时排除。

（2）基坑开挖

① 基坑要按设计要求严格分层分段开挖，在完成上一层作业面土钉与喷射混凝土面达到设计强度的 70% 以前，不得进行下一层土层的开挖。每层开挖最大深度取决于在支护投入工作前土壁可以自稳而不发生滑移破坏的能力，实际工程中常取基坑每层挖深与土钉竖向间距相等。每层开挖的水平分段也取决于土壁自稳能力，且与支护施工流程相互衔接，一般多为 10～20m 长。当基坑面积较大时，允许在距离基坑四周边坡 8～10m 的基坑中部自由开挖，但应注意与分层作业区的开挖相协调。

图 1-13　集水井施工

② 挖土要选用对坡面土体扰动小的挖土设备和方法，严禁边壁出现超挖或造成边壁土体松动。坡面经机械开挖后要采用小型机械或人工进行切削清坡，以使坡度与坡面平整度达到设计要求。

（3）边坡处理　为防止基坑边坡的裸露土体塌陷，对于易塌的土体可采取下列措施。

① 对修整后的边坡，立即喷上一层薄的混凝土，强度等级不宜低于 C20，凝结后再进行钻孔。

② 在作业面上先构筑钢筋网喷射混凝土面层，钢筋保护层厚度不宜小于 20mm，面层厚度不宜小于 80mm，而后进行钻孔和设置土钉。

③ 在水平方向上分小段间隔开挖。

④ 先将作业深度上的边壁做成斜坡，待钻孔并设置土钉后再清坡。

⑤ 在开挖前，沿开挖面垂直击入钢筋或钢管，或注浆加固土体。

（4）设置土钉

① 土层地质条件较差时，在每步开挖后应尽快做好面层，即对修整后的边壁立即喷上一层薄混凝土或砂浆；若土质较好的话，可省去该道面层。

② 土钉设置通常做法是先在土体上成孔，然后置入土钉钢筋并沿全长注浆，也可以是采用专门设备将土钉钢筋击入土体，如图 1-14 所示。

（5）钻孔

① 钻孔前应根据设计要求定出孔位并做出标记和编号，钻孔时要保证位置正确（上下左右及角度），防止高低参差不齐和相互交错，如图 1-15 所示。

② 钻进时要比设计深度多钻进 100～200mm，以防止孔深不够。

③ 采用的机具应符合土层的特点，满足设计要求，在进钻和抽钻杆过程中不得引起土体塌孔。在易塌孔的土体中钻孔时宜采用套管成孔或挤压成孔。

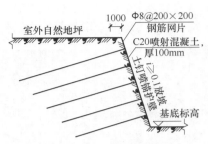

图 1-14 土钉设置示意图

图 1-15 钻孔施工

（6）**插入土钉钢筋** 插入土钉钢筋前要进行清孔检查，若孔中出现局部渗水、塌孔或掉落松土，应立即处理。土钉钢筋置入孔中前，要先在钢筋上安装对中定位支架，以保证钢筋处于孔位中心且注浆后其保护层厚度不小于 25mm。支架沿钉长的间距可为 2～3m，支架可为金属或塑料件，以不妨碍浆体自由流动为宜。

（7）**注浆**

① 注浆材料宜选用水泥浆、水泥砂浆。注浆用水泥砂浆的水灰比不宜超过 0.4～0.45，当用水泥净浆时水灰比不宜超过 0.45～0.5，并宜加入适量的速凝剂等外加剂以促进早凝和控制泌水（图 1-16）。

图 1-16 注浆操作

② 一般可采用重力、低压（0.4～0.6MPa）或高压（1～2MPa）注浆，水平孔应采用低压或高压注浆。压力注浆时应在孔口或规定位置设置止浆塞，注满后保持压力 3～5min。重力注浆以满孔为止，但在浆体初凝前需补浆 1～2 次。

③ 对于向下倾角的土钉，注浆采用重力或低压注浆时宜采用底部注浆方式，注浆导管底端应插至距孔底 250～500mm 处，在注浆同时将导管匀速缓慢地撤出。注浆过程中，注浆导管口应始终埋在浆体表面以下，以保证孔中气体能全部逸出。

④ 注浆时要采取必要的排气措施。对于水平土钉的钻孔，应用孔口部压力注浆或分段压力注浆，此时需配排气管并与土钉钢筋绑扎牢固，在注浆前与土钉钢筋同时送入孔中。

⑤ 向孔内注入浆体的充盈系数必须大于 1。每次向孔内注浆时，宜预先计算所需的浆体体积并根据注浆泵的冲程数计算出实际向孔内注入的浆体体积，以确认实际注浆量超过孔内容积。

⑥ 注浆材料应搅拌均匀，随拌随用，一次搅拌的水泥浆、水泥砂浆应在初凝前用完。

⑦ 注浆前应将孔内残留或松动的杂土清除干净。注浆开始或中途停止超过 30min 时，应用水或稀水泥浆润滑注浆泵及其管路。

⑧ 为提高土钉抗拔能力，还可采用二次注浆工艺。

（8）**铺钢筋网**

① 在喷混凝土之前，先按设计要求绑扎、固定钢筋网，如图 1-17 所示。面层内钢筋网片应

牢固固定在边壁上并符合设计规定的保护层厚度要求。钢筋网片可用插入土中的钢筋固定，但在喷射混凝土时不应出现振动。

② 钢筋网片可焊接或绑扎而成，网格允许偏差为±10mm。铺设钢筋网时每边的搭接长度应不小于一个网格边长或300mm，如为搭接焊则单面焊接长度不小于网片钢筋直径的10倍。网片与坡面间隙不小于20mm。

图1-17　铺钢筋网

③ 土钉与面层钢筋网的连接可通过垫片、螺母及土钉端部螺纹杆固定。垫片钢板厚8～10mm，尺寸为（200mm×200mm）～（300mm×300mm）。垫板下空隙需先用高强水泥砂浆填实，待砂浆达到一定强度后方可旋紧螺母以固定土钉。土钉钢筋也可通过井字加强钢筋直接焊接在钢筋网上等措施固定。

④ 当面层厚度大于120mm时宜采用双层钢筋网，第二层钢筋网应在第一层钢筋网被混凝土覆盖后铺设。

(9) 喷射面层（图1-18）

① 喷射混凝土的配合比应通过试验确定，粗骨料最大粒径不宜大于12mm，水灰比不宜大于0.45，并应通过外加剂来调节所需工作度和早强时间。当采用干法施工时，应事先对操作人员进行技术考核，以保证喷射混凝土的水灰比和质量达到设计要求。

② 喷射混凝土前，应对机械设备、风、水管路和电路进行全面检查和试运转。

图1-18　喷射面层

为保证喷射混凝土厚度达到均匀的设计值，可在边壁上隔一定距离打入垂直短钢筋段作为厚度标志。喷射混凝土的射距宜保持在0.6～1.0m范围内，并使射流垂直于壁面。在有钢筋的部位可先喷钢筋的后方以防止钢筋背面出现空隙。喷射混凝土的路线可从壁面开挖层底部逐渐向上进行，但底部钢筋网搭接长度范围以内先不喷混凝土，待与下层钢筋网搭接绑扎之后再与下层壁面同时喷射混凝土。混凝土面接缝部分做成45°角斜面搭接。当设计层厚度超过100mm时，混凝土应分两次喷射，一次喷射厚度不宜小于40mm，且接缝错开。混凝土接缝在继续喷射混凝土之前应清除浮浆碎屑，并喷少量水润湿。

③ 面层喷射混凝土终凝后2h应喷水养护，养护时间宜在3～7d，养护视当地环境条件可采用喷水、覆盖浇水或喷涂养护剂等方法。

④ 喷射混凝土强度可用边长为100mm的立方体试块进行测定。制作试块时，将试模底面紧贴边壁，从侧向喷入混凝土，每批至少留取3组（每组3块）试件。

(10) 土钉现场测试　土钉的施工监测应包括下列内容。

① 支护位移、沉降的观测；地表开裂状态（位置、裂宽）的观察；附近建筑物和重要管线等设施的变形测量和裂缝宽度观测；基坑渗、漏水和基坑内外地下水位的变化。

② 在支护施工阶段，每天监测不少于1～2次；在支护施工完成后、变形趋于稳定的情况下每天监测1次。监测过程应持续至整个基坑回填结束为止。

③ 观测点的设置：每个基坑观测点的总数不宜少于 3 个，间距不宜大于 30m。其位置应选在变形量最大或局部条件最为不利的地段。观测仪器宜用精密水准仪和精密经纬仪。

④ 当基坑附近有重要建筑物等设施时，也应在相应位置设置观测点，在可能的情况下，宜同时测定基坑边壁不同深度位置处的水平位移，以及地表距基坑边壁不同距离处的沉降。

⑤ 应特别加强雨天和雨后的监测，以及对各种可能危及支护安全的水害来源（如场地周围生产、生活用水，上下水管、贮水池罐、化粪池漏水，人工井点降水的排水，开挖后土体变形造成管道漏水等）进行观察。

4. 施工总结

① 成孔：孔径、孔深要保证，孔中杂物、碎土块及泥浆要清除干净。

② 推送土钉主筋就位：土钉主筋应位于钻孔中心轴上，并保证推送过程中的钻孔壁不损坏，孔中无碎土泥浆堵塞。

③ 喷射混凝土：保证正确的配合比、水灰比及外加剂掺量比，并按实际操作规程进行养护。

④ 注浆：土钉一般采用压力注浆，注浆时一定要注满整个钉孔，以免减弱土钉的作用，影响土钉墙的稳定性。

⑤ 施工应合理安排施工顺序，夜间作业应有足够的照明设备，防止砂浆配合比不准确。

⑥ 土钉墙支护工程质量检查应符合表 1-5 的规定。

表 1-5　土钉墙支护质量检查

检查项目	允许偏差或允许值	检查方法
土钉长度/mm	±30	钢尺量
土钉抗拔试验	按设计要求	现场测试
土钉位置/mm	±100	钢尺量
钻孔倾斜度/(°)	±1	测钻孔机具倾角
浆体强度	按设计要求	试样送检
注浆量	大于理论计算浆量	检查计量数据
土钉墙面厚度/mm	±10	钢尺量
面层混凝土强度	按设计要求	试样送检

二、砖砌挡土墙

1. 示意图和现场照片

砖砌挡土墙示意图和现场照片如图 1-19 和图 1-20 所示。

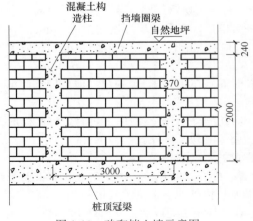

图 1-19　砖砌挡土墙示意图

图 1-20　砖砌挡土墙现场

2．注意事项

① 砌筑顺序以分层进行为原则。底层极为重要，它是以上各层的基石，若底层质量不符合要求，则要影响以上各层，所以要分层砌筑。

② 相邻挡土墙高差较大时应先砌筑高墙段。挡土墙每天连续砌筑高度不宜超过 1.2m。砌筑中墙体不得移位变形。

③ 砌筑挡土墙应保证砌体宽（厚）度符合设计要求，砌筑中应经常校正挂线位置。

3．施工做法详解

施工工艺流程 ▶▶▶▶

基础测量放线→基坑开挖→砂浆拌制→扩展基础浇筑。

（1）基础测量放线 根据设计图纸，按围墙中线、高程点测放挡土墙的平面位置和纵段高程，精确测定挡土墙基座主轴线和起讫点、伸缩缝位置，每段的衔接是否顺直，并按施工放样的实际需要增补挡土墙各点的地面高程，同时设置施工水准点，在基础表面上弹出轴线及墙身线。

（2）基坑开挖

① 挡土墙基坑（图 1-21）采用挖掘机开挖，人工配合挖掘机刷底。基础的部位尺寸、形状埋置深度均按设计要求进行施工。当基础开挖后若发现与设计情况有出入，应按实际情况调整设计，并向有关部门汇报。

② 基坑开挖为明挖基坑，在松软地层或陡坡基层地段开挖时，基坑不宜全段贯通，而应采用跳槽办法开挖，以防止上部失稳。当基底土质为碎石土、砂砾土、黏性土等时，将其整平夯实。

③ 基坑用挖掘机开挖时，应有专人指挥，在开挖过程中不得超挖，避免扰动基底原状土。

④ 基坑刷底时要预留 10% 的反坡（即内高外低），预留坡底的目的是防止墙内土的挤压力引起挡土墙向外滑动。

图 1-21 挡土墙基坑

⑤ 开挖基坑的土方、在场地有条件堆放时，一定要留足回填土应用的好土；多余的土方应一次性运走，避免二次倒运。

⑥ 在基槽边弃土时，应保证边坡稳定。当土质好时，槽边的基土应距基槽上口边缘 1.2m 以外，高度不得超过 1.5m。

（3）砂浆拌制

① 砂浆宜采用机械搅拌（图 1-22），投料顺序应先倒砂、水泥，最后加水。搅拌时间宜为 3～5min，不得少于 90s。砂浆稠度应控制在 50～70mm。

② 砂浆配制应采用质量比，砂浆应随拌随用，保持适宜的稠度，一般宜在 3～4h 使用完毕，当气温超过 30℃时，宜在 2～3h 使用完毕。发生离析、泌水的砂浆，砌筑前应

图 1-22 砂浆机械搅拌

重新搅拌，已凝结的砂浆不得使用。

③ 为改善水泥砂浆的和易性，可掺入无机塑化剂或以造化松香为主要成分的微沫剂等有机塑化剂，其掺量应通过试验确定。

④ 砂浆试块：每工作台班需制作立方体试块两组（6块），如砂浆配合比变化时，应相应制作试块。

（4）扩展基础浇筑

① 开挖基槽及基础后检查基底尺寸及标高，报请监理工程师验收，浇筑前要检查基坑底预留坡度是否为10％（即内低外高），预留坡度的作用是防止墙内土的挤压力引起墙体向外滑动，验收合格后方可浇筑垫层。

② 进行放线扩展基础，支模前放出基础底边线和顶边线之间挂线控制挡土墙的坡度。

③ 支模：采用15mm覆膜光面多层模板，操作时按从下到上边校正边加固，保证施工位置平整不漏浆。

④ 浇筑：浇筑时用振动棒振捣，防止出现蜂窝、麻面等影响质量和观感的现象，如图1-23所示。每10～15m设置一道变形缝，变形缝用30mm厚聚苯乙烯板隔离，要求隔离必须完整彻底不得有缝隙，以保证挡土墙各段完全分离。

图1-23 挡土墙浇筑

4．施工总结

① 砌筑挡土墙外露面应留深10～20mm勾槽缝，按设计要求勾缝。

② 预埋泄水管用位置准确，泄水孔每隔2m设置一个，渗水处适当加密，上下排泄水孔应交错位置。

③ 泄水孔向外横坡为3％，最底层泄水管距地面高度为30cm。进水口填级配碎石反滤层进行处理。

三、地下连续墙

1．示意图和现场照片

地下连续墙示意图和现场照片如图1-24和图1-25所示。

2．注意事项

① 钢筋笼制作、运输和吊放过程中，应采取技术措施，防止变形。吊放入槽时，不得擦伤槽壁。

② 挖槽完毕应尽快清槽、换装、下钢筋笼，并在4h之内灌注混凝土，在灌注过程中，应固定钢筋笼和导管位置，并采取措施防止泥浆污染。

③ 注意保护外露的主筋和预埋件不受损坏。

④ 施工过程中，应注意保护现场的轴线桩和水准基点桩，不变形、不位移。

3．施工做法详解

施工工艺流程 ≫≫≫

导墙设置→槽段开挖→泥浆的配置和使用→清槽→钢筋笼制作及安放→水下浇筑混凝土→接头施工。

（1）导墙设置

① 在槽段开挖前，沿连续墙纵向轴线位置构筑导墙，导墙可采用现浇或预制工具式钢筋混凝土导墙，也可采用钢质导墙。

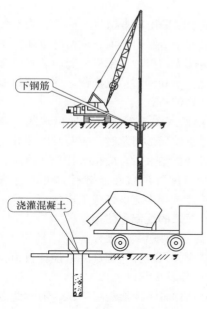

下钢筋

浇灌混凝土

图 1-24　地下连续墙示意图

图 1-25　地下连续墙现场

② 导墙深度一般为 1～2m，其顶面略高于地面 100～200mm，以防止地表水流入导沟。导墙的厚度一般为 100～200mm，内墙面应垂直，内壁净距应为连续墙设计厚度加施工余量（一般为 40～60mm）。墙面与纵轴线距离的允许偏差为 ±10mm，内外导墙间距允许偏差为 ±5mm，导墙顶面应保持水平。

③ 导墙宜筑于密实的地层上，背侧应用黏性土回填并分层夯实，不得漏浆。每个槽段内的导墙应设一个溢浆孔。

④ 导墙顶面应高出地下水位 1m 以上，以保证槽内泥浆液面高于地下水位 0.5m 以上，且不低于导墙顶面 0.3m。

⑤ 导墙混凝土强度应达 70％以上方可拆模。拆模后，应立即在两片导墙间加支撑，其水平间距为 2.0～2.5m，在导墙混凝土养护期间，严禁重型机械通过、停置或作业，以防导墙开裂或变形。

⑥ 采用预制导墙时，必须保证接头的连接质量。

(2) 槽段开挖

① 挖槽施工前，一般将地下连续墙划分为若干个单元槽段。每个单元槽段有若干个挖掘单元。在导墙顶面画好槽段的控制标记，如有封闭槽段，必须采用两段式成槽，以免导致最后一个槽段无法钻进。一般普通钢筋混凝土地下连续墙工程挖掘单元长为 6～8m，素混凝土止水帷幕工程挖掘单元长为 3～4m。

② 成槽前对成槽设备进行一次全面检查，各部件必须连接可靠，特别是钻头连接螺栓不得有松脱现象。

③ 为保证机械运行和工作平稳，轨道铺设应牢固可靠，道碴应铺填密实。轨道宽度允许误差为 ±5mm，轨道标高允许误差为 ±10mm。连续墙钻机就位后应使机架平稳，并使悬挂中心点和槽段中心一线。钻机调好后，应用夹轨器固定牢靠。

④ 挖槽过程中，应保持槽内始终充满泥浆，以保持槽壁稳定。成槽时，依排渣和泥浆循环方式分为正循环和反循环。当采用砂泵排渣时，依砂泵是否潜入泥浆中，又分为泵举式和泵吸式。一般采用泵举式反循环方式排渣，操作简便，排泥效率高。但开始钻进须先用正循环方式，

待潜水泵电机潜入泥浆中后，再改用反循环排泥。

⑤ 当遇到坚硬地层或遇到局部岩层无法钻进时，可辅以采用冲击钻将其破碎，用空气吸泥机或砂泵将土渣吸出地面；成槽时要随时掌握槽孔的垂直精度，应利用钻机的测斜装置经常观测偏斜情况，不断调整钻机操作，并利用纠偏装置来调整下钻偏斜。

⑥ 挖槽（图 1-26）时应加强观测，当槽壁发生较严重的局部坍落时，应及时回填并妥善处理。槽段开挖结束后，应检查槽位、槽深、槽宽及槽壁垂直度等项目，合格后方可进行清槽换浆。在挖槽过程中应做好施工记录。

图 1-26　地下连续墙挖槽施工

（3）泥浆的配制和使用

① 泥浆必须经过充分搅拌，常用方法有：低速卧式搅拌机搅拌；螺旋桨式搅拌机搅拌；压缩空气搅拌；离心泵重复循环。泥浆搅拌后应在储浆池内静置 24h 以上。

② 在施工过程中应加强检验和控制泥浆的性能，定时对泥浆性能进行测试，随时调泥浆配合比，做好泥浆质量检测记录。一般做法是：在新浆拌制后静止 24h，测一次全项（含砂量除外）；在成槽过程中，一般每进尺 1～5m 或每 4h 测一次泥浆密度和黏度；在成槽结束前测一次密度、黏度；浇灌混凝土前测一次密度。在新浆拌制后静止 24h 和成槽过程中，两次取样位置均应在槽底以上 200mm 处。失水量和 pH 值应在每槽孔的中部和底部各测一次。含砂量可根据实际情况测定，稳定性和胶体率一般在循环泥浆中不测定。

③ 通过沟槽循环或混凝土换置排出的泥浆，如重复使用，必须进行净化再生处理。一般采用重力沉降处理，它是利用泥浆和土渣的密度差，使土液沉淀，沉淀后的泥浆进入贮浆池，贮浆池的容积一般为一个单元槽段挖掘量及泥浆槽总体积的 2 倍以上。沉淀池和贮浆池设在地上或地下均可，但要视现场条件和工艺要求合理配置。如采用原土造浆循环，应将高压水通过导管从钻头孔射出，不得将水直接注入槽孔中。

④ 在容易产生泥浆渗漏的土层施工时，应适当提高泥浆黏度和增加储备量，并备好堵漏材料。如发生泥浆渗漏，应及时补浆和堵漏，使槽内泥浆保持正常。

（4）清槽

① 当挖槽达到设计深度后，应停止钻进，仅使钻头空转，将槽底残留的土打成小颗粒，然后开启砂泵，利用反循环抽浆，持续吸渣 10～15min，将槽底钻渣清除干净。也可用空气吸泥机进行清槽。

② 当采用正循环清槽时，将钻头提高到槽底 100～200mm 的地方，空转并保持泥浆正常循环，以中速压入泥浆，把槽孔内的浮渣置换出来。

③ 对采用原土造浆的槽孔，成槽后可使钻头空转不进尺，同时射水，待排出泥浆密度降到 1.1g/cm³ 左右，即认为清槽合格。但当清槽后至浇灌混凝土间隔时间较长时，为防止泥浆沉淀和保证槽壁稳定，应用符合要求的新泥浆将槽孔的泥浆全部置换出来。

④ 清理槽底和置换泥浆结束 1h 后，槽底沉渣厚度不得大于 200mm；浇混凝土前槽底沉渣厚度不得大于 300mm，槽内泥浆密度为 1.1～1.25g/cm³、黏度为 18～22s、含砂量应小于 8%。

（5）钢筋笼制作及安放

① 钢筋笼的加工制作（图 1-27），要求主筋净保护层为 70～80mm。为防止在插入钢筋笼时擦伤槽面，并确保钢筋保护层厚度，宜在钢筋笼上设置定位钢筋环、混凝土垫块。纵向钢筋底

端距槽底的距离应有 100~200mm，当采用接头管时，水平钢筋的端部至接头管或混凝土及接头面应留有 100~150mm 间隙。纵向钢筋应布置在水平钢筋的内侧。为便于插入槽内，钢筋底端宜稍向内弯折。钢筋笼的内空尺寸，应比导管连接处的外径大 100mm 以上。

图 1-27　导墙钢筋笼加工制作

② 为了保证钢筋笼的几何尺寸和相对位置准确，钢筋笼宜在制作平台上成型。钢筋笼每棱边（横向及竖向）钢筋的交点处应全部点焊，其余交点处采用交错点焊。对成型时临时绑扎的钢丝，宜将线头弯向钢筋笼内侧。为保证钢筋笼在安装过程中具有足够的刚度，除结构受力要求外，尚应考虑增设斜拉补强钢筋，将纵向钢筋形成骨架并加适当附加钢筋。斜拉筋与附加钢筋必须与设计主筋焊牢固。当钢筋笼的接头采用搭接时，为使接头能够承受吊入时的下段钢筋自重，部分接头应焊牢固。

③ 钢筋笼制作允许偏差值为：主筋间距 ±10mm；箍筋间距 ±20mm；钢筋笼厚度和宽度 ±10mm；钢筋笼总长度 ±50mm。

④ 钢筋笼吊放应使用起吊架，采用双索或四索起吊，以防起吊时间钢索的收紧力而引起钢筋笼变形。同时要注意在起吊时不得拖拉钢筋笼，以免造成弯曲变形。为避免钢筋吊起后在空中摆动，应在钢筋笼下端系上溜绳，用人力加以控制，如图 1-28 所示。

图 1-28　导墙钢筋笼吊放

⑤ 钢筋笼需要分段调入接长时，应注意不得使钢筋笼产生变形，下段钢筋笼入槽后，临时穿钢管搁置在导墙上，再焊接接长上段钢筋笼。钢筋笼吊入槽内时，吊点中心必须对准槽段中心，竖直缓慢放至设计标高，再用吊筋穿管搁置在导墙上。如果钢筋笼不能顺利地插入槽内，应重新吊出，查明原因，采取相应措施加以解决，不得强行插入。

⑥ 所有用于内部结构连接的预埋件、预埋钢筋等，应与钢筋笼焊牢固。

(6) 水下浇筑混凝土

① 混凝土配合比应符合下列要求：混凝土的实际配置强度等级应比设计强度等级高一级；水泥用量不宜少于 370kg/m³；水灰比不应大于 0.6；坍落度宜为 18~20cm，并应有一定的流动度保持率；坍落度降低至 15cm 的时间，一般不宜小于 1h；扩散度宜为 34~38cm；混凝土拌合物含砂率不小于 45%；混凝土的初凝时间，应能满足混凝土浇灌和接头施工工艺要求，一般不宜低于 3~4h。

② 接头管和钢筋就位后，应检查沉渣厚度并在 4h 以内浇灌混凝土。浇灌混凝土必须使用导管，其内径一般选用 250mm，每节长度一般为 2.0~2.5m。导管要求连接牢靠，接头用橡胶圈密封，防止漏水。导管接头若用法兰连接，应设锥形法兰罩，以防拔管时挂住钢筋。导管在使用前要注意认真检查和清理，使用后要立即将黏附在导管上的混凝土清除干净。

③ 在单元槽段较长时，应使用多根导管浇灌，导管内径与导管间距的关系一般是：导管内

径为 150mm、200mm、250mm 时，其间距分别为 2m、3m、4m，距槽段端部均不得超过 1.5m。为防止泥浆卷入导管内，导管在混凝土内必须保持适宜的埋置深度，一般应控制在 2～4m 为宜。在任何情况下，不得小于 1.5m 或大于 6m。

④ 导管下口与槽底的间距，以能放出隔水栓和混凝土为宜，一般比栓长 100～200mm。隔水栓应放在泥浆液面上。为防止粗骨料卡住隔水栓，在浇筑混凝土前宜先灌入适量的水泥砂浆。隔水栓用钢丝吊住，待导管上口贮斗内混凝土的存量满足首次浇筑，导管底端能埋入混凝土中 0.8～1.2m 时，才能剪断钢丝，继续浇筑。

⑤ 混凝土浇筑应连续进行，槽内混凝土面上升速度一般不宜小于 2m/h，中途不得间歇。当混凝土不能畅通时，应将导管上下提动，慢提快放，但不宜超过 300mm。导管不能作横向移动。提升导管应避免碰挂钢筋笼。

⑥ 随着混凝土的上升，要适时提升和拆卸导管，导管底端埋入混凝土以下一般保持

图 1-29　导管混凝土浇筑

2～4m。不宜大于 6m，并不小于 1m，严禁把导管底端提出混凝土面。

⑦ 在浇灌过程中应随时掌握混凝土浇灌量，应有专人每 30min 测量一次导管埋深和管外混凝土标高。测定应取三个以上测点，用平均值确定混凝土上升状况，以决定导管的提拔长度，如图 1-29 所示。

(7) 接头施工

① 连续墙各单元槽段间的接头形式，一般常用的为半圆形接头。方法是在未开挖一侧的槽段端部先放置接头管，后放入钢筋笼，浇灌混凝土，根据混凝土的凝结硬化速度，徐徐将接头管拔出，最后在浇灌段的端面形成半圆形的接合面。在浇筑下段混凝土前，应用特制的钢丝刷子沿接头处上下往复移动数次，刷去接头处的残留泥浆，以利新旧混凝土的结合，如图 1-30 所示。

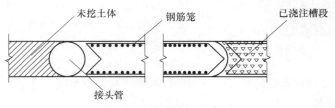

图 1-30　接头施工示意图

② 接头管一般用 10mm 厚钢板卷成。槽孔较深时，做成分节拼装式组合管，各单节长度为 6m、4m、2m 不等，便于根据槽深接成合适的长度。外径比槽孔宽度小，直径误差在 3mm 以内。接头管表面要求平整光滑，连接紧密可靠，一般采用承插连接。各单节组装好后，要求上下垂直。

③ 接头管一般用起重机组装、吊放。吊放时要紧贴单元槽段的端部和对准槽段中心，保持接头管垂直并缓慢地插入槽内。下端放至槽底，上端固定在导墙或顶升架上。

④ 提拔接头管宜使用顶升架（或较大吨位吊车），顶升架上安装有大行程（1～2m）、起重量较大（50～100t）的液压千斤顶两台，配有专用高压油泵。

⑤ 提拔接头管必须掌握好混凝土的浇灌时间、浇灌高度、凝固硬化速度，不失时机地提动

和拔出，不能过早、过快和过迟、过缓。如过早、过快，则会造成混凝土塌落；过迟、过缓，则由于混凝土强度增强，摩擦阻力增大，造成提拔不动和埋管事故。一般宜在混凝土开始浇灌后 2～3h 即开始提动接头管，然后使管子回落。以后每隔 15～20min 提动一次，每次提起 100～200mm，使管子在自重下回落，说明混凝土尚处于塑性状态。如管子不回落，管内又没有涌浆等异常现象，宜每隔 20～30min 拔出 0.5～1.0m，如此重复。在混凝土浇灌结束后 5～8h 内将接头管全部拔出。

4. 施工总结

① 地下连续墙施工，应制订出切实可行的挖槽工艺方法、施工程序和操作规程，并严格执行。挖槽时，应加强检测，确保槽位、槽深、槽宽和垂直度等要求。遇有槽壁坍塌事故，应及时分析原因，妥善处理。

② 钢筋笼加工尺寸，应考虑结构要求、单元槽段、接头形式、长度、加工场地、现场起吊能力等情况，采取整体式分节制作，同时应具有必要的刚度，以保证在吊放时不致变形或散架，一般应适当加设斜撑和横撑补强。钢筋笼的吊点位置、起吊方式和固定方法应符合设计和施工要求。在吊放钢筋笼时，应对准槽段中心并注意不要碰伤槽壁壁面，不能强行插入钢筋笼，以免造成槽壁坍塌。

③ 在施工过程中，应注意保证护壁泥浆的质量，彻底进行清底换浆，严格按规定灌注水下混凝土，以确保墙体混凝土的质量。

④ 槽底沉渣过厚：护壁泥浆不合格，或清底换浆不彻底，均可导致大量沉渣积聚于槽底，在灌注水下混凝土前，应测定沉渣厚度，符合设计要求后，才能灌注水下混凝土。

⑤ 槽孔偏斜：当出现槽孔偏斜时，应查明钻孔偏斜的位置和程度，对偏斜不大的槽孔，一般可在偏斜处吊住钻机，上下往复扫钻，使钻孔正直；对偏斜严重的钻孔，应回填砂与黏土混合物到偏孔处 1m 以上，待沉积密实后，再重复施钻。

⑥ 地下连续墙施工质量检查应符合表 1-6 的规定。

表 1-6　地下连续墙施工质量检查

项目		尺寸及允许偏差	检查方法
墙体结构		按设计要求	检查试件记录或取芯试压
垂直度	永久结构	1/300	测声波测槽仪或槽机上的检测系统
	临时结构	1/300	
导墙尺寸/mm	宽度	$W+50$	用钢尺量，W 为地下连续墙宽度
	墙面平整度	<5	
	导墙平面位置	±10	
沉渣厚度/mm	永久结构	$\leqslant100$	重锤测或沉积物测定仪测
	临时结构	$\leqslant200$	
槽深/mm		$+100$	重锤测
混凝土坍落度/mm		$180\sim200$	坍落度测定仪
地下墙表面平整度/mm	永久结构	<100	此为均匀黏土层，松散及易坍土层由设计决定
	临时结构	<150	
	插入式结构	<20	
永久结构时的预埋件位置/mm	水平向	$\leqslant10$	用钢尺量
	垂直向	20	水准仪

四、内支撑

1. 示意图和现场施工照片

内支撑示意图和现场施工照片如图 1-31 和图 1-32 所示。

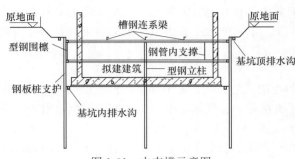

图 1-31　内支撑示意图

图 1-32　内支撑施工现场

图中标注：原地面、型钢围檩、钢板桩支护、槽钢连系梁、钢管内支撑、拟建建筑、型钢立柱、原地面、基坑顶排水沟、基坑内排水沟

2. 注意事项

① 支撑安装就位后，不准撞砸焊接接头，不准在刚焊完的钢材上浇水。

② 焊接时不准随意在焊缝外的母材上引弧。

③ 土方开挖应严格遵守"分层开挖"的原则，挖土和吊放施工材料时严禁碰撞钢支撑。

3. 施工做法详解

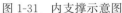

施工工艺流程

型钢支撑加工→立柱、钢围图施工→型钢支撑拼装→施加预应力形成支承体系→监测→支撑拆除。

（1）型钢支撑加工

① 按设计图纸加工钢支撑。钢支撑连接必须满足等强度连接要求，应有节点构造图，接头宜设在跨度中央 1/4～1/3 范围内。焊接工艺和焊缝质量应符合国家现行标准《钢结构焊接规范》（GB 50661—2011）的规定。

② 焊接拼装按工艺一次进行，当有隐蔽焊接时，必须先施焊，经检验合格后方可覆盖。

③ 加工好的型钢支撑应在加工场所进行质量验收，并编号码放。

④ 钢支撑长度较长时，可分段加工制作，组装可采用法兰连接。

（2）立柱、钢围图施工

① 立柱通常由型钢组合而成。立柱施工采用机械钻孔至基底标高，孔内放置型钢立柱，经测量定位、固定后浇筑混凝土，使其底部形成型钢混凝土柱。施工时应保证型钢嵌固深度，确保立柱稳定。立柱施工应严格控制柱顶标高和轴线位置。

② 围图通常由型钢和钢缀板焊接而成。钢围图通过牛腿固定到围护结构。牛腿与围护结构通过高强膨胀螺栓或预埋钢件焊接连接与钢围图焊为一体。

③ 当支护结构为连续墙时可不设钢围图，型钢直接支撑在连续墙预埋钢板上；当支撑在帽梁上时也可取消钢围图。

（3）型钢支撑拼装

① 待支护结构立柱、钢围图施工验收完毕，并且土方开挖至设计支撑拼装高程时，开始进行钢支撑拼装，采用吊车分段将钢支撑吊放至设计标高，并按照节点详图进行拼装（图 1-33）。

② 将钢支撑一端焊接在钢围图上，另一端通过活接头顶在钢围图上。

③ 钢支撑拼装组装时要求两端高程一致，水平方向不扭转，轴心成一直线。

（4）施加预顶力形成支撑体系

① 施加预顶力应根据设计轴力选用液压油泵和千斤顶，油泵与千斤顶需经标定。

② 支撑安装完毕后应及时检查各节点的连接状况，经确认符合要求后方可施加预顶力。

③ 钢支撑施加预顶力时应在支撑两侧同步对称分级加载，每级为设计值10%，加载时应进行变形观测。如发现实际变形值超过设计变形值，应立即停止加荷，与设计单位研究处理。

④ 钢支撑预顶锁定后，支撑端头与钢围囹或预埋钢板应焊接固定。

⑤ 为确保钢支撑整体稳定性，各支撑之间通常采用连接杆件联系，系杆可用小断面工字钢或槽钢组合而成，通过钢箍与支撑连接固定。

图1-33 型钢支撑

(5) 监测

① 钢支撑水平位移观测：主要适用经纬仪或全站仪，观测点埋设在同一支撑固定端与活端头处。

② 钢支撑挠曲变形检测：包括水平挠曲变形和竖向挠曲变形，测点布设在端部及跨中，跨度较大的支撑杆件应适当增加测点。

③ 立柱竖向变形监测：测点布设在立柱顶部，使用水准仪进行监测。

④ 水平位移、挠曲变形、立柱竖向变形监测在基坑支护过程中应每天测量1次，基坑土方开挖至槽底、基坑变形稳定后，根据实际情况确定观测频率。

⑤ 对各项检测记录应随时进行分析，当变形数值过大或变形速率过快时，应及时采取措施，确保基坑支护安全。

(6) 支撑拆除

①支撑拆除应按照施工方案规定的顺序进行，拆除顺序应与支撑结构的设计计算工况相一致。

4. 施工总结

① 施工前应熟悉支撑系统的图纸及各种计算工况，掌握开挖及支撑设置的方式、预应力及周围环境保护的要求。

② 施工过程中应严格控制开挖和支撑的程序和时间，对支撑的位置（包括立柱及立柱桩的位置）、每层开挖深度、预加顶力（如需要）、钢围囹与支护体或支撑与围囹的密贴度应做周密检查。

③ 型钢支撑安装时必须严格控制平面位置和高程，以确保支撑系统安装符合设计要求。

④ 应严格控制支撑系统的焊接质量，确保杆件连接强度符合设计要求。

⑤ 支护结构出现渗水、流砂或开挖面以下冒水，应及时采取止水堵漏措施，土方开挖应均衡进行，以确保支撑系统稳定。

⑥ 施工中应加强监测，做好信息反馈，出现问题及时处理。全部支撑安装结束后，需维持整个系统的安全可靠，直至支撑全部拆除。

⑦ 钢支撑系统工程质量检验标准应符合表1-7的规定。

五、拉锚护坡挡土墙组合

1. 示意图和现场照片

拉锚护坡挡土墙组合示意图和现场照片如图1-34和图1-35所示。

表 1-7　钢支撑系统工程质量检验

检查项目		允许偏差或允许值	检查方法
支撑位置	标高/mm	30	水准仪用钢尺量
	平面/mm	100	
预加顶力/kN		±50	油泵读数或传感器
围图标高/mm		30	水准仪
立柱位置	标高/mm	30	水准仪用钢尺量
	平面/mm	50	
开挖超深(开槽放支撑不在此范围)/mm		<200	水准仪
支撑安装时间		按照设计要求	用钟表估测

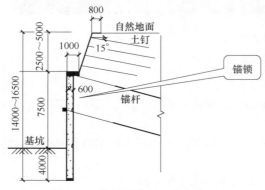

图 1-34　拉锚护坡挡土墙示意图

图 1-35　拉锚护坡挡土墙现场

2. 注意事项

① 土方开挖前，应编制详细的土方开挖方案，在取得支护结构设计单位认可后方可实施。

② 应严格遵循先撑后挖的原则。

③ 土方开挖宜分层、分段、对称地进行开挖，使支护结构受力均匀。

④ 挖土期间基槽严禁大量堆载。

3. 施工做法详解

此工艺适合深基坑现场场地有一定余量、对施工进度要求较高的情况。上部土钉墙可以提高施工速度，节省造价，同时又可以给外管线施工提供方便。土钉墙高度、锚杆直径、长度、锚固、预应力设计值、锁定值、桩径、桩间距等需经设计确定。桩间面层喷射 30~50mm 厚 C20 细石混凝土。支护施工时需避开地下管线等障碍，距基坑上口线 5.0m 范围内严禁堆载重物。

4. 施工总结

① 墙背回填要均匀摊铺平整，并设不小于 3‰ 的横坡逐层填筑。逐层夯实，严禁使用膨胀土和高塑性土，每层压实厚度不宜超过 20cm，根据碾压机具和填料性质应进行压实试验，确定填料分层厚度及碾压遍数，以正确地施工。

② 砌筑挡土墙外露面应留深 10~20mm 勾槽缝，按设计要求勾缝。

第四节 ▶ 土方的填筑与夯实

一、填方土料的要求及土质的检验

1. 现场照片

填方土料检验现场照片如图 1-36 所示。

图 1-36　土质检验现场

2. 注意事项

施工工艺流程 ⟫⟫⟫ ⋯⋯⋯⋯⋯⋯⋯⋯⋯⋯⋯⋯⋯⋯⋯⋯⋯⋯⋯⋯⋯⋯⋯⋯⋯⋯⋯⋯⋯

施工准备→分层回填与夯实→图纸检验。

① 淤泥和淤泥质土一般不能用作填料,但在软土或沼泽地区,经过处理使含水率符合压实要求后,可用于填方中的次要部位。

② 含水率符合压实要求的黏性土,可用作各层填料。

③ 级配良好的碎石类土、砂土(使用细、粉砂时应取得设计单位的同意)和爆破石渣,以及性能稳定的工业废料,可用作表层以下的填料。

3. 施工做法详解

① 检验回填土的种类、粒径是否符合规定,清楚回填土中草皮、垃圾、有机物等杂物。

② 进行土料土工试验,内容主要包括液限、塑限、塑性指标、强度、含水量等项目,其检验方法、标准符合相应的规定。

③ 回填前对土料进行击实试验,以测定最大干密度、最佳含水量。

④ 当土的含水量过大时,应采取翻松、晒干、风干、换土回填、掺入干土或其他吸水性材料措施;如土料过干,则应预先洒水湿润。

4. 施工总结

① 若以砾石、卵石或块石作填料,分层夯实时,其最大粒径不应大于 400mm;分层压实时,其最大粒径不应大于 200mm。

② 碎块草皮和有机质含量大于 8% 的土,仅用于无压实要求的填方。

二、回填土分层铺摊

1. 示意图和现场照片

回填土分层摊铺示意图和现场照片如图 1-37 和图 1-38 所示。

2. 注意事项

① 回填时,应注意保护定位标准桩、轴线桩、标准高程桩,防止碰撞损坏或下沉。

② 基础或管沟的混凝土,砂浆应达到一定强度,不致因填土受到损坏时,方可进行回填。

③ 基槽(坑)回填应分层对称进行,防止一侧回填造成两侧压力不平衡,使基础变形或倾倒。

④ 夜间作业,应合理安排施工顺序,设置足够照明,严禁汽车直接倒土入槽,防止铺填超厚和挤坏基础。

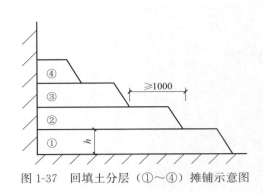

图 1-37　回填土分层（①～④）摊铺示意图　　　　图 1-38　回填土分层摊铺现场

⑤ 已完填土应将表面压实，做成一定坡向或做好排水设施，防止地面雨水流入基槽（坑）浸泡地基。

3. 施工做法详解

施工工艺流程

土料检验与控制→基底处理→初步整平→分层摊铺→机械碾压。

① 填土前应检验土料质量、含水量是否在控制范围内。土料含水量一般以"手握成团、落地开花"为适宜。当含水量过大，应采取翻松、晾干、风干、换土回填、掺入干土或其他吸水性材料等措施，防止出现橡皮土。如土料过干（或砂土、碎石类土），则应采取预先洒水湿润、增加压实遍数或使用较大功率的压实机械等措施。各种压实机具的压实影响深度与土的性质、含水量和压实遍数有关，回填土的最优含水量和最大干密度，应按设计要求经试验确定。其参考数值见表 1-8。

表 1-8　土的最优含水量和最大干密度参考表

项次	土的种类	变动范围	
		最优含水量(质量比)/%	最大干密度/(t/m³)
1	砂土	8～12	1.80～1.88
2	黏土	19～23	1.58～1.70
3	粉质黏土	12～15	1.85～1.95
4	粉土	16～22	1.61～1.80

注：1. 表中土的最大干密度应以现场实际达到的数字为准。

2. 一般性的回填可不作此项测定。

② 基底处理

a. 场地回填应先清除基底上的垃圾、草皮、树根，排除坑穴中积水、淤泥和杂物，并应采取措施防止地表滞水流入填方区，浸泡地基，造成基土下陷。

b. 当填方基底为耕植土或松土时，应将基底充分夯实或碾压密实。

c. 当填方位于水田、沟渠、池塘或含水量很大的松散地段，应根据具体情况采取排水疏干，或采取将淤泥全部挖除换土、抛填片石、填砂砾石、翻松、掺石灰等措施进行处理。

d. 当填土场地地面陡于 1/5 时，应先将斜坡挖成阶梯形，阶高 0.2～0.3m，阶宽大于 1m，然后分层填土，以利结合和防止滑动。

③ 回填土应分层摊铺和夯压密实，每层铺土厚度和压实遍数应根据土质、压实系数和机具性能而定。一般铺土厚度应小于压实机械压实的作用深度，应能使土方压实而机械的功耗最少。夯击次数通常应进行现场夯（压）实试验确定。常用夯（压）实机具及人工的每层铺土厚度和所需的夯（压）实遍数参考数值见表 1-9。

图解建筑工程现场细部施工做法（第二版）

表 1-9　填方每层铺土厚度和压实遍数

项次	压实机具或人工	每层铺土厚度/mm	每层压实遍数
1	平碾(8～120t)	200～300	6～8
2	羊足碾(5～160t)	200～350	6～16
3	蛙式打夯机(200kg)	200～250	3～4
4	振动碾(8～15t)	60～130	6～8
5	振动压路机(2t,振动力 98kN)	120～150	10
6	推土机	200～300	6～8
7	拖拉机	200～300	8～16
8	人工打夯	不大于 200	3～4

④ 填方应在边缘设一定坡度,以保持填方的稳定。填方的边坡坡度根据填方高度、土的种类和其重要性,在设计中加以规定,当无规定时,可按表 1-10 采用。

表 1-10　永久性填方的边坡坡度

项次	土的种类	填方高度/m	边坡坡度
1	黏土类土、黄土、类黄土	6	1∶1.50
2	粉质黏土、泥灰岩土	6～7	1∶1.50
3	中砂和粗砂	10	1∶1.50
4	黄土或类黄土	6～9	1∶1.50
5	砾石和碎石土	10～12	1∶1.50
6	易风化的岩土	12	1∶1.50

注:1. 当填方的高度超过本表规定的限值时,其边坡可做成折线形,填方下部的边坡应为 (1∶1.75)～(1∶2.00)。
2. 凡永久性填方,土的种类未列入本表者,其边坡坡度不得大于 $45°/2$,为土的自然倾斜角。
3. 对使用时间较长的临时性填方(如使用时间超过一年的临时工程的填方)边坡坡度,当填高小于 10m 时可采用 1∶1.50;超过 10m 时可做成折线形,上部采用 1∶1.50,下部采用 I∶1.75。

⑤ 在地形起伏处填土,应做好接槎,修筑 1∶2 阶梯形边坡,每台阶高可取 500mm、宽 1000mm。分段填筑时,每层接缝处应做成大于 1∶1.5 的斜坡。接缝部位不得在基础、墙角、柱墩等重要部位。

⑥ 人工回填打夯前应将填土初步整平(图 1-39),打夯要按一定方向进行,一夯压半夯,夯夯相接,行行相连,两遍纵横交叉,分层夯打。夯实基槽及地坪时,行夯路线应由四边开始,然后夯向中间。用蛙式打夯机等小型机具夯实时,打夯之前应对填土初步整平,打夯机依次夯打,均匀分开,不留间歇。基槽(坑)回填应在相对两侧或四周同时进行回填与夯实。回填高差不可相差太多,以免将墙挤歪。较长的管沟墙,应采取内部加支撑的措施。回填管沟时,应先用人工在管道周围填土夯实,并应从管道两边同时进行,待填至管顶 0.5m 以上,方可采用打夯机夯实。

图 1-39　填土初步整平

⑦ 采用推土机填土时,应由下而上分层铺填,不得采用大坡度推土、以推代压、居高临下、不分层次和一次推填的方法。推土机运土回填,可采取分堆集中、一次运送方法,以减少运土漏失量。填土程序宜采用纵向铺填顺序,从挖土区段至填土区段,以 40～60m 距离为宜,用推土机来回行驶进行碾压,履带应重叠一半。

⑧采用铲运机大面积铺填土时,铺填土区段长度不宜小于 20m,宽度不宜小于 8m。铺土应分层进行,每次铺土厚度不大于 300～500mm;每层铺土后,利用空车返回时将地表面刮平,

填土程序一次横向或一次纵向分层卸土,以利于行驶时初步压实。

⑨大面积回填宜用机械碾压,在碾压之前宜先用轻型推土机推平,低速预压 4～5 遍,使表面平实,避免碾轮下陷;采用振动平碾压实爆破石渣或碎石类土,应先静压,而后振压。

⑩碾压机械压实填方时,应控制行驶速度,一般平碾、振动碾不超过 2km/h;羊足碾不超过 3km/h;并要控制压实遍数。碾压机械与基础或管道应保持一定距离,防止将基础或管道压坏或使其移位。

⑪用压路机进行填方压实,应采用"薄填、慢驶、多次"的方法。碾压方向应从两边逐渐压向中间,碾轮每次重叠宽度 150～250mm,边坡、边角边缘压实不到之处,应辅以人力夯或小型夯实机具夯实。碾压墙、柱、基础处填方,压路机与之距离不应小于 0.5m。每碾压一层完后,应用人工或机械(推土机)将表面拉毛,以利结合。

⑫用羊足碾碾压时,碾压方向应从填土区的两侧逐渐压向中心。每次碾压应有 150～200mm 的重叠,同时应随时清除粘于羊足之间的土料。为提高上部土层密实度,羊足碾压过后,宜再辅以拖式平碾或压路机压平。

⑬用铲运机及运土工具进行压实,其移动均须均匀分布于填筑层的全面,逐次卸土碾压。

⑭填土层如有地下水或滞水,应在四周设置排水沟和集水井,将水位降低。已填好的土层如遭水浸泡,应把稀泥铲除后,方能进行上层回填;填土区应保持一定横坡,或中间稍高两边稍低,以利排水;当天填土应在当天压实。

⑮雨期基槽(坑)或管沟回填,工作面不宜过大,应逐段、逐片地分期完成。从运土、铺填到压实各道工序应连续进行。雨前应压完已填土层,并形成一定坡度,以利排水。施工中应检查、疏通排水设施,防止地面水流入坑(槽)内,造成边坡塌方或使基土遭到破坏。现场道路应根据需要加铺防滑材料,保持运输道路畅通。

⑯冬期填方,要清除基底上的冰雪和保温材料,排除积水,挖出冰块和淤泥。对室内基坑(槽)和管沟及室外管沟底至顶 0.5m 范围内的回填土,不得采用冻土块或受冻的黏土作土料。对一般沟槽部位的回填土,冻土块含量不得超过回填总量的 15%,且冻土块的颗粒应小于 150mm,并应均匀分布。填土宜连续进行,逐层压实,以免地基土或已填的土受冻。大面积土方回填时,要组织平行流水作业或采取其他有效的保温防冻措施,平均气温在－5℃以下时,填方每层铺土厚度应比常温施工时减少 20%～25%,逐层夯压实;冬期填方高度应增加 1.5%～3.0% 的预留下陷量。

4. 施工总结

①土方回填前应清除基底的垃圾、树根等杂物,抽除坑穴积水、淤泥,验收基底标高。

②在耕植土或松土上填方,应在基底压实后再进行。

③对填方土料应按设计要求验收后方可填入。

④填方施工过程中应检查排水措施以及每层填筑厚度、含水量控制、压实程度。填筑厚度及压实遍数应根据土质、压实系数及所用机具确定。

三、回填土分层标高控制

1. 示意图和现场照片

回填土分层标高控制示意图和现场照片如图 1-40 和图 1-41 所示。

2. 注意事项

①仪器精度需每年校定,以免因仪器精度问题造成误差。

②注意卫生间等标高变化部位,这些地方极容易出错。

③长宽较大时,填土应分段进行。每层接缝处应制成斜坡形,上下错缝距离不得超过 1m。

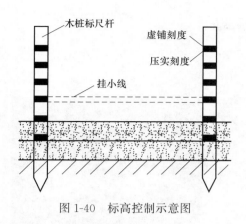

图 1-40 标高控制示意图

图 1-41 标高控制现场

3. 施工做法详解

施工工艺流程 ▶▶▶▶

阅读图纸→校正仪器→测量标高→进行自检。

回填土回填采用水准仪控制回填标高（图 1-42），当回填深度小于塔尺高度时，将水准仪放置在坡边，利用坡上水准控制点进行控制；当回填深度大于塔尺高度时，将水准仪放置在基坑内，利用护壁上的水准控制点进行控制。

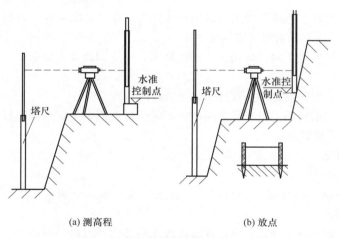

(a) 测高程　　　　　　　(b) 放点

图 1-42 水准仪控制回填标高示意图

4. 施工总结

① 减少信息传递，减少误差积累。

② 操作细心并要经常性复核，以免出错。

四、夯实的方式

1. 示意图和现场照片

夯实方式示意图和现场照片如图 1-43 和图 1-44 所示。

2. 注意事项

① 强夯施工前，应在施工现场有代表性的场地上选取一个或几个试验区，进行试夯或试验性施工。试验区数量应根据建筑场地复杂程度、建筑规模及建筑类型确定。

② 六级以上大风天气，雨、雾、雪、风沙扬尘等能见度低时暂停施工。

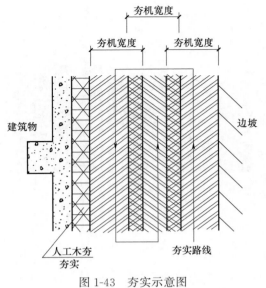

图 1-43　夯实示意图

图 1-44　夯实现场

③ 施工时要根据地下水径流排泄方向，应从上水头向下水头方向施工，以利于地下水、土层中水分的排出。

④ 严格遵守强夯施工程序及要求，做到夯锤升降平稳，对准夯坑，避免歪夯，禁止错位夯击施工，发现歪夯，应立即采取措施纠正。

⑤ 夯锤的通气孔在施工时保持畅通，如被堵塞，应立即疏通，以防产生"气垫"效应，影响强夯施工质量。

⑥ 加强对夯锤、脱钩器、吊车臂杆和起重索具的检查。

⑦ 对土质不均匀的场地，只控制夯击次数不能保证加固效果，应同时控制夯沉量。地下水位高时可采用降水等其他措施。

3. 施工做法详解

施工工艺流程

单点夯试验→施工参数确定→测高程、放点→点夯施工→满夯施工。

（1）单点夯试验

① 在施工场地附近或场地内，选择具有代表性的适当位置进行单点夯试验。试验点数量根据工程需要确定，一般不少于 2 点。

② 根据夯锤直径，用白灰画出试验点中心点位置及夯击圆界限。

③ 在夯击试验点界限外两侧，以试验中心点为原点，对称等间距埋设标高施测基准桩，基准桩埋设在同一直线上，直线通过试验中心点，基准桩间距一般为 1m，基准桩埋设数量视单点夯影响范围而定。

④ 在远离试验点（夯击影响区外），架设水准仪，进行各观测点的水准测量，并做记录。

⑤ 平稳起吊夯锤至设计要求夯击高度，释放夯锤自由平稳落下。

⑥ 用水准仪对基准桩及夯锤顶部进行水准高程测量，并做好试验记录。

⑦ 重复⑤、⑥两步骤至试验要求夯击次数。

（2）施工参数确定

① 在完成各单点夯试验施工及检测后，综合分析施工检测数据，确定强夯施工参数，包括：夯击高度、单点夯击次数、点夯施工遍数及满夯夯击能量、夯击次数、夯点搭接范围、满

夯遍数等。

② 根据单点夯试验资料及强夯施工参数，对处理场地整体夯沉量进行估算，根据建筑设计基础埋深，计算确定需要回填土数量。

③ 必要时，应通过强夯小区试验，来确定强夯施工参数。

（3）测高程、放点

对强夯施工场地地面进行高程测量。根据第一遍点夯施工图，以夯击点中心为圆心，以夯锤直径为圆直径，用白灰画圆，分别画出每一个夯点（图 1-45）。

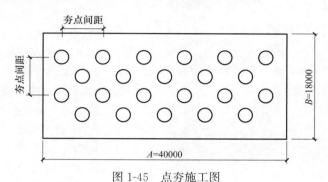

图 1-45　点夯施工图

（4）起重机就位

① 夯击机械就位，提起夯锤离开地面，调整吊机使夯锤中心与夯击点中心一致，固定起吊机械。

② 提起夯锤至要求高度，释放夯锤平稳自由落下进行夯击。

（5）测量夯前锤顶标高　用标尺测量夯锤顶面标高。

（6）点夯施工

① 重复（4）与（5）两步骤，至要求夯击次数。

② 点夯夯击完成后，转移起吊机械与夯锤至下一夯击点，进行强夯施工。

（7）填平夯坑并测量高程

① 第一遍点夯结束后，将夯击坑用回填土或用推土机把整个场地推平。

② 测量推平后的场地标高。

（8）第二遍点夯放点

根据第二遍点夯施工图进行夯点施放。

（9）第二遍及以上点夯施工

① 进行第二遍点夯施工。

② 按设计要求可进行三遍以上的点夯施工。

（10）满夯施工

① 点夯施工全部结束，平整场地并测量场地水准高程后，可进行满夯施工。

② 满夯施工应根据满夯施工图进行并遵循由点到线，由线到面的原则。

③ 按设计要求的夯击能量、夯击次数、遍数及夯坑搭接方式进行满夯施工。

（11）施工间隔时间控制

不同遍数施工之间需要控制的施工间隔时间应根据地质条件、地下水条件、气候条件等因素由设计人员提出，一般宜为 3～7d。

4. 施工总结

① 不同遍数施工之间的需要控制的施工间隔时间应根据地质条件、地下水条件、气候条件

等因素由设计人员提出，一般为 3～7d。

② 强夯应参考场区岩土工程勘察报告、强夯施工文字和强夯施工记录。

③ 强夯的检测时间应根据工程规模和检测工程量由设计确定。一般对于碎石土和砂土地基，可取 7～14d；粉土和黏性土地基可取 14～28d。

五、人工回填土施工

图 1-46　人工回填土施工现场

1. 现场照片

人工回填土施工现场照片如图 1-46 所示。

2. 注意事项

① 施工时，应注意保护定位桩、轴线桩、标高桩，防止碰撞位移。

② 基础或管沟的现浇混凝土应达到一定强度，不致因填土而受损坏时，方可回填。

③ 管道沟槽回填土，当原土含水量高且不具备降低含水量条件不能达到要求压实度时，管道两侧及沟槽位于路基范围内的管道顶部以上，应回填灰土、砂、砂砾或其他可以达到要求压实度的材料。

3. 施工做法详解

施工工艺流程 >>>>>

基坑（槽）底清理→检验土质→分层铺土、耙平→夯打密实→修整找平。

（1）**基坑（槽）底清理**　填土前应将基坑（槽）、管沟底的垃圾杂物等清理干净；基槽回填，必须清理到基础底面标高，将回落的松散土、砂浆、石子等清理干净。

（2）**检验土质**　检验回填土的含水率是否在控制范围内，如含水率偏高，采用翻松、晾晒或均匀掺入干土等措施；如遇回填土的含水率偏低，可采用预先洒水润湿等措施。

（3）**分层铺土、耙平**

① 回填土应分层铺摊和夯实。每层铺土厚度应根据土质、密实度要求和机具性能确定。一般蛙式打夯机每层铺土厚度为 200～250mm；人工打夯不超过 150mm。每层铺摊后，随之耙平。

② 基坑回填应相对两侧或四周同时进行。基础墙两侧回填土的标高不可相差太多，以免把墙挤歪；较长的管沟墙，应采用内部加支撑的措施，然后在外侧回填土方。

③ 深浅基坑相连时，应先填深坑。分段填筑时交接处应做成 1:2 的阶梯状，且分层交接处应铺开，上下层错缝距离不应小于 1m，夯打重叠宽度应为 0.5～1m。接缝不得留在基础、墙角、柱墩等重要部位。

④ 回填土每层夯实后，应按规范规定进行环刀取样，实测回填土的最大干密度，达到要求后再铺上一层土。

⑤ 非同时进行的回填段之间的搭接处，不得形成陡坎，应将夯实层留成阶梯状，阶梯的宽度应大于高度的 2 倍。

（4）**夯打密实**

① 回填土每层至少夯打三遍。打夯应一夯压半夯，夯夯连接，纵横交叉。并且严禁用浇水使土下沉的所谓"水夯"法。

② 深浅两基坑（槽）相连时，应先填夯深基坑，填至浅基坑标高时，再与浅基坑一起填夯。如必须分段夯实，交接处应呈阶梯形，且不得漏夯。上下层错缝距离不小于 1.0m。

③ 回填房心及管沟时，为防止管道中心线位移或损坏管道，应用人工先在管子两侧填土夯实；并应由管道两边同时进行，直至管顶500mm以上时，在不损坏管道的情况下，方可采用蛙式打夯机夯实。在抹带接口处、防腐绝缘层或电缆周围，应回填细粒料。

④ 一般情况下，蛙式打夯机每层夯实遍数为3～4遍，木夯每层夯实遍数为3～4遍，手扶式压路机每层夯实遍数为6～8遍。若经检验，密实度仍达不到要求，应继续夯（压），直到达到要求为止。基坑及地坪应由四周开始，然后再夯向中间（图1-47）。

图1-47　人工打夯操作

（5）**修整找平**　填土全部完成后，应进行表面拉线找平，凡超过标准高程的地方，及时依线铲平；凡低于标准高程的地方，应补土夯实。

4. 施工总结

① 按要求测定土的干土质量密度：回填土每层都应测定夯实后的干土质量密度，符合设计要求后才能铺摊上层土。试验报告要注明土料种类、试验日期、试验结论及试验人员签字。未达到设计要求部位，应有处理方法和复验结果。

② 回填土下沉：因虚铺土超过规定厚度或冬期施工时有较大冻土块，或夯实不够遍数，甚至漏夯，坑（槽）、管沟底杂物或回落土清理不干净，以及冬期做散水，施工用水渗入垫层中，受冻膨胀等原因均可造成回填土下沉。这些问题应在施工中认真执行规范规定，发现后及时纠正。

③ 管道下部夯填不实：管道下部应按要求夯实回填土，如果漏夯或夯不实会造成管道下方空虚，造成管道折断而渗漏。

④ 回填土夯实不密：应在夯（压）前对干土适当洒水加以润湿；回填土太湿，同样夯压不密实，呈"橡皮土"现象，这时应将"橡皮土"挖出，换填土壤。

⑤ 夜间施工时，应合理安排施工顺序，设有足够的照明设施，防止铺填超厚，严禁汽车直接倒土入槽。

⑥ 人工回填土施工质量检查应符合表1-11的规定。

表1-11　人工回填土施工质量检查

检查项目	允许偏差/mm			检验方法
	基槽	场地平整	管沟	
标高	−50	±30	−50	用水准仪检查
分层压实系数	按设计要求			按规定方法检验
回填土料	按设计要求			观察或土样分析
表面平整度	20	20	20	用2m靠尺或水准仪检查
分层厚及含水量	按设计要求			水准仪及抽样检查

六、机械回填土施工

1. 现场照片

机械回填土施工现场照片如图1-48所示。

图 1-48　机械回填土施工现场

2. 注意事项

① 施工前应根据施工特点、填方土料种类、密实度要求、施工条件等合理确定填方土料含水率控制范围、虚铺厚度和压实遍数等参数。重要回填土方工程，应通过压实试验来确定。

② 填土前，应清除基底上杂物，排除积水，并办理已完工程检查验收手续。

③ 施工前，应做好水平高程标志的布置。一般可采取在基坑或边沟上每 10m 钉上水平桩或在邻近的固定建筑物上抄上标准高程点，大面积场地上每隔 10m 左右应钉水平控制桩。

3. 施工做法详解

施工工艺流程

基底清理→检验土质→分层铺土→碾压密实→修整找平。

（1）**基底清理**　填土前，应将基底表面上的垃圾或树根等杂物、洞穴都处理完毕，清理干净。

（2）**检验土质**　检验各种土料的含水率是否在控制范围内。如含水率偏高，可采用翻松、晾晒等措施；如含水率偏低，可采用预先洒水润湿等措施。

（3）**分层铺土**

① 填土应分层铺摊。每层铺土的厚度应根据土质、密实度要求和机具性能确定。如无试验依据，应符合表 1-9 的规定。碾压时，轮（夯）迹应相互搭接，防止漏压、漏夯。

② 填土按照由下而上顺序分层铺填。

③ 推土机运土回填，可采用分堆集中，一次运送方法，分段距离 10～15m。用推土机来回行驶推平并进行碾压，履带应重叠宽度的一半。

（4）**碾压密实**

① 碾压机械压实填方时，应控制行驶速度，一般不应超过下列规定：平碾：2km/h；羊足碾：3km/h；振动碾：2km/h。

② 碾压时，轮（夯）迹应相互搭接，防止漏压或漏夯。长宽比较大时，填土应分段进行。每层接缝处应制作成斜坡形，碾迹重叠 0.5～1.0m，上下层错缝距离不应小于 1m。

③ 填方高于基底表面时，应保证边缘部位的压实质量。填土后，如设计不要求边坡修整，宜将填方边缘宽填 0.5m；如设计要求边坡整平拍实，可宽填 0.2m。

④ 机械施工碾压不到的填土，应配合人工推土，用蛙式或柴油打夯机分层打夯密实。

（5）**修整找平**

① 回填土每层压实后，应按规范规定进行环刀取样，测出土的最大干密度，达到要求后再铺上一层土。

② 填方全部完成后，表面应进行拉线找平，凡高于规定高程的地方，应及时依线铲平；凡低于规定高程的地方应补土夯实。

4. 施工总结

① 施工方案确定机械填土的施工顺序、土方机械车辆的行走路线等。

② 已完成的填土应将表面压实，路基应做成一定的坡向排水。

③ 回填管沟时，为防止管道中心线位移或损坏管道，应用人工先在管子周围填土夯实，并

应从管道两边同时进行，直至管顶0.5m以上，在不损坏管道的情况下，方可采用机械回填土和压实。在抹带接口处、防腐绝缘层或电缆周围，应使用细粒土料回填。

④ 填方应按设计要求预留沉降量，如设计无要求，可根据工程性质、填方高度、填料种类、密实要求和地基情况等，与建设单位共同确定（沉降量一般不超过填方高度的3%）。

⑤ 冬期回填土方，每层铺土厚度应比常温施工时减少20%～25%。其中冻土块体积不宜超过填土总体积的15%；其粒径不得大于150mm，铺冻土块要均匀分布，逐层压（夯）实。回填土工作应连续进行，防止基土或已填土层受冻，并及时采取防冻措施。

第五节 ▶ 基坑地下水位控制

一、降水井及观察井

1. 示意图和现场照片

降水井及观察井示意图和降水井现场照片如图1-49和图1-50所示。

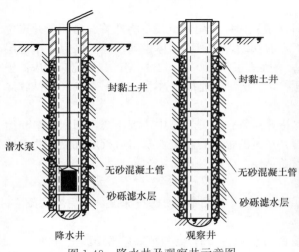

图1-49 降水井及观察井示意图

图1-50 降水井现场

2. 注意事项

① 井点管口应有保护措施，可在井口周边砌筑保护台，防止杂物掉入井管内。

② 为防止滤网损坏，在井管放入前，应认真检查，以保证滤网完好。

③ 降水时应采取措施，防止或减少降水对周围环境的影响。

④ 检查抽水设备时，除采用仪器仪表量测外，也可采用摸、听等方法并结合经验对井点出水情况逐个进行判断。

⑤ 当发现井点管不出水时，应判别井点管是否淤塞。发现井点失效，严重影响降水效果时，应及时拔管进行处理。

3. 施工做法详解

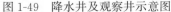
施工工艺流程

测设井位、铺设总管→钻机就位→钻（冲）井孔→沉设井点管→投放滤料→洗井→黏性土封填孔口→连接、固定集水总管→安装抽水机组→安装排水管→抽水→井点拆除。

（1）测设井位、铺设总管

① 根据设计要求测设井位、铺设总管。为增加降深，集水总管平台应尽量放低，当低于地

面时，应挖沟使集水总管平台标高符合要求，平台宽度为 1.0～1.5m。当地下水位降深小于 6m 时，宜用单级真空井点；当井深 6～12m 且场地条件允许时，宜用多级井点，井点平台的级差宜为 4～5m。

② 开挖排水沟。

③ 根据实地测放的孔位排放集水总管，集水总管应远离基坑一侧。

④ 布置观测孔。观测孔应布置在基坑中部、边角部位和地下水的来水方向。

（2）钻机就位

① 当采用长螺旋钻机成孔时，钻机应安装在测设的孔位上，使其钻杆轴线垂直对准钻孔中心位置，孔位误差不得大于 150mm。使用双侧吊线坠的方法校正调整钻杆垂直度，钻杆倾斜度不得大于 1%。

② 当采用水冲法成孔时，起重机安装在测设的孔位上，用高压胶管连接冲管与高压水泵，起吊冲管对准钻孔中心，冲管倾斜角度不得大于 1%。

（3）钻（冲）井孔

① 对于不易产生塌孔缩孔的地层，可采用长螺旋钻机施工成孔，孔径为 300～400mm，孔深比井深大 0.5m。塌土冲孔需加套管。

② 对易产生塌孔缩孔的松软地层采用水冲法成孔时，使用起重设备将冲管起吊插入井点位置，开动高压水泵边冲边沉，同时将冲管上下左右摆动，以加剧土体松动。冲水压力根据土层的坚实程度确定：砂土层采用 0.5～1.25MPa；黏性土层采用 0.25～1.50MPa。冲孔深度应低于井点管底 0.5m。冲孔达到预定深度后应立即降低水压，迅速拔出冲管，下入井点管，投放滤料，以防止孔壁坍塌。

（4）沉设井点管　沉设井点管应缓慢，保持井点管位于井孔正中位置，禁止剐蹭井壁和插入井底，发现有上述现象发生，应拔出井点管、对过滤器进行检查，合格后重新沉设。井点管应高于地面 300mm，管口应临时封闭以免杂物进入。

（5）投放滤料

① 滤料应从井管四周均匀投放，保持井点管居中，并随时探测滤料深度，以免堵塞架空。滤料顶面距离地面应为 2m 左右。

② 向井点内投入的滤料数量，应大于计算值的 5%～15%，滤料填好后再用黏土封口。

（6）洗井

① 投放滤料后应及时洗井，以免泥浆与滤料产生胶结，增大洗井难度。洗井可用清水循环法和空压机法。应注意采取措施防止洗出的浑水回流入孔内。洗井后如果滤料下沉应补投滤料。

② 清水循环法：可用集水总管连接供水水源和井点管，将清水通过井点管循环洗井，浑水从管外返出，水清后停止，立即用黏性土将管外环状间隙进行封闭以免塌孔。

③ 空压机法：采用直径 20～25mm 的风管将压缩空气送入井点管底部过滤器位置，利用气体反循环的原理将滤料空隙中的泥浆洗出。宜采用洗、停间隔进行的方法洗井。

（7）黏性土封填孔口　洗井后应用黏性土将孔口填实封平，防止漏气和漏水。

（8）连接、固定集水总管　井点管施工完成后应使用高压软管与集水总管连接，接口必须密封。各集水总管之间宜设置阀门，以便对井点管进行维修。各集水总管宜稍向管道水流下游方向倾斜，然后将集水总管进行固定。为减少压力损失，集水总管的标高应尽量降低。

（9）安装抽水机组　抽水机组应稳固地设置在平整、坚实、无积水的地基上，水箱吸水口与集水总管处于同一高程。机组宜设置在集水总管中部，各接口必须密封。

（10）安装排水管　排水管径应根据排水量确定，并连接严密。

（11）抽水　轻型井点管网安装完毕后，进行试抽。当抽水设备运转一切正常后，整个抽水管路无漏气现象，可以投入正式抽水作业。开机一周后，将形成地下降水漏斗，并趋向稳定，土方工程一般可在降水10d后开挖。

（12）**井点拆除**　地下建、构筑物竣工并进行回填土后，方可拆除井点系统，井点管拆除一般多借助于倒链、起重机等，所留孔洞用土或砂填塞，对地基有防渗要求时，地面以下2m应用黏土填实。

4. 施工总结

① 降水期间应对抽水设备的运行状况进行维护检查，每天不应少于3次并做好记录。发现有地下水管线漏水、地表水入渗时，应及时采取断水、堵漏、隔水等措施进行治理。

② 井点系统应以单根集水总管为单位，围绕基坑布置。当井点环宽度超过40m时，可征得设计同意，在中部设置临时井点系统进行辅助降水。当井点环不能封闭时，应在开口部位向基坑外侧延长1/2井点环宽度作为保护段，以确保降水效果。

③ 在抽水工程中，应经常检查和调节离心泵的出水阀门以控制流水量，当地下水位降到所要求的水位后，减少出水阀门的出水量，尽量使抽吸与排水保持均匀，达到细水长流。

④ 在抽水过程中，特别是开始抽水时，应检查有无井点淤塞的死井，如死井数量超过10%，则严重影响降水效果，应及时采取措施，采用高压水反复冲洗处理。

⑤ 井点位置应距坑边2～2.5m，以防止井点设置影响边坑土坡的稳定性。

⑥ 井点抽水时应保持要求的真空度，除降水系统做好密封外，还应采取保护坡面的措施，以避免随着开挖的进行使坡面因暴露造成漏气。

⑦ 降水井及观察井施工质量检查应符合表1-12的规定。

表1-12　降水井及观察井施工质量检查

检查项目		允许偏差或允许值	检查方法
过滤器	骨架管孔隙率/%	≥15	用钢尺量、计算
	缠丝间隙＝滤料D_{10}的倍数	1.0	取土样做筛分试验
	网眼尺寸＝砂土类含水层D_{50}的倍数	1.5～2.5	
滤料规格	D_{50}＝砂土类含水层d_{50}的倍数	6～8	
	D_{20}＝砂石土类含水层d_{20}的倍数	6～8	
	不均匀系数 η	≤2	
抽排水含砂量（体积比）		<1/1000	取水样做试验
井管间距（与设计对比）/mm		≤150	用钢尺量
井管垂直度/%		1	插管时目测
井管插入深度（与设计对比）/mm		≤200	水准仪
过滤砂砾料填灌（与设计对比）/%		≤5	检查回填料用量
井管真空度/kPa		>60	真空度表
降水深度		符合设计要求	稳定24h

二、局部降水

1. 示意图和现场照片

局部降水示意图和现场照片如图1-51和图1-52所示。

2. 注意事项

① 为防止滤网破坏，在井管放入前，应认真检查，以保证滤网完好。

② 施工完毕后，应在井口设置护栏，高度不低于1.2m，并加装井盖，防止杂物掉进井内。

③ 雨季施工，井口周边做地面硬化，并做排水沟。

④ 冬期施工，井点联结总管上要覆盖保温材料，或回填30cm以上厚的干松土，以防冻坏管道。

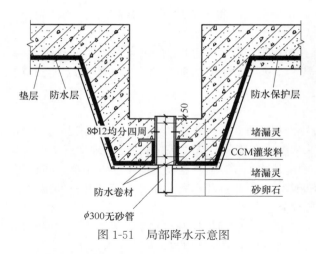

图 1-51 局部降水示意图

图 1-52 局部降水现场

图1-51中标注：垫层　防水层　防水保护层　8Φ12均分四周　堵漏灵　CCM灌浆料　堵漏灵　防水卷材　砂卵石　φ300无砂管　≥50

3. 施工做法详解

施工工艺流程

放线定井位→钻机就位→成孔→下放井管→填滤料→封井→洗井。

（1）**放线定井位**　采用经纬仪及钢尺等进行定位放线。挖泥浆池、泥浆沟：泥浆池的位置可根据现场实际情况进行确定，但必须保证其离基坑开挖上口线的安全距离，确保其对后期基坑边坡的开挖及支护不会带来不良影响。

（2）**钻机就位**　采用反循环钻机进行施工，钻机中心位置尽量与所放的井位中心线相吻合，偏差不得超过50mm；先对钻机进行垂直度校验，确保钻杆的垂直度符合要求，垂直偏差不得超过5％。多台钻机同时施工时，钻机之间要有安全距离，进行跳打。

（3）**成孔**　以上各项准备就绪且均满足规定的要求后，即可进行井孔钻进施工，为保证洗完井后，井深满足设计的要求，可以根据情况适当加深。

（4）**下放井管**（图1-53）　井管为ϕ400mm无砂砾石滤水管，底部2m作为沉淀用。在混凝土

图 1-53　下放井管

预制托底上放置井管，四周拴10号钢丝，缓缓下放，当管口与井口相差200mm时，接上节井管，接头处用玻璃丝布密封，以免渗入混砂淤塞井管，竖向用4条30mm宽竹条固定井管。为防止上下节错位，在下管前将井管立直。吊放井管要垂直，并保持在井孔中心。为防止雨水泥砂或异物流入井中，井管要高出地面500mm，井口加盖。

（5）**填滤料**　井管下入后立即填入滤料。滤料采用水洗砂料，粒径为2～6mm，含泥量＜5％，滤料沿井孔四周均匀填入，宜保持连续，并将泥浆挤出井孔。填滤料时，应随填随测滤料填入高度，当填入量与理论计算量不一致时，及时查找原因，不得用装载机直接填料，应用铁锹或小车下料，以防不均匀或冲击井壁。

（6）**井管四周黏土封井**　在离打井地面约1.0m范围内，采用黏土或杂填土填充密实。

（7）**洗井**

① 在以上各项均完成后，必须及时进行洗井工作，防止井孔淤死，且在正反循环成孔中有少量泥皮影响降水井抽降效果的发挥，也要通过洗井将泥皮洗出。

② 洗井采用空压气举法，成孔时尽量采用清水护壁，采用大功率的空压机洗井并下入优质的滤管滤料，这样才能保证最良好的透水性。洗井时要将井底泥砂吹净洗透至洗出清水为止。

③ 水泵安装、排水：清孔完毕后，根据降水设计计算中的降水井出水量情况和井深选用 3～5t/h 的潜水泵抽水，可根据现场地下水的出水量调整水泵的容量。用钢丝绳吊放至距井底 2.0m 处，铺设电缆和电闸箱，安装漏电保护系统。

④ 在完成井的使用目的并拆除井泵后，按设计要求和施工方案进行处理，近地面部分按原貌予以修复。

4. 施工总结

① 井点使用时，基坑周围井点应对称、同时抽水，使水位差控制在要求的限度内。

② 潜水泵在运行时应经常观测水位变化情况，检查电缆线是否和井壁相碰，以防磨损后水沿电缆芯渗入电动机内。同时，还必须定期检查密封的可靠性，以保证正常运转。

③ 采用沉井成孔法，在下沉过程中，应控制井位和井深垂直度偏差在允许范围内，使井管竖直准确就位。

④ 降水时应采取措施，防止或减少降水对周围环境的影响。

三、明沟排水与盲沟排水

1. 示意图和现场照片

明沟排水与盲沟排水示意图和盲沟排水现场照片如图 1-54 和图 1-55 所示。

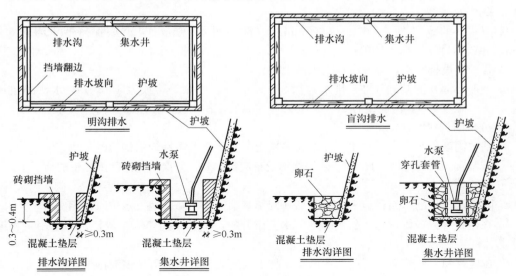

图 1-54　明沟与盲沟排水示意图

2. 注意事项

① 雨水倒灌：雨季施工时，应注意在基坑（槽）周围设置挡水设施，以防雨水灌入基坑（槽）而引起边坡坍塌。

② 水流不畅：冬季施工时，在排水管上部覆盖保温材料或覆盖 30～50cm 的松干土，以防温度过低而引起水流不畅。

3. 施工做法详解

施工工艺流程 ≫≫≫≫ ·····································

测量放线→排水沟开挖→细节施工→进行排水。

| 图 1-55 盲沟排水 | 图 1-56 集水坑现场施工 |

① 排水沟布置在基坑两侧或四周，集水坑在基坑四角每隔 30～40m 设置，坡度宜为 0.1%～0.2%。排水沟宜布在拟建建筑基础边 0.4m 以外，集水坑地面应比沟底低 0.5m（图 1-56）。水泵型号依据水量计算确定。明沟排水应注意保持排水通道畅通。视水量大小可以选择连续抽水或间断抽水。基槽宽阔时宜采用明沟，狭窄时宜采用盲沟。

② 普通明沟排水法：

a. 在基坑（槽）的周围一侧或两侧设置排水边沟，每隔 20～30m 设置一集水井，使地下水汇集于井内。

b. 集水井的截面为（600mm×600mm）～（800mm×800mm），井底保持低于沟底 0.4～0.1m，井壁用竹筏、模板加固。

c. 若一侧设排水沟，应设在地下水的上游。

d. 一般小面积的基坑（槽）排水沟深 0.3～0.6m，底宽等于或大于 0.4m，水沟的边坡为（1∶1.1）～（1∶1.5），沟底设有 0.1%～0.2%的纵坡，使水流不至堵塞。

③ 分层明沟排水法。

a. 基坑深度较大，地下水位较高以及多层土中上部有透水性较强的土时采用。

b. 在基坑（槽）边坡上设置 2～3 层明沟及相应集水井，分层阻截上部土体中的地下水。

④ 深沟降水法。

a. 降水深度大的大面积地下室、箱形基础及基础群施工降低地下水位时采用。

b. 在建筑物内或附近适当位置于地下水上游开挖。纵长深沟作为主沟，自流或用泵将地下水排走。

c. 在建筑物、构筑物四周或内部设支沟与主沟连通，将水流引至主沟排出。

d. 主沟的沟底应较最深基坑低 1～2m。

e. 支沟比主沟浅 500～800mm，通过基础部位填碎石及砂作盲沟，在基础回填前分段夯填黏土截断。

4. 施工总结

① 应注意防止上层排水沟地下水流向下层排水沟，冲坏边坡造成塌方。

② 抽水应连续进行，知道基础回填土后方可停止。

四、喷射井点降水

1. 施工示意图和现场照片

喷射井点降水施工示意图和现场照片如图 1-57 和图 1-58 所示。

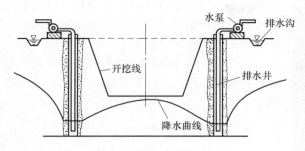

图 1-57 喷射井点降水示意图

图 1-58 喷射井点降水现场

2. 注意事项

① 喷射井点降水施工前，要查明地质、水文情况（包括地质构造、土层情况、水位变化标高、涌水量、渗透系数），编制详细的降水施工方案，选定降水设备，提出购置、加工配套数量，进行必要的试验、试运转，确保各项指标符合设计降低水位的要求。

② 沉设井点管前，应先挖井点坑和排泥沟。井点坑直径应大于冲孔直径。冲孔直径不应小于 400mm，冲孔深度应比滤管底深 1m 以上，冲孔完毕后，应立即沉设井点管。

3. 施工做法详解

施工工艺流程

设置泵房，安装进排水总管→水冲法或钻孔法成井→安装喷射井点管、填滤料→接通进水、排水总管，并与高压水泵或空气压缩机接通→将各井点管的外管管口与排水管接通，并通到循环水箱→启动高压水泵或空气压缩机抽取地下水→用离心泵排除循环水箱中多余的水→测量观测井中地下水位。

① 喷射井点管的布置、井点管的埋设方法和要求，与降水井及观察井基本相同。基坑面积较大时，采用环形布置；基坑宽度小于 10m 时，采用单排线型布置；基坑宽度大于 10m 时做双排布置。喷射井管间距一般为 2～3.5m；采用环形布置，进出口道路处的井点间距为 5～7m，冲孔直径为 400～600mm。

② 安装前应对喷射井点管逐根冲洗，检查完好后方可使用。井点管埋设宜用套管冲枪（或钻机）成孔，加水及压缩空气排泥，当套管内含泥量经测定小于 5％时，才下井管及灌砂，然后再将套管拔起。

③ 下井管时水泵应先开始运转，以便每下好一根井管，立即与总管接通（不接回水管）后及时进行单根试抽排泥，并测定真空度，待井管出水变清后为止，地面测定真空度不宜小于 93.3kPa。全部井点管沉设完毕，再接通回水总管，全面试抽，然后让工作水循环进行正式工作。

④ 使用时，开泵压力要小些（小于 0.3MPa），以后再逐渐正常。抽水时如发现井管周围有泛砂冒水现象，应立即关闭井点管进行检修。工作水应保持清洁，试抽 2d 后应更换清水，以减轻工作水对喷嘴及水泵叶轮等的磨损，一般经 7d 左右即可稳定，开始挖土。

4. 施工总结

① 井点管埋设在孔中心，避免插入泥浆中堵塞滤管，在井点与孔壁之间及时用中粗砂填灌实，至离地面 1.0～1.5m，最后再用黏土夯实封口。

② 进水、回水总管与每根井点管的连接管均需安装阀门，以便调节使用和防止不抽水时发生回水倒灌。井点管路接头应安装严密。

③ 喷射井点一般是将内外管和滤管组成在一起后沉设到井孔内。井点管组装时，必须保持

图 1-59　管井井点降水现场

喷嘴与混合室中心线一致；组装后，每根井点管应在地面做泵水试验和真空度测定地面测定真空度不宜小于 93.1kPa。

④ 喷射井点抽水时，当发现井点管周围有翻砂冒水现象时，应立即关闭此井点，及时检查处理。

五、管井井点降水

1. 现场照片

管井井点降水施工现场照片，如图 1-59 所示。

2. 注意事项

① 安装井点管要垂直，并保持在孔中心，放到底后，在管四周分层均匀填砂砾或碎石滤层，并使密实，最上 500mm 用黏土填压密实。井管要高出地面 200mm，以防雨水、泥砂流入井管内。

② 洗井是管井沉设中的一道关键工序，其作用是清除井内泥砂和防止过滤层淤塞使井的出水量达到正常要求，洗井后井底泥渣厚度应控制在小于 80mm。

3. 施工做法详解

① 采取沿基坑外围四周呈环形布置，或沿基坑（或沟槽）两侧或单侧呈直线型布置。井中心距基坑（槽）边缘的距离，当用冲击钻成孔时为 0.5～1.5m；当用钻孔法成孔时不小于 3m。井管埋设的浓度一般为 8～15m，间距 10～15m，降水深 3～5m。

② 管井埋设可采用泥浆护壁冲击钻成孔或泥浆护壁钻孔方法成孔。钻孔孔径比管外径大 200mm。钻孔底部应比滤水井管深 200mm 以上。井管下沉前应进行清洗滤井，冲除沉渣，可灌入稀泥浆用吸水泵抽出置换，或用空压机洗井法，将泥渣清出井外，并保持滤网的畅通，然后下管。滤水井管置于孔中心，下端用圆木堵塞管口，井管与孔壁之间用直径为 3～15mm 砾石填充作过滤层，地面以下 0.5m 内用黏土填充夯实。

③ 水泵的设置标高应根据降水深度和选用水泵最大真空吸水高度而定，一般为 5～7m，当吸程不够时，可将水泵设在基坑内。

④ 管井使用时，应试抽水，检查出水是否正常，有无淤塞等现象，如情况异常，应检修好后和可转入正常使用。抽水过程中，应经常对抽水设备的电动机、传动机电流、电压等进行检查，并对井内水位下降和流量进行观测和记录。

⑤ 井管使用完毕，可用人字桅杆上的钢丝绳、倒链借助绞磨或卷扬机将井管徐徐拔出，将滤水井管洗去泥砂后储存备用，所留孔洞用砂砾填实。

4. 施工总结

① 管井降水时，应对称、同步地进行，使水位差控制在 0.5m 以内。

② 管井供电系统宜采用双电路，避免中途停电或发生故障时造成水淹基坑、破坏基土。

③ 当管井采用离心式水泵使降水深度不能满足要求时，应改用潜水泵在井管内进行降水。

第二章
地基与基础工程

第一节 ▶ 地基处理施工

一、人工打钎

1. 示意图和现场照片

人工打钎示意图和现场照片如图 2-1 和图 2-2 所示。

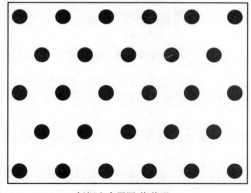

钎探点布置图(梅花形)

图 2-1　人工打钎示意图

图 2-2　人工打钎现场

2. 注意事项

① 钎探完成后，应做好标记，保护好钎孔，未经质量检查人员和有关人员检验不得堵塞或灌砂。

② 钎探记录和平面布置图的探孔位置不得填错。

3. 施工做法详解

施工工艺流程 ≫≫≫ ·········

按布置图放线→就位打钎→记录锤击数→拔钎→移位→灌砂→记录整理数据。

（1）**按钎探孔位置平面布置图放线**　孔位钉上小木桩或撒上白灰点，并标注钎孔控制点序号。

（2）**就位打钎**

① 人工打钎：将钎尖对准孔位，一人扶正钢钎，一人站在操作凳子上，用大锤打钢钎的顶

端；锤举高度一般为 50～70cm，将钎垂直打入土层中。

② 机械打钎：将触探杆尖对准孔位，再把穿心锤套在钎杆上，扶正钎杆，拉起穿心锤，使其自由下落，落距为 50cm，把触探杆垂直打入土层中。

(3) 记录锤击数 钎杆每打入土层 30cm 时，记录一次锤击数。

(4) 拔钎 用麻绳或铅丝将钎杆绑好，留出活套，套内插入撬棍或铁管，利用杠杆原理，将钎拔出（图 2-3）。每拔出一段将绳套往下移一段，依此类推，直至完全拔出为止。

(5) 移位 将钎杆或触探器搬到下一孔位，以便继续打钎。

(6) 灌砂（图 2-4） 打完的钎孔，经过质量检查人员和有关工长检查孔深与记录无误，报监理验收合格后，即可进行灌砂。灌砂时，每填入 30cm 左右可用木棍或钢筋棒捣实一次。灌砂有两种形式，一种是每孔打完或几孔打完后及时灌砂；另一种是每天打完后，统一灌砂一次。

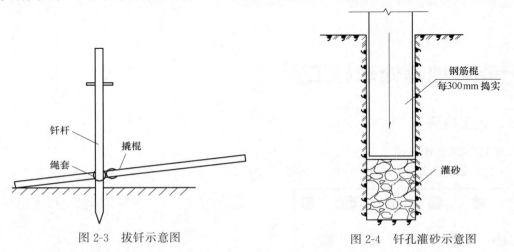

图 2-3　拔钎示意图　　　　　　　图 2-4　钎孔灌砂示意图

(7) 整理记录 按钎孔顺序编号，将锤击数填入统一表格内。字迹要清楚，再经过打钎人员、施工员和技术负责人签字后，经监理、勘察、设计人员验槽合格后归档。

4. 施工总结

① 因特殊原因，不能按原定探点钎探时，应请示有关工长或技术负责人，取消钎孔或移位打钎，并应在记录中写明原因和变更后的实际情况。

② 将钎孔平面布置图上的钎孔与记录表上的钎孔先行对照，有无错误。发现错误及时修改或补打。

③ 打钎时应按照钎点顺序进行钎探或几列平行向一个方向施工，严禁从一点向四周扩散型打钎，这样不利于钎探记录的整理，而且极易发生漏打。

④ 在记录表上用彩色铅笔或符号将不同的钎孔（锤击数的大小）分开。

⑤ 在钎孔平面布置图上，注明过硬或过软的孔号位置，把枯井或坟墓等尺寸画上，以便监理、设计勘察人员或有关部门验槽时分析处理。

二、灰土地基施工

1. 施工示意图和现场照片

灰土地基施工示意图和现场照片如图 2-5（分①～⑥层）和图 2-6 所示。

2. 注意事项

① 灰土应当日铺填夯实，铺填的灰土不得隔日夯打，灰土地基打完后，应及时进行基础的施工，否则应临时遮盖，防止日晒雨淋。夯实后的灰土 3d 内不得受水浸泡。

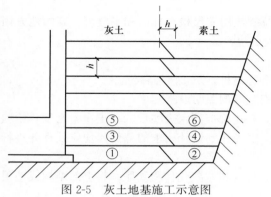

图 2-5 灰土地基施工示意图
h—土的厚度

图 2-6 灰土地基施工现场

② 灰土铺夯完毕后，严禁小车及人在垫层上面行走，必要时应在上面铺板行走。

3. 施工做法详解

施工工艺流程

检验土料并过筛→搅拌灰土→基底清理→分层铺灰土→夯打密实→找平和验收。

(1) 检验土料和石灰粉的质量并过筛 检查土料和石灰粉的材料质量是否符合标准的要求；然后分别过筛。需控制消石灰粒径应≤5mm，土颗粒粒径应≤15mm。

(2) 搅拌灰土

① 灰土的配合比应按设计要求，常用配比为 3∶7 或 2∶8（消石灰∶黏性土体积比）。灰土必须过斗，严格控制配合比。搅拌时必须均匀一致，至少翻拌 3 次，搅拌好的灰土颜色应一致，且应随用随拌。

② 灰土施工时，应适当控制含水量。工地检验方法是：用手将灰土紧握成团，两指轻捏即碎为宜。如土料水分过大或不足，应翻松晾晒或洒水润湿，其含水量控制在±2%范围内。

(3) 基底清理 基坑（槽）底基土表面应将虚土、杂物清理干净，并打两遍底夯，局部有软弱土层或孔洞时应及时挖除，然后用灰土分层回填夯实。

(4) 分层铺灰土

① 各层虚铺都用木耙找平，参照高程标志用尺或标准杆对应检查。

② 每层的灰土虚摊厚度，可根据不同的施工方法，按表 2-1 选用。

表 2-1　灰土最大虚铺厚度

项次	夯具的种类	质量/kg	虚铺厚度/mm	夯实厚度/mm	备注
1	人力夯	40～80	200～250	120～150	人力打夯,落高 400～500mm
2	轻型夯实工具	120～400	200～250	120～150	蛙式打夯机、柴油打夯机
3	压路机	6000～10000	200～300		双轮

(5) 夯打密实

① 夯压的遍数应根据现场试验确定，一般不少于 4 遍。若采用人力夯或轻型夯实工具应一夯压半夯，夯夯相连，行行相接，纵横交叉。若采用机械碾压，应控制机械碾压速度。对于机械碾压不能到位的边角部位须补以人工夯实。每层夯压后都应按规定用环刀取样送检，分层取样试验，符合要求后方可进行上层施工。

② 留接槎规定：灰土分段施工时，不得在墙角、柱基及承重窗间墙下接槎，上下两层灰土的接槎距离不得小于 500mm。铺灰时应从留槎处多铺 500mm，夯实时应夯过接槎缝 300mm 以上，接槎时用铁锹在留槎处垂直切齐。当灰土基础标高不同时，应做成阶梯形。阶梯按照

长：高＝2：1的比例设置。

（6）**找平和验收**　灰土最上一层完成后，应拉线或用靠尺检查标高和平整度。高的地方用铁锹铲平，低的地方补打灰土，然后请质量检查人员验收。

4. 施工总结

① 施工时，应注意妥善保护定位桩、轴线桩和标高桩，防止碰撞移位。

② 夜间施工时，应合理安排施工顺序，配备有足够的照明设施。

③ 应按要求测定干土质量密度：灰土施工时，每层都应测定夯实后的干土质量密度，检验其密实度，符合要求后才能铺摊上层的灰土。密实度未达到设计要求的部位，均应处理并进行复验。

④ 应将生石灰块熟化并认真过筛，以免因颗粒过大遇水熟化体积膨胀，将上部结构或垫层拱裂。

⑤ 灰土施工中，夯实应均匀，表面应平整，以免因地面混凝土垫层过厚或过薄，造成地面开裂或空鼓。管道下部应注意夯实，不得漏夯，以免造成管道下部空虚使管道弯折。

⑥ 雨、冬期不宜做灰土工程，否则严格执行施工方案中的技术措施，避免造成灰土水泡、冻胀等返工事故。

⑦ 对大面积施工，应考虑夯压顺序的影响，一般宜采用先外后内，先周边后中部的夯压顺序，并宜优先选用机械碾压。

⑧ 石灰熟化、灰土搅拌及铺设时应有必要的防尘措施，控制粉尘污染。

⑨ 灰土地基允许偏差应符合表 2-2 的规定。

表 2-2　灰土地基允许偏差

项目	允许偏差	检查方法
石灰粒径/mm	≤5	筛分法
土颗粒粒径/mm	≤15	筛分法
土料有机质含量/%	5	试验室焙烧法
含水量(与要求的最优含水量比较)/%	±2	烘干法
分层厚度(与设计要求比较)/mm	±50	水准仪

三、级配砂石地基施工

1. 施工示意图和现场照片

级配砂石地基施工示意图和现场照片如图 2-7 和图 2-8 所示。

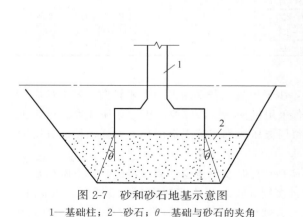

图 2-7　砂和砂石地基示意图

1—基础柱；2—砂石；θ—基础与砂石的夹角

图 2-8　砂和砂石地基现场

2．注意事项

① 地基范围内不应留有孔洞。完工后如无技术措施，不得在影响其稳定的区域内进行挖掘工程。

② 级配砂石成活后，如不连续施工，应适当洒水润湿。

③ 砂石铺夯完毕后，严禁小车及人在垫层上面行走，必要时应在上面铺板行走。

3．施工做法详解

施工工艺流程

处理地基表面→级配砂石→分层铺筑砂石→洒水→夯实和碾压→找平和验收。

（1）处理地基表面

① 将地基表面的浮土和杂质清除干净，平整地基，并妥善保护基坑边坡，防止坍土混入砂石垫层中。

② 基坑（槽）附近如有低于基底标高的孔洞、沟、井、墓穴等，应在未填砂石前按设计要求先行处理。对旧河暗沟应妥善处理，旧池塘回填前应将池底浮泥清除。

（2）级配砂石 用人工级配砂石，应将砂石搅拌均匀，达到设计要求，并控制材料含水量，夯压施工方法见表 2-3。

表 2-3 夯压施工方法

压实方法	虚铺厚度/mm	含水量/%	施工说明
夯实法	200～250	8～12	用蛙式夯夯实至要求的密实度，一夯压半夯，全面夯实
碾压法	200～300	8～12	用 6～10t 的平碾往复碾压密实，平碾行驶速度可控制在 24km/h，碾压次数以达到要求的密实度为准，一般不少于 4 遍

（3）分层铺筑砂石

① 砂和砂石地基应分层铺设，分层夯压密实。

② 铺筑砂石的每层厚度，一般为 150～250mm，不宜超过 300mm，分层厚度可用样桩控制。如坑底土质较软弱，第一分层砂石虚铺厚度可酌情增加，增加厚度不计入垫层设计厚度内。如基底土结构性很强，在垫层最下层宜先铺设 150～200mm 厚松砂，用木夯仔细夯实。

③ 砂和砂石地基底面宜铺设在同一标高上，如深度不同，搭接处基土面应挖成踏步或斜坡形，施工应按先深后浅的顺序进行。搭接处应注意压实。

④ 分段施工时，接槎处应做成斜坡，每层接槎处的水平距离应错开 0.5～1.0m，应充分压实，并酌情增加质量检查点。

⑤ 铺筑的砂石应级配均匀，最大石子粒径不得大于铺筑厚度的 2/3，且不宜大于 50mm，如发现砂窝或石子成堆现象，应将该处砂子或石子挖出，分别填入级配好的砂石。

（4）洒水 铺筑级配砂石在夯实碾压前，应根据其干湿程度和气候条件，适当地洒水以保持砂石的最佳含水量，一般为 8%～12%。

（5）夯实和碾压 视不同条件，可选用夯实或压实的方法。大面积的砂石垫层，宜采用 6～10t 的压路机碾压（图 2-9），边角不到位处可用人力夯或蛙式打夯机夯实。夯实或碾压的遍数根据要求的密实度由现场试验确定。用木夯（落距应保持为 400～

图 2-9 砂石垫层碾压施工

500mm)、蛙式打夯机时，要一夯压半夯，行行相接，全面夯实，一般不少于3遍。采用压路机往复碾压，一般碾压不少于4遍，其轮距搭接不小于500mm。边缘和转角处应用人工或蛙式打夯机补夯密实。夯压施工方法见表2-3。

（6）找平和验收

① 施工时应分层找平，夯压密实，压实后的干密度按灌砂法测定，也可参照灌砂法用标准砂体积置换法测定。检查结果应满足设计要求的控制值。下层密实度经检验合格后方可进行上层施工。

② 最后一层夯压密实后，表面应拉线找平，并符合设计规定的标高。

4. 施工总结

① 回填砂石时，应注意保护好现场轴线桩、标高桩，并应经常复测。

② 夯压时，应注意不要破坏基坑和侧面土的强度，保证边坡稳定，防止边坡坍塌。

③ 施工中必须保证边坡稳定，防止边坡坍塌。

④ 夜间施工时，配备足够的照明设施；防止级配砂石粒径过大或铺筑超厚。

⑤ 应合理安排施工顺序，避免出现以下情况。

a. 大面积下沉：主要原因是未按质量要求施工，分层过厚、碾压遍数不够、洒水不足等。

b. 局部下沉：边缘和转角处夯打不实，留接槎未按规定搭接和夯实。

c. 级配不良：应配专人及时处理砂窝、石堆等问题，做到砂石级配良好。

⑥ 在地下水位以下的砂石地基，其最下层的铺筑厚度可适当增加50mm。

⑦ 密实度不符合要求：坚持分层检查砂石地基的质量，每层的纯砂检查点的干砂质量密度必须符合规定，否则不能进行上一层的砂石施工。

⑧ 石垫层厚度不宜小于100mm，不得使用冻结的天然砂石。

⑨ 砂石地基的允许偏差应符合表2-4的规定。

表2-4　砂石地基的允许偏差

项目	允许偏差	检验方法
顶面标高/mm	±15	用水准仪或拉线和钢尺量检查
表面平度/mm	20	用2m靠尺和楔形塞尺检查
砂石料粒径/mm	≤100	筛分法
砂石料含泥量/%	≤5	水洗法
砂石料有机质含量/%	5%	试验室焙烧法
含水量（与要求的最优含水量比较）/%	±2	烘干法
分层厚度（与设计要求比较）/mm	±50	水准仪

四、粉煤灰地基施工

1. 施工示意图和现场照片

粉煤灰地基施工示意图和现场照片如图2-10和图2-11所示。

2. 注意事项

粉煤灰垫层在地下水位施工时需先采取排水降水措施，不能在饱和状态或浸水状态下施工，更不能用水沉法施工。

3. 施工做法详解

施工工艺流程

粉煤灰含水量的设置→垫层铺设→进行施工。

（1）**粉煤灰含水量的设置**　粉煤灰铺设含水率应控制在最优含水量范围内；如含水量过大，

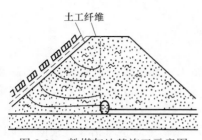

图 2-10　粉煤灰地基施工示意图

图 2-11　粉煤灰地基施工现场

需摊铺晒干再碾压。粉煤灰铺设后,应于当天压完;如压实时含水量过小呈现松散状态,则应洒水湿润再压实,洒水的水质不得含有油质,pH 值应为 6～9。

（2）**垫层铺设**　垫层应分层铺设与碾压,用机械碾压时,铺设厚度为 200～300mm。

4. 施工总结

在软弱地基上填筑粉煤灰垫层时,应先铺设 200mm 的中、粗砂或高炉干渣,以免下卧软土层表面受到扰动,同时有利于下卧软土层的排水固结,并切断毛细水的上升。

五、测高程、放点

1. 施工示意图和现场照片

测高程、放点施工示意图和现场照片如图 2-12 和图 2-13 所示。

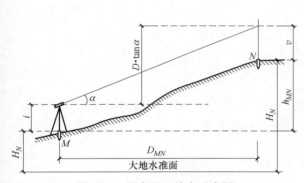

图 2-12　测高程、放点示意图

图 2-13　测高程、放点施工现场

M—在此点安置仪器;N—用望远镜中丝瞄准 N 点觇标的顶点;

a—测得的竖直角;v—觇标高;i—仪器高;D—水平距离;

h_{MN}—M、N 两点间的高差;H_N—N 点的高程;

D_{MN}—M、N 两点间的水平距离

2. 注意事项

① 在水准点上立尺时,不要放尺垫,直接将水准尺立在水准点标志上。

② 为了读取精确的标尺读书,水准尺应垂直,不得前后、左右倾斜,为了保证水准标尺垂直,必要时水准标尺应设置圆水准器。

③ 在观测中,记录应复诵,以免听错、记错。在确认观测数据无误,又符合要求后,后视尺才准许提起尺垫迁移。否则后视尺不能移动尺垫。

④ 前、后视距应大致相符，以消除或减弱仪器水准管轴与视准轴不完全平行的 i 角（夹角）误差。

3. 施工做法详解

施工工艺流程 ◢◢◢◢◢ ·············

详读图纸→校正、检查仪器→进行实测。

① 在完成各单点夯试验施工及检测后，综合分析施工检测数据，确定强夯施工参数，包括：夯击高度、单点夯击次数、点夯施工遍数及满夯夯击能量、夯击次数、夯点搭接范围、满夯遍数等。

② 根据单点夯试验资料及强夯施工参数，对处理场地整体夯量进行估算。根据建筑设计基础埋深，计算确定需要回填土数量。

4. 施工总结

对强夯施工场地地面进行高程测量。根据第一遍点夯施工图，以夯击点中心为圆心，以夯锤直径为圆直径，用白灰画圆，分别画出每一个夯点。

第二节 ▶ 桩基础工程

一、静压力桩施工

1. 施工示意图和现场照片

静压力桩施工示意图和现场照片如图 2-14 和图 2-15 所示。

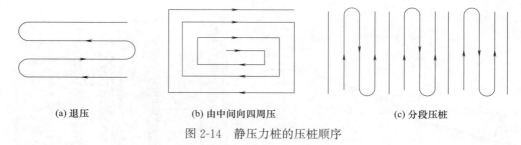

(a) 退压　　　　　　　(b) 由中间向四周压　　　　　　(c) 分段压桩

图 2-14 静压力桩的压桩顺序

图 2-15 静压力桩的现场施工

2. 注意事项

① 电焊结束后停歇时间：用秒表测定，每个焊接接头电焊结束后停歇时间应大于1.0min，再进行压桩。

② 法兰连接桩上下节桩之间应用石棉或纸衬垫，拧紧螺母，经过压装机施加压力时再拧紧一次并焊死螺母。

3. 施工做法详解

施工工艺流程 〉〉〉〉〉〉 ·······························

检查设备及电源→按顺序进行压桩→进行自检。

① 检查有关动力设备及电源等，防止压桩中途间断施工，确认无误后，即可正式压桩。压桩是通过主机的压桩油缸伸程之力将桩压入土中，压桩油缸的最大行程视不同的压装机而有所不同，一般1.5～2.0m。所以每一次下压，桩的入土深度为1.5～2.0m，然后松夹—上升—再夹—再压，如此反复，直至将一节桩压入土中。当一节桩压至离地面0.8～1m时，可进行接桩或放入送桩器将桩压至设计标高。

② 压桩过程中，桩帽、桩身和送桩的中心线应重合，应经常观察压力表，控制压桩阻力，调节桩机静力同步平衡，勿使其偏心。

a. 检查压梁导轮和导笼的接触是否正常，防止卡住，并详细做好静压力桩工艺施工记录。桩在沉入时的侧面设置标尺，根据静压桩机每一次的行程，记录压力变化情况。

b. 当压桩到设计标高时，读取并记录最终压桩力，与设计要求压桩力相比，允许偏差控制在±5%以内，如−5%以上，应向设计单位提出，确定处置与否。压桩时，压力不得超过桩身强度。

③ 压同一根桩，各工序应连续施工，并做好压桩施工记录。

④ 压桩顺序：应根据地形、土质和桩布置的密度决定。通常定压桩顺序的基本原则如下。

a. 根据桩的密集程度及周围建（构）筑物的情况，按水流法分区考虑打桩顺序。

b. 桩较密集，且距周围建（构）筑物较远、施工场地较开阔时，宜从中间向四周进行。

c. 桩较密集、场地狭长、两端距建（构）筑物较远时，宜从中间向两端进行。

d. 桩基较密，且一侧靠近建（构）筑物时，宜从毗邻建筑物的一侧开始由近及远地进行。

e. 根据基础的设计标高，宜先深后浅。

f. 根据桩的规格，宜先大后小、先长后短。

g. 根据高层建筑主楼（高层）与裙房（底层）的关系，宜先高后低。

h. 根据桩的分布状况，宜先群桩后单桩。

i. 根据桩的打入精度要求，宜先低后高。

⑤ 压桩顺序确定后，应根据桩的布置和运输方便，确定压装机是往后"退压"，还是往前"顶压"。当逐排压桩时，推进的方向应逐排改变，对同一排桩而言，必要时可采取间隔跳压的方式。大面积压桩时，可从中间先压，逐渐向四周推进。分段压桩可以减少对桩的挤动，在大面积压桩时较为适宜。

⑥ 压桩应连续进行（图2-16），防止因压桩中断而引起间歇后压桩阻力过大，发生压不下去的现象。如果压桩过程中确实需要间歇，则应考虑将桩尖间歇在软土层中，以便启动阻力不至过大。

⑦ 压桩过程中，当桩尖碰到砂层而压不下去时，应以最大压力压桩，使桩缓缓下沉穿过

图2-16 压桩施工操作

砂夹层，如桩尖遇到其他硬物，应及时处理后方可再压。

⑧ 压桩施工应符合下列要求。

a. 静压桩机应根据设计和土质情况配足额定重量。

b. 桩帽、桩身和送桩的中心线应重合。

c. 压同一根桩应缩短停歇时间。

⑨ 为减小静压力桩的挤土效应，可采取下列技术措施。

a. 对于预钻孔沉桩，孔径比桩径（或方桩对角线）小 50~100mm；深度视桩距和土的密实度、渗透性而定，一般宜为桩长的 1/3~1/2，复压不动才可正式施工。

b. 对于端承摩擦桩或摩擦端承桩，应按终压力值进行控制。

c. 超载压桩时，一般不宜采用满载连续复压法，但在必要时可以进行复压，复压的次数不宜超过 2 次，且每次稳压时间不宜超过 10s。

4. 施工总结

① 应避免桩尖接近硬持力层或桩尖处于硬持力层中接桩。

② 采用焊接接桩时，应先将四周点焊固定，然后对称焊接，并确保焊缝质量和设计尺寸。焊材材质（钢板、焊条）均应符合设计要求，焊接件应做好防腐处理。焊接接桩，其预埋件表面应清洁，上下节之间的间隙应有钢片垫实焊牢。接桩时，一般在距地面 1m 左右，上下节桩的中心线偏差不大于 10mm，节点弯曲矢高偏差不大于 1‰桩长。

③ 焊缝探伤检验：按设计规定的抽检数量进行探伤检验；重要工程应对电焊接桩的接头做 10% 的探伤检查。

二、先张法预应力管桩施工

1. 施工示意图和现场照片

先张法预应力管桩施工示意图和现场照片如图 2-17 和图 2-18 所示。

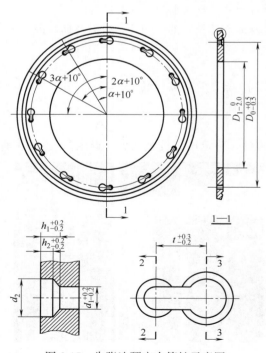

图 2-17　先张法预应力管桩示意图

图 2-18　先张法预应力管桩施工现场

2. 注意事项

① 在工程施工前，组织相关人员进行安全培训，学习有关先张法的技术及安全规定。在每次张拉前要安排专人进行钢绞线、千斤顶、张拉台座、横梁等设施进行检查，发现问题及时处理。

② 进场人员必须戴安全帽。

③ 张拉操作前，周围应设置警戒标志，并设专人照应现场安全。在台座两端外侧有钢绞线45°夹角辐射的扇形危险区，张拉和锚固操作人员必须站在侧面安全处，严禁围观和闲杂人员进入张拉操作区，以防钢绞线崩断、夹具滑脱伤人。

④ 张拉操作人员不宜频繁更换，应保持相对稳定和熟练操作。

3. 施工做法详解

施工工艺流程 ≫≫≫≫ ……………………………………………………………

测量定位→桩机就位→打桩→接桩→送桩。

(1) 先张法预应力管桩工程测量定位

① 根据设计图纸编制工程桩测量定位图，并保证轴线控制点不受打桩时振动和挤土的影响，保证控制点的准确性。

② 根据实际打桩线路图，按施工区域划分测量定位控制网，一般 1 个区域内根据每天施工进度放样 10～20 根桩位，在桩位中心点地面上打入 1 支 Φ6.5 长 30～40cm 的钢筋，并用红油漆标示。

③ 桩机移位后，应进行第 2 次核样，核样根据轴线控制网点所标示工程桩位坐标点（X，Y），采用极坐标法进行核样，保证工程桩位偏差值小于 10mm，并以工程桩位点为中心，用白灰按桩径大小画 1 个圆圈，以方便插桩和对中。

④ 工程桩在施工前，应根据施工桩长在匹配的工程桩身上画出以"m"为单位的长度标记，并按从下至上的顺序标明桩的长度，以便观察桩入土深度及记录每米沉桩锤击数。

(2) 先张法预应力管桩工程桩机就位

① 为保证打桩机下地表土受力均匀，防止不均匀沉降，保证打桩机施工安全，采用厚度 2～3cm 厚的钢板铺设在桩机履带下，钢板宽度比桩机宽 2m 左右，保证桩机行走和打桩的稳定性。

② 桩机行走时，应将桩锤放置于桩架中下部以桩锤导向脚不伸出导杆末端为准。

③ 根据打桩机桩架下端的角度计初调桩架的垂直度，并用线坠由桩帽中心点吊下与地上桩位点初对中。

(3) 打桩

① 打第一节桩时必须采用桩锤自重或冷锤（不能挂挡）将桩徐徐打入，直至管桩沉到某一深度不动为止，同时用仪器观察管桩的中心位置和角度，确认无误后，再转为正常施打，必要时应拔出重插，直至满足设计要求。

② 正常打桩应采用重锤低击。

(4) 接桩

① 焊接时应由 3 个电焊工在成 120°的方向同时施焊，先在坡口圆周围上对称点焊 4～6 点，待上下桩节固定后拆除导向箍再分层施焊，每层焊接厚度应均匀（图 2-19）。

② 焊接层数不少于 3 层，采用普通交流焊机的手工焊接时第 1 层必须用 φ3.2 电焊条打底，确保根部焊透，第 2 层方可用粗电焊条（φ4 或 φ5）施焊；采用自动及半自动保护焊机的应按相应规程分层连续完成。

③ 焊接完成后，需自然冷却不少于 1min 后方可继续锤击。夏期施工温度较高，可采用鼓风机送风，加速冷却，严禁用水冷却或焊好即打。

图 2-19　接桩施工

④ 对于抗拔及高承台桩，其接头焊缝外露部分应做防锈处理。

（5）送桩

① 根据设计桩长接桩完成并正常施打后，应根据设计及试打桩时确定的各项指标来控制是否采取送桩。

② 送桩前在送桩器上以"m"为单位，并按从下至上的顺序标明长度，由打桩机主卷扬吊钩采用单点吊法将送桩器喂入桩帽。

4. 施工总结

① 打桩顺序应根据桩的密集程度及周围建（构）筑物的关系确定。

② 当管桩需接长时，接头个数不应超过 3 个且尽量避免桩尖落在厚黏性土层中接桩。

③ 下节桩的桩头处应设导向箍以方便上节桩就位，接桩时上下节桩应保持顺直，中心线偏差不应大于 2mm，节点弯曲矢高偏差不大于 1‰桩长。

④ 送桩前应保证桩锤的导向脚不伸出导杆末端，管桩露出地面高度应控制在 0.3～0.5m。

⑤ 送桩完成后，应及时将空孔密实。

三、混凝土预制桩施工

1. 施工示意图和现场照片

混凝土预制桩施工示意图和现场照片如图 2-20 和图 2-21 所示。

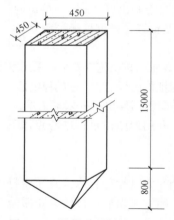

图 2-20　混凝土预制桩示意图

图 2-21　混凝土预制桩现场

2. 注意事项

① 桩应达到设计强度的 70% 时方可起吊，达到 100% 时才能运输。

② 桩在起吊和搬运时，必须做到吊点符合设计要求，应平稳并不得损坏。

③ 桩的堆放应符合下列要求：

a. 场地应平整、坚实，不得产生不均匀下沉；

b. 垫木与吊点的位置相同，并应保持在同一横断面内，各层垫木应上下对齐；

c. 同桩号的预制桩应按规格、材质分别堆放，桩尖应向一端；

d. 多层垫木应上下对齐，最下层的垫木应适当加宽，堆放层数不宜超过 4 层。

④ 妥善保护好桩基的轴线和标高的控制桩，不得由于碰撞和振动而产生位移。在打桩过程中应定期、不定期对桩位和基准点进行复测校正。

⑤ 打桩时，如发现地质资料与提供的数据不符，应停止施工，与有关单位研究处理。

⑥ 在邻近有建筑物或岸边、斜坡上打桩时，应会同有关单位采取有效措施，施工时应随时进行观测。

⑦ 打桩完毕的基坑开挖时，应制订合理的施工顺序和技术措施，防止桩产生位移和倾斜。

⑧ 当持力层为砂性土，沉好的桩发生上浮量超过 100mm 的较大上浮时，应进行复打施工。

3. 施工做法详解

施工工艺流程

桩机就位→起吊预制桩→稳桩→打桩→接桩→送桩→检查验收。

(1) 桩机就位 打桩机就位时，应对准桩位，保证垂直、稳定，确保在施工中不发生倾斜、移位。在打桩前，用 2 台经纬仪对打桩机进行垂直度调整，使导杆垂直，或达到符合设计要求的角度。

(2) 起吊预制桩 先拴好吊桩用的钢丝绳和索具，然后应用索具捆绑在桩上端吊环附近处，一般不宜超过 300mm，再起动机器起吊预制桩，使桩尖垂直或按设计要求的斜角准确地对准预定的桩位中心，缓缓放下插入土中，位置要准确，再在桩顶扣好桩帽或桩箍，即可除去索具。

(3) 稳桩 桩尖插入桩位后，先通过较小的落距用桩锤轻锤 1～2 次，桩入土一定深度，再调整桩锤、桩帽、桩垫及打桩机导杆，使之与打入方向成一直线，并使桩稳定。10m 以内短桩可用线坠双向校正；10m 以上或打接桩必须用经纬仪双向校正，不得用目测。打斜桩时必须用角度仪测定、校正角度。观测仪器应设在不受打桩机移动及打桩作业影响的地点，并经常与打桩机成直角移动。桩插入土时垂度偏差不得超过 0.5%。

(4) 打桩

① 用落锤或单动汽锤打桩时，锤的最大落距不宜超过 1m；用柴油锤打桩时，应使锤跳动正常。

② 打桩宜重锤低击，锤重的选择应根据工程地质条件，桩的类型、结构、密集程度及施工条件来选用。

③ 打桩顺序根据基础的设计标高，先深后浅；依桩的规格先大后小，先长后短。由于桩的密集程度不同，可由中间向两个方向对称进行或向四周进行，也可由一侧向单一方向进行。

④ 打入初期应缓慢地间断地试打，在确认桩中心位置及角度无误后再转入正常施打。

⑤ 打桩期间应经常校核检查桩机导杆的垂直度或设计角度。

(5) 接桩

① 在桩长不够的情况下，采用焊接或浆锚法接桩。

② 接桩前应先检查下节桩的顶部，如有损伤应适当修复，并清除两桩端的污染和杂物等。如下节桩头部严重破坏时应补打桩。

③ 焊接时，其预埋件表面应清洁，上下节之间的间隙应用铁片垫实焊牢。施焊时，先将四角点焊固定，然后对称焊接，并应采取措施，减少焊缝变形，焊缝应连续焊满。0℃ 以下时须停止焊接作业，否则需采取预热措施。

④ 浆锚法接桩时，接头间隙内应填满熔化了的硫黄胶泥，硫黄胶泥温度控制在 145℃ 左右。接桩后应停歇至少 7min 后才能继续打桩。

⑤ 接桩时，一般在距地面 1m 左右进行。上下节桩的中心线偏差不得大于 5mm，节点弯曲矢高不得大于 1/1000 桩长。

⑥ 接桩处入土前，应对外露铁件再次补刷防腐漆。桩的接头应尽量避免下述位置：

a. 桩尖刚达到硬土层的位置；

b. 桩尖将穿透硬土层的位置；

c. 桩身承受较大弯矩的位置。

（6）**送桩** 设计要求送桩时，送桩的中心线应与桩身吻合一致方能进行送桩。送桩下端宜设置桩垫，要求厚薄均匀。若桩顶不平可用麻袋或厚纸垫平。送桩留下的桩孔应立即回填密实。

（7）**检查验收** 预制桩打入深度以最后贯入度（一般以连续三次锤击均能满足为准）及桩尖标高为准，即"双控"，如两者不能同时满足要求，首先应满足最后贯入度。坚硬土层中，每根桩已打到贯入度要求，而桩尖标高进入持力层未达到设计标高，此时应根据实际情况与有关单位会商确定。一般要求继续击3阵，每阵10击的平均贯入度，不应大于规定的数值；在软土层中以桩尖打至设计标高来控制，贯入度可作参考。符合设计要求后，填好施工记录。然后移桩机到新桩位。如打桩发生与要求相差较大的情况，应会同有关单位研究处理，一般采取补桩的方法。

在每根桩桩顶打至场地标高时应进行中间验收，待全部桩打完后，开挖至设计标高，做最后检查验收，并将技术资料提交总承包方。

（8）**移桩机** 移动桩机至下一桩位按照上述施工程序进行下一根桩的施工。

4. 施工总结

① 预制桩必须提前订制，打桩时预制桩强度必须达到设计强度的100%，锤击预制桩宜采取强度与龄期双控制。蒸养养护时，蒸养后应增加自然养护期1个月后方准施打。

② 桩身断裂：由桩身弯曲过大、强度不足及地下有障碍物等原因造成，或由于桩在堆放、起吊、运输过程中产生的断裂没有被发现而致。

③ 桩顶破碎：由桩顶强度不够及钢筋网片不足、主筋距桩顶太小或桩顶不平、施工机具选择不当等原因造成。

④ 桩身移位或倾斜：由场地不平，打桩机底盘不水平或稳桩不垂直，桩尖在地下遇见硬物，桩尖偏斜或桩体弯曲，桩体压曲破坏，打桩顺序不合理，接桩位置不正等原因造成。

⑤ 接桩处拉脱开裂：连接处表面不干净，连接铁件不平，焊接质量不符合要求，硫黄胶泥接桩时配合比不适，温度控制不当，熬制操作不当等造成硫黄胶泥达不到设计强度要求，接桩上下中心线不在同一条直线上等造成。

⑥ 当地面受打桩施工影响而平整度遭到破坏时，应随时进行修整。

⑦ 选用打桩机时，应充分考虑施工中的噪声、振动、地层扰动、废气、溅油、烟火等对周围环境的影响。

⑧ 打桩过程中，遇见下列情况应暂停，并及时与有关单位研究处理：

a. 贯入度剧变；

b. 桩身突然发生倾斜、位移或有严重回弹；

c. 桩顶或桩身出现严重裂缝或破碎。

四、人工挖孔灌注桩施工

1. 施工示意图和现场照片

人工挖孔灌注桩配筋笼示意图和现场照片如图 2-22 和图 2-23 所示。

2. 注意事项

① 桩孔开挖施工时，应注意观察地面和邻近建（构）筑物的变化，保证其安全。

② 挖出的土方应及时运走，不得堆放在孔口附近，孔口四周 2m 范围内不得堆放杂物，3m 内不得行驶和停放车辆。

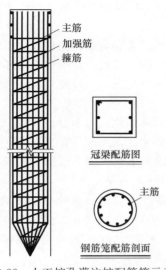

主筋
加强筋
箍筋

冠梁配筋图

主筋

钢筋笼配筋剖面

图 2-22 人工挖孔灌注桩配筋笼示意图

图 2-23 人工挖孔灌注桩现场

③已挖好的桩孔必须用木板或脚手板、钢筋网片盖好，防止土块、杂物、人员坠落。严禁用草席、塑料布虚掩。

④已挖好的桩孔及时放好钢筋笼，办理隐检手续，间隙时间不得超过 4h。将混凝土浇灌完毕，防止塌方。

⑤桩顶外圈做好挡土台，防止灌水、掉土。

⑥保护好已成型的钢筋笼，不得扭曲、松动变形。要竖直放入井内，不要碰坏井壁，浇灌混凝土时吊桶要垂直放置，防止因混凝土斜向冲击孔壁，破坏护壁上层，造成夹土。

⑦钢筋笼不要被泥浆污染，浇灌混凝土时在笼顶部固定牢固，控制钢筋笼上浮。

⑧浇灌完毕，复核桩位和桩顶标高。将外露主筋和插筋扶正，保持柱位正确。桩顶压实抹平以后用塑料布或草帘将桩头围好养护，防止混凝土出现收缩、干裂。

⑨施工过程妥善保护好场地轴线桩、水准点，不得碾压桩头，弯折钢筋。

3. 施工做法详解

施工工艺流程

放线定位桩机高程→开挖第一节桩孔土方→安放混凝土的护壁、支护壁模板→浇灌第一节护壁混凝土→检查桩位轴线及标高→架设垂直运输架→安放机械、设备→开挖、吊运第二节土方→浇灌第二节护壁混凝土→吊放钢筋笼→浇筑桩身混凝土。

(1) 放线定桩位及高程 在场地三通一平的基础上，依据建筑物测量控制网的资料和基础平面布置图，测定桩位轴线方格控制网和高程基准点。确定好桩位中心，以中点为圆心，以桩身半径加护壁厚度为半径划出上部（即第一节）的圆周。撒石灰线作为桩孔开挖尺寸线。并沿桩中心位置向桩孔外引出四个桩中轴线控制点，用牢固木桩标定。桩位线定好之后，必须经有关部门复查，办好预验手续后开挖。

(2) 开挖第一节桩孔土方 由人工开挖从上到下逐层进行，先挖中间部分的土方，然后扩及周边，有效控制开挖截面尺寸。每节的高度应根据土质好坏及操作条件而定，一般以 0.9～1.2m 为宜。开孔完成后进行一次全面测量校核工作，对孔径、桩位中心检测无误后进行支护。

(3) 安放混凝土护壁的钢筋、支护壁模板

①成孔后应设置井圈，宜优先采用现浇钢筋混凝土井圈护壁。当桩的直径不大，深度小、土质好，地下水位低的情况下也可以采用素混凝土护壁。护壁的厚度应根据井圈材料、性能、

刚度、稳定性、操作方便、构造简单等要求，并按受力状况，以及所承受的土侧压力和地下水侧压力，通过计算来确定。

② 土质较好的小直径桩护壁可不放钢筋，但当设计要求放置钢筋或挖土遇软弱土层需加设钢筋时，桩孔挖土完毕并经验收合格后安放钢筋，然后安装护壁模板。护壁中水平环向钢筋不宜太多，竖向钢筋端部宜弯成 U 形钩并打入挖土面以下 100～200mm，以便与下一节护壁中钢筋相连接。

③ 护壁模板用薄钢板、圆钢、角钢拼装焊接成弧形工具式内钢模每节分成 4 块，大直径桩也可分成 5～8 块，或用组合式钢模板预制拼装而成。采取拆上节、支下节的方式重复周转使用。模板之间用卡具、扣件连接固定，也可以在每节模板的上下端各设一道用槽钢或角钢做成的圆弧形内钢圈作为内侧支撑，防止内模变形。为方便操作不设水平支撑。

④ 第一节护壁以高出地坪 150～200mm 为宜，护壁厚度按设计计算确定，一般取 100～150mm。第一节护壁应比下面的护壁厚 50～100mm，一般取 150～250mm。护壁中心应与桩位中心重合，偏差不大于 20mm，且任何方向正交直径偏差不大于 50mm，桩孔垂直度偏差不大于 0.5%。符合要求后可用木楔稳定模板。

（4）浇灌第一节护壁混凝土

① 桩孔挖完第一节后应立即浇灌护壁混凝土，人工浇灌，人工捣实，不宜用振动棒。混凝土强度一般为 C20，坍落度控制在 70～100mm。

护壁模板宜在 24h 且强度 >5MPa 后拆除，一般在下节桩孔土方挖完后进行。拆模后若发现护壁有蜂窝、漏水现象，应加以堵塞或导流。

② 第一节护壁筑成后，将桩孔中轴线控制点引回到护壁上，并进一步复核无误后，作为确定地下和节护壁中心的基准点，同时用水准仪把相对水准标高标定在第一节孔圈护壁上。

（5）检查桩位（中心）轴线及标高　每节的护壁做好以后，必须将桩位十字轴线和标高测设在护壁上口，然后用十字线对中，吊线坠向井底投设，以半径尺杆检查孔壁的垂直平整度，随之进行修整。井深必须以基准点为依据，逐根进行引测，保证桩孔轴线位置、标高、截面尺寸满足设计要求。

（6）架设垂直运输架　第一节桩孔成孔以后，即着手在孔上口架设垂直运输支架，支架有三木搭、钢管吊架或木吊架、工字钢导轨支架，要求搭设稳定、牢固。

（7）安装电动葫芦或卷扬机　浅桩和小型桩孔也可以用木吊架、木辘或人工直接借助粗麻绳作提升工具。地面运土用翻斗车、手推车。

（8）安装吊桶、照明、活动安全盖板、水泵、通风机

① 在安装滑轮组及吊桶时，注意使吊桶与桩孔中心位置重合，挖土时直观上控制桩位中心和护壁支模中心线。

② 井底照明必须用低压电源（36V，100W），防水带罩安全灯具。井上口设护栏。电缆分段与护壁固定，长度适中，防止与吊桶相碰。

③ 当井深大于 5m 时，应有井下通风，加强井下空气对流，必要时送氧气，密切注视，防止有毒气体的危害。操作时上下人员轮换作业，互相呼应，井上人员随时观察井下人员情况，切实预防发生人身安全事故。

④ 当地下渗水量不大时，随挖随将泥水用吊桶运出，或在井底挖集水坑，用潜水泵抽水。并加强支护。当地下水位较高，排水沟难以解决时，可设置降水井降水。

⑤ 井口安装水平推移的活动安全盖板：井下有人操作时，掩好安全盖板，防止杂物掉入井内，无关人员不得靠近井口，确保井下人员安全施工。

（9）开挖、吊运第二节桩孔土方（修边）　从第二节开始，利用提升设备运土，井下人员应戴好安全帽，井上人员拴好安全带，井口架设护栏，吊桶离开井上口 1m 时推动活动盖板，掩蔽井口，防止卸土时土块、石块等杂物坠落井内伤人。吊桶在小推车内卸土后（也可以用工字钢导轨将吊桶移出向翻斗车内卸土）再打开井盖，下放吊桶装土。

桩孔挖至规定的深度后，用尺杆检查桩孔的直径及井壁圆弧度，上下应垂直平顺，修整孔壁。

（10）**第二节护壁支护模板**　安放附加钢筋，并与上节预留的竖向钢筋连接，拆除第一节护壁模板，支护第二节。护壁模板采用拆上节支下节依次周转使用。使上节护壁的下部嵌入下节护壁的上部混凝土中，上下搭接 50~75mm。桩孔检测复核无误后浇灌护壁混凝土。

（11）**浇灌第二节护壁混凝土**　混凝土用吊桶送来，人工浇灌、人工振捣密实，混凝土掺入早强剂由试验确定。

（12）**检查桩位（中心）轴线及标高**　以井上口的定位线为依据，逐节投测、修整。

（13）**逐层往下循环作业**　将桩孔挖至设计深度，清除虚土，检查土质情况，桩底应进入设计规定的持力层深度。

（14）**开挖扩底部分**　桩底可分为扩底和不扩底两种。挖扩底桩应先将扩底部位桩身的圆柱体挖好，再按照扩底部位的尺寸、形状，自上而下削土扩充成扩底形状。扩底尺寸应符合设计要求，完成后清除护壁污泥、孔底残渣、浮土、杂物、积水等。

（15）**检查验收**　成孔以后必须对桩身直径、扩大头尺寸、井底标高、桩位中心、井壁垂直度、虚土厚度、孔底岩（土）性质进行逐个全面综合测定。做好成孔施工验收记录，办理隐蔽验收手续。检验合格后迅速封底，安放钢筋笼，灌注桩身混凝土。

（16）**吊放钢筋笼**

① 按设计要求对钢筋笼进行验收，检查钢筋种类、间距、焊接质量、钢筋笼直径、长度及保护块（卡）的安置情况，填写验收记录。

② 钢筋笼用起重机吊起，沉入桩孔就位。用挂钩钩住钢筋笼最上面的一根加强箍，用槽钢作横担，将钢筋重吊挂在井壁上口，以自重保持骨架的垂直，控制好钢筋笼的标高及保护层的厚度。起吊时防止钢筋笼变形，注意不得碰撞孔壁（图 2-24）。

③ 如钢筋笼太长，可分段起吊，在孔口进行垂直焊接。大直径（＞1.4m）桩钢筋笼也可在孔内安装绑扎。

④ 超声波等非破损检测桩身混凝土质量用的测管，也应在安放钢筋笼的同时按设计要求进行预埋。钢筋笼安放完毕后，须经验筋合格后方可浇灌桩身混凝土。

（17）**浇筑桩身混凝土**

① 桩身混凝土宜使用设计要求强度等级的预拌混凝土，浇灌前应检测其坍落度，并按规定每根桩至少留置一组试块。用溜槽加串桶向井内浇筑，混凝土的落差不大于 2m，如用泵送混凝土，可直接将混凝土泵出料口移入孔内投料。桩孔深度超过 12m 时宜采用混凝土导管连续分层浇筑，振捣密实。一般浇灌到扩底部的顶面。振捣密实后继续浇筑以上部分。

② 桩直径小于 1.2m、深度达 6m 以下部位的混凝土可利用混凝土自重下落的冲力，再适当辅以人工插捣使之密实；其余 6m 以上部分再分层浇灌振捣密实。大直径桩要认真分层逐次浇灌捣实，振捣

图 2-24　吊放钢筋笼

右上角二维码区域：
扫码看视频
钢筋笼制作

棒的长度不可及部分，采用人工铁管、钢筋棍插捣。浇灌直至桩顶。将表面压实、抹平。桩顶标高及浮浆处理应符合要求。

③ 当孔内渗水较大时（可以以孔内水面上升速度＞15mm/min 为参考），应预先采取降水、止水措施或采用导管法灌注水下混凝土。水下灌注时，首次投料量必须有足以将导管底端一次性埋入水下混凝土中达 800mm 以上。

4. 施工总结

① 从事挖孔桩作业的工人应经健康检查和井下、高空、用电、吊装及简单的机械操作等安全作业培训，且经过考核合格，方可进入现场施工。

② 对施工现场所有设备、设施、装置、工具、配件及个人劳防用品等必须经常进行检查。

③ 垂直偏差大（桩孔垂直度超偏差）：由于开挖过程未按每挖一节即吊线坠核查桩井的垂直度，致使挖完以后垂直度超偏差。必须每挖完一节即根据井上口护壁上的轴线中心线吊线坠，用尺杆测定修边，使井壁圆弧保持上下顺直。

④ 孔壁坍塌：因桩位土质不好，或地下水渗出造成孔壁土体坍落。开挖前应掌握现场土质情况，错开桩位开挖，随时观察土体松动情况，必要时可在坍塌处用砌砖封堵，操作进程要紧凑，不留间隔空隙，避免塌孔。

⑤ 井底残留虚土太多：成孔、修边以后有大量虚土存积在井底，未认真清除，扩大头斜面土体坍落。挖到规定深度以后，除认真清除虚土外，放好钢筋笼之后再检查一次，必须将孔底的虚土清除干净，必要时用水泥砂浆或混凝土封底。

⑥ 孔底积水过多：成孔以后孔底积水，开挖过程采取的排水措施不当，渗出的地下水积聚在井底。地下水位高、渗出量大的地区，应采取降水措施，将地下水位降低到桩底以下后开挖。少量积水浇灌时，首盘可采用半干硬性混凝土。

⑦ 混凝土振捣不实：由于桩身混凝土浇灌、振捣操作条件具有一定难度，未采取有效的辅助振捣措施，造成桩身混凝土松散不实、空洞、缩颈、夹土等现象。应在混凝土浇灌、振捣操作前进行技术交底，坚持分层浇注、分层振捣、连续作业。分层浇筑厚度以一节护壁的高度为宜，必要时用铁管、竹竿、钢筋轩人工辅助插捣，以补充机械振捣的不足。

⑧ 钢筋笼扭曲变形：钢筋笼加工制作，点焊不牢，未采用支撑加强筋，运输吊放时易产生变形、扭曲。钢筋笼应在专用平台上加工。主筋与箍筋点焊要牢固，支撑加强要可靠。吊运要竖直，使其平稳地放入井中，保持骨架完好。

⑨ 桩身混凝土质量问题：灌注时不用串筒或未正确使用串筒，使砂浆和骨料离析，桩孔内未按要求抽干水或本应用水下灌注法而仍用干法（干法浇筑）施工，或水下灌注操作有误产生离析、断桩等状况。

⑩ 混凝土人工挖孔灌注桩施工应符合表 2-5 的规定。

表 2-5　混凝土人工挖孔灌注桩允许偏差

项目		允许偏差	检验方法
钢筋笼主筋间距/mm		±10	钢尺量检查
钢筋笼长度/mm		±100	钢尺量检查
桩的位置/mm	1～3 根桩、单排桩基垂直于桩基中心线方向和群桩基础的边桩	50	拉线和尺量检查
	条形桩基沿桩基中心线方向和群桩基础的中间桩	150	拉线和尺量检查
孔深/mm		+300	重锤或测钻杆
钢筋笼箍筋间距/mm		±20	钢尺量检查
钢筋笼直径/mm		±10	钢尺量检查

项目	允许偏差	检验方法
桩径(不含混凝土护壁厚度)/mm	+50	井径仪或钢尺
垂直度/%	<0.5	测钻杆
桩底虚土厚度/mm	≤50	重锤量测
端承桩摩擦桩/mm	≤150	
钢筋笼安装深度/mm	±100	用钢尺量
混凝土坍落度(干法灌注)/mm	70~100	坍落度仪
混凝土充盈系数	>1	检查实际灌注量
桩顶标高(扣除桩顶浮浆层及劣质桩体)/mm	+30 -50	水准仪

五、长螺旋钻孔灌注桩施工

扫码看视频

长螺旋钻孔
灌注桩施工

1. 施工示意图和现场照片

长螺旋钻孔灌注桩示意图和现场照片如图 2-25 和图 2-26 所示。

2. 注意事项

① 钢筋笼在制作、运输和安装过程中，应采取措施防止变形。放入桩孔时，应有保护垫块或垫管和垫板。安装钻孔机、运输钢筋笼及打混凝土时，均应注意保护好现场的轴线桩、高程桩。

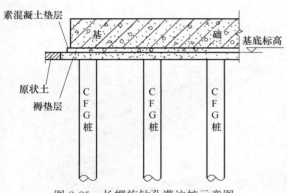

图 2-25　长螺旋钻孔灌注桩示意图

图 2-26　长螺旋钻孔灌注桩施工现场

② 钢筋笼在吊放入孔时，不得碰撞孔壁。灌注混凝土时，应采取措施固定其位置。成孔放入钢筋笼后，及时浇注混凝土。在浇注过程中，应有不使钢筋笼上浮的措施。

③ 已完桩的基础开挖，应制订合理的施工顺序和技术措施，防止桩的位移和倾斜，并检查每根桩的纵横水平偏差。

④ 桩头外留的主筋插铁要妥善保护，不得任意弯折或压断，并有防止伤人措施。

⑤ 桩头混凝土强度，在没有达到 5MPa 时不得碾压，以防桩头损坏。

3. 施工做法详解

施工工艺流程 ▶▶▶▶

钻孔机就位→钻孔→检查成孔质量→孔底土清理→盖好孔口盖板→移动钻机到下一桩位→移走盖板复测孔深、垂直度→吊放钢筋笼→放混凝土溜筒（导管）→浇灌混凝土。

（1）钻孔机就位　钻孔机就位时，必须保持平稳，不发生倾斜、移位。为准确控制钻孔深

图 2-27　钻孔作业

度，应在桩架上或桩管上作出控制的标尺，以便在施工中进行观测、记录。

（2）**钻孔**　调直机架挺杆，对好桩位（用对位圈），合理选择和调整钻进参数，以电流表控制进尺速度，开动机器钻进、出土，达到设计深度后使钻具在孔内空转数圈，清除虚土，然后停钻、提钻（图 2-27）。

（3）**检查成孔质量**　用测绳（锤）或手提灯测量孔深、垂直度及虚土厚度。虚土厚度等于测量深度与钻孔深的差值，虚土厚度一般不应超过 100mm。

（4）**孔底土清理**　钻到设计标高（深度）后，必须在深处进行空转清土，然后停止转动，提钻杆，不得回转钻杆。孔底的虚土厚度超过质量标准时，要分析原因，采取处理措施。进钻过程中散落在地面上的土，必须随时清除运走。

（5）**盖好孔口盖板**　经过成孔质量检查后，应按表逐项填好桩孔施工记录，然后盖好孔口盖板。

（6）**移动钻机到下一桩位**　移走钻孔机到下一桩位，禁止在盖板上行车走人。

（7）**移走盖板复测孔深、垂直度**　移走盖孔盖板，再次复查孔深、孔径、孔壁、垂直度及孔底虚土厚度。

（8）**吊放钢筋笼**　钢筋笼上必须先绑好砂浆垫块（或卡好塑料卡）；钢筋笼起吊时不得在地上拖曳，吊入钢筋笼时，要吊直扶稳，对准孔位，缓慢下沉，避免碰撞孔壁。钢筋笼下放到设计位置时，应立即固定。两段钢筋笼连接时，应采用焊接，以确保钢筋的位置正确，保护层符合要求。浇灌混凝土前应再次检查测量孔内虚土厚度。

（9）**放混凝土溜筒（导管）**　浇筑混凝土必须使用导管。导管内径 200～300mm，每节长度为 2～2.5m，最下端一节导管长度应为 4～6m，检查合格后方可使用。

（10）**浇灌混凝土**

① 放好混凝土溜筒，浇灌混凝土（图 2-28），注意落差不得大于 2m，应边浇灌混凝土边分层振捣密实，分层高度按捣固的工具而定，一般不大于 1.5m。

② 浇灌桩顶以下 5m 范围内的混凝土时，每次浇注高度不得大于 1.5m。

③ 灌注混凝土至桩顶时，应适当超过桩顶设计标高 500mm 以上，以保证在凿除

图 2-28　浇灌混凝土

浮浆后，桩标高能符合设计要求。拔出混凝土溜筒时，钢筋要保持垂直，保证有足够的保护层，防止插斜、插偏。灌注桩施工按规范要求留置试块，每桩不得少于一组。

4. 施工总结

① 孔径控制：开始钻孔或穿过软硬互层交界时，应缓慢进尺，保证钻具垂直，钻进遇有含石块较多的土层或含水量较大的软塑黏土层时，必须防止钻杆晃动引起孔径扩大，致使孔壁附着扰动土和孔底增加回落土。钻进不稳定地层（如含水砂层、干砂层、砂砾层等）时，应采用

图解建筑工程现场细部施工做法（第二版）

低转速钻进，提钻前上下活动钻具，挤实孔壁，必要时可投入黏土泥球，保护井壁。

② 避免孔底虚土过多：钻孔完毕应及时盖好孔口，并防止在盖板上过车和行走。操作中应及时清理虚土。提钻、下笼时注意保护孔壁，必要时可二次投钻清理虚土。

③ 避免塌孔：注意土质变化。遇有砂卵石或流塑淤泥、上层滞水渗漏等情况，应立即采取措施，选择合理的降、止水措施。成孔后及时浇筑混凝土。

④ 桩身混凝土质量差，有缩颈、空洞、夹土等，要严格按操作工艺边灌混凝土边振捣的规定执行。严禁把土及杂物和混凝土一起灌入孔中。

⑤ 钢筋笼变形：钢筋笼在堆放、运输、起吊、入孔等过程中，未严格执行操作规定。必须加强对操作工人的技术交底，严格执行保证质量的措施。

⑥ 当出现钻杆跳动、机架摇晃、钻不进尺等异常情况时，应立即停车检查。

⑦ 混凝土灌到桩顶时，应随时测量顶部标高，以免过多截桩。

⑧ 钻进砂层遇地下水时，钻深应不超过初见水位，以防塌孔。

图 2-29　旋挖成孔灌注桩施工现场

六、旋挖成孔灌注桩施工

1. 施工现场照片

旋挖成孔灌注桩施工现场照片如图 2-29 所示。

2. 注意事项

① 成孔的保护：若灌注不及时，应将孔内注满优质泥浆，孔口用盖板盖好，防止行人及杂物掉入孔内。

② 钢筋笼的保护：雨天应设覆盖，防止雨淋，防止钢筋生锈，地面应平整，防止钢筋笼变形，钢筋笼不能直接放于潮湿的地面。

③ 成桩的保护：旋挖成孔灌注桩施工完毕，桩头应进行保护，冬季时要有防冻措施。

3. 施工做法详解

施工工艺流程

钻机安装就位→拴桩，对准桩位→钻斗或短螺旋钻开孔→埋设护筒→泥浆制作→旋挖钻进成孔→清孔→钢筋笼制作→下钢筋笼→下导管→浇注混凝土。

图 2-30　埋设护筒

（1）**钻机安装就位**　要求地耐力不小于 100kPa，履盘坐落的位置应平整，坡度不大于 3°，避免因场地不平整，产生功率损失及倾斜位移，重心高还易引发安全事故。

（2）**拴桩，对准桩位**　桩位置确定后，用两根互相垂直的直线相交于桩点，并定出十字控制点，做好标识并妥加保护。调整旋挖钻机的桅杆，使之处于铅垂状态，让钻斗或螺旋钻头对正桩位。

（3）**钻斗或短螺旋钻开孔**　定出十字控制桩后，可采用钻机进行开孔钻进取土。

（4）**埋设护筒**（图 2-30）　钻至设计深度，进行护筒埋设，护筒宜采用 10mm 以上厚钢板制作，护筒直径应大于孔径 200mm 左右，护筒的长度应视地层情况合理选择。护筒顶部应高出地面 200mm 左右，周围用黏土填埋并夯实，护筒底应坐落在稳定的土层上，中心偏差不得大于 50mm。测量孔深的水准点，用水准仪将高程引至护筒顶部，并做好记录。

（5）**泥浆制作**　采用现场泥浆搅拌机制作，宜先加水并计算体积，在搅拌下加入规定的膨润土，纯碱以溶液的方式在搅拌下徐徐加入，搅拌时间一般不少于 3min，必要时还可加入其他外加剂如增黏降失水剂、重晶石粉增大泥浆比重，锯末等防止漏浆。

（6）**旋挖钻进成孔**

① 钻头着地，旋转，钻进。以钻具钻头自重和加压油缸的压力作为钻进压力，每一回次的钻进量应以深度仪表为参考，以说明书的钻速、钻压扭矩为指导，进尺量适当，不多钻，也不少钻。钻多，辅助时间加长；钻少，回次进尺小，效率降低。

② 当钻斗内装满土、砂后，将其提升上来，注意地下水位变化情况，并灌注泥浆。

③ 旋转钻机，将钻斗内的土卸出，用铲车及时运走，运至不影响施工作业为止。

④ 关闭钻斗活门，将钻机转回孔口，降落钻斗，继续钻进。

⑤ 为保证孔壁稳定，应视表土松散层厚度，孔口下入长度适当的护筒，并保持泥浆液面高度，随泥浆损耗及孔深增加，应及时向孔内补充泥浆，以维持孔内压力平衡。

⑥ 钻遇软层，特别是黏性土层，应选用较长斗齿及齿间距较大的钻斗以免糊钻，提钻后应经常检查底部切削齿，及时清理齿间粘泥，更换已磨钝的斗齿。钻遇硬土层，如发现每回次钻进深度太小，钻斗内碎渣量太少，可换一个较小直径钻斗，先钻小孔，然后再用直径适宜钻斗扩孔。

⑦ 钻砂卵砾石层，为加固孔壁和便于取出砂卵砾石，可事先向孔内投入适量黏土球，采用双层底板捞砂钻斗，以防提钻过程中砂卵砾石从底部漏掉。

⑧ 提升钻头过快，易产生负压，造成孔壁坍塌，一般钻斗提升速度可按表 2-6 推荐值使用。

表 2-6　钻斗升降速度推荐值

桩径/mm	装满渣土钻斗提升速度/(m/s)	空钻斗升降速度/(m/s)
700	0.973	1.210
1200	0.748	0.830
1300	0.628	0.830
1500	0.575	0.830

⑨ 在桩端持力层钻进时，可能会由于钻斗的提升引起持力层的松弛，因此在接近孔底标高时应注意减小钻斗的提升速度。

（7）**清孔**　因旋挖钻用泥浆不循环，在保障泥浆稳定的情况下，清除孔底沉渣，一般用双层底捞砂钻斗，在不进尺的情况下，回转钻斗使沉渣尽可能地进入斗内，反转，封闭斗门，即可达到清孔的目的。

（8）**钢筋笼制作**　按设计图纸及规范要求制作。一般不超过 29m 长可在地表一次成型，超过 29m，宜在孔口焊接。

（9）**下钢筋笼**　钢筋笼场内移运可用人工抬运或用平车加托架移运，不可使钢筋笼产生永久性变形；钢筋笼起吊要采用双点起吊，钢筋笼大时要用两个吊车同时多点起吊，对正孔位，徐徐下入，不准强行压入。

（10）**下导管**　导管连接要密封、顺直，导管下口离孔底约 30cm 即可，导管平台应平整，夹板牢固可靠。

（11）**浇注混凝土**

① 钢筋笼、导管下放完毕，做隐蔽检查，必要时进行二次清孔，验收合格后，立即浇注混凝土。

② 使用预拌混凝土应具备设计的标号，良好的和易性，坍落度宜为 180～220mm。

③ 初灌量应保证导管下端埋入混凝土面下不少于 0.8m。

④ 隔水塞应具有良好的隔水性能，并能顺利排出。

⑤ 导管埋深保证 2～6m，随着混凝土面上升，随时提升导管。

⑥ 混凝土灌至钢筋笼下端时，为防止钢筋笼上浮，应采取如下措施：在孔口固定钢筋笼上端；灌注时间尽量缩短，防止混凝土进入钢筋笼时流动性变差；当孔内混凝土面进入钢筋笼 1～2m 时，应适当提升导管，减小导管埋深，增大钢筋笼在下层混凝土中的埋置深度。

⑦ 灌注结束时，控制桩顶标高，混凝土面应超过设计桩顶标高 300～500mm，保障桩头质量。

4. 施工总结

① 主机倾覆。旋挖钻机底盘一般采用挖掘机或履带吊车的底盘，加之 20m 高立柱和十几米高的凯式钻杆，使整机重心升高，稳定性降低。如果地耐力不均匀，移机过程中两条履带会产生不均匀沉降，例如一条履带经过废弃泥浆坑及填土而陷落，即产生侧向倾倒。或由于用副卷扬起吊重物，在报警装置失灵情况下，起吊力矩大于抗倾覆力矩，导致主机倾倒。预防措施是：移机时摸清地形，严禁盲目启动车辆；起吊重物时，一定要在起吊允许范围内，且重物位于钻机正前方。

② 主绳断裂。由于主绳过度磨损，起下钻不均匀产生冲击和震动，导致主绳断裂。要经常检查主绳磨损情况，操作平稳可靠，万一发生断绳事故，应立即处理，以防发生埋钻事故。

③ 坍孔。旋挖成孔灌注桩施工大多在松散地层，坍孔是灌注桩施工中最为常见的事故。主要原因有：泥浆稳定液选择不当，护筒埋设不当，水头压力不够等。预防措施有：钻进前即选择与地层相适应的泥浆稳定液护壁钻进；护筒应埋置在稳定地层，周围用黏土捣实，埋置位置应与孔口同心；松散的粉砂层钻进时，应适当控制进尺速度，轻压慢进；终孔后，做灌注混凝土准备工作时，仍应保证足够的补水量。

④ 埋钻。埋钻事故一般发生在坍孔、卡钻、主绳断裂等事故发生之后，原因主要有：泥浆性能与地层要求不相适应，产生坍孔后发生埋钻；卡钻、主绳断裂等事故处理时间过长，产生大量沉淀引起埋钻。发生埋钻事故后，可采用辅助提升法、气举松动法或近旁钻孔法进行处理。

⑤ 孔斜。产生孔斜的原因是钻进松散地层中遇有较大圆滑弧石或探头石，将钻具挤离钻孔轴线，钻具由软地层进入硬地层或粒径差别太大的砂砾层时，钻头所受阻力不均，导致钻具偏斜，造成孔斜。或者钻机位置发生串动，或底座产生局部下沉使钻具倾斜。预防措施是：用好泥浆稳定液，保持孔壁稳定，放慢钻进速度，加固钻机底座，提高地耐力，采用导向性好、桅杆刚性强的旋挖钻机进行施工。

⑥ 黏土层缩颈、糊钻。黏土层具有较强的造浆能力和遇水膨胀的特性，钻进中除应严格控制泥浆黏度增大外，还应适量向孔内投部分砂砾，防止糊钻，钻进时不宜用捞砂斗钻进，应选择扩孔器稍大的单底钻头钻进。

七、套管成孔灌注桩施工

1. 施工现场照片

套管成孔灌注桩施工示意图和现场照片如图 2-31 和图 2-32 所示。

2. 注意事项

① 对于中心距小于 3.5 倍桩径的群桩基础，采用间隔施工，以避免影响已灌注混凝土的相邻桩质量。

② 承台施工时，在凿除高出设计标高的桩顶混凝土时，必须自上而下凿，不能横击，以免桩受水平冲击遭到破坏。

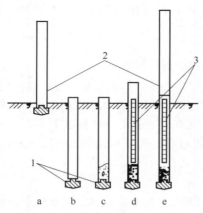

图 2-31　套管成孔灌注桩示意图　　　　　　　图 2-32　套管成孔灌注桩施工现场

a—就位；b—沉钢管；c—开始灌注混凝土；d—下钢筋骨架继
续浇筑混凝土；e—拔管成型；1—桩靴；2—钢管；3—钢筋骨架

3. 施工做法详解

① 打（沉）桩机就位时，应垂直、平稳架设在打（沉）桩部位，桩锤（振动箱）应对准桩位。同时，在桩架或套管上标出控制深度标记，以便在施工中进行套管深度观测。

② 采用活瓣式桩尖时，应先将桩尖活瓣用麻绳或铁丝捆紧合拢，活瓣间隙应紧密。当桩尖对准桩基中心，并核查调整套管垂直度后，利用锤击及套管自重将桩尖压入土中。

③ 采用预制混凝土桩尖时，应先在桩基中心预埋好桩尖，在套管下端与桩尖接触处垫好缓冲材料。桩机就位后，吊起套管，对准桩尖，使套管、桩尖、桩锤在一条垂直线上，利用锤重及套管自重将桩尖压入土中。

④ 成桩施工顺序一般从中间开始，向两侧边或四周进行，对于群桩基础或桩的中心距小于或等于 $3.5d$（d 为桩径）的，应间隔施打，中间空出的桩，须待邻桩混凝土达到设计强度的 50% 后方可施打。

⑤ 开始沉管时应轻击慢振。锤击沉管时，可用收紧钢绳加压或加重配重的方法提高沉管速率。当水或泥浆有可能进入桩管时，应事先在管内灌入 1.5m 左右的封底混凝土。

⑥ 应按设计要求和试桩情况，严格控制沉管最后贯入度。锤击沉管应测量最后两阵十击贯入度；振动沉管应测量最后两个 2min 的贯入度。

⑦ 在沉管过程中，如出现套管快速下沉或套管沉不下去的情况，应及时分析原因，进行处理。如快速下沉是因桩尖穿过硬土层进入软土层引起的，则应继续沉管作业。如沉不下去是因桩尖顶住孤石遇到硬土层引起的，则应放慢速度（轻锤低击或慢振），越过障碍后再正常沉管。如仍沉不下去或沉管过深，最后贯入度不能满足设计要求，则应核对地质资料，会同建设单位研究、处理。

⑧ 钢筋笼的吊放，对通长的钢筋笼在成孔完成后埋设，短钢筋笼可在混凝土灌至设计标高时再埋设，埋设钢筋笼时要对准管孔，垂直缓慢下降。在混凝土桩顶采取构造连接插筋时，必须沿周围对称均匀垂直插入。

⑨ 每次向套管内灌注混凝土时，如用长套管成孔短桩，则一次灌足，如成孔长桩，则第一次应尽量灌满，混凝土坍落度宜为 6~8cm，配筋混凝土坍落度宜为 8~10cm。

⑩ 灌注时充盈系数（实际灌注混凝土与理论计算量之比）应不小于 1。一般土质为 1.1；软土为 1.2~1.3。在施工中可根据不同土质的充盈数，计算出单桩混凝土需用量，折合成料斗浇灌次数，以核对混凝土实际灌注量。当充盈系数小于 1 时，应采用全桩复打；对于断桩和缩颈

桩可局部复打，即复打超过断桩或缩颈桩 1m 以上。

⑪ 桩顶混凝土一般高出设计标高 200mm 左右，待以后施工承台时再凿除。如设计有规定，应按设计要求施工。

⑫ 每次拔管高度应以能容纳吊斗一次所灌注混凝土为限，并边拔边灌。在任何情况下，套管内应保持不少于 2m 高度的混凝土，并按沉管方法不同分别采取不同的方法拔管。在拔管过程中，应有专人用测锤或浮标检查管内混凝土下降情况，一次不应拔得过高。

⑬ 锤击沉管拔管方法是：套管内灌入混凝土后，拔管速度应均匀，对一般土层不宜大于 1m/min；对软弱土层及软硬土层交界处不宜大于 0.8m/min。采用倒打拔管的打击次数，单动汽锤不得少于 70 次/min；自由落锤轻击（小落距锤击）不得少于 50 次/min。在管底未拔出到桩顶设计标高之前，倒打或轻击不得中断。

⑭ 振动沉管拔管方法可根据地基土具体情况，分别选用单打法或反插法进行。单打法：适用于含水量较小土层。系在套管内灌入混凝土后，再振再拔，如此反复，直至套管全部拔出，在一般土层中拔管速度宜为 1.2～1.5m/min，在软弱土层中不宜大于 0.8～1.0m/min。反插法：适用于饱和土层。当套管内灌入混凝土后，先振动再开始拔管，每次拔管高度为 0.5～1m，反插深度为 0.3～0.5m，同时不宜大于活瓣桩尖长度的 2/3。拔管过程应分段添加混凝土，保持管内混凝土面始终不低于地表面，或高于地下水位 1～1.5m 以上。在桩尖接近持力层处约 1.5m 范围内，宜多次反插，以扩大桩底端部面积。当穿过淤泥夹层时，适当放慢拔管速度，减少拔管和反插深度。反插法易使泥浆混入桩内造成夹泥桩，施工中应慎重采用。

⑮ 套管成孔灌注桩施工时，应随时观测桩顶和地面有无水平位移及隆起，必要时应采取措施进行处理。

⑯ 桩身混凝土浇注后有必要复打时，必须在原桩基混凝土未初凝前在原桩位上重新安装桩尖，第二次沉管。沉管后每次灌注混凝土应达到自然地面高，不得少灌。拔管过程中应及时清除桩管外壁和地面上的污泥。前后两次沉管的轴线必须重合。

4. 施工总结

① 桩灌注混凝土时，如出现缩颈，其原因多数情况是由于拔管速度过快；或桩管内混凝土高度不够，使混凝土出管速度下降，扩散压力不够；或由于混凝土坍落度过小，和易性不好，混凝土不能很快扩散；或局部受到桩周土回缩挤压作用。预防措施主要是：要严格注意控制拔管速度；在软土层孔段采取反插；在拔管时一定要使管内混凝土面始终高于自然地面 0.2m 以上；反插时要添加混凝土；混凝土坍落度要严格控制在 8～10cm。

② 施工中如桩体出现蜂窝、狗洞、桩头松散等质量通病，其主要原因是混凝土未按配合比计量、均匀搅拌，或石子级配不好，或坍落度过大，或振拔沉管时未按停拔振动要求操作，以致对混凝土振捣不实。施工中要注意严格工序质量管理，严格按操作规程操作。

③ 施工中如出现悬桩，主要是地下水渗入桩管，使桩底出现一松软层。一般预防措施是：在有水位地层施工，尽量不使用活瓣桩尖；增加桩管内封底混凝土量；检查桩管端部有无裂缝或缺口，如有裂缝或缺口，必须处理好后再沉管。

第三节 ▶ 浅基础工程

一、条形基础施工

1. 施工示意图和现场照片

条形基础施工示意图和现场照片如图 2-33 和图 2-34 所示。

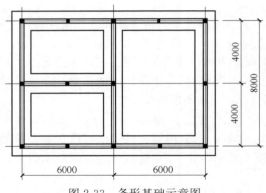

图 2-33　条形基础示意图

图 2-34　条形基础施工现场

2. 注意事项

① 基础模板应有足够的强度和稳定性，连接宽度符合规定，模板与混凝土接触面应清理干净并刷隔离剂，基础放线准确。

② 钢筋的品种、质量、焊条的型号应符合设计要求，混凝土的配合比、原材料计量、搅拌养护和施工缝的处理符合施工规范要求。

③ 浇筑时每台泵配备 6～8 台插入式振捣棒，振捣时间控制在 20～30s，以混凝土开始注浆和不冒气泡为宜，并应避免漏振、久振和过振，振动棒应快插慢拔，振捣时插入下层混凝土表面 10cm 以上，间距控制在 30～40cm，确保两斜两面层间紧密结合。

混凝土浇筑易出现的质量问题：

a. 混凝土不密实，出现蜂窝麻面；

b. 养护不到位，出现温度收缩裂缝；

c. 在混凝土浇捣中垫块移位，钢筋紧贴模板，或振捣不密实成露筋；

d. 混凝土外观尺寸偏差。

3. 施工做法详解

扫码看视频

浇筑基础
垫层施工

施工工艺流程

模板的加工及拼装→基础浇筑→浇水养护。

① 基础模板（图 2-35）一般由侧板、斜撑、平撑组成。基础模板安装时，先在基槽底弹出基础边线，再把侧板对准边线垂直竖立，校正调平无误后，用斜撑和平撑钉牢。如基础较大，可先立基础两端的两块侧板，校正后再在侧板上口拉通线，依照通线再立中间的侧板。当侧板高度大于基础台阶高度时，可在侧板内侧按台阶高度弹准线，并每隔 2m 左右在准线上钉圆钉，作为浇捣混凝土的标志。每隔一定距离在侧板上口钉上搭头木，防止模板变形。

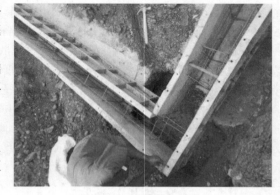

图 2-35　基础模板安装

② 基础浇筑分段分层连续进行，一般不留施工缝。各段各层间相互衔接，每段长 2～3m，逐段逐层呈阶梯形推进，注意先使混凝土充满模板边角，然后浇筑中间部分，以保证混凝土密实。

③ 当条形基础长度较大时，应考虑在适当的部位留置贯通后浇带，以避免出现温度收缩裂缝并便于进行施工分段流水作业；对超厚的条形基础，应考虑较低水泥水化热和浇筑入模的温

度措施，以免出现过大温度收缩应力，导致基础底板裂缝。

④ 基础浇筑完毕，表面应覆盖和洒水养护，不少于14d，必要时应用保温养护措施，并防止浸泡地基。

⑤ 基础梁底底模使用土模（回填夯实拍平），浇筑混凝土垫层，侧模使用砖贴模。基础梁穿柱钢筋按柱、梁节点核心区配筋。

4. 施工总结

① 地基开挖如有地下水，应用人工降低地下水位至基坑底50cm以下部位，保持在无水的情况下进行土方开挖和基础结构施工。

② 侧模在混凝土强度保证其表面及棱角不因拆除模板而受损坏后可拆除，底模的拆除根据早拆体系（早拆模板体系）中的规定进行。

二、独立基础施工

1. 施工示意图和现场照片

独立基础施工示意图和现场照片如图2-36和图2-37所示。

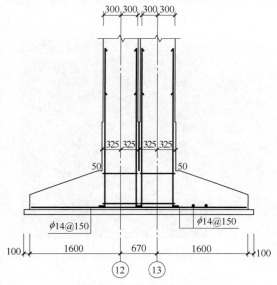

图 2-36　独立基础示意图

图 2-37　独立基础施工现场

2. 注意事项

① 浇筑混凝土前检查钢筋位置是否正确，振捣混凝土时防止碰动钢筋，浇完混凝土后立即修正甩筋的位置，防止柱筋、墙筋位移。

② 配置梁箍筋时应按内皮尺寸计算，避免量钢筋骨架尺寸小于设计尺寸。

③ 箍筋末端应完成135°，平直部分长度为10d（d为钢筋直径）。

④ 浇筑混凝土时应避免出现蜂窝、麻面、露筋、孔洞等质量通病。

扫码看视频

独立基础
钢筋绑扎

扫码看视频

独立基础
模板安装

3. 施工做法详解

施工工艺流程 ≫≫≫≫

清理及垫层浇灌→钢筋绑扎→模板安装→浇筑混凝土→混凝土养护。

（1）**清理及垫层浇灌**　地基验槽完成后，清楚表面浮土及扰动土，不留积水，立即进行垫层混凝土施工，垫层混凝土必须振捣密实，表面平整，严禁晾晒基土。

（2）**钢筋绑扎**　垫层浇灌完成且混凝土达到 1.2MPa 后，表面弹线进行钢筋绑扎，钢筋绑扎不允许漏扣，柱插筋弯钩部分必须与底板筋成 45°绑扎，连接点处必须全部绑扎，距底板 5cm 处绑扎第一个箍筋，距基础顶 5cm 处绑扎最后一个箍筋。作为标高控制筋及定位筋，柱插筋最上部绑扎一道定位筋，上下箍筋及定位箍筋绑扎完成后，将柱插筋调整到位并用井字木架临时固定，然后绑扎剩余箍筋，保证柱插筋不变形走样，两道定位筋在基础混凝土浇筑完成后，必须进行更换（图 2-38）。

钢筋绑扎好后地面及侧面搁置保护层塑料垫块，厚度为设计保护层厚度，垫块间距不得大于 100mm（视设计钢筋直径确定），以防出现露筋的质量通病。

注意对钢筋的成品保护，不得任意碰撞钢筋，造成钢筋移位。

（3）**模板安装**　钢筋绑扎及相关施工完成后立即进行模板安装（图 2-39），模板采用小钢模或木模，利用架子管或木方加固。锥形基础坡度大于 30°时，采用斜模板支护，利用螺栓与底板钢筋拉紧，防止上浮，模板上设透气和振捣孔，当坡度≤30°时，利用钢丝网（间距 30cm）防止混凝土下坠，上口设井字木控制钢筋位置。不得用重物冲击模板，不准在吊帮的模板上搭设脚手架，以保证模板的牢固和严密性。

图 2-38　独立基础钢筋绑扎　　　　　　　　图 2-39　独立基础模板安装

（4）**清理**　清除模板内的木屑、泥土等杂物，木模浇水湿润，堵严板缝和孔洞。

（5）**混凝土浇筑**　混凝土应分层连续进行，间歇时间不超过混凝土初凝时间，一般不超过 2h，为保证钢筋位置正确，先浇一层 5～10cm 混凝土固定钢筋。对于台阶型基础，每一台阶高度整体浇筑，每浇筑完一台阶停顿 0.5h 待其下沉，再浇上一层。分层下料，每层厚度为振动棒的有效长度。防止由于下料过后振捣不实或漏振、吊帮的根部砂浆涌出等原因造成蜂窝、麻面或孔洞。

（6）**混凝土振捣**　采用插入式振捣器，插入的间距不大于振捣器作用部分长度的 1.25 倍。上层振捣棒插入下层 3～5cm。尽量避免碰撞预埋件、预埋螺栓，防止预埋件移位。

（7）**混凝土找平**　混凝土浇筑后，表面比较大的混凝土，使用平板振捣器振一遍，然后用刮杆刮平，再用木抹子搓平。收面前必须校核混凝土表面标高，不符合要求处立即整改。

（8）**混凝土养护**　已浇筑完的混凝土，应在 12h 内覆盖和浇水。一般常温养护不得少于 7d，特种混凝土养护不得少于 14d。养护设专人检查落实，防止由于养护不及时，造成混凝土表面出现裂缝。

4. 施工总结

① 顶板的弯起钢筋、负弯矩钢筋绑扎好后，应做保护，不准在上面踩踏行走。浇筑混凝土时派钢筋工专门负责修理，保证负弯矩筋位置的正确性。

② 绑扎钢筋时禁止碰动预埋件及孔洞模板。

③ 钢模板内面涂隔离剂时不要污染钢筋。

④ 混凝土泵送时，注意不要将混凝土泵车料内剩余混凝土降低到20cm，以免吸入空气。

⑤ 控制坍落度，在搅拌站及现场设专人管理，每隔2～3h测试一次。

三、筏板基础施工

1. 施工示意图和现场照片

筏板基础施工示意图和现场照片如图2-40和图2-41所示。

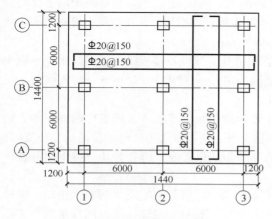

图 2-40　筏板基础平面图

图 2-41　筏板基础现场

2. 注意事项

① 分层开挖，严禁超挖。开挖之前应编制施工方案，如根据情况设置排水降水工作，若为深基坑则要有边坡支护方案。

② 开挖至设计标高后地基若出现明显异常，应立即停止施工；若无异常则夯实基底土，组织验槽。

③ 验槽完毕后进行上部施工，控制好垫层标高。

3. 施工做法详解

施工工艺流程

模板加工及拼装→钢筋制作和绑扎→混凝土浇筑、振捣和养护。

（1）模板工程

① 模板通常采用定型组合钢模板，U型环连接。垫层面清理干净后，先分段拼装，模板拼装前先刷好隔离剂（隔离剂主要用机油）。外围侧模板的主要规格为1500mm×300mm、1200mm×300mm、900mm×300mm、600mm×300mm。模板支撑在下部的混凝土垫层上，水平支撑用钢管及圆木短柱、木楔等支在四周基坑侧壁上。基础梁上部比筏板面高出的50mm侧模用100mm宽组合钢模板拼装，用钢丝拧紧，中间用垫块或钢筋头支撑，以保证梁的截面尺寸。模板边的顺直拉线较正，轴线、截面尺寸根据垫层上的弹线检查校正。模板加固检验完成后，用水准仪定标高，在模板面上弹出混凝土上表面平线，作为控制混凝土标高的依据。

② 模的顺序为先拆模板的支撑管、木楔等，松连接件，再拆模板，清理，分类归堆。拆模前混凝土要达到一定强度，保证拆模时不损坏棱角。

扫码看视频

筏板基础
钢筋绑扎

（2）钢筋工程

① 钢筋按型号、规格分类加垫木堆放。

② 盘条Ⅰ级钢筋采用冷拉的方法调直，冷拉率控制在 4% 以内。

③ 对于受力钢筋，Ⅰ级钢筋末端（包括用作分布钢筋的Ⅰ级钢筋）做 180° 弯钩，弯弧内直径不小于 2.5d（d 表示钢筋直径），弯后的平直段长度不小于 3d。Ⅱ级钢筋当设计要求做 90° 或 135° 弯钩时，弯弧内直径不小于 5d。对于非焊接封闭筋末端作 135° 弯钩，弯弧内直径除不小于 2.5d 外还不应小于箍径内受力纵筋直径，弯后的平直段长度不小于 10d。

④ 钢筋绑扎施工前，在基坑内搭设高约 4m 的简易暖棚，以遮挡雨雪及保持基坑气温，避免垫层混凝土在钢筋绑扎期间遭受冻害。立柱用 $\phi 50$ 钢管，间距为 3.0m，顶部纵横向平杆均为 $\phi 50$ 钢管，组成的管网孔尺寸为 1.5m×1.5m，其上铺木板、方钢管等，在木板上覆彩条布，然后满铺草帘。棚内照明用普通白炽灯泡，设两排，间距 5m。

⑤ 基础梁及筏板筋的绑扎流程：弹线→纵向梁筋绑扎、就位→筏板纵向下层筋布置→横向梁筋绑扎、就位→筏板横向下层筋布置→筏板下层网片绑扎→支撑马凳筋布置→筏板横向上层筋布置→筏板纵向上层筋布置→筏板上层网片绑扎。

钢筋绑扎前，对模板及基层做全面检查，作业面内的杂物、浮土、木屑等应清理干净。钢筋网片筋弹位置线时用不同于轴线及模板线的颜色区分开。梁筋骨架绑扎时用简易马凳作支架。具体操步骤为：按计算好的数量摆放箍筋→穿主筋→画箍筋位置线→绑扎骨架→撤支架并就位骨架。

骨架上部纵筋与箍筋宜用套扣绑扎，绑扎应牢固、到位，使骨架不发生倾斜、松动。纵横向梁筋骨架就位前要垫好梁筋及筏板下层筋的保护层垫块，数量要足够。筏板网片采用八字扣绑扎，相交点全部绑扎，相邻交点的绑扎方向不宜相同。上下层网片中间用马凳筋支撑，保证上层网片位置准确，绑扎牢固，无松动。

扫码看视频

筏板基础
混凝土浇筑

⑥ 钢筋的接头形式，筏板内受力筋及分布筋采用绑扎搭接，搭接位置及搭接长度按设计要求。基础架纵筋采用单面（双面）搭接电弧焊，焊接接头位置及焊缝长度按设计及规范要求，焊接试件按规范要求留置、试验。

（3）混凝土工程

① 一般采用现场机械搅拌、混凝土输送泵泵送。

② 配合比的试配按泵送的要求，坍落度达到 150～180mm，水泥选用普通硅酸盐水泥 32.5 等级，砂为中砂，石子为 5～25mm 粒径碎石，外加剂选混凝土泵送防冻剂，早强减水型。拌合水为自来水。混凝土配合比由现场原材料取样送试验室试配后确定，现场施工时再根据测定的粗细骨料实际含水量，对试验室配比单作调整。

③ 浇筑的顺序按照事先顺序进行，如建筑面积较大，应划分施工段并分段浇筑（图 2-42）。

④ 混凝土搅拌采用自落式搅拌机同时工作，根据搅拌机的出料能力选择适合的混凝土输送

图 2-42　筏板基础混凝土浇筑施工

泵，即在单位时间内搅拌机总的实际喂料量要与混凝土输送泵的吞料量相适应，保证泵机的正常连续运行及不超负荷工作。

⑤ 混凝土拌合用水的加热。在搅拌机旁架一水箱，下边用煤生火加热，水温至 60～80℃ 即可，不宜超过 80℃。但根据实际气温条件可加热至 100℃，但水泥不能与热水直接接触。

⑥ 粗细骨料中若含冰雪冻块等应及时清除，搅拌混凝土的各项原材料计量须准确。粗细骨料用手推车上料，磅秤称量，水泥以每袋 50kg 计量，泵送防冻剂用台秤称量，水用混凝土搅拌机上的计量器计量。

⑦ 搅拌时采用石子→水泥→砂，或砂→水泥→石子的投料顺序，搅拌时间不少于 90s，保证拌合物搅拌均匀。

⑧ 混凝土振捣采用插入式振捣棒。振捣时振动棒要快插慢拔，插点均匀排列，逐点移动，按顺序进行，以防漏振，插点间距约 40cm。振捣至混凝土表面出浆、不再泛气泡时即可。

⑨ 浇筑筏板混凝土时不需分层，一次浇筑成型，虚摊混凝土时比设计标高先稍高一些，待振捣均匀密实后用木抹子按标高线搓平即可。

⑩ 浇筑混凝土连续进行，若因非正常原因造成浇筑暂停，当停歇时间超过水泥初凝时间时，接槎处按施工缝处理。施工缝应留直槎，继续浇筑混凝土前对施工缝处理方法为：先剔除接槎处的浮动石子，再摊少量高强度等级的水泥砂浆均匀撒开，然后浇筑混凝土，振捣密实。

4. 施工总结

① 基坑开挖时，若地下水位较高，应采取明沟排水、人工降水等措施，使地下水位降至基坑底下不少于 500mm，保证基坑在无水状况下开挖和基础结构施工。

② 开挖基坑应注意保持基坑底土的原状结构，尽量不要扰动。当采用机械开挖基坑时，在基坑地面设计标高以上保留 200～400mm 厚土层，采用人工挖除并清理干净。如果不能立即进行下道工序施工，应保留 100～200mm 厚土层，在下道工序施工前挖除，以防止地基土被扰动。在基坑验槽后，应立即浇筑混凝土垫层。

③ 当垫层达到一定强度后，在其上弹线、支模、铺放钢筋、连接柱的插筋。

④ 在浇筑混凝土前，清除模板和钢筋上的垃圾、泥土等杂物，木模板浇水加以湿润。

⑤ 基础浇筑完毕，表面应覆盖和洒水养护，并防止浸泡地基。待混凝土强度达到设计强度的 25% 以上时，即可拆除梁的侧模。

⑥ 当混凝土基础达到设计强度的 30% 时，应进行基坑回填。基坑回填应在四周同时进行，并按基底排水方向由高到低分层进行。

⑦ 在基础模板上埋设好沉降观测点，定期进行观测、分析，并且做好记录。

第三章
防水工程

第一节 ▶ 底板及地下室防水

一、底板及地下室外墙卷材防水

1. 施工示意图和现场照片

底板及地下室外墙卷材防水施工示意图和现场照片如图 3-1 和图 3-2 所示。

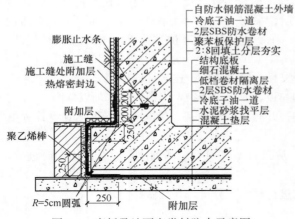

图 3-1 底板及地下室卷材防水示意图

图中标注：
自防水钢筋混凝土外墙
冷底子油一道
2层SBS防水卷材
聚苯板保护层
2:8回填土分层夯实
结构底板
细石混凝土
低档卷材隔离层
2层SBS防水卷材
冷底子油一道
水泥砂浆找平层
混凝土垫层
膨胀止水条
施工缝
施工缝处附加层
热熔密封边
附加层
聚乙烯棒
R=5cm圆弧
250
附加层

图 3-2 底板及地下室外墙防水现场

2. 注意事项

① 卷材运输及保管时平放不得高于 4 层，不得横压、斜放，并避免雨淋、日晒、受潮。

② 地下卷材防水层部位预埋的管道，在施工预埋管道周边的卷材防水层时，不得碰损和堵塞管道。

③ 卷材防水层铺好后，应及时采取保护措施，操作人员不得穿带钉鞋在底板防水层上作业。

④ 卷材防水层铺贴完成后，应及时做好保护层，防止结构施工碰损防水层。

⑤ 卷材平面防水层施工，不得在防水层上放置材料及作为施工运输车道。

3. 施工做法详解

施工工艺流程 ≫≫≫

基层清理→涂刷基层处理剂→特殊部位加强处理→基层弹分条铺贴线→热熔铺贴卷材

→热熔封边→分项验收→保护层施工。

(1) 基层清理　施工前将验收合格的基层清理干净、平整牢固、保持干燥。

(2) 涂刷基层处理剂　在基层表面满刷一道用汽油稀释的高聚物改性沥青溶液，涂刷应均匀，不得有露底或堆积现象，也不得反复涂刷，涂刷后在常温下经过 4h 后（以不粘脚为准），开始铺贴卷材。

(3) 特殊部位加强处理　管根、阴阳角部位加铺一层卷材。按规范及设计要求将卷材裁成相应的形状进行铺贴。

(4) 基层弹分条铺贴线　在处理后的基层面上，按卷材的铺贴方向，弹出每幅卷材的铺贴线，保证不歪斜（以后上层卷材铺贴时，同样要在已铺贴的卷材上弹线）。

(5) 热熔铺贴卷材

① 底板垫层混凝土平面部位宜采用空铺法或点粘法，其他与混凝土结构相接触的部位应采用满粘法；采用双层卷材时，两层之间应采用满粘法。

② 将改性沥青防水卷材按铺贴长度进行裁剪并卷好备用，操作时将已卷好的卷材端头对准起点，点燃汽油喷灯或专用火焰喷枪，均匀加热基层与卷材交接处，喷枪距加热面保持 300mm 左右往返喷烤，当卷材表面的改性沥青开始熔化时，即可向前缓缓滚铺卷材。不得过分加热或烧穿卷材。

③ 卷材的搭接：卷材的短边和长边搭接宽度均应大于 100mm。同一层相邻两幅卷材的横向接缝，应彼此错开 1500mm 以上，避免接缝部位集中。地下室的立面与平面的转角处，卷材的接缝应留在底板的平面上，距离立面应不小于 600mm。

④ 采用双层卷材时，上下两层和相邻两幅卷材的接缝应错开 1/3～1/2 幅宽，且两层卷材不得相互垂直铺贴。

(6) 热熔封边　卷材搭接缝处用喷枪加热，压合至边缘挤出沥青粘牢。卷材末端收头用沥青嵌缝膏嵌填密实（图 3-3）。

(7) 分项验收　按要求填好分项验收单，请监理进行验收。

(8) 保护层施工　平面应浇筑细石混凝土保护层；立面防水层施工完，宜采用聚乙烯泡沫塑料片材作软保护层。

4. 施工总结

① 卷材及配套材料的品种、规格、性能必须符合设计和规范要求，符合不透水性、拉力、延伸率、低温柔度、耐热度等控制指标。

② 防水卷材厚度单层使用时每层不应小于 4mm，双层使用时每层不应小于 3mm。

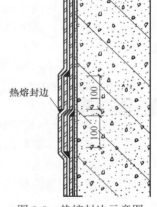

图 3-3　热熔封边示意图

③ 卷材搭接不良：接头搭接形式以及长边、短边的搭接宽度偏小，接头处的黏结不密实，接槎损坏、空鼓；施工操作中应按程序弹基准线，使其与卷材规格相符；操作中对线铺贴，使卷材搭接宽度不小于 100mm。

④ 空鼓：铺贴卷材的基层潮湿，不平整、不洁净，导致基层与卷材之间窝气、空鼓；铺设时排气不彻底，也会使卷材间空鼓；施工时基层应充分干燥，卷材铺设应均匀压实。

⑤ 管根处防水层粘贴不良：清理不洁净、裁剪卷材与根部形状不符、压边不实等原因造成粘贴不良；施工时清理应彻底干净、注意操作，将卷材压实，不得有张嘴、翘边、褶皱等现象。

⑥ 渗漏：转角、管根、变形缝处不易操作而渗漏。

⑦ 施工时附加层应仔细操作；保护好接槎卷材，搭接应满足宽度要求，保证特殊部位的质量。

二、底板及地下室外墙聚氨酯涂膜防水

1. 施工示意图和现场照片

底板及地下室外墙聚氨酯涂膜防水示意图及现场照片如图 3-4 和图 3-5 所示。

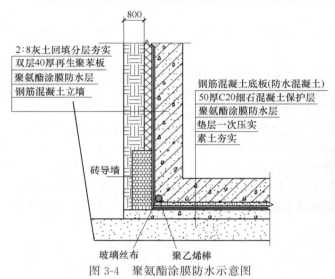

图 3-4 聚氨酯涂膜防水示意图

图 3-5 聚氨酯涂膜防水现场

2. 注意事项

① 涂膜防水层施工后未固化前不得上人踩踏，固化后上人应穿软底鞋。

② 涂膜防水层实干后应尽快进行保护层的施工。

③ 墙体涂膜防水层施工，尤其对穿墙管根部进行防水增强处理施工过程中，不得损坏穿墙管道和设备。

④ 涂膜防水层施工时应对其他分项工程的成品进行保护，不得污染和损坏。

3. 施工做法详解

施工工艺流程

清理基层→细部做附加涂膜层→涂膜施工→涂膜保护层施工。

（1）清理基层 涂膜防水层施工前，先将基层表面的灰尘、杂物、灰浆硬块等清扫干净，并用干净的湿布擦一次，经检查基层平整，无空裂、起砂等缺陷，方可进行下道工序的施工。

（2）细部做附加涂膜层

图 3-6 附加涂层施工

① 穿墙管、阴阳角、变形缝等薄弱部位，应在涂膜层大面积施工前，先做好增强的附加层。

② 附加涂层做法：一般采用一布二涂进行增强处理，施工时应在两道涂膜中间铺设一层聚酯无纺布或玻璃纤维布。作业时应均匀涂刷一遍涂料，涂膜操作时用板刷刮涂料驱除气泡，将布紧密地粘贴在第一遍涂层上。在阴阳角部位，一般将布剪成条形，管根为块形或三角形。第一遍涂层表干（12h）后进行第二遍涂刷。第二遍涂层实干（24h）后方可进行大面积涂膜防水施工（图 3-6）。

（3）第一遍涂膜施工

① 涂刷第一遍涂膜前应先检查附加层部位有无残留的气孔或气泡，如有气孔或气泡，则应用橡胶刮板将涂料用力压入气孔，局部再刷涂一道，表干后进行第一遍涂膜施工。

② 涂刮第一遍聚氨酯防水涂料时，可用塑料或橡皮刮板在基层表面均匀涂刮，涂刮要沿同一个方向，厚薄应均匀一致，用量为 $0.6\sim0.8kg/m^2$。不得有漏刮、堆积、鼓泡等缺陷。涂膜实干后进行第二遍涂膜施工。

（4）第二遍涂膜施工 第二遍涂膜采用与第一遍相垂直的涂刮方向，涂刮量、涂刮方法与第一遍相同。

（5）第三、四遍涂膜施工

① 第三遍涂膜涂刮方向与第二遍垂直，第四遍涂膜涂刮方向与第三遍垂直。其他作业要求与前面两遍涂膜施工相同。

② 涂膜总厚度应≥2mm。

（6）涂膜保护层

① 涂膜防水施工后应及时做好保护层。

② 平面涂膜防水层根据部位和后续施工情况可采用20mm厚1:2.5水泥砂浆保护层或40~50mm厚细石混凝土保护层，当后续施工工序荷载较大（如绑扎底板钢筋）时应采用细石混凝土保护层。当采用细石混凝土保护层时，宜在防水层与保护层之间设置隔离层。

③ 墙体迎水面保护层宜采用软保护层，如粘贴聚乙烯泡沫片材等。

当地下室采用外防外涂法施工时，应先刮涂平面，后涂立面，平面与立面交接处应交叉搭接。

当涂膜防水层分段施工时，搭接部位涂膜的先后搭接宽度应不小于100mm；当涂膜防水层中有胎体增强材料（聚酯无纺布或玻璃纤维布）时，胎体增强材料同层相邻的搭接宽度应大于100mm，上下层接缝应错开1/3幅宽。

4. 施工总结

① 防水层空鼓：多发生在找平层与防水层之间及接缝处，主要原因是基层潮湿，含水率过大造成涂膜防水层鼓泡。施工时要严格控制基层含水率，接缝处认真作业，黏结牢固。

② 防水层渗漏：多发生在变形缝、穿墙管、施工缝等处，由于细部防水构造处理不当或作业不仔细，防水层脱落，黏结不牢等原因造成。施工中必须规范操作，按工序严格进行质量检验，杜绝渗漏隐患。

③ 防水层破损：涂膜防水层未固化就上人，致使涂层受损。施工中严格保护涂膜成品。

④ 地下水对聚氨酯防水涂料涂刷施工的影响：在地下水位较高的条件下涂刷防水层前，应先降低地下水位，做好排水处理，使地下水位降至防水层操作标高以下500mm，并保持到防水层施工完。此项措施必须执行到位，否则将严重影响防水层施工，或造成重大损坏的工程质量问题。

三、底板防水卷材错槎接缝

1. 施工示意图和现场照片

底板防水卷材错槎接缝施工示意图和现场照片如图3-7和图3-8所示。

2. 注意事项

两幅卷材的搭接长度，长边与短边均不应小于100mm。相邻两幅卷材接缝应错开1/3~1/2幅宽，上下两层卷材接缝应错开1500~1600mm，上下层卷材不得相互垂直铺贴。阴角及附加层做法同底板及地下室外墙防水。

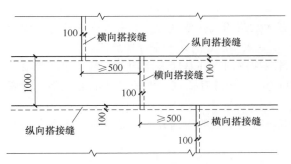

图 3-7 防水卷材错槎接缝示意图

图 3-8 防水卷材错槎接缝现场

3. 施工做法详解

施工工艺流程 ▶▶▶▶▶

粘贴搭接缝施工 → 搭接缝黏结采取的措施。

（1）粘贴搭接缝（图 3-9） 一手用抹子或刮刀将搭接缝卷材掀起，另一手持火焰喷枪（或汽油喷灯）从搭接缝外斜向里喷火烘烤卷材面，随烘烤熔融随粘贴，并须将熔融的沥青挤出，以抹子（或刮刀）刮平。搭接缝或收头粘贴后，可用火焰及抹子沿搭接缝边缘再行均匀加热抹压封严，或以密封材料沿缝封严，宽度不小于 10mm。

图 3-9 粘贴搭接缝

（2）搭接缝黏结牢固的措施

① 现将下层卷材（已铺好）表面的防粘隔离层熔掉，为防止烘烤到搭接缝以外的卷材，应使用烫板沿搭接粉线移动，火焰喷枪随烫板移动，由于烫板的挡火作用，则火焰喷枪只将搭接卷材的隔离层熔掉而不影响其他卷材。

② 带页岩片卷材短边搭接时，需要去掉页岩片层，方法是用烫板沿搭接粉线移动，喷灯或火焰喷枪随着烫板移动，烘烤卷材表面后，用铁抹子刮去搭接部位的页岩片，然后搭接牢固。

4. 施工总结

① 卷材搭接缝以及卷材收头的铺粘是影响铺贴质量的关键之一，不随大面一次粘铺，而做专门处理是为保证地下工程热熔型卷材防水层的铺贴质量。

② 采用对接时其方法是在接缝处下面垫 300mm 宽的卷材条，两边卷材横向对接，接缝处用密封材料处理。

③ 同一层相邻两幅卷材的横向接缝，应彼此错开 1500mm 以上，避免接缝部位集中。

④ 搭接缝及收头的卷材必须 100% 烘烤，粘铺时必须有熔融沥青从边端挤出，用刮刀将挤出的热熔胶刮平，沿边端封严。

四、地下室防渗堵漏

1. 施工现场照片

地下室防渗堵漏施工现场照片如图 3-10 所示。

图 3-10 地下室防渗堵漏施工

2. 注意事项

① 已堵好的渗漏点和抹好的防水层，不得再碰撞、剔凿。

② 修堵渗漏，不得污染已装修好的墙面、地面；室内应干净无污物。

3. 施工做法详解

施工工艺流程

材料配制→查找渗漏点→孔洞漏水的修堵→裂缝漏水的修堵→混凝土蜂窝、麻面的修堵→抹防水砂浆面层。

(1) 材料配制

① M131 防水胶浆配制。系先将 M131 快速上水剂按所需凝结时间用水稀释，与水配合比例可参见表 3-1。配合时要与水稀释搅匀，然后再加入水泥中搅拌成稠浆，用水揉成球团（球团大小按孔洞大小确定）待用，待球发热时，即可迅速堵于凿好并清理干净的漏水孔洞中，应随用随配。

表 3-1　M131 与水泥配合凝结时间表

材料配比序号	普通硅酸盐水泥	M131：水 （体积比）	凝结时间/s	
			初凝	终凝
1	适量	1：2	54	70
2	适量	1：4	60	90
3	适量	1：6	300	1151

② M142 防水混凝土、砂浆配制。配制方法是将 M142 用水按 1：（8～10）的比例稀释，混合均匀，将此稀释液代替水配制 1：2.5 水泥砂浆，搅拌均匀待用。

③ M179 新旧混凝土胶浆、砂浆配制。可单独作胶黏剂使用，也可与 M142 一起掺入水泥砂浆中增加黏结性，其掺量为水泥用量的 2%。

(2) 查找渗漏点

① 对明水漏点、漏水量大或比较明显的渗水的部位，可直接检查到，应逐个房间仔细查找，并用笔划出标记。

② 对慢渗或不明显的渗漏点，可将渗漏水部位用棉纱擦干，然后立即薄而均匀地撒上一层干水泥，待表面出现湿点或湿线处即为漏水孔或缝；同样做出标记，以便修堵。

③ 用上法不能查出的渗水部位，可用水泥胶浆（水泥：M131 稀释液＝1：1），在漏水部位均匀薄涂一层，然后紧接着均匀撒一层干水泥面，水泥面上的湿点或湿线处即为漏水孔或缝。

(3) 孔洞漏水的修堵

① 一般用直接堵塞法，对较小孔洞、水压不大的情况，宜先以漏点为中心，剔凿成圆孔，孔洞大小视水量大小而定。一般为（2～4）cm×（4～8）cm（直径×深度）。孔壁要与基层面垂直，避免上（外）大下（内）小，并用水将孔洞冲洗干净。用按以上配制好并发热的 M131 防水胶浆配制的胶浆迅速强力堵塞于孔洞内，并向孔壁四周挤压严实，使速渗透胶浆与孔壁紧密结合，约挤压 30s 即可，检查无渗漏后，即可再堵一下漏水点。

② 当水量较大较急，可先用一个经防腐处理的木楔，打入洞内堵住急流，然后再按上法将木楔四周孔隙堵好压实，亦可将漏水处剔成孔洞，用速凝水泥胶浆将一铁管（管径视漏水量而定）稳牢于孔洞内，铁管顶端应比基面低 20mm，管的四周空隙用速凝胶浆或水泥砂浆抹好，待达到一定强度后，将浸过沥青的木楔打入铁管内并塞入干硬性速凝砂浆，表面再抹一道素灰和砂浆，经 24h 后，检查无漏水现象，即可随同其他部位一起做防水面层。

图 3-11 裂缝漏水的修堵

（4）裂缝漏水的修堵

① 裂缝漏水多采用直接堵塞法（图 3-11），先沿裂缝剔成沟槽，深 30～60mm、宽 15～30mm，沟槽面应与基层表面垂直，并洗刷干净。然后把与水泥拌好的速凝止水胶浆捻成尺寸与沟槽相适应的长条，待发热后迅速塞入沟槽中挤压密实，使速凝胶浆与基层紧密结合。

② 当裂缝较长时，可分段堵塞，堵塞完毕检查无渗漏后，用素灰和砂浆把沟槽抹平并扫毛凝固 24h 后，再随其他部位一起做防水面层。

（5）混凝土蜂窝、麻面的修堵

① 由于混凝土浇筑振捣不密实而造成的局部蜂窝、麻面渗漏水，处理时，应先将渗漏水部位清理干净，将蜂窝、麻面部位剔凿掉，深为 30～40mm，长宽较蜂窝、麻面周边大 30～40mm。用水洗净湿润后，先涂刷两遍 M179 胶黏剂，随后立即用比原强度高一等级的掺有 M142 的防水砂浆或细石混凝土分层抹平、压实。

② 对立面较深的蜂窝、麻面应支外模板，分层浇筑填补密实。

（6）抹防水砂浆面层

① 为了防止已堵好的漏水点在压力作用下再次出现渗漏，一般在结构内表面再做一层厚约 20mm 的防水砂浆层，分 2～3 次抹成，增加一道防线。

② 涂抹顺序是：先墙面，后地面；先外墙，后隔墙。操作时接槎应分出层次，并错开；地面与墙面交界处的阴阳角做成弧形，各层防水砂浆应抹成一封闭整体。

③ 抹面操作时，先将基层清理干净，表面涂刷一遍 M179 胶黏剂，可不凿毛。在胶黏剂未干时，随即抹一层 5mm 厚 M142 防水砂浆，并压实搓毛，待达到一定强度（泛白）后，接上抹第二层约 7mm 厚防水砂浆，压实、搓毛。然后再用同法抹第三层约 8mm 厚防水砂浆，表面抹平、压光；并每 4～6h 浇水一次，养护 7d。

4．施工总结

① 地下室渗漏修堵较为复杂，操作前应注意充分分析渗漏原因，然后进行修堵。无论是孔洞漏水、裂缝漏水，还是大面积渗漏水，均应遵循先堵急流，后修渗的顺序；逐级把大漏变小漏，片漏变孔漏，线漏变点漏；大面积渗漏水缩为小面积，使漏水集于一点或数点，最后把点漏堵塞，采用逐一修堵的原则，不可程序颠倒。

② 堵漏不能急于求成，一次堵好后观察几天。堵好后有压力的水还会从薄弱环节渗漏进来。如出现新的渗漏水点，仍需用同样的方法修堵。采取依次堵漏→观察→检查→再堵漏→再观察检查→……，直至无渗漏为止的方法。

③ 修补孔洞和裂缝渗漏水凿槽，应注意不能凿成外大内小的 V 字形，以免补漏材料收缩时造成脱落；同时宜凿一个堵一个，以免漏水量太大，堵不过来。

④ 使用止水剂和防水剂应掌握好凝结时间，现用现配。操作要快速，已干硬的球团和防水砂浆不得再使用。

⑤ 施工操作工人一般宜 5 人一组，2 人负责配料，3 人堵漏，以适应快速堵漏的需要。抹防水砂浆时可分段操作，每段 1～2 人。

第二节 ▶ 地下防水工程细部构造

一、变形缝细部构造

1. 施工示意图和现场照片

变形缝细部构造图和现场照片如图 3-12 和图 3-13 所示。

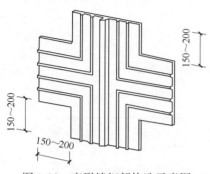

图 3-12　变形缝细部构造示意图

图 3-13　变形缝现场

2. 注意事项

① 变形缝处的混凝土结构厚度不应小于 300mm。

② 用于沉降的变形缝其最大允许沉降差值不应大于 30mm。当计算沉降值大于 30mm 时，应在设计时采取措施。

③ 用于沉降的变形缝宽度应为 20～30mm，用于伸缩的变形缝宽度应小于此值。

④ 变形缝的变形防水措施可根据工程开挖方法、防水等级按规范规定要求选用。

3. 施工做法详解

（1）底板防水变形缝（图 3-14）　具体施工流程为底板混凝土垫层施工→底板防水施工→对变形缝的位置及尺寸进行放线→底板钢筋施工→底板橡胶止水带固定→先浇混凝土侧模封闭→先浇混凝土施工→先浇混凝土养护→先浇混凝土侧模拆除→将塑料薄膜或铝箔包装成型的填缝材料定位、固定→后浇混凝土施工→后浇混凝土养护。

（2）侧壁变形缝　具体施工流程为：侧壁变形缝位置尺寸放线→侧壁钢筋施工→侧壁橡胶止水带固定→侧壁外模及变形缝处侧模封闭→侧壁先浇混凝土施工→先浇混凝土养护→将塑料薄膜或铝箔包装成型的填缝材料定位、固定→后浇混凝土侧模封闭→后浇混凝土施工→后浇混凝土养护。

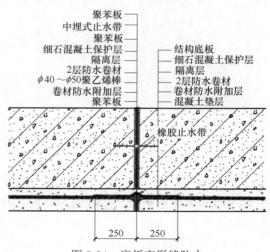

图 3-14　底板变形缝防水

4. 施工总结

① 变形缝所用止水带和填缝材料必须符合设计要求、相关规范或行业标准，并经现场检验后不得存在厚度不均匀、砂眼等严重缺陷。

② 变形缝的止水带位置应符合设计要求或规范要求，其定位必须准确、牢固且应确保混凝土施工不移位。

③ 止水带处的模板必须具有足够的强度、刚度及密封性，应确保混凝土施工后成型准确、密实光洁。

④ 中埋式止水带的中孔应对准变形缝的中部。

⑤ 水平中埋式的止水带所用的混凝土坍落度不宜小于80cm，并应采取措施以确保止水带下部混凝土的密实性。

二、底板后浇带防水

1. 施工示意图和现场照片

底板后浇带防水施工示意图和现场照片如图3-15和图3-16所示。

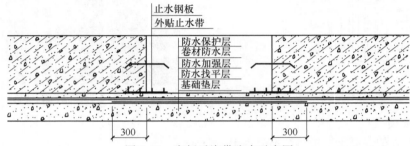

图3-15　底板后浇带防水示意图

图3-16　底板后浇带防水现场

2. 注意事项

① 后浇带混凝土施工前，后浇带部位和外贴式止水带应予以保护，严防落入杂物和损伤外贴式止水带。

② 后浇带应采用补偿收缩混凝土浇筑，其强度等级不应低于两侧混凝土。

③ 后浇带混凝土应连续浇筑，不得留设施工缝；混凝土浇筑后应及时养护，养护时间不得少于28d。

3. 施工做法详解

施工工艺流程 ≫≫≫ ·············
参数、规范的确定→防水施工。

① 后浇带应设在受力和变形较小的部位，间距宜为30～60m，宽度宜为700～1000mm。

② 后浇带两侧可做成平直缝或阶梯缝，结构主筋不宜在缝中断开，如必须断开，则主筋搭接长度应大于45倍主筋直径，并应按设计要求加设附加钢筋。

③ 后浇带需超前止水时，后浇带部位混凝土应局部加厚，并增设外贴式或中埋式止水带。

4. 施工总结

① 后浇带应在其两侧混凝土龄期达到42d后再施工，但高层建筑的后浇带应在结构顶板浇筑混凝土14d后进行。

② 水平施工缝浇灌混凝土前，应将其表面浮浆和杂物清除，先铺净架，再铺30～50mm厚1:1的水泥砂浆或涂刷混凝土界面处理剂，并及时浇灌混凝土。

③ 垂直施工缝浇灌混凝土前，应将其表面清理干净，并涂刷水泥砂浆或混凝土界面处理

剂，并及时浇灌混凝土。

三、墙体竖向施工缝止水带

1. 施工示意图和现场照片
墙体竖向施工缝止水带示意图和现场照片如图 3-17 和图 3-18 所示。

2. 注意事项
① 橡胶止水带中心点距离筏板顶面 300cm。

② 迎水面施工缝处增加一道宽 400cm 的附加防水层。

3. 施工做法详解

施工工艺流程 »»»»
位置的确定→止水带安放施工。

在支设结构模板时，把止水带的中部夹于木模上，同时将模板钉在木模上，并把止水带的翼边用钢丝固定在侧模上，然后浇筑混凝土，待混凝土达到一定强度后，拆除端模，用钢丝将止水带另一翼边固定在侧模上，再浇筑另一侧的混凝土。

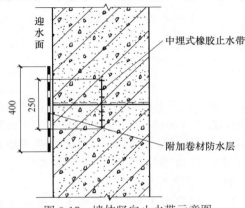

图 3-17 墙体竖向止水带示意图

图 3-18 墙体竖向止水带现场

4. 施工总结
① 止水带埋设位置应准确，其中间空心圆环应与变形缝的中心线重合。

② 止水带应固定，顶、底板内止水带应呈盆状安设。

③ 止水带施工一侧混凝土时，其端模应支承牢固，并应严防漏浆。

④ 止水带的接缝应为一处，应设在边墙较高位置上，不得设在结构转角处。

⑤ 止水带在转弯处应做成圆弧形，橡胶止水带的转角半径不应小于 200mm，转角半径应随止水带的宽度增大而相应加大。

四、柔性、刚性穿墙管迎水面防水

1. 施工示意图和现场照片
柔性、刚性穿墙管迎水面防水施工示意图和现场照片如图 3-19 和图 3-20 所示。

2. 注意事项
① 穿墙管（盒）应在浇筑混凝土前预埋。

② 穿墙管与内墙角凹凸部位的距离应大于 250mm。

③ 结构变形或管道伸缩量较大或有更换要求时，应采用套管式防水法，套管应加焊止水环。

④ 穿墙管处防水层施工前，应将套管内表面清理干净。

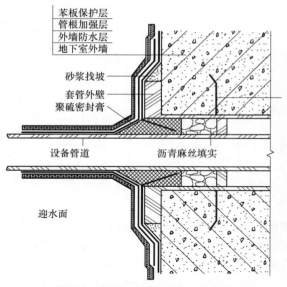

- 苯板保护层
- 管根加强层
- 外墙防水层
- 地下室外墙
- 砂浆找坡
- 套管外壁
- 聚硫密封膏
- 设备管道
- 沥青麻丝填实
- 迎水面

图 3-19　穿墙管迎水面防水示意图

图 3-20　穿墙管迎水面防水现场

3. 施工做法详解

施工工艺流程

施工前预埋施工→确定参数→进行施工。

① 在进行大面积防水卷材铺贴前，应先穿好带有止水环的设备管道（止水环外径比套管内径小 4mm），并固定好，设备管道与套管之间的缝隙先填塞沥青麻丝，再填塞聚硫密封膏，将防水卷材收口嵌入设备管道与套管之间的缝隙，再用聚硫密封膏灌实，最后做一层矩形加强层防水

图 3-21　预埋穿墙管

卷材。穿墙管与内墙角凹凸部位的距离应大于 250mm，管与管的间距应大于 300mm。

② 浇筑墙体混凝土时，带有止水环的预埋穿墙管（图 3-21）。在进行大面积防水卷材铺贴前，在穿墙管部位嵌实聚硫密封膏，再将防水卷材沿着穿墙管贴严，最好在沿着管根部位做一层矩形加强层防水卷材，在端部用 8 号钢丝箍紧。穿墙管与内墙角凹凸部位的距离应大于 250mm，管与管的间距应大于 300mm。

4. 施工总结

① 穿墙管线较多时，宜相对集中，采用穿墙盒方法。穿墙盒的封口钢板应与墙上的预埋角钢焊严，并从钢板上的预留浇筑孔注入改性沥青柔性密封材料或细石混凝土处理。

② 当工程有防护要求时，穿墙管除应采取有效防水措施外，尚应采取措施满足防护要求。

③ 金属止水环应与主管满焊密实，采用套管式穿墙管防水构造时，翼环与套管应满焊密实，并在施工前将套管内表面清理干净。

④ 相邻穿墙管之间的间距应大于 300mm。

⑤ 采用遇水膨胀止水圈的穿墙管，管径宜小于 50mm，止水圈应用胶黏剂满粘固定于管上，并应涂缓胀剂或采用缓胀型遇水膨胀止水圈。

⑥ 穿墙管止水环与主管或翼环与套管应连续满焊，并做好防腐处理。

⑦ 套管内的管道安装完毕后，应在两管间嵌入内衬填料，端部用密封材料填缝。柔性穿墙

时，穿墙内侧应用法兰压紧。

⑧ 穿墙管外侧防水层应铺设严密，不留接茬；增铺附加层时，应按设计要求施工。

⑨ 穿墙管伸出外墙的部位应采取有效措施防止回填时将管损坏。

五、外墙防水外防内贴法

1. 施工示意图和现场照片

外墙防水外防内贴法施工示意图和现场照片如图3-22和图3-23所示。

2. 注意事项

① 沿着护坡桩砌砖墙，砖墙之间用细沙灌严。在砖墙上用掺有防水粉的水泥砂浆找平，待找平层干燥后再做两层防水卷材。

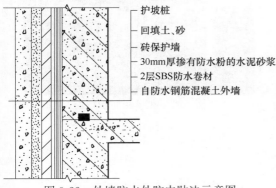

护坡桩
回填土、砂
砖保护墙
30mm厚掺有防水粉的水泥砂浆
2层SBS防水卷材
自防水钢筋混凝土外墙

图3-22　外墙防水外防内贴法示意图

图3-23　外墙防水外防内贴法现场

② 卷材防水层铺贴完毕，经检查验收合格后，在墙体防水层的内侧可按外贴法粘贴5～6mm厚聚乙烯泡沫塑料片材作保护层，平面可在虚铺油毡保护隔离层后，浇筑40～50mm厚的细石混凝土保护层。

3. 施工做法详解

施工工艺流程

卷材检测→参数确定→进行施工→成品保护。

① 因为内贴法的防水效果不如外贴施工法，所以内贴法是在施工条件受到限制，外贴法施工难以实施时，不得不采用的一种防水施工法。

② 内贴法施工是在垫层混凝土边沿上砌筑永久性保护墙，并在平、立面上同时抹砂浆找平层后，完成卷材防水层粘贴，最后进行底板和墙体钢筋混凝土结构的施工。

③ 在已施工好的混凝土垫层上砌筑永久性保护墙，并抹好水泥砂浆保护层。

④ 平、里面抹1：3水泥砂浆找平层，厚15～20mm，要求抹平、压光，无空鼓、起砂、掉皮等现象。

⑤ 找平层干燥后，涂刷基层处理剂。

4. 施工总结

① 施工卷材防水层铺贴时应先铺里面，后铺平面，先铺转角，后铺大面。

② 施工完防水结构，应将防水层压紧。

③ 防水做完后，应进行槽边回填土施工。

六、外墙聚苯板防水保护

1. 施工示意图和现场照片

外墙聚苯板防水保护施工示意图和现场照片如图3-24和图3-25所示。

2. 注意事项

① 施工过程中搬运材料、机具时应防止碰撞、碰划墙面及洞口。

② 合理安排施工顺序（水、电、通风设备安装等），预埋构件应提前施工，防止损坏各构造层。

③ 各构造层在凝结前均应防止风干、暴晒、水冲和振动，以保证各层的质量和强度。

④ 拆架子时应注意保护，不得碰撞墙面。

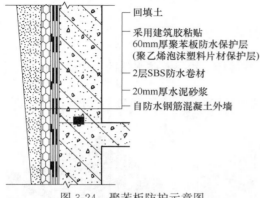

回填土

采用建筑胶粘贴
60mm厚聚苯板防水保护层
(聚乙烯泡沫塑料片材保护层)

2层SBS防水卷材

20mm厚水泥砂浆

自防水钢筋混凝土外墙

图 3-24　聚苯板防护示意图

图 3-25　聚苯板防护现场

3. 施工做法详解

施工工艺流程 >>>>>

基层墙体清理→界面处理→聚苯板的粘贴。

（1）基层墙体清理

① 填塞施工及外墙脚手眼洞口。

② 应清除墙体杂物、残留灰浆、污物、油渍等。剔除并修补空鼓、疏松部位。

③ 墙面表面平整度偏差不大于 4mm（用 2m 靠尺检查），偏差较大的应用 1∶3 砂浆找平。

（2）界面处理

① 砖墙在施工前浇水湿润，施工时表面呈阴干状。

② 加气混凝土用界面砂浆滚刷（界面砂浆加水，调成糊状）。

③ 混凝土墙面用界面砂浆拉毛。

（3）聚苯板的粘贴

① 用抹子沿聚苯板的四周边涂敷一条平均宽 50mm、厚 5～7mm 的梯形带状粘贴剂混合物砂浆，平均厚度视其墙面平整度决定。并同时涂 6 块厚 5～7mm、直径为 100mm 的点状物，均匀分布在板中间，聚苯板粘接牢固后（至少 24h）方可进行抹面层施工。

② 用齿口鳗刀将粘接剂混合物砂浆按水平方向均匀不间断地抹在聚苯板上，粘接剂混合物砂浆条宽为 10mm、厚为 5mm、间距为 50mm。此法一般用于平整度较好的墙面。

4. 施工总结

① 施工前，根据整个外墙立面的设计尺寸进行聚苯板排版，已到达节约材料、施工速度快目的。聚苯板以长向水平铺贴，保证连续结合，上下两排板须竖向错缝 1/2 板长，局部最小错缝不得小于 200mm。

② 粘贴聚苯板时，板缝应挤紧，相邻板应齐平，施工时控制板间缝隙不得大于 2mm，板间高差不得大于 1.5mm。当板间缝隙不得大于 2mm 时，须用聚苯板条将缝塞满，板条不得用建筑胶黏结。

③ 聚苯板与基层建筑胶黏合剂在铺贴压实后，建筑胶黏合剂的覆盖面积占板面积的 30%～50%，以保证聚苯板与墙体防水层黏结牢固。

④ 在预埋套管位置的聚苯板，不允许用碎板拼凑，须用整幅板切割，其切割边缘必须顺直、平整、尺寸方正，其他接缝距洞口四边应大于 200mm。

第一节 ▶ 砖砌体施工

一、一顺一丁砌法

1. 施工示意图和现场照片

一顺一丁砌法施工示意图和现场照片如图 4-1 和图 4-2 所示。

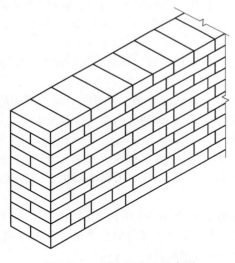

图 4-1 一顺一丁砌法示意图

图 4-2 一顺一丁砌法现场

2. 注意事项

① 基础墙砌完后，未经有关人员复查之前，对轴线桩、水平桩应注意保护，不得碰撞。

② 对外露或预埋在基础内的暖卫、电气套管及其他预埋件，应注意保护，不得损坏。

③ 抗震构造柱钢筋和拉结筋应保护，不得踩倒、弯折。

④ 基础墙回填土，两侧应同时进行，暖气沟墙不填土的一侧应加支撑，防止回填时挤歪挤裂。回填土应分层夯实，不允许向槽内灌水取代夯实。

⑤ 回填土运输时，先将墙顶保护好，不得在墙上推车，损坏墙顶和碰撞墙体。

3. 施工做法详解

施工工艺流程 >>>>>

确定组砌方法→砖浇水→拌制砂浆→排砖摆底→砖基础砌筑→抹防潮层→留槎。

（1）确定组砌方法 组砌方法应正确，一般采用一顺一丁（满丁、满条）排砖法。砖砌体的转角处和内外墙体交接处应同时砌筑，当不能同时砌筑时，应按规定留槎，并做好接槎处理。基底标高不同时，应从低处砌起，并应由高处向低处搭接。

（2）砖浇水 砖应在砌筑前 1～2d 浇水湿润，烧结普通砖一般以水侵入砖四边 15mm 为宜，含水率 10%～15%；煤矸石页岩实心砖含水率 8%～12%；常温施工不得用干砖上墙，不得使用含水率达饱和状态的砖砌墙，冬期施工清除冰霜，砖可以不浇水，但应加大砂浆稠度。

（3）拌制砂浆

① 干拌砂浆的强度等级必须符合设计要求。施工人员应按使用说明书的要求操作。

② 干拌砂浆宜采用机械搅拌。如采用连续式搅拌器，应以产品使用说明书要求的加水量为基准，并根据现场施工稠度微调拌和加水量；如采用手持式电动搅拌器，应严格按照产品使用说明书规定的加水量进行搅拌，先在容器内放入规定量的拌合水，再在不断搅拌的情况下陆续加入干拌砂浆，搅拌时间宜为 3～5min，静停 10min 后再搅拌不少于 0.5min。

③ 使用人不得自行添加某种成分来变更干拌砂浆的用途及等级。

④ 搅拌好的砂浆拌合物应在使用说明书规定的时间内用完，在炎热或大风天气时应采取措施防止水分过快蒸发，超过初凝时间严禁二次加水搅拌使用。

⑤ 散装干拌砂浆应储存在专用储料罐内，储罐上应有标识。不同品种、强度等级的产品必须分别存放，不得混用。袋装干拌砂浆宜采用糊底袋，在施工现场储存应采取防雨、防潮措施，并按品种、强度等级分别堆放，严禁混堆混用。

⑥ 如在有效存放期内发现干拌砂浆有结块，应在过筛后取样检验，检验合格后全部过筛方可继续使用。

⑦ 砂浆的配合比应由试验室经试配确定。在砂浆中掺入有机塑化剂、早强剂、缓凝剂、防冻剂等，经检验和试配符合要求后，方可使用。有机塑化剂应有砌体强度的型式检验报告。

⑧ 砂浆配合比应采取重量比。计量精度：水泥，±2%；砂、灰膏控制在±5%以内。

⑨ 水泥砂浆应采取机械搅拌，先倒砂子、水泥、掺合料，最后倒水。搅拌时间不少于 2min。水泥粉煤灰砂浆和掺用外加剂的砂浆搅拌时间不得少于 3min，掺用有机塑化剂的砂浆，应为 3～5min。

⑩ 砂浆应随拌随用，水泥砂浆和水泥混合砂浆必须在拌成后 3h 和 4h 内使用完毕。当施工期间最高温度超过时，应分别在拌成后 2h 和 3h 内使用完毕。超过上述时间的砂浆，不得使用，并不应再次搅拌后使用。对掺用缓凝剂的砂浆，其使用时间可根据具体情况延长。

（4）排砖摆底（干摆砖样）

① 基础大放脚的摆底尺寸及收退方法，必须符合设计图纸规定，如果是一层一退，里外均应砌丁砖；如果是两层一退，第一层为条砖，第二层砌丁砖。

② 大放脚的转角处，应按规定放七分头，其数量为一砖墙放两块、一砖半厚墙放三块、二砖墙放四块，依此类推。

（5）砖基础砌筑

① 砖基础砌筑前，基底垫层表面应清扫干净，洒水湿润。先盘墙角，每次盘角高度不应超过五层砖，随盘随靠平、吊直。

② 砖基础墙应挂线，240mm 墙反手挂线，370mm 以上墙应双面挂线。

③ 基础大放脚砌到基础墙时（图 4-3），要拉线检查轴线及边线，保证基础墙身位置正确。同时要对照皮数杆的砖层及标高；如有高低差，应在水平灰缝中逐渐调整，使墙的层数与皮数杆相一致。

④ 基础垫层标高不一致或有局部加深部位，应从深处砌起，并应由浅处向深处搭砌。

⑤ 暖气沟挑檐砖及上一层压砖，均应整砖丁砌，灰缝要严实，挑檐砖标高必须符合设计要求。

⑥ 各种预留洞、埋件、拉结筋按设计要求留置，避免后剔凿，影响砌体质量。

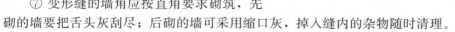
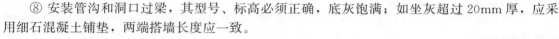

图 4-3　砖基础砌筑大放脚示意图

⑦ 变形缝的墙角应按直角要求砌筑，先砌的墙要把舌头灰刮尽；后砌的墙可采用缩口灰，掉入缝内的杂物随时清理。

⑧ 安装管沟和洞口过梁，其型号、标高必须正确，底灰饱满；如坐灰超过 20mm 厚，应采用细石混凝土铺垫，两端搭墙长度应一致。

(6) 抹防潮层　抹防潮层砂浆前，将墙顶活动砖重新砌好，清扫干净，浇水湿润，基础墙体应抄出标高线（一般以外墙室外控制水平线为基准），墙上顶两侧用木八字尺杆卡牢；复核标高尺寸无误后，倒入防水砂浆，随即用木抹子搓平；设计无规定时，一般厚度为 20mm，防水粉掺量为水泥重量的 3%～5%。

(7) 留槎　流水段分段位置应在变形缝或门窗口角处，隔墙与墙或柱不同时砌筑时，可留阳槎加预埋拉结筋。沿墙高每 500mm 预埋 φ6 钢筋 2 根，其埋入长度从墙的留槎计算起，一般每边均不小于 1000mm，末端应加 180°弯钩。

4. 施工总结

① 砂浆配合比不准：散装水泥和砂都要车车过磅，计量要准确；搅拌时间要达到规定的要求。

② 基础墙身位移：大放脚两侧边收退要均匀，砌到基础墙身时，要拉线找正墙的轴线和边线；砌筑时保持墙身垂直。

③ 皮数杆不平：抄平放线时，要细致认真；钉皮数杆的木桩要牢固，防止碰撞松动；皮数杆立完后，要复验，确保皮数杆标高一致。

④ 水平灰缝不平：盘角时灰缝要掌握均匀，每层砖都要与皮数杆对平，通线要绷紧穿平；砌筑时要左右照顾，避免接槎处接得高低不平。

⑤ 灰缝大小不匀：立皮数杆要保证标高一致，盘角时灰缝要掌握均匀，砌砖时小线要拉紧，防止一层线松，一层线紧。

⑥ 埋入砌体中的拉结筋位置不准：应随时注意正在砌的皮数，保证按皮数杆标明的位置放拉结筋，其外露部分在施工中不得任意弯折；并保证其长度符合设计要求。

⑦ 留槎不符合要求：砌体的转角和交接处应同时砌筑，否则应砌成斜槎。

⑧ 有高低台的基础应先砌低处，并由高处向低处搭接，如设计无要求，其搭接长度不应小于基础扩大部分的高度。

二、梅花丁和三顺一丁砌法

1. 施工示意图

梅花丁和三顺一丁砌法示意图如图 4-4 和图 4-5 所示。

图 4-4 梅花丁示意图

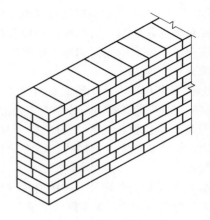

图 4-5 三顺一丁示意图

2. 注意事项

① 墙体拉结筋、抗震构造柱钢筋及各种预埋件、暖卫、电气管线等，均应注意保护，不得任意拆改或损坏。

② 砂浆稠度应适宜，砌墙时应防止砂浆溅脏墙面。

③ 在吊放平台脚手架或安装大模板时，指挥人员和吊车司机应认真指挥和操作，防止碰撞已砌好的砖墙。

④ 在高车架进料口周围，应用塑料薄膜或木板等遮盖，保持墙面洁净。

⑤ 尚未安装楼板或屋面板的墙和柱，当可能遇到大风时，应采取临时支撑等措施，以保证施工中墙体稳定性。

⑥ 雨季前及时完成屋面工程和雨排水系统，防止污染清水墙面。

3. 施工做法详解

施工工艺流程 ≫≫≫

确定组砌方法→砖浇水→拌制砂浆→排砖摞底→砖基础砌筑→抹防潮层→留槎。

（1）**确定组砌方法** 梅花丁砌法是指一面墙的每一皮中均采用丁砖与顺砖左右间隔砌成，每一块丁砖均在上下两块顺砖长度的中心，上下皮竖缝相错 1/4 砖长。该砌法砖缝整齐，外表美观，结构的整体性好，但砌筑效率较低，适用于砌筑一砖或一砖半的清水墙。当砖的规格偏差较大时，采用梅花丁砌法，有利于减少墙面的不整齐性。

三顺一丁砌法是指一面墙的连续三皮中全部采用顺砖与一皮中全部采用丁砖上下间隔砌成，上下相邻两皮顺砖间的竖缝相互错开 1/2 砖长（125mm），上下皮顺砖与丁砖间竖缝相互错开 1/4 砖长。该砌法因砌顺砖较多，所以砌筑速度快，但因丁砖拉结较少，结构的整体性较差，在实际工程中应用较少，适用于砌筑一砖墙或一砖半墙。

（2）**拌制砂浆**

① 干拌砂浆的强度等级必须符合设计要求。施工人员应按使用说明书的要求操作。

② 干拌砂浆宜采用机械搅拌。如采用连续式搅拌器，应以产品使用说明书要求的加水量为基准，并根据现场施工稠度微调拌和加水量；如采用手持式电动搅拌器，应严格按照产品使用说明书规定的加水量进行搅拌，先在容器内放入规定量的拌合水，再在不断搅拌的情况下陆续加入干拌砂浆，搅拌时间宜为 3~5min，静停 10min 后再搅拌不少于 0.5min。

③ 使用人不得自行添加某种成分来变更干拌砂浆的用途及等级。

④ 拌和好的砂浆拌合物应在使用说明书规定的时间内用完，在炎热或大风天气时应采取措

施防止水分过快蒸发，超过初凝时间严禁二次加水搅拌使用。

⑤ 散装干拌砂浆应储存在专用储料罐内，储罐上应有标识。不同品种、强度等级的产品必须分别存放，不得混用。袋装干拌砂浆宜采用糊底袋，在施工现场储存应采取防雨、防潮措施，并按品种、强度等级分别堆放，严禁混堆混用。

⑥ 砌筑地上部分的墙体应使用混合砂浆，当砌体使用水泥砂浆砌筑时，砂浆强度等级应请设计人核准。砂浆的配合比应由试验室经试配确定。在砂浆中掺入有机塑化剂、早强剂、缓凝剂、防冻剂等，经检验和试配符合要求后，方可使用。有机塑化剂应有砌体强度的型式检验报告。

⑦ 砂浆配合比应采取重量比。计量精度：水泥，±2%；砂、灰膏控制在±5%以内。

⑧ 砂浆应采取机械搅拌，先倒砂子、水泥、掺合料，最后倒水。搅拌时间不少于 2min。水泥粉煤灰砂浆和掺用外加剂的砂浆搅拌时间不得少于 3min，掺用有机塑化剂的砂浆，应为 3~5min。

⑨ 砂浆应随拌随用，水泥砂浆和水泥混合砂浆必须在拌成后 3h 和 4h 内使用完毕。当施工期间最高温度超过 30℃时，应分别在拌成后 2h 和 3h 内使用完毕。超过上述时间的砂浆，不得使用，并不应再次搅拌后使用。对掺用缓凝剂的砂浆，其使用时间可根据具体情况延长。

（3）排砖摆底（干摆砖样） 砖墙排砖摆底：一般外墙第一层砖摆底时，两山墙排丁砖，前后檐纵墙排条砖。根据弹好的门窗洞口位置线，认真核对窗间墙、垛尺寸，按其长度排砖。窗口尺寸不符合排砖好活的时候，可以将门窗洞口的位置在 60mm 范围内左右移动。破活应排在窗口中间、附墙垛或其他不明显的部位。移动门窗洞口位置时，应注意暖卫立管安装及门窗开启时不受影响。排砖时必须做全盘考虑，前后檐墙排第一皮砖时，要考虑甩窗口后砌条砖，砖角上应砌七分头砖才是好活。

（4）砖墙砌筑

① 选砖：砌清水墙应选棱角整齐，无弯曲、裂纹，颜色均匀，规格基本一致的砖。敲击时声音响亮，焙烧过火变色，变形的砖可用在不影响外观的内墙上。灰砂砖不宜与其他品种砖混合砌筑。

扫码看视频

砖墙砌筑

② 盘角：砌砖前应先盘角，每次盘角不应超过五皮，新盘的大角，及时进行吊、靠。如有偏差要及时修整。盘角时应仔细对照皮数杆的砖层和标高，控制好灰缝大小，使水平灰缝均匀一致。大角盘好后再复查一次，平整和垂直完全符合要求后，再挂线砌墙。

③ 挂线：砌筑砖墙厚度超过一砖半厚（370mm）时，应双面挂线。超过 10m 的长墙，中间应设支线点，小线要拉紧，每皮砖都要穿线看平，使水平缝均匀一致，平直通顺；砌一砖厚（240mm）混水墙时宜采用外手挂线，可照顾砖墙两面平整，为下道工序控制抹灰厚度奠定基础。

④ 砌砖：砌砖时砖要放平，里手高，墙面就要张；里手低，墙面就要背。砌砖应跟线，"上跟线，下跟棱，左右相邻要对平"。

⑤ 烧结普通砖水平灰缝厚度和竖向灰缝宽度一般为 10mm，但不应小于 8mm，也不应大于 12mm；蒸压（养）砖水平灰缝厚度和竖向灰缝宽度一般为 10mm，但不应小于 9mm，也不应大于 12mm。

⑥ 240mm 厚承重墙的每层墙的最上一皮砖，砖砌体的台阶水平面上及挑出层，应整砖丁砌。

（5）留槎

① 除构造柱外，砖砌体的转角处和交接处应同时砌筑，严禁无可靠措施的内外墙分砌施工。对不能同时砌筑而又必须留置的临时间断处应砌成斜槎，斜槎水平投影长度不应小于高度

的 2/3。槎子必须平直、通顺。

② 施工洞口留设：洞口侧边离交接处外墙面不应小于 500mm，洞口净宽度不应超过 1m。施工洞口可留直槎。

③ 预埋混凝土砖、木砖：户门框、外窗框处采用预埋混凝土砖，室内门框采用木砖或混凝土砖。混凝土砖采用 C15 混凝土现场制作而成，和砖尺寸大小相同；木砖预埋时应小头在外，大头在内，数量按洞口高度确定。洞口高在 1.2m 以内，每边放 2 块；高 1.2～2m，每边放 3 块；高 2～3m，每边放 4 块。预埋砖的部位一般在洞口上边或下边四皮砖，中间均匀分布。木砖要提前做好防腐处理。

④ 预留孔：钢门窗安装、硬架支撑、暖卫管道的预留孔，均应按设计要求留置，不得事后剔凿。

⑤ 墙体拉结筋：墙体拉结筋的位置、规格、数量、间距均应按设计要求留置，不应错放、漏放。

⑥ 过梁、梁垫的安装：安装过梁、梁垫时，其标高、位置及型号必须准确，坐灰饱满。当坐灰厚度超过 20mm 时，要用细石混凝土铺垫。过梁安装时，两端支承点的长度应一致。

⑦ 构造柱做法：凡设有构造柱的工程，在砌砖前，先根据设计图纸将构造柱位置进行弹线，并把构造柱插筋处理顺直。砌砖墙时，与构造柱连接处砌成马牙槎。每一个马牙槎沿高度方向的尺寸不应超过 300mm。马牙槎应先退后进。拉结筋按设计要求放置，设计无要求时，一般沿墙高 500mm 设置 2 根 Φ6 水平拉结筋，每边深入墙内不应小于 1m。

⑧ 有防水要求的房间楼板四周，除门洞口外，必须浇筑不低于 120mm 高的混凝土坎台，混凝土强度等级不小于 C20。

（6）不得在下列墙体或部位设置脚手眼

① 120mm 厚墙和独立柱。

② 过梁上与过梁成 60°角的三角形范围及过梁净跨度 1/2 的高度范围内。

③ 宽度小于 1m 的窗间墙。

④ 砌体门窗洞口两侧 200mm 和转角处 450mm 范围内。

⑤ 梁或梁垫下及其左右 500mm 范围内。

⑥ 设计上不允许设置脚手眼的部位。

4. 施工总结

① 砂浆配合比不准：散装水泥和砂都要车车过磅，计量要准确，搅拌时间要达到规定的要求。

② 墙面不平：一砖半墙必须双面挂线，一砖墙反手挂线；舌头灰要随砌随刮平。

③ 皮数杆不平：抄平放线时，要细致认真；钉皮数杆的木桩要牢固，防止碰撞松动；皮数杆立完后要复验，确保皮数杆标高一致。

④ 水平灰缝不平：盘角时灰缝要掌握均匀，每层砖都要与皮数杆对平，通线要绷紧穿平；砌筑时要左右照顾，避免接槎处接得高低不平。

⑤ 灰缝大小不匀：立皮数杆要保证标高一致，盘角时灰缝要掌握均匀，砌砖时小线要拉紧，防止一层线松，一层线紧。

⑥ 埋入砌体中的拉结筋位置不准：应随时注意正在砌的皮数，保证按皮数杆标明的位置放拉结筋，其外露部分在施工中不得任意弯折；并保证其长度符合设计要求。

⑦ 留槎不符合要求：砌体的转角和交接处应同时砌筑，否则应砌成斜槎。

⑧ 砌体临时间断处的高度差过大：一般不得超过一步架的高度。

⑨ 清水墙游丁走缝：排砖时必须把立缝排匀，砌完一步架高，每隔 2m 间距在丁砖立楞处

用托线板吊直弹线，二步架往上继续吊直弹线，由低往上所有七分头的长度应保持一致，对于质量要求较高的工程七分头宜采用无齿锯切割，上层分窗口位置时必同下窗口保持垂直。

⑩ 窗口上部立缝变活：清水墙排砖时，为了使窗间墙、垛排成好活，把破活排在窗口中间或不明显位置，在砌过梁上第一皮砖时，不得变活。

⑪ 砖墙鼓胀：内浇外砌墙体砌筑时，在窗间墙上、抗震柱两边分上、中、下留出 60mm×120mm 通孔，在抗震柱外墙面上垫木模板，用花篮螺栓与大模板连接牢固；混凝土要分层浇筑，振捣棒不可直接触及外墙；楼层圈梁外三皮 120mm 砖墙也应认真加固；如在振捣时发现砖墙已鼓胀，则应及时拆掉重砌。

⑫ 混水墙粗糙：舌头灰未刮尽，半头砖集中使用，造成通缝，半头砖应分散使用在墙体较大的面上；一砖厚墙背面偏差较大会使砖墙错层，从而造成螺丝墙；首层或楼层的一皮砖要查对皮数杆的标高及层高，防止到顶砌成螺丝墙；一砖厚墙应外手挂线。

⑬ 构造柱处砌筑不符合要求：构造柱砖墙应砌成马牙槎，设置好拉结筋，从柱脚开始两侧都应先退后进，当退 120mm 时，宜上口一皮进 60mm，再上一皮进 60mm，以保证混凝土浇筑时上角密实；如果构造柱内的落地灰、砖渣杂物未清理干净，那么会导致混凝土内夹渣。

三、多孔砖砌体施工

1. 施工示意图和现场照片

多孔砖砌体施工示意图和现场照片如图 4-6 和图 4-7 所示。

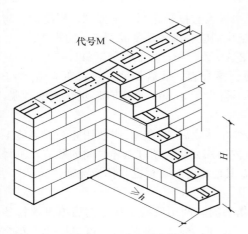

图 4-6 多孔砖砌筑示意图
M—砂浆强度等级；h—砌筑
水平投影长度；H—砌筑高度

图 4-7 多孔砖砌筑现场

2. 注意事项

① 墙体拉结筋、抗震构造柱钢筋、大模板混凝土墙体钢筋及各种预埋件、暖卫、电气管线等，均应注意保护，不得任意拆改或损坏。

② 砂浆稠度应适宜，砌墙时应防止砂浆溅脏墙面。

③ 在吊放平台脚手架或安装大模板时，指挥人员和吊车司机应认真指挥和操作，防止碰撞已砌好的砖墙。

④ 在高车架进料口周围，应用塑料薄膜或木板等遮盖，保持墙面洁净。

⑤ 尚未安装楼板或屋面板的墙和柱，当可能遇到大风时，应采取临时支撑等措施，以保证

施工中墙体稳定性。

3. 施工做法详解

施工工艺流程 >>>>>

确定组砌方法→砖浇水→拌制砂浆→排砖摆底→砖基础砌筑→抹防潮层→留槎。

（1）拌制砂浆

① 干拌砂浆的强度等级必须符合设计要求。施工人员应按使用说明书的要求操作。

② 干拌砂浆宜采用机械搅拌。如采用连续式搅拌器，应以产品使用说明书要求的加水量为基准，并根据现场施工稠度微调拌和加水量；如采用手持式电动搅拌器，应严格按照产品使用说明书规定的加水量进行搅拌，先在容器内放入规定量的拌合水，再在不断搅拌的情况下陆续加入干拌砂浆，搅拌时间宜为 3～5min，静停 10min 后再搅拌不少于 0.5min。

③ 使用人不得自行添加某种成分来变更干拌砂浆的用途及等级。

④ 搅拌好的砂浆拌合物应在使用说明书规定的时间内用完，在炎热或大风天气时应采取措施防止水分过快蒸发，超过初凝时间严禁二次加水搅拌使用。

⑤ 散装干拌砂浆应储存在专用储料罐内，储罐上应有标识。不同品种、强度等级的产品必须分别存放，不得混用。袋装干拌砂浆宜采用糊底袋，在施工现场储存应采取防雨、防潮措施，并按品种、强度等级分别堆放，严禁混堆混用。

⑥ 如在有效存放期内发现干拌砂浆有结块，应在过筛后取样检验，检验合格后全部过筛方可继续使用。

（2）普通砂浆的拌制

① 砂浆的配合比应由试验室经试配确定。在砂浆中掺入有机塑化剂、早强剂、缓凝剂、防冻剂等，经检验和试配符合要求后，方可使用。有机塑化剂应有砌体强度的型式检验报告。

② 砂浆配合比应采取重量比。计量精度：水泥，2%；砂、灰膏控制在±5%以内。

③ 水泥砂浆应采取机械搅拌，先倒砂子、水泥、掺合料，最后倒水。搅拌时间不少于 2min。水泥粉煤灰砂架和掺用外加剂的砂浆搅拌时间不得少于 3min，掺用有机塑化剂的砂浆，应为 3～5min。

④ 砂浆应随拌随用，水泥砂浆和水泥混合砂浆必须在拌成后 3h 和 4h 内使用完毕。当施工期间最高温度超过 3min 时，应分别在拌成后 2h 和 3h 内使用完毕。超过上述时间的砂浆，不得使用，并不应再次搅拌后使用。对掺用缓凝剂的砂浆，其使用时间可根据具体情况延长。

（3）砖墙砌筑

① 砖墙排砖摆底（干摆砖样）：一般外墙一层砖摆底时，两山墙排丁砖，前后檐纵墙排条砖。根据弹好的门窗洞口位置线，认真核对窗间墙、垛尺寸，按其长度排砖。窗口尺寸不符合排砖好活的时候，可以适当移动。破活应排在窗口中间、附墙垛或其他不明显的部位。排砖时必须作全盘考虑，前后檐墙排一皮砖时，要考虑窗口后砌条砖，窗角上应砌七分头砖。

② 选砖：清水墙应选棱角整齐，无弯曲、裂纹，颜色均匀，规格一致的砖。焙烧过火变色、变形的砖可用在不影响外观的内墙上。

③ 盘角：砌砖前应先盘角，每次盘角不应超过五皮，新盘的大角，及时进行吊、靠。如有偏差要及时修整。盘角时应仔细对照皮数杆的砖层和标高，控制好灰缝大小，使水平灰缝均匀一致。大角盘好后再复查一次，平整和垂直完全符合要求后，再挂线砌砖。

④ 挂线：砌筑砖墙应根据墙体厚度确定挂线方法。砌筑墙体超过一砖厚时，应双面挂线。超过 10m 的长墙，中间应设支线点，小线要拉紧，每皮砖都要穿线看平，使水平缝均匀一致，平直通顺；砌一砖厚混水墙时宜采用外手挂线，可照顾砖墙两面平整，为下道工序控制抹灰厚度奠定基础。

⑤ 砌砖：对抗震设防地区砌砖应采用一铲灰、一块砖、一挤压的砌砖法砌筑。对非抗震地区可采用铺浆法砌筑，铺装长度不得超过 750mm；当施工期间最高气温高于 30℃时，铺架长度不得超过 500mm。砌砖时砖要放平，多孔砖的孔洞应垂直于砌筑面砌筑。里手高，墙面就要张；里手低，墙面就要背。砌砖应跟线，"上跟线，下跟棱，左右相邻要对平"。

⑥ 水平灰缝厚度和竖向灰缝宽度一般为 10mm，但不应小于 8mm，也不应大于 12mm。水平灰缝的砂浆饱满度不得小于 80%；竖向灰缝宜采用挤装或加浆方法，不得出现透明缝，严禁用水冲浆灌缝。

⑦ 为保证清水墙面主缝垂直，不游丁走缝，当砌完一步架高时，宜每隔 2m 水平间距，在丁砖立棱位置弹两道垂直立线，以分段控制游丁走缝。

⑧ 墙面勾缝应横平竖直、深浅一致、搭接平顺。勾缝时，应采用加浆勾缝，并宜采用细砂拌制的 1∶1.5 水泥砂浆。当勾缝为凹缝时，凹缝深度宜为 4～5mm。内墙也可用原浆勾缝，但必须随砌随勾，并使灰缝光滑密实。

⑨ 240mm 厚承重墙的每层墙的最上一皮砖，砖砌体的阶台水平面上及挑出层，应整砖丁砌。

⑩ 留槎：除构造柱外，砖砌体的转角处和交接处应同时砌筑，严禁无可靠措施的内外墙分砌施工。对不能同时砌筑而又必须留置的临时间断处应砌成斜槎，斜槎水平投影长度不应小于高度的 2/3（图 4-8）。槎子必须平直、通顺。

⑪ 施工洞口留设：洞口侧边离交接处外墙面不应小于 500mm，洞口净宽度不应超过 1m。施工洞口可留直槎，但直槎必须设成凸槎，并须加设拉结钢筋，在后砌施工洞口内的钢筋搭接长度不应小于 330mm。

⑫ 预埋混凝土砖、木砖：户门框、外窗框处采用预埋混凝土砖，室内门框采用木砖。混凝土砖采用 C15 混凝土现场制作而成，和多孔砖尺寸大小相同；木砖预埋时应小头在外，大头在内，数量按洞口高度确定。洞口高在 1.2m 以内，每边放 2 块；高 1.2～2m，每边放 3 块；高 2～3m，每边放 4 块。预埋砖的部位一般在洞口上边或下边四皮砖，中间均匀分布。木砖要提前做好防腐处理。

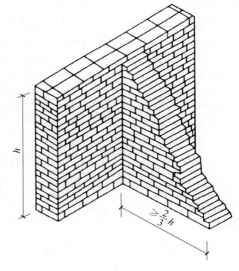

图 4-8　斜槎留置示意图

⑬ 预留槽洞及埋设管道：施工中应准确预留槽洞位置，不得在已砌墙体上凿孔打洞；不应在墙面上留（凿）水平槽、斜槽或埋设水平暗管和斜暗管。

（4）不得在下列墙体或部位设置脚手眼

① 120mm 厚墙和独立柱。

② 过梁上与过梁成 60°角的三角形范围及过梁净跨度 1/2 的高度范围内。

③ 宽度小于 1m 的窗间墙。

④ 砌体门窗洞口两侧 200mm 和转角处 450mm 范围内。

⑤ 设计上不允许设置脚手眼的部位。

4. 施工总结

① 砂浆配合比要准：散装水泥和砂都要车车过磅，计量要准确；搅拌时间要达到规定的要求。

② 墙面要平：一砖半墙必须双面挂线，一砖墙反手挂线；舌头灰要随砌随刮平。

③ 皮数杆要平：抄平放线时，要细致认真；钉皮数杆的木桩要牢固，防止碰撞松动；皮数杆立完后，要复验，确保皮数杆标高一致。

④ 水平灰缝要平：盘角时灰缝要掌握均匀，每层砖都要与皮数杆对平，通线要绷紧穿平；砌筑时要左右照顾，避免接槎处接得高低不平。

⑤ 灰缝大小要匀：立皮数杆要保证标高一致，盘角时灰缝要掌握均匀，砌砖时小线要拉紧，防止一层线松，一层线紧。

⑥ 埋入砌体中的拉结筋位置要准：应随时注意正在砌的皮数，保证按皮数杆标明的位置放拉结筋，其外露部分在施工中不得任意弯折；并保证其长度符合设计要求。

⑦ 留槎要符合要求：砌体的转角和交接处应同时砌筑，否则应砌成斜槎。

⑧ 砌体临时间断处的高度差不能过大；一般不得超过一步架的高度。

⑨ 混水墙不能粗糙：舌头灰未刮尽，半头砖集中使用，造成通缝，半头砖应分散使用在墙体较大的面上；一砖厚墙背面偏差较大会使砖墙错层，从而造成螺丝墙；首层或楼层的一皮砖要查对皮数杆的标高及层高，防止到顶砌成螺丝墙；一砖厚墙应外手挂线。

⑩ 构造柱处砌筑要符合要求：构造柱砖墙应砌成马牙槎，设置好拉结筋，从柱脚开始两侧都应先退后进；当退 120mm 时，宜上口一皮进 60mm，再上一皮进 60mm，以保证混凝土浇筑时上角密实。构造柱内的落地灰、砖渣杂物未清理干净，导致混凝土内夹渣。

⑪ 多孔砖砌体一般尺寸偏差应符合表 4-1 的规定。

表 4-1　多孔砖砌体一般尺寸偏差

项目		允许偏差/mm	检验方法
墙砌体顶面标高		±15	用水准仪和尺量检查
表面平整度	清水墙、柱	5	用 2m 靠尺和楔形塞尺检查
	混水墙、柱	8	
门窗口高、宽（后塞口）		±5	用尺检查
外墙上下窗口偏移		20	以底层窗口为准，用经纬仪或吊线检查
水平灰缝平直度	清水墙	7	拉 10m 线的尺量检查
	混水墙	10	
清水墙游丁走缝		20	吊线和尺量检查，以底层一皮砖为准

四、预留槽洞及埋设管道

1. 施工示意图和现场照片

预留槽洞示意图及埋设管道现场照片如图 4-9 和图 4-10 所示。

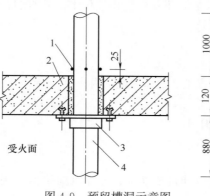

图 4-9　预留槽洞示意图

图 4-10　埋设管道现场

2. 注意事项

① 不应在截面长边小于 500mm 的承重墙体、独立柱内埋设管线。

② 不宜在墙体中穿行暗线或预留、开凿沟槽，无法避免时应采取必要的措施或按削弱后的截面验算墙体的承载力。

3. 施工做法详解

施工工艺流程 ❯❯❯❯ ....

选制模具和埋件→放线、标记→安装模具、下预埋件。

(1) 选制模具和埋件

① 根据设计图纸，参照预留尺寸表及位置图，选定形式、材质来制作模具木砖和铁件。

② 墙上的木砖，按要求做好后，在木砖中心钉一个钉子，木砖一般用红松、白松、椴木等木料制成。须刮出斜坡，满刷防腐油。

③ 混凝土捣制构件中各类管道预埋件及吊环，须按要求事先下料焊制成型后待用。

(2) 放线、标记

① 在钢筋绑扎前按图纸要求的规格、位置、标高，预留槽洞或预埋套管、预下铁件。

② 在砖墙上预留孔洞或预留暗配槽、竖管槽时，应根据管的位置及标高，根据轴线量出准确位置，向砌砖工交代清楚由砌砖工留出，并校核尺寸，以免出错。

(3) 安装模具、下预埋件

① 在混凝土墙或梁、板上安装模具时，将实现制作好的模具中心对准标注的十字进行模具安装。待支完模板后，按要求在模板上锯出孔洞，将模具或套管钉牢或用钢丝绑在周围的钢筋上，并找平找正。

② 在基础墙上预下套管时，按管道标高、位置，在瓦工砌砖或砌石时镶入，找平找正，用砂浆稳固，并应考虑到结构自由下沉时不会损伤管道。

③ 在混凝土或砖基础中，预下防水套管时，两端应根据需要露出墙面一定长度，但不得小于 30mm。

4. 施工总结

① 施工中应准确预留槽洞位置，不得在已砌墙体上凿孔开洞；不得在墙体上留槽（水平槽）、斜槽或埋设水平暗管或斜暗管。

② 墙体中的竖向暗管应预埋，无法预埋需留槽时，预留槽深度及宽度不得大于 95mm×95mm。

③ 管道安装完毕后，应采用强度等级不低于 C10 的细石混凝土或 M10 的水泥砂浆填塞。在宽度小于 500mm 的承重小墙段及壁柱内，不应埋设竖向管线。

五、构造柱施工

1. 施工示意图和现场照片

构造柱施工示意图和现场照片如图 4-11 和图 4-12 所示。

2. 注意事项

① 设置构造柱的墙体，应先砌墙、后浇混凝土。砌砖时，与构造柱连接处应砌成马牙槎，每个马牙槎沿高度方向的尺寸不应超过 300mm，马牙槎应先退后进，构造柱应有外露面。

② 柱与墙拉结筋应按设计要求设置，设计无要求时，一般沿墙高 500mm，每 120mm 厚墙设置一根φ6 水平拉结筋，每边深入墙内不得小于 1000mm。

3. 施工做法详解

施工工艺流程 ❯❯❯❯ ....

预留构造柱位置砌体施工→钢筋安装与拉结筋预埋→模板安装与混凝土浇筑。

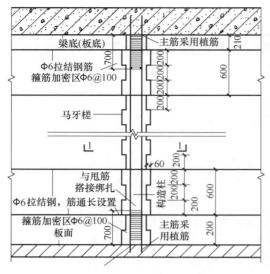

图 4-11　构造柱施工示意图　　　　　　　　图 4-12　构造柱施工现场

（1）预留构造柱位置砌体施工　按规范规定，砌体与构造柱的连接处应砌成马牙槎，每个马牙槎的高度不宜超过 300mm，马牙槎凹入深度宜为 50～60mm。目前砌体砌块普遍使用蒸压加气混凝土砌块，加气混凝土砌块模数高度为 250mm，刚好作为一个马牙槎。砌筑时第一块砖应为凹入，谓之咬脚，然后按顺序同进同退砌筑马牙槎（若底部采用灰砂砖砌筑也应视为一个马牙槎凹入咬脚）。无论马牙槎凹入凸出，同时都要用线坠吊垂直，马牙槎砌体界面应放整砖面，砌块切割面应放在里侧，确保马牙槎美观。

（2）构造柱钢筋安装与砌体拉结筋预埋　构造柱的截面尺寸和配筋应满足设计要求。当设计无要求时，构造柱截面最小宽度不得小于 200mm，厚度同墙厚，纵向钢筋不得小于 4Φ10，箍筋可采用Φ6@200。纵向钢筋顶部和底部应锚入混凝土梁或板中。浇筑主体混凝土时应准确测量构造柱纵筋位置，确保插筋位置准确。为保证钢筋位置准确，可采用后植筋法预埋构造柱纵筋。若采用后植筋法施工，钻孔深度应为 60mm，植筋前先用吹筒吹净孔内粉尘，然后注满结构胶液或环氧树脂液，再植入钢筋。

砌体与混凝土构造柱之间应设置拉结筋，拉结筋应沿砌筑全高设置，在间隔不超过 600mm 处设置 2Φ6 拉结筋。蒸压加气混凝土砌块的拉结筋埋入深度宜为 700mm，且拉结筋末端应为弯钩，放置拉结筋的砌体水平灰缝厚度应比拉结筋直径大 4mm。

（3）构造柱模板安装与混凝土浇筑　为保证浇筑构造柱时有一定的操作空间，便于小型振动板插入，构造柱模板的对拉螺杆宜设置于构造柱两侧的砌体上，不宜设置于构造柱中。若对拉螺杆设置于构造柱中，会阻碍振动棒的插入。模板安装可分以下三种方式进行。

① 构造柱顶部梁高≥800mm 时，模板可以满封，端部一侧模板装成喇叭式进料口，进料口应比构造柱高出 100mm，浇筑柱混凝土时应把进料口也浇满，拆模后将突出的混凝土打凿掉即可。

② 构造柱顶部梁高＜800mm 时，模板一侧满封，另一侧模板应预留缺口作为进料口及小型插入式振动棒使用。若浇筑构造柱端部时还剩一小截混凝土没浇，必须进行二次补浇，拆模时满封一侧的模板不宜拆除，作为二次补浇模板，有缺口一侧的模板应拆除。二次补浇混凝土应制成较干硬混凝土（如面团状），二次补浇混凝土塞满后再钉模板，拆模后混凝土二次浇注外观较为模糊，观感较好。

③ 对于顶部没梁的构造柱，施工方法比较简单，可在楼板开口浇注。

4. 施工总结

墙体转角处和纵横墙交接处应设构造柱，门窗洞口两侧应设抱框柱。构造柱及抱框柱应留设马牙槎，支模时应加设海绵条防止漏浆。构造柱钢筋应伸至顶部混凝土结构内锚固。对于通孔砌块，按图集要求设置灌芯柱。构造柱（芯柱）钢筋采用预埋或后锚固（植筋或胀栓固定）方式与混凝土结构连接。

六、混凝土小型空心砌块砌体工程

1. 施工示意图和现场照片

混凝土小型空心砌块砌体施工示意图和现场照片如图 4-13 和图 4-14 所示。

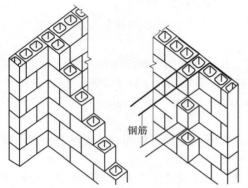

图 4-13 混凝土小型砌块示意图

图 4-14 混凝土小型砌块施工

2. 注意事项

① 装门窗框时，应注意保护好固定框的埋件，应参照相关图集施工，使门框固定牢固。

② 砌体上的设备槽孔以预留为主，因漏埋或未预留时，应采取措施，不因剔凿而损坏砌体的完整性。

③ 砌筑施工应及时清除落地砂浆。

④ 拆除施工架子时，注意保护墙体及门窗口角。

⑤ 清水墙砌筑完毕后，宜从圈梁处向下用塑料薄膜覆盖墙体，以免墙体受到污染。

3. 施工做法详解

施工工艺流程 >>>>>>

墙体放线→砌块排列→拌制砂浆→砌筑→灌芯柱混凝土。

（1）**墙体放线** 砌体施工前，应将基础面或楼层结构面按标高找平，依据砌筑图放出第一皮砌块的轴线、砌体边线和洞口线。

（2）**砌块排列**

① 按砌块排列图在墙体线范围内分块定尺、画线，排列砌块的方法和要求如下。

a. 小型空心砌块在砌筑前，应根据工程设计施工图，结合砌块的品种、规格绘制砌体砌块的排列图。围护结构或二次结构，应预先设计好地导墙、混凝土带、接顶方法等，经审核无误后，按图排列砌块。

b. 小型空心砌块排列应从基础面开始，排列时尽可能采用主规格的砌块（390mm×190mm×190mm），砌体中主规格砌块应占总量的75%～80%。

c. 外墙转角及纵横墙交接处，应将砌块分皮咬槎，交错搭砌，如果不能咬槎，按设计要求采取其他的构造措施。

② 小砌块墙内不得混砌其他墙体材料。镶砌时，应采用与小砌块材料强度同等级的预制混凝土块。

③ 施工洞口留设：洞口侧边离交接处墙面不应小于500mm，洞口净宽度不应超过1m。洞口两侧应沿墙高每3皮砌块设2Φ4拉结钢筋网片，锚入墙内的长度不小于1000mm。

④ 样板墙砌筑：在正式施工前，应先砌筑样板墙，经各方验收合格后，方可正式砌筑。

（3）拌制砂浆 与前面所述砖砌体施工中，拌制砂浆的要求相同。

（4）砌筑

① 每层应从转角处或定位砌块处开始砌筑。应砌一皮、校正一皮，拉线控制砌体标高和墙面平整度。皮数杆应竖立在墙的转角处和交接处，间距宜不小于15m。

② 在基础梁顶和楼面圈梁顶砌筑第一皮砌块时，应满铺砂浆。

③ 砌筑时，小砌块包括多排孔封底小砌块、带保温夹芯层的小砌块均应底面朝上反砌于墙上。

④ 小砌块墙体砌筑形式应每皮顺砌，上下皮应对孔错缝搭砌，竖缝应相互错开1/2主规格小砌块长度，搭接长度不应小于90mm，墙体的个别部位不能满足上述要求时，应在灰缝中设置拉结钢筋或4Φ4钢筋点焊网片。网片两端与竖缝的距离不得小于400mm。但竖向通缝仍不能超过两皮小砌块。

⑤ 墙体转角处和纵横墙交接处应同时砌筑。临时间断处应砌成斜槎，斜槎水平投影长度不应小于斜槎高度。严禁留直槎。

⑥ 设置在水平灰缝内的钢筋网片和拉接筋应放置在小砌块的边肋上（水平墙梁、过梁钢筋应放在边肋内侧），且必须设置在水平灰缝的砂浆层中，不得有露筋现象。拉结筋的搭接长度不应小于$55d$（d为钢筋直径），单面焊接长度不小于$10d$。钢筋网片的纵横筋不得重叠点焊，应控制在同一平面内。

⑦ 砌筑小砌块的砂浆应随铺随砌，墙体灰缝应横平竖直。水平灰缝宜采用坐浆法满铺小砌块全部壁肋或多排孔小砌块的封底面；竖向灰缝应采取满铺端面法，即将小砌块端面朝上铺满砂浆，再上墙挤紧，然后加浆插捣密实。墙体的水平灰缝厚度和竖向灰缝宽度宜为10mm，但不应大于12mm，也不应小于5mm。

⑧ 砌体水平灰缝的砂浆饱满度，应按净面积计算，不得低于90%；小砌块应采用双面碰头灰砌筑，竖向灰缝饱满度不得小于80%，不得出现瞎缝、透明缝。

⑨ 小砌块墙体孔洞中需填充隔热或隔声材料时，应砌一皮灌填一皮，填满，不得捣实。充填材料必须干燥、洁净，品种、规格应符合设计要求。卫生间等有防水要求的房间，当设计选用灌孔方案时，应及时灌注混凝土。

⑩ 砌筑带保温夹芯层的小砌块墙体时，应将保温夹芯层一侧靠置室外，并应对孔错缝。左右相邻小砌块中的保温夹芯层应相互衔接，上下皮保温夹芯层之间的水平灰缝处应砌入同质保温材料。

⑪ 小砌块夹芯墙施工宜符合下列要求：

a. 内外墙均应按皮数杆依次往上砌筑；

b. 内外墙应按设计要求及时砌入拉结件；

c. 砌筑时灰缝中挤出的砂浆与空腔槽内掉落的砂浆应在砌筑后及时清理。

⑫ 固定圈梁、挑梁等构件侧模的水平拉杆、扁铁或螺栓应从小砌块灰缝中预留4Φ10孔穿入，不得在小砌块块体上凿安装洞。内墙可利用侧砌的小砌块孔洞进行支模，模板拆除后应采用C20混凝土将孔洞填实。

⑬ 墙体顶面（圈梁底）砌块孔洞应采取封堵措施（如铺细钢丝网、窗纱等），防止混凝土下漏。

⑭ 顶层内粉刷必须待钢筋混凝土平屋面保温、隔热层施工完成后方可进行；对钢筋混凝土坡屋面，应在屋面工程完工后进行。

⑮ 墙面设有钢丝网的部位，应先采用有机胶拌制的水泥浆或界面剂等材料满涂后，方可进行抹灰施工。

（5）**竖缝填实砂浆** 每砌筑一皮，小砌块的竖凹槽部位应用砂浆填实。

（6）**勒缝** 混水墙面必须用原浆做勾缝处理；缺灰处应补浆压实，并宜做成凹缝，凹进墙面 2mm；清水墙宜用 1∶1 水泥砂浆勾缝，凹进墙面深度一般为 3mm。

（7）**灌芯柱混凝土**

① 芯柱所有孔洞均应灌实混凝土。每层墙体砌筑完后，砌筑砂浆强度达到指纹硬化时，方可浇灌芯柱混凝土；每一层的芯柱必须在一天内浇灌完毕。

② 每个层高混凝土应分两次浇灌，浇灌到 1.4m 左右，采用钢筋插捣或振捣棒振捣密实，然后再继续浇灌，并插（振）捣密实；当过多的水被墙体吸收后应进行复振，但必须在混凝土初凝前进行。

③ 浇灌芯柱混凝土时，应设专人检查记录芯柱混凝土强度等级、坍落度、混凝土的灌入量和振捣情况，确保混凝土密实。

④ 在门窗洞口两侧的小砌块，应按设计要求浇灌芯柱混凝土；临时施工洞口两侧砌块的第一个孔洞应浇灌芯柱混凝土。

⑤ 芯柱混凝土在预制楼盖处应贯通，采用设置现浇混凝土板带的方法或预制板预留缺口的方法，实施芯柱贯通，确保不削弱芯柱断面尺寸。

⑥ 芯柱位置处的每层楼板应留缺口或浇一条现浇板带。芯柱与圈梁或现浇板带应浇筑成整体。

4. 施工总结

① 砌体容易开裂：原因是砌块龄期不足 28d，使用了断裂的小砌块，与其他块材混砌，砂浆不饱满，砌块含水率过大（砌筑前一般不需浇水）等。

② 第一皮砌块底铺砂浆厚度不均匀：原因是基底未事先用细石混凝土找平，必然造成砌筑时灰缝厚度不一。应注意砌筑基底找平。

③ 砌体错缝不符合设计和规范的规定：未按砌块排列组砌图施工。应注意砌块的规格并正确地组砌。

④ 砌体偏差超规定：控制每皮砌块高度不准确。应严格按皮数杆高度控制，掌握铺灰厚度。

⑤ 小砌块砌体的轴线偏移和垂直度偏差应符合表 4-2 的规定。

表 4-2　小砌块砌体的轴线偏移和垂直度偏差

项目			允许偏差/mm	检验方法
轴线位置偏移			10	用经纬仪、拉线和尺量检查
垂直度	每层		5	用 2m 托板检查
	全高	≤10m	10	用经纬仪、拉线和尺量检查
		>10m	20	

七、填充墙砌体砌筑施工

1. 施工示意图和现场照片

填充墙构造柱大样和砌筑施工现场照片如图 4-15 和图 4-16 所示。

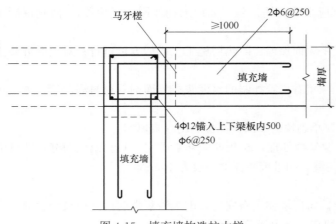

马牙槎
2Φ6@250
≥1000
填充墙
墙厚
4Φ12锚入上下梁板内500
Φ6@250
填充墙

图 4-15　填充墙构造柱大样

图 4-16　填充墙砌筑施工

2. 注意事项

① 预埋的拉结筋应加强保护，不得踩倒、弯折。

② 手推车应平稳行驶，防止碰撞墙体。

③ 墙上不得放脚手架排木，防止发生事故。

④ 当每层砌筑墙体的高度超过 1.2m 时，应及时搭设好操作平台。严禁用不稳定的物体在脚手架板面垫高工作。

3. 施工做法详解

施工工艺流程

放线立皮数杆→排砖摞底→拌制砂浆→砌筑填充墙→填充墙与结构的拉结→填充墙在门窗口两侧的处理。

（1）**放线立皮数杆**　根据设计图纸弹出轴线、墙边线、门窗洞口线；立皮数杆，皮数杆上注明门窗洞口、木砖、拉结筋、圈梁等的尺寸标高；皮数杆间距 15～20m，转角处均应设立，一般距墙皮或墙角 50mm 为宜。

（2）**排砖摞底**　根据设计图纸各部位尺寸，排砖摞底，使组砌方法合理，便于操作。

（3）**拌制砂浆**

① 干拌砂浆的拌制。

a. 干拌砂浆的强度等级必须符合设计要求。施工人员应按使用说明书的要求操作。

b. 干拌砂浆宜采用机械搅拌。如采用连续式搅拌器，应以产品使用说明书要求的加水量为基准，并根据现场施工稠度微调拌和加水量；如采用手持式电动搅拌器，应严格按照产品使用说明书规定的加水量进行搅拌，先在容器内放入规定量的拌合水，再在不断搅拌的情况下陆续加入干拌砂浆，搅拌时间宜为 3～5min，静停 10min 后再搅拌不少于 0.5min。

c. 使用人不得自行添加某种成分来变更干拌砂浆的用途及等级。

d. 搅拌好的砂浆拌合物应在使用说明书规定的时间内用完，在炎热或大风天气时应采取措施防止水分过快蒸发，超过初凝时间严禁二次加水搅拌使用。

e. 散装干拌砂浆应储存在专用储料罐内，储罐上应有标识。不同品种、强度等级的产品必须分别存放，不得混用。袋装干拌砂浆宜采用糊底袋，在施工现场储存应采取防雨、防潮措施，并按品种、强度等级分别堆放，严禁混堆混用。

f. 如在有效存放期内发现干拌砂浆有结块，应在过筛后取样检验，检验合格后全部过筛方可继续使用。

② 普通砂浆的拌制：

a. 砂浆配合比应采用重量比。计量精度：水泥为±2%；砂、灰膏控制在±5%以内。

b. 应采用机械搅拌，搅拌时间不少于 2min。水泥粉煤灰砂浆和掺用外加剂的砂浆搅拌时间不得少于 3min，掺用有机塑化剂的砂浆，应为 3～5min。

c. 施工中采用水泥砂浆代替水泥混合砂浆时，应重新确定砂浆强度等级。

d. 砂浆应随拌随用，水泥砂浆和水泥混合砂浆应分别在拌成后 3h 和 4h 内使用完。当施工期间最高温度超过 30℃时，应分别在拌成后 2h 和 3h 内使用完毕。超过上述时间的砂浆，不得使用，并不应再次搅拌后使用。

（4）砌筑填充墙

① 组砌方法应正确，上下错缝，交接处咬槎搭砌，掉角严重的砖或砌块不宜使用。

② 砌筑灰缝应横平竖直，砂浆饱满。空心砖、轻骨料混凝土小型空心砌块的砌体水平、竖向灰缝为 8～12mm；蒸压加气混凝土砌体水平灰缝宜为 15mm，竖向灰缝为 20mm。

③ 用轻骨料小型空心砌块或蒸压加气混凝土砌块砌筑墙体时，墙底部应砌烧结普通砖或普通混凝土小型砌块，或现浇混凝土坎台等，其高度不宜小于 200mm。

④ 有防水要求的房间楼板四周，除门洞口外，必须浇筑不低于 120mm 高的混凝土坎台，混凝土强度等级不小于 C20。

⑤ 空心砖的砌筑应上下错缝，砖孔方向应符合设计要求。当设计无具体要求时，宜将砖孔置于水平位置；当砖孔垂直砌筑时，水平铺灰应用套板。砖竖缝应先挂灰后砌筑。

⑥ 填充墙砌筑时应错缝搭砌，蒸压加气混凝土砌块搭砌长度不应小于砌块长度的 1/3，并不小于 150mm；轻骨料混凝土小型空心砌块搭砌长度不应小于 90mm。

⑦ 按设计要求设置构造柱、圈梁、过梁或现浇混凝土带。各种预留洞、预埋件等，应按设计要求设置，避免后剔凿。

⑧ 空心砖砌筑时，管线留置方法：当设计无具体要求时，可采用穿砖孔预埋或弹线定位后用无齿锯开槽（用于加气混凝土砌块），不得留水平槽。管道安装后用混凝土堵填密实，外贴耐碱玻纤布，或按设计要求处理。

⑨ 墙体转角处和纵横墙交接处应同时砌筑。临时间断处应砌成斜槎，斜槎水平投影长度不应小于高度的 2/3。

（5）填充墙与结构的拉结

① 拉结方式。拉结钢筋的生根方式可采用预埋铁件、贴模箍、锚栓、植筋等连接方式，并符合以下要求：

a. 锚栓或植筋施工：锚栓不得布置在混凝土的保护层中，有效锚固深度不得包括装饰层或抹灰层；锚孔应避开受力主筋，废孔应用锚固胶或高强度等级的树脂水泥砂浆填实；

b. 锚栓和植筋施工方法应符合要求；

c. 采用预埋铁件或贴模箍施工方法的，其生根数量、位置、规格应符合设计要求，焊接长度符合设计或规范要求。

② 填充墙与结构墙柱连接处，必须按设计要求设置拉结筋或通长混凝土配筋带。设计无要求时，墙与结构墙柱处及 L 形、T 形墙交接处，设拉接筋，竖向间距不大于 500mm，埋压 2Φ6 钢筋，平铺在水平灰缝内，两端伸入墙内不小于 1000mm，如图 4-17 所示。

墙长大于层高的 2 倍时，宜设构造柱。

墙高超过 4m 时，半层高或门洞上皮宜设置与柱连接且沿墙全长贯通的混凝土现浇带，如图 4-18 所示。

③ 设置在砌体水平灰缝中的钢筋的锚固长度不宜小于 50d（d 为钢筋直径）且其水平或垂

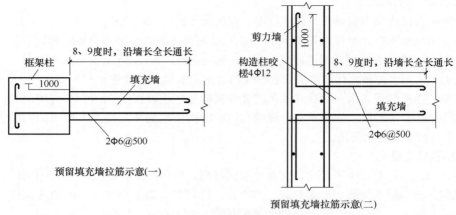

图 4-17 预留拉筋大样

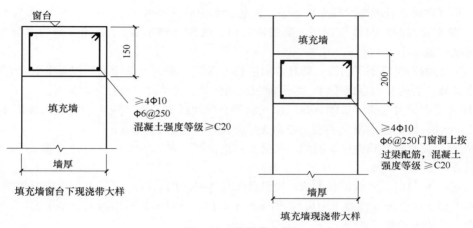

图 4-18 现浇带大样

直弯折段的长度不宜小于 $20d$ 和 150mm；钢筋的搭接长度不应小于 $55d$。

④ 填充墙砌体留置的拉结钢筋或网片的位置应与块体皮数相符合。拉结钢筋或网片应置于灰缝中，其规格、数量、间距、埋置长度应符合设计要求，竖向位置偏差不应超过一皮高度。

⑤ 转角及交接处同时砌筑，不得留直槎，斜槎高不大于 1.2m。拉通线砌筑时，随砌、随吊、随靠，保证墙体垂直、平整，不允许砸砖修墙。

⑥ 填充墙砌至接近梁、板底时，应留一定空隙，待填充墙砌筑完并应至少间隔 7d 后，将缝隙填实。并且墙顶与梁或楼板用膨胀螺栓焊拉接筋或预埋筋拉结，如图 4-19 和图 4-20 所示。

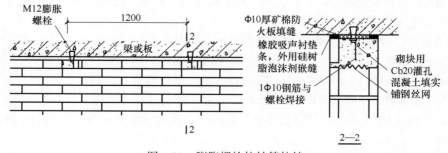

图 4-19 膨胀螺栓拉结筋拉结

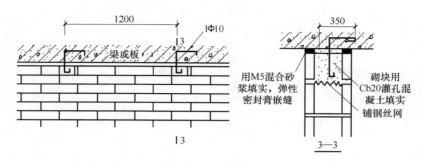

图 4-20　预埋筋拉结

⑦ 混凝土小型空心砌块砌筑的隔墙顶接触梁板底的部位应采用实心小砌块斜砌楔紧；房屋顶层的内隔墙应离该处屋面板板底 15mm，缝内采用 1：3 石灰砂浆或弹性腻子嵌塞。

⑧ 钢筋混凝土结构中的砌体填充墙，宜与框架柱脱开或采用柔性连接，如图 4-21 所示。

⑨ 蒸压加气混凝土和轻骨料混凝土小型砌块除底部、顶部和门窗洞口处，不得与其他块材混砌。

⑩ 加气混凝土砌块的孔洞宜用砌块碎末拌以水泥、石膏及适量的胶修补。

（6）填充墙在门窗口两侧的处理

① 空心砖墙在门框两侧，应用实心砖砌筑，每边不小于 240mm，用以埋设木砖及铁件固定门窗框、安放混凝土过梁。

② 空心砖、轻骨料混凝土小型空心砌块砌筑填充墙，窗洞口两侧砌块，面向洞口者应是无槽一端，窗框固定在预制混凝土锚固块上。

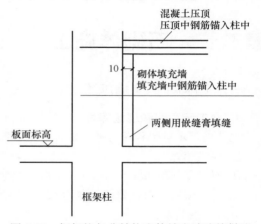

图 4-21　框架柱与非结构砌体填充墙连接做法

4. 施工总结

① 砌体开裂：原因是砌块（烧结空心砖除外）龄期不足 28d，使用了断裂的小砌块，与其他块材混砌，砂浆不饱满等。

② 填充墙与梁、板底交接处易出现水平裂缝：原因是未按要求间隔 7d 补砌，未按要求补砌挤紧。

③ 墙体顶面不平直：砌到顶部时不好使线，墙体容易里出外进，应在梁底或板底弹出墙边线，认真按线砌筑，以保证墙体顶部平直通顺。

④ 门窗框两侧漏砌实心砖：门窗两侧砌实心砖，便于埋设木砖或铁件，固定门窗框，并安放混凝土过梁。

⑤ 墙体剔凿：预留孔洞、预埋件应在砌筑时预留、预埋，防止事后剔凿，以免影响质量。

⑥ 拉结筋不合砖皮数：混凝土墙、柱内预埋拉结筋经常不能与砖皮数吻合，应预先计算砖皮数模数、位置，标高控制准确，不应将拉结筋弯折使用。

⑦ 预埋在墙、柱内的拉结筋任意弯折、切断：应注意保护，不允许任意弯折或切断。

⑧ 填充墙砌体的砂浆饱满度及检验方法见表 4-3。

⑨ 填充墙一般尺寸偏差检查应符合表 4-4 的规定。

表 4-3　填充墙砌体的砂浆饱满度及检验方法

砌体分类	灰缝	饱满度及要求	检验方法
空心砖砌块	水平	≥80%	采用百格网检查块材底面砂浆的黏结痕迹面积
	垂直	填满砂浆,不得有透明缝、瞎缝、假缝	
加气混凝土砌块和轻骨料混凝土小砌块砌体	水平	≥80%	
	垂直	≥80%	

表 4-4　填充墙一般尺寸偏差检查

项目		允许偏差/mm	检查方法
轴线位置偏移		10	用经纬仪、拉线和尺量检查
垂直度	填充墙高度≤3m	5	用2m托板检查
	填充墙高度>3m	10	用经纬仪或吊线和尺量检查
表面平整度		8	用2m靠尺和楔形塞尺检查
门窗洞口高、宽(后塞口)		±5	用尺检查
外墙上、下窗口偏移		20	用经纬仪或吊线检查

第二节 ▶ 石砌体施工

一、石砌体挡土墙施工

1. 施工示意图和现场照片

砌体施工示意图和现场照片如图 4-22 和图 4-23 所示。

2. 注意事项

① 回填完基础两侧及房心土方,安装好暖气盖板。

② 根据图纸要求,做好测量放线工作,设置水准基点桩,立好皮数杆。有坡度要求的砌体,立好坡度门架。

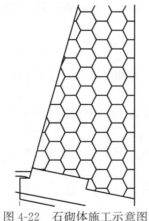

图 4-22　石砌体施工示意图

图 4-23　石砌体现场

3. 施工做法详解

施工工艺流程 ≫≫≫≫

确定参数→检查轴线及墙身线。

① 基础垫层已弹好轴线及墙身线,立好皮数杆,其间距约15m为宜。转角处应设皮数杆,皮数杆上应注明砌筑皮数及砌筑高度等。

② 砌筑前拉线检查基础或垫层表面、标高尺寸是否符合设计要求。如第一皮水平灰缝厚度

超过 20mm，应用细石混凝土找平，不得用砌筑砂浆掺石子代替。

4. 施工总结

① 砂浆配合比有实验室确定，计量设备经检验合格后方能使用，砂浆试模应备好。

② 毛石应按砌筑的数量堆放于砌筑部位附近；料石应按规格和数量在砌筑前组织人员集中加工，按不同规格分类堆放、码齐，以备使用。

二、毛石砌筑

1. 施工示意图和现场照片

毛石砌筑施工示意图和现场照片如图 4-24 和图 4-25 所示。

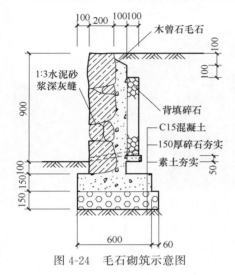

图 4-24　毛石砌筑示意图

图 4-25　毛石砌筑现场

2. 注意事项

① 毛料石砌体的第一皮及转角处、交接处和洞口处，应用较大的平毛石砌筑。砌体的最上一皮，宜选用较大的毛石砌筑。

② 毛料石砌体应分皮卧砌，各皮石块间应利用自然形状经敲打修整，使其能与先砌石块基本吻合、搭砌密切；应上下错缝、内外搭砌，不得采用外面侧力石块中间填心的砌筑方法；中间不得有铲口石（尖头倾斜向外的石块）、斧刃石和过桥石（仅在两段搭砌的石块）。

3. 施工做法详解

施工工艺流程 >>>>>

测量放线→砂浆拌制→砌筑。

基础的顶面宽度比墙厚大 200mm，即每边宽出 100mm，每阶高度一般为 300～400mm，并至少砌两皮毛石。上级阶梯的石块应至少压砌下级阶梯的 1/2，相邻阶梯的毛石应相互错缝搭砌。毛石基础必须设置拉结石。毛石基础同皮内每隔 2m 左右设置一块。拉结石长度：如基础宽度等于或小于 400mm，应与基础宽度相等；如基础宽度大于 400mm，可用两块拉结石内外搭接，搭接长度不应小于 150mm，且其中一块拉结石长度不应小于基础宽度的 2/3。

4. 施工总结

① 毛料石的砌体灰缝厚度宜为 20～30mm，石块间不得有相互接触现象。石块间较大的空隙应先填塞砂浆，后用碎石块嵌实，不得采用先摆碎石块后塞砂浆或干填碎石块的方法。

② 毛料石砌体必须设置拉结石。拉结石应均匀分布、相互错开，毛石基础同皮内每隔 2m

左右设置一块；毛石墙一般每0.7m²墙面至少应设置一块，且同皮内的中距不应大于2m。拉结石的长度，如基础宽度或墙厚不大于400mm，应与宽度或厚度相等。

③ 在毛石和实心砖的组合墙中，毛料石砌体与砖砌体应同时砌筑，并每隔4～6皮砖用2～3皮丁砖与毛料石砌体拉结砌合。两种砌体间的空隙应用砂浆填满。

④ 毛石墙和砖墙相接的转角处和交接处应同时砌筑。转角处应自纵墙（或横墙）每隔4～6皮砖高度引出不小于120mm与横墙或纵墙相接；交接处应自纵墙每隔4～6皮砖高度引出不小于120mm与横墙相接。

三、挡土墙砌筑与泄水孔设置

1. 施工示意图和现场照片
挡土墙施工示意图和现场照片如图4-26和图4-27所示。

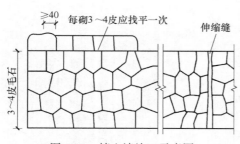

图4-26　挡土墙施工示意图

图4-27　挡土墙施工现场

2. 注意事项
① 地基承载试验结果应与设计一致，坑底表面无松软岩土。
② 墙趾处岩土层尽量少受施工扰动，斜面地基应平整。
③ 基础周围大致平顺整齐。
④ 沉降缝、伸缩缝位置，缝的填塞符合设计要求。
⑤ 泄水孔位置、孔距符合设计要求，孔内通畅。
⑥ 墙面勾缝自然流畅，无暗缝、空缝、通缝。

3. 施工做法详解

> **施工工艺流程** ≫≫≫≫

测量放线→砂浆拌制→砌筑。

毛石挡土墙外露面的灰缝厚度不得大于40mm，两个分层高度间分层处的错缝不得小于80mm。料石挡土墙宜采用丁顺组砌的砌筑形式。当挡土墙的泄水孔无设计规定时，施工应符合下列规定：泄水孔应均匀设置，在每米高度上间隔2m左右设置一个泄水孔；泄水孔与土体间铺设长宽各为300mm、厚200mm的卵石或碎石作疏水层。

4. 施工总结
① 每砌3～4皮为一个分层高度，每个分层高度应找平一次。
② 当中间部分用毛石砌筑时，丁砌料石伸入毛石部分的长度不应小于200mm。
③ 挡土墙内侧回填土必须分层夯填，分层松土厚度应为300mm。墙顶土面应有适当坡度，使水流流向挡土墙外侧面。

四、石料墙体砌筑

1. 施工示意图和现场照片
墙体砌筑施工示意图和现场照片如图4-28和图4-29所示。

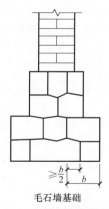

毛石墙基础

图 4-28　毛石墙体砌筑示意图

图 4-29　毛石墙体砌筑现场

2. 注意事项

① 砌筑毛石墙时，应经常检查校核墙体的轴线和边线，以保证墙体轴线准确，不发生位移。

② 砌石应注意选石，石块大小搭配均匀。

③ 砌筑时应严格防止出现不坐浆砌筑或先填心后填塞砂浆，或采取铺石灌浆法施工。

④ 外露面的灰缝不得大于 30mm。

3. 施工做法详解

施工工艺流程 >>>>>>

砌筑方法的选择与确定→砌筑→勾缝→养护。

① 砌筑方法采用坐浆法。砌前先试摆，使石料大小搭配，大面平放朝下，应利用自然形状经修理使其能与先砌毛石基本吻合，砌筑时先砌转角处、交接处和洞口处。逐块卧砌坐浆，使砂浆饱满，每皮高 300～400mm。灰缝厚度一般控制在 20mm，铺灰厚度 30～40mm。

② 砌筑时，避免出现通缝、干缝、空缝和孔洞，墙体中间不得有铲口石、斧刃石和过桥石，同时应注意合理摆放石块，以免出现承重后发生错位、劈裂、外鼓等现象。

③ 在转角及两墙交接处应有较大和较规整的垛石相互搭砌，如不能同时砌筑，应留阶梯形斜槎，不得留直槎。

④ 毛石墙每日砌筑高度不得超过 1.2m，正常气温下，停歇 4h 后可继续垒砌。每砌 3～4 层应大致找平一次。砌至楼层高度时，应使用平整的大石块压顶并用水泥砂浆全部找平。

⑤ 石墙面的勾缝：石墙面或柱面的勾缝形式有平缝、平凹缝、平凸缝、半圆凹缝、半圆凸缝、三角凸缝等，一般毛石墙面多采用平缝或平凸缝。

⑥ 勾缝砂浆宜采用 1：1.5 水泥砂浆。毛石墙面勾缝按下列程序进行：

a. 拆除墙面或柱向上临时装设的拦风绳、挂钩等物；

b. 清除墙面或柱向上黏结的砂浆、泥浆、杂物和污渍等；

c. 刷缝，即将灰缝刮深 10～20mm，不整齐处加以修整；

d. 用水喷洒墙面或柱面，使其湿润，然后进行勾缝。

⑦ 勾缝线条应顺石缝进行，且均匀一致，深浅及厚度相同，压实抹光，搭接平整。阳角勾缝要两面方整。阴角勾缝不能上下直通。勾缝不得有丢缝、开裂或黏结不牢的现象。勾缝完毕应清扫墙面或柱面，早期应洒水养护。

4. 施工总结

① 料石墙砌筑有两顺一丁、丁顺组砌、全顺叠砌。两顺一丁是两皮顺石与一皮丁石相间，

宜用于墙厚等于两块料石宽度时；丁顺组砌是同皮内每1～3块顺石与一块丁石相隔砌筑，丁石中距不大于2m，上皮丁石坐中于下皮顺石，上下皮竖缝相互错开至少1/2石宽，宜用于墙厚小于两块料石宽度时；全顺是每皮均匀为顺砌石，上下皮竖缝相互错开1/2石长，宜用于墙厚度等于石宽时。

② 砌料石墙面应双面挂线（除全顺砌筑形式外），第一皮可按所放墙边线砌筑，以上各皮均按准线砌筑，可先砌转角处和交接处，后砌中间部分。

③ 料石可与毛石或砖砌成组合墙。料石与毛石的组合墙，料石在外、毛石在里；料石与砖的组合墙，料石在里、砖在外，也可料石在外、砖在里。

④ 砌筑时，砂浆铺设厚度应略高于规定灰缝厚度，其高出厚度：细料石，半细料石宜为3～5mm；粗料石、毛料石宜为6～8mm。

⑤ 料石清水墙中不得留脚手眼。

第三节 ▶ 配筋砌体施工

一、构造柱配筋设置与绑扎

1. 施工示意图和现场照片

构造柱配筋设置与绑扎示意图和现场照片如图4-30和图4-31所示。

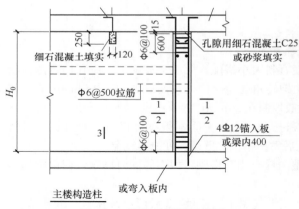

图4-30　构造柱配筋示意图

图4-31　构造柱配筋现场

2. 注意事项

① 当构造柱钢筋采用预制骨架时，应在指定地点垫平，码放整齐。往楼层上吊运钢筋并存放时，应清理好存放地点，以免变形。

② 构造柱钢筋绑扎完成后，不得攀爬或是用于搭设脚手架等。

③ 不得踩踏已绑好的圈梁钢筋或是在上行走，绑圈梁钢筋时不得将梁底砖碰松动。

④ 钢筋变形：钢筋骨架绑扎时应注意绑扣方法，宜采用十字扣或套扣绑扎。

⑤ 箍筋间距不符合要求：多为放置砖墙拉结筋时碰动所致。应在砌完后合模前修整一次。

⑥ 构造柱伸出钢筋位移：除将构造柱伸出筋与圈梁钢筋绑牢外，还要在伸出筋处绑一道定位箍筋，浇筑完混凝土后，应立即修整。

3. 施工做法详解

钢筋绑扎→修理底层伸出的构造柱搭接筋→安装构造柱钢筋骨架。

（1）**构造柱钢筋绑扎**（图4-32）

① 先将两根竖向受力钢筋平放在绑扎架上，并在钢筋上画出箍筋间距，自柱脚起始箍筋位置距竖筋端头为40mm。放置竖筋时，柱脚始终朝一个方向，若构造柱竖筋超过4根，竖筋应错开布置。

② 在钢筋上画箍筋间距时，在柱顶、柱脚与圈梁钢筋交接的部位，应按设计和规范要求加密柱的箍筋，加密范围一般在圈梁上、下均不应小于1/6层高或450mm，箍筋间距不宜大于100mm（柱脚加密区箍筋待柱骨架立起搭接后再绑扎）。

图4-32 构造柱钢筋绑扎

有抗震要求的工程，柱顶、柱脚箍筋加密，加密范围为1/6柱净高，同时不小于450mm，箍筋间距应按6d或100mm加密进行控制，取较小值。钢筋绑扎接头应避开箍筋加密区，同时接头范围的箍筋加密5d，且≤100mm。

③ 根据画线位置，将箍筋套在主筋上逐个绑扎，要预留出搭接部位的长度。为防止骨架变形，宜采用反十字扣或套扣绑扎。箍筋应与受力钢筋保持垂直；箍筋弯钩叠合处，应沿受力钢筋方向错开放置。

④ 穿另外两根或更多受力钢筋，并与箍筋绑扎牢固，箍筋端头平直长度不小于10d，弯钩角度不小于135°。

（2）**修整底层伸出的构造柱搭接筋**

① 根据已放好的构造柱位置线，检查搭接筋位置及搭接长度是否符合设计和规范的要求。若预留搭接筋位置偏差过大，应按1：6坡度进行校正。

② 底层构造柱竖筋应与基础圈梁锚固；无基础圈梁时，埋设在柱根部混凝土座内，当墙体附有管沟时，构造柱埋设深度应大于沟深。构造柱应伸入室外地面标高以下500mm。

（3）**安装构造柱钢筋骨架**

① 先在搭接处主筋处套上箍筋，然后再将预制构造柱钢筋骨架立起来，对正伸出的搭接筋，搭接倍数按设计图纸和规范，且不低于35d，对好标高线（注脚钢筋端头距搭接筋上的50cm水平线距离为490mm），在竖筋搭接部位各绑至少3个扣，两边绑扣距钢筋端头距离为50mm。

② 绑扎搭接部位钢筋：骨架调整方正后，可以绑扎根部加密区箍筋。按骨架上的箍筋位置线从上往下依次进行绑扎，并保证箍筋绑扎水平、稳固。

③ 绑扎保护层垫块：构造柱绑扎完成后，在与模板接触的侧面及时进行保护层垫块绑扎，采用带绑丝的砂浆垫块，间距不大于800mm。

4. **施工总结**

① 有抗震要求的工程，在构造柱上下端应加密箍筋，箍筋间距不得大于100mm。

② 构造柱纵向钢筋的连接可采用焊接或绑扎搭接的方式。若构造柱纵向钢筋采用绑扎搭接，在搭接长度范围内也应加密箍筋，箍筋间距不得大于100mm。

③ 构造柱纵向钢筋宜采用HPB300或HRB335级热轧钢筋。

④ 钢筋绑扎。

a. 先将两根竖向受力钢筋平放在绑扎架上，并在钢筋上画上钢筋间距，自柱脚起始箍筋位置距竖筋端头40mm。放置竖筋时，柱脚始终朝一个方向，若构造柱竖筋超过4根，竖筋应错开分布。

b. 在钢筋上画箍筋间距时，在柱顶、柱脚与圈梁钢筋交接的部位，应按设计和规范要求加密柱的箍筋，加密范围一般在圈梁上下且均不应小于 1/6 层高或 450mm，箍筋间距不宜大于 100mm（柱脚加密区箍筋待柱骨架立起搭接后再绑扎）。

c. 有抗震要求的工程，柱顶、柱脚箍筋加密，加密范围 1/6 净高，同时不小于 450mm，箍筋间距应按 6d 或 100mm 加密进行控制，取最小值。钢筋绑扎接头应避开箍筋加密区，同时接头范围的箍筋加密 5d，且不大于 100mm。

d. 根据画线位置，将箍筋套在主筋上逐个绑扎，要留出搭接部位的长度。为防止骨架变形，宜采用十字扣或套扣绑扎。箍筋应与受力钢筋保持垂直；箍筋弯钩叠合处，应沿受力钢筋方向错开放置。

e. 箍筋端头平直长度不应小于 10d（d 为箍筋直径），弯钩角度为 135°。

二、圈梁钢筋绑扎

1. 施工示意图和现场照片

圈梁钢筋绑扎施工示意图和现场照片如图 4-33 和图 4-34 所示。

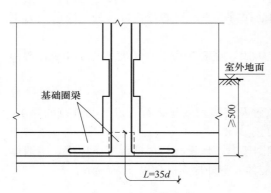

图 4-33　圈梁钢筋示意图

图 4-34　圈梁绑扎现场

2. 注意事项

① 圈梁及板缝钢筋如采用预制钢筋骨架，应在现场指定地点垫平、堆放。

② 往楼板上临时吊放钢筋时，应清理好存放地点，垫平放置，以免变形。

③ 钢筋在堆放过程中，要保持钢筋表面清洁，不允许有油渍、泥土或其他杂物污染钢筋；存放期不宜过久，以防钢筋锈蚀。

④ 避免踩踏、碰动已绑好的钢筋；绑扎圈梁钢筋时，不得将砖墙和梁底砖碰松动。

3. 施工做法详解

施工工艺流程 >>>>>> ....

画出箍筋位置线→放箍筋→穿圈梁主筋→绑扎箍筋→设置保护层垫块。

（1）画出箍筋位置线　支完圈梁模板并做完预检，即可绑扎圈梁钢筋，采用在模内直接绑扎的方法，按设计图纸要求间距，在模板侧帮上画出箍筋位置线。按每两根构造柱之间为一段，分段画线，箍筋起始位置距构造柱 50mm。

（2）放箍筋　箍筋位置线画好后，数出每段箍筋数量，放置箍筋。箍筋弯钩叠合处，应沿圈梁主筋方向互相错开设置。

（3）穿圈梁主筋　穿圈梁主筋时，应从角部开始，分段进行。圈梁与构造柱钢筋交叉处，圈梁钢筋宜放在构造柱受力钢筋内侧。圈梁钢筋在构造柱部位搭接时，其搭接倍数或锚入柱内长度要符合设计和规范要求。主筋搭接部位应绑扎 3 个扣。

圈梁钢筋应互相交圈，在内外墙交接处、墙大角转角处的锚固长度，均要符合设计和规范要求。

（4）**绑扎箍筋**　圈梁受力筋穿好后，进行箍筋绑扎，应分段进行。在每段两端及中间部位先临时绑扎，将主筋架起来，以利于绑扎。绑扎时，要让箍筋与圈梁主筋保证垂直，将箍筋对正模板侧帮上的位置线，先将下部主筋与箍筋绑扎，再绑上部筋，上部角筋处宜采用套扣绑扎（图 4-35）。

（5）**设置保护层垫块**　圈梁钢筋绑完后，应在圈梁底部和与模板接触的侧面加水泥砂浆垫块，以控制受力钢筋的保护层厚度。底部的垫块应加在箍筋下面，侧面应绑在箍筋外侧。

图 4-35　圈梁钢筋绑扎

4. 施工总结

① 圈梁模板部分已支设完毕，并在模板上已弹好水平标高线。

② 模板已经支设完毕，标高、尺寸及稳定性符合设计要求；模板与所在砖墙及板缝已堵严，并办完预检手续。搭设好必要的脚手架。

③ 圈梁及板缝模板已做完预检，并将灰尘清理干净。

三、拉结筋、抗震拉结筋措施

1. 施工示意图和现场照片

拉结筋施工示意图和现场照片如图 4-36 和图 4-37 所示。

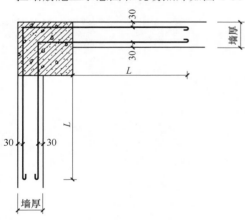

图 4-36　拉结筋构造示意图

图 4-37　拉结筋现场施工

2. 注意事项

① 拉结筋是通过植筋、预埋、绑扎等连接方式，使用 HPB300、HRB335 等钢筋按照一定的构造要求将后砌砌体与混凝土构件拉结在一起的钢筋。

② 墙长大于 5m 时，墙顶与梁宜有拉结；墙长超过层高 2 倍时，宜设置钢筋混凝土构造柱；墙高超过 4m 时，墙体半高宜设置与柱连接且沿墙长贯通的钢筋混凝土水平系梁。

3. 施工做法详解

　　确定参数→拉结筋的安装及摆放。

　　砌块填充墙应沿框架柱全高每 500mm 设 2Φ6 拉结筋（墙厚＞240mm 时为 3Φ6），拉结筋伸入墙内长度 L：抗震设防烈度为 6 或 7 度时不应小于墙长的 1/5 且不小于 700mm；抗震设防烈度为 8 或 9 度时宜沿墙全长贯通，其搭接长度 300mm。拉筋与混凝土结构连接可采用预埋或后锚固方式。

4. 施工总结

　　拉结筋通常用直径 6.5mm 细钢筋制成，多用在砖墙的 L 转角和 T 转角处，每隔 500mm 放一层，每层每 125mm 宽度范围内放一根。长度按照规范设置。在砌体留槎的地方必须按照规定设置拉结筋。

第五章

钢筋混凝土结构工程

第一节 ▶ 模板工程

一、砌筑工程构造柱、圈梁模板的安装与拆除施工

1. 施工示意图和现场照片

圈梁支模示意图和现场照片如图 5-1 和图 5-2 所示。

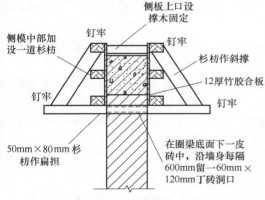

图 5-1　圈梁支模示意图

图 5-2　圈梁支模现场

2. 注意事项

① 在砖墙上支圈梁模板时，防止撞动最上一皮砖。

② 支完模后，应保持模内清洁，防止掉入砖头、石子、木屑等杂物。

③ 应保护钢筋不受扰动。

3. 施工做法详解

施工工艺流程 >>>>>

清理模板内的杂物→构造柱模板的制作及安装→圈梁模板的制作及安装→模板拆除。

（1）**清理模板内的杂物**　支模板前将构造柱、圈梁处杂物全部清理干净。

（2）**构造柱模板的制作及要点**

① 砖混结构构造柱的模板，可采用木模板、多层板或竹胶板、定型组合钢模板。为防止浇筑混凝土时模板变形，影响外墙平整，用木模或钢模板贴在外墙面上，使用穿墙螺栓与墙体内

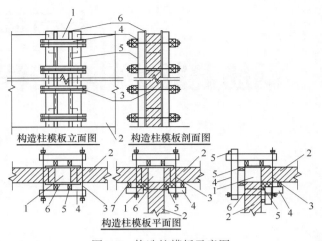

构造柱模板立面图　构造柱模板剖面图

构造柱模板平面图

图 5-3　构造柱模板示意图

1—构造柱；2—砖墙；3—穿墙螺栓；4—夹杠；
5—竖龙骨；6—模板板面；7—垫木

侧模板拉结，穿墙螺栓直径不应小于 φ16。穿墙螺栓竖向间距不应大于 1m，水平间距 70mm 左右，下部第一道拉条距地面 300mm 以内。穿墙螺栓孔的平面位置在构造柱马牙槎以外一砖处，使用多层板或竹胶板应注意竖龙骨的间距，控制模板的挠度变形，如图 5-3 所示。

② 外砖内模结构工程的组合柱，用角模与大模板连接，在外墙处为防止浇筑混凝土挤胀变形，应进行加固处理，模板贴在外墙面上，然后用穿墙螺栓拉牢，穿墙螺栓规格与间距同砖混结构。

③ 外砖内模结构山墙处组合柱，模板采用木模多层板或竹胶板或组合钢模板，支撑方法可采用斜撑。使用多层板或竹胶板应注意木龙骨的间距及模板配置方法。

④ 构造柱根部应留置清扫口。

（3）圈梁模板的制作及安装

① 圈梁模板可采用木模、多层板或竹胶合板、定型组合钢模板，模板上口标高应根据墙身＋50（或＋100)cm 水平线拉线找平。

② 圈梁模板的支撑可采用落地支撑，下面应垫方木。当用方木支撑时，下面用木楔楔紧。用钢管支撑时，高度应调整合适。

③ 钢筋绑扎完成以后，模板上口宽度应进行校正，并用支撑进行校正定位。如采用组合钢模板，可用卡具卡牢，保证圈梁的尺寸。

④ 砖混结构圈梁模板的支撑也可采用悬空支撑法。砖墙上口下一皮砖留洞，横带扁担留洞位置从距墙两端 240mm 开始留洞，间距 500mm 左右。

（4）模板拆除

① 组合柱、圈梁侧模拆除时的混凝土强度应能保证其表面及棱角不受损伤。

② 模板拆除时，不应对楼层形成冲击荷载。拆除的模板和支架宜分散堆放并及时清运。

③ 模板拆除应由项目技术负责人批准，并记录。

4. 施工总结

① 构造柱外砖墙变形：支模板时没有在外墙面采取加固措施或措施不当。

② 圈梁模板外胀：圈梁模板支撑没夹紧，支撑不牢固，加固方法不当。

③ 流坠：模板板缝不严密，墙面不平，应粘贴密封条。灰缝砂浆不饱满致使水泥浆顺砖缝流坠。清水砖墙外墙圈梁没有先支模板浇筑圈梁混凝土，而是先包砖再浇筑混凝土，致使水泥浆顺砖缝流坠。

④ 结构模板安装应符合表 5-1 的规定。

二、现浇钢筋混凝土结构定型组合钢模板的安装与拆除

1. 施工示意图和现场照片

组合钢模示意图和现场照片如图 5-4 和图 5-5 所示。

表 5-1　结构模板安装的允许偏差

项目	允许偏差/mm	检查方法
轴线位移:柱、梁	5	尺量检查
标高	±5	用水准仪或拉线和尺量检查
截面尺寸:柱、梁	+4,-5	尺量检查
组合柱每层垂直度	10	用2m靠尺检查
相邻两板表面高低差	2	用直尺和尺量检查
预埋钢板中心线位移	3	拉线和尺量检查

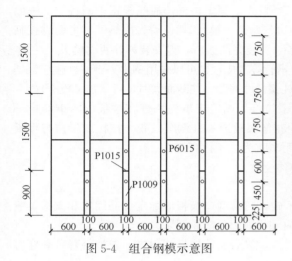

图 5-4　组合钢模示意图

图 5-5　组合钢模现场

2. 注意事项

① 吊装模板时轻起轻放,不准碰撞,防止模板变形。

② 拆模时不得用大锤硬砸或撬棍硬撬,以免损伤混凝土表面和棱角。

③ 拆下的钢模板,如发现模板不平或肋边损坏变形,应及时修理。

④ 在使用过程中应加强管理,分规格堆放,及时补刷防锈漆。

3. 施工做法详解

施工工艺流程 ≫≫≫

安装柱子模板→安装剪力墙模板→安装梁模板→安装楼梯模板→安装楼板模板→模板拆除。

(1) 安装柱子模板施工流程　楼层放线→剔除接缝混凝土软弱层→楼板上沿柱外侧粘贴5mm厚海绵密封条→安装柱模→安柱箍筋→拉杆或斜杆→加固校正→办预检……→模板拆除。

(2) 安装剪力墙模板施工流程　放墙位置线和模板控制线→剔除接槎处混凝土软弱层→安装窗洞口模板并在接触面的两侧粘贴密封条→楼板上沿外侧粘贴5mm厚海绵密封条→检查预留洞、预埋件的设置→安装一侧模板→安装对穿螺栓→安装另一侧模板→调整加固→办预检……→模板拆除。

扫码看视频

剪力墙模板安装

(3) 安装梁模板施工流程　放线、抄平→铺设垫板→安装立柱→调整标高和位置→安装梁底模板→梁底调整起拱→绑扎钢筋→安装侧模→办预检……→模板拆除。

(4) 安装楼梯模板施工流程　放线、抄平→铺设垫板→支设架子支承(有楼梯柱先支楼梯柱)→安大小龙骨→安平台梁、平台板→校正标高位置→铺梯段底板→安楼

扫码看视频

楼梯模板安装

梯侧帮→吊踏步模板→办预检……→模板拆除。

（5）**安装楼板模板施工流程**　抄平弹模板标高控制线→铺设垫板→支设架子支承→支大小龙骨并在墙或梁四周加贴海绵条→大于 4m 时模板支承起拱→铺模板→校正标高→办预检……→模板拆除。

（6）**安装柱模板施工要点**

① 按照放线位置，在柱内四边的预留地锚筋上焊接支杆，从四面顶住模板以防止位移。

② 安装柱模板：先安装楼层平面的两边柱，经校正、固定，再拉通线校正中间各柱。一般情况下模板预拼成一面一片（组合钢模一面的一边带两个角模），就位后先用钢丝与主筋绑扎临时固定，组合钢模用 U 形卡将两侧模板连接卡紧。安装完两面后，再安装另外两面模板。

③ 安装柱箍：柱箍可用方钢、角钢、槽钢、钢管等制成，也可以采用钢木夹箍。柱箍应根据柱模尺寸、侧压力大小等因素在模板设计时确定柱箍尺寸间距。柱断面大时，可增加穿模螺栓。

④ 安装柱模的拉杆或斜撑。柱模每边设两根拉杆，固定于事先预埋在楼板内的钢筋拉环上，用线坠（必要时用经纬仪）控制垂直度，用花篮螺栓或螺杆调节校正。拉杆或斜撑与楼板面夹角宜为 45°，预埋在楼板内的钢筋拉环与柱距离宜为 3/4 柱高。

⑤ 将柱模内清理干净，封闭清理口，办理模板预检。

（7）**安装剪力墙模板施工要点**

① 按位置线安装门洞口模板，下预埋件或木砖，门窗洞口模板应加定位筋固定和支撑，洞口设 4～5 道横撑。门窗洞口模板与墙模接合处应加垫海绵条防止漏浆。

② 把预先拼装好的一面墙体模板按位置线就位，然后安装拉杆或斜撑，安塑料套管和穿墙螺栓，穿墙螺栓规格和间距应符合模板设计规定。

③ 清扫墙内杂物，再安另一侧模板，调整斜撑（拉杆）使模板垂直后，拧紧穿墙螺栓。注意模板上口应加水平楞，以保证模板上口水平向的顺直。

④ 调整模板顶部的钢筋位置、钢筋水平定距框的位置，确认保护层厚度。

⑤ 模板安装完毕后，检查扣件、螺栓是否紧固，模板拼缝是否严密，办预检手续。

（8）**安装梁模板施工要点**

① 放线、抄平：柱子拆模后在混凝土柱上弹出水平线，在楼板上和柱子上弹出梁轴线。安装梁柱头节点模板如图 5-6 所示。

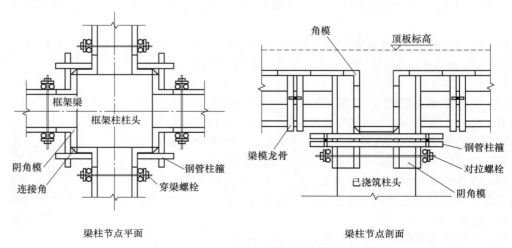

梁柱节点平面　　　　　　　　　　梁柱节点剖面

图 5-6　梁柱头节点模板示意图

② 铺设垫板：安装梁模板支柱之前应先铺垫板。垫板可用 50mm 厚脚手板或 50mm×100mm 木方，长度不小于 400mm，当施工荷载大于 1.5 倍设计使用荷载或立柱支设在基土上时，垫通长脚手板。

③ 安装立柱：一般梁支柱采用单排，当梁截面较大时可采用双排或多排，支柱的间距应由模板设计确定，支柱间应设双向水平拉杆，离地 300mm 设第一道。当四面无墙时，每一开间内支柱应加一道双向剪刀撑，保证支撑体系的稳定性。

④ 调整标高和位置、安装梁底模板：按设计标高调整支柱的标高，然后安装梁底模板，并拉线找直，按梁轴线找准位置。梁底模板跨度大于或等于 4m 应按设计要求起拱。当设计无明确要求时，一般起拱高度为跨度的 $1/1000 \sim 1.5/1000$，如图 5-7 所示。

⑤ 绑扎梁钢筋，经检查合格后办理隐检手续。

⑥ 清理杂物，安装侧模板，把两侧模板与梁底板固定牢固，组合小钢模用 U 形卡连接。

⑦ 用梁托架加支撑固定两侧模板。龙骨间距应由模板设计确定，梁模板上口应用定型卡子固定。当梁高超过 600mm 时，应加穿梁螺栓加固（或使用工具式卡子），并注意梁侧模板根部要楔紧，宜使用工具式卡子夹紧，防止胀模漏浆。

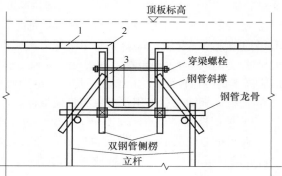

图 5-7　梁支模示意图
1—楼板模板；2—阴角模板；3—梁模板

⑧ 安装后校正梁中线、标高、断面尺寸，将梁模板内杂物清理干净。梁端头一般作为清扫口，直到浇筑混凝土前再封闭。检查合格后办模板预检手续。

(9) 安装楼梯模板施工要点

① 放线、抄平：弹好楼梯位置线，包括楼梯梁、踏步首末两级的角部位置、标高等。

② 铺垫板、立支柱：支柱和龙骨间距应根据模板设计确定，先立支柱、安装龙骨（有梁楼梯先支梁），然后调节支柱高度，将大龙骨找平，校正位置标高，并加拉杆。

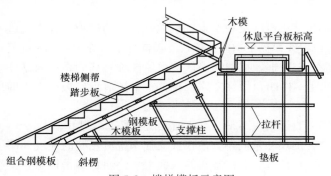

图 5-8　楼梯模板示意图

③ 铺设平台模板和梯段底板模板：铺设时，组合钢模板龙骨应与组合钢模板长向相垂直，在拼缝处可采用窄尺寸的拼缝模板或木板代替。当采用木板时，板面应高于钢模板板面 2～3mm。

底板铺设完毕后，在板上划梯段宽度线，依线立外帮板，外帮板可用夹木或斜撑固定，如图 5-8 所示。

④ 绑扎楼梯钢筋，有梁先绑扎梁钢筋；吊楼楼梯踏步模板；办钢筋的隐检和模板的预检。注意踏步高度应均匀一致，最下一步及最上一步的高度，必须考虑到楼地面最后的装修厚度及楼梯踏步的装修做法，防止与装修厚度不同形成楼梯踏步高度不协调，装修后楼梯相邻踏步高度差不得大于 10mm。

(10) 安装楼板模板施工要点

① 安装楼板模板支柱之前应先铺垫板。垫板可用 50mm 厚脚手板或 50mm×100mm 木方，

扫码看视频

楼板模板安装

长度不小于 400mm ，当施工荷载大于 1.5 倍设计使用荷载或立柱支设在基土上时，垫通长脚手板。采用多层支架支模时，支柱应垂直，上下层支柱应在同一竖向中心线上。

② 严格按照各房间支撑图支模。从边跨一侧开始安装，先安装第一排龙骨和支柱，临时固定后再安装第二排龙骨和支柱，依次逐排安装。支柱和龙骨间距应根据模板设计确定，碗扣式脚手架还要符合模数要求。

③ 调节支柱高度，将大龙骨找平。楼板跨度大于或等于 4m 时应按设计要求起拱，当设计无明确要求时，一般起拱高度为跨度的 1/1000～1.5/1000。

④ 铺设定型组合钢模板：可从一侧开始铺，每两块板间纵向边肋上用 U 形卡连接，U 形卡与 L 形插销应全部安满。每个 U 形卡卡紧方向应正反相间，不要同一方向。楼板大面积均应采用大尺寸的定型组合钢模板块，在拼缝处可采用窄尺寸的拼缝模板或木板代替。当采用木板时，板面应高于钢模板板面 2～3mm，但均应拼缝严密不得漏浆。

⑤ 楼板模板铺完后，用水准仪测量模板标高，进行校正，并用靠尺检查平整度。

(11) 模板拆除

① 侧模拆除时的混凝土强度也应能保证其表面及棱角不受损伤，不应对楼层形成冲击荷载。拆除的模板和支架宜分散堆放并及时清运。模板拆除应有拆模申请并由项目技术负责人批准。

② 柱子模板拆除：先拆掉柱斜拉杆或斜支撑，卸掉柱箍，再把连接每片柱模板的连接件拆掉，使模板与混凝土脱离。

③ 墙模板拆除：先拆掉穿墙螺栓等附件，再拆除斜拉杆或斜撑，用撬棍轻轻撬动模板，使模板脱离墙体，即可把模板吊运走。

④ 宜先拆除梁侧模，再拆除楼板模板；楼板模板拆模应先拆掉水平拉杆，然后拆除支柱，每根龙骨留 1～2 根支柱暂时不拆。

⑤ 操作人员站在已拆出的空间，拆去近旁余下的支柱。

⑥ 当楼层较高，支模采用多层排架时，应从上而下逐层拆除，不可采用在一个局部拆除到底再转向相邻部位的方法。

⑦ 有穿梁螺栓者，先拆掉穿梁螺栓和梁底模板支架，再拆除梁底模板。

4. 施工总结

① 柱子模板容易产生的问题是：截面尺寸不准、梁柱节点轴线偏移、钢筋保护层过大或过小、柱身扭曲。防止办法：支模前按图弹位置线，校正钢筋位置，支模前柱子根部 200 mm 宽范围内应严格找平；柱模顶安好钢筋双控水平定距框，控制钢筋保护层厚度和钢筋间距；根据柱子截面尺寸及高度，设计好柱箍尺寸及间距，柱四角做好支撑或拉杆；梁柱节点模板与施工的混凝土柱固定牢固。

② 梁模板容易产生的问题是：梁身不平直、梁底不平、梁侧面鼓出、梁上口尺寸偏大。

③ 梁板模板应通过设计确定龙骨、支柱的尺寸及间距，使模板支撑系统有足够的强度和刚度，防止浇筑混凝土时模板变形。模板支柱的底部应支在坚实的地面上，垫通长脚手板防止支柱下沉，梁板模板应按设计要求起拱，防止挠度过大。支梁模板时，梁底两侧拉通线。梁模板上口应有拉杆锁紧，梁侧模下口应严格楔紧，梁上口应拉通线，支模、浇筑混凝土时看着通线，发现胀模立即加固，防止变形。

④ 墙模板容易产生的问题是：墙体混凝土薄厚不一致，截面尺寸不准确，拼接不严，缝子过大造成跑浆。防止办法：根据墙体高度和厚度，通过设计确定纵横龙骨的尺寸及间距，墙体的支撑方法，角模的形式，墙体钢筋支棍的间距、支顶位置；模板上口应拉通线，加设拉结螺

栓；使用钢筋双控水平定距框，控制钢筋保护层厚度和竖钢筋间距、位置，防止上口尺寸出现偏差；看着通线浇筑混凝土，发现变形立即加固，混凝土初凝前及时进行模板的校正；模板接缝处使用密封条，防止出现跑浆现象。

⑤ 现浇结构模板安装的偏差应符合表5-2的要求。

表5-2　现浇结构模板安装的允许偏差

项目		允许偏差/mm	检查方法
底模上表面标高		±5	水准仪或拉线、钢尺检查
截面内部尺寸	柱、墙、梁	+4，−5	钢尺检查
层高垂直度	不大于5m	6	经纬仪或吊线、钢尺检查
	大于5m	8	经纬仪或吊线、钢尺检查
相邻两板表面高低差		2	钢尺检查
表面平整度		5	2m靠尺和塞尺检查
轴线位置		5	钢尺检查

三、剪力墙结构墙体全钢大模板的安装与拆除

1. 施工示意图和现场照片

墙体全钢大模板示意图和现场照片如图5-9和图5-10所示。

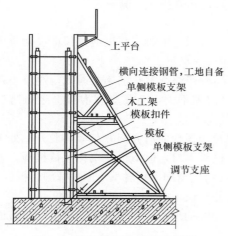

图5-9　墙体全钢大模板示意图

上平台
横向连接钢管,工地自备
单侧模板支架
木工架
模板扣件
模板
单侧模板支架
调节支座

图5-10　墙体全钢大模板施工现场

2. 注意事项

① 吊装模板时轻起轻放，不准碰撞，防止模板变形、破损。
② 拆模时不得用锤硬砸或撬棍硬撬，以免损伤混凝土表面和棱角。
③ 拆下的模板，如发现模板不平或破损变形，应及时修理。
④ 在使用过程中应加强管理，分规格堆放。

3. 施工做法详解

施工工艺流程 ⟫⟫⟫⟫

清理模板→安装大模板→模板拆除。

（1）外板内模结构安装大模板

① 根据纵横模板之间的构造关系安排安装顺序，将一个流水段的正号模板用塔吊按位置吊至安装位置初步就位，用撬棍按墙位线调整模板位置，对称调整模板的对角螺栓或斜杆螺栓。用2m靠尺板测垂直校正标高，使模板的垂直度、水平度、标高符合设计要求，立即拧紧螺栓。

② 安装外挂板，用花篮螺栓或卡具将下端与混凝土楼板锚固钢筋拉结固定。

③ 合模前检查钢筋、水电预埋管件、门窗洞口模板、穿墙套管是否遗漏，位置是否准确，安装是否牢固或削弱混凝土断面过多等，合反号模板前将墙内杂物清理干净。

④ 安装反号模板，经校正垂直后用穿墙螺栓将两块模板锁紧。

⑤ 正反模板安装完后检查角模与墙模，模板与墙面间隙必须严密，防止出现漏浆、错台现象。检查每道墙口是否平直。办完模板工程预检验收，方准浇灌混凝土。

（2）全现浇结构大模板安装

① 按照方案要求，安装模板支撑平台架。

② 安装门洞口模板，须留洞模板及水电预埋件，门窗洞口模板与墙模板结合处应加垫海绵条防止漏浆。如结构保温采用大模内置外墙外保温（EPS保温板），应安装保温板。

③ 在流水段分段处，墙体模板的端头安装卡槎子模板，它可以用木板或用胶合板根据墙厚制作，模板要严密，防止浇筑内墙混凝土时，混凝土从外端头部分流出。

④ 安装外墙内侧模板，按模板的位置线将大模板安装就位找正。

⑤ 安装外墙外侧模板，模板放在支撑平台架上（为保证上下接缝平整、严密，模板支撑尽量利用下层墙体的穿墙螺栓紧固模板），将模板就位找正，穿螺栓，与外墙内模连接紧固校正。注意施工缝模板的连接必须严密，牢固可靠，防止出现错台和漏浆的现象。

⑥ 穿墙螺栓与顶撑可在一侧模立好后先安，也可以两边立好从一侧穿入。

（3）拆除大模板

① 模板拆除时，结构混凝土强度应符合设计和规范要求，混凝土强度应以保证表面及棱角不因拆除模板而受损，且混凝土强度达到1MPa。

② 冬施中，混凝土强度达到1MPa可松动螺栓，当采用综合蓄热法施工时，待混凝土达到4MPa方可拆模，拆模时应保证混凝土温度与环境温度之差不大于20℃，且混凝土冷却到51℃及以下。拆模后的混凝土表面应及时覆盖，使其缓慢冷却。

③ 拆除模板：首先拆下穿墙螺栓，再松开地脚螺栓使模板向后倾斜并与墙体脱开。如果模板与混凝土墙面吸附或黏结不能离开，可用撬棍撬动模板下口，但不得在墙体上撬模板，或用大锤砸模板。应保证拆模时不晃动混凝土墙体，尤其在拆门窗洞模板时不能用大锤砸模板。

④ 拆除全现浇混凝土结构模板时，应先拆外墙外侧模板，再拆除内侧模板。

⑤ 清除模板平台上的杂物，检查模板是否有钩挂兜绊的地方，调整塔臂至被拆除模板的上方，将模板吊出。

⑥ 大模板吊至存放地点时，必须一次放稳，其自稳角应根据模板支撑体系的形式确定，中间留500mm工作面，及时进行模板清理，涂刷隔离剂保证不漏刷、不流淌。每块模板后面挂牌，标明清理、涂刷人名单。

⑦ 大模板应定期进行检查和维修，在大模板后开的孔洞应打磨平整，不用者应补堵后磨平，保证使用质量。冬季大模板背后做好保温，拆模后若发现有脱落应及时补修。

⑧ 为保证墙筋保护层准确，大模板上口顶部应配合钢筋工安装控制竖向钢筋位置、间距和钢筋保护层工具式的定距框。

⑨ 当风力大于5级时，停止对墙体模板的拆除。

4. 施工总结

① 墙身超厚：墙身放线时误差较大，模板就位调整不认真，穿墙螺栓没有全部穿齐、拧紧。

② 墙体上口过大：支模时上口卡具没按设计尺寸卡紧。

③ 混凝土墙体表面粘连：模板清理不好，涂刷隔离剂不均匀，拆模过早导致混凝土强度低所造成。

④ 角模与大模板缝隙过大跑浆：模板拼装时缝隙过大，连接固定措施不牢固，应加强检查，及时处理并调整加固方法。

⑤ 角模入墙过深：支模时角模与大模板连接凹入过多或不牢固。应改进角模支模方法或墙体钢筋支模位置。

⑥ 门窗洞口混凝土变形：门窗洞口模板的组装，内支撑间距过大、缺少斜撑、与大模板的固定不牢固，混凝土不是对称下灰、对称振捣。必须认真进行洞口模板设计，能够保证尺寸，便于装拆。

⑦ 严格控制模板上口标高（模板高度应为楼层净高＋50mm），墙顶混凝土浮浆及软弱层全部剔除后，应仍比楼板底模高3～5mm。

⑧ 上下楼层窗洞口位置偏移：窗帮未设垂直通线。

⑨ 如果有条件，将滴水线或鹰嘴一次支模，混凝土一步到位。

⑩ 模板经常在阳角或上下接槎处胀开而漏浆，注意尽量减少模板悬挑部分尺寸。为减少墙体接缝，模板设计时阳角处可考虑不设置阳角模，采用大钢模硬拼。连接时采用定型连接器和专用螺栓交错连接。

⑪ 外墙、楼梯间、电梯井墙面接槎错台：原因是模板方案不合理，上层模与下层墙体无法支顶、拉结，或下层墙体模板上口不直，或下层墙体模板垂直偏差过大。

四、弧形墙体模板的安装与拆除

1. 施工示意图和现场照片

弧形墙体模板施工示意图和现场照片如图 5-11 和图 5-12 所示。

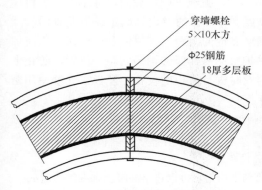

图 5-11　弧形墙体模板现场示意图

图 5-12　弧形墙体模板现场

2. 注意事项

① 加固的水平楞应按曲率分别堆放。

② 拆模时不得用大锤硬砸或撬棍硬撬，以免损伤混凝土表面和棱角。

③ 拆下的模板，如发现模板破损变形，应及时修理。

④ 在使用过程中应加强管理，分规格堆放。

3. 施工做法详解

施工工艺流程

放线→安装模板→模板拆除。

（1）放线　按照放线位置，在墙两侧预留地锚筋上焊接支杆，顶住模板以防止位移，使用木制多层板、竹胶板模板时，支杆端头应有焊好的垫片，防止螺栓紧固后模板板面破损或截面尺寸变小。

(2) **安装墙模板**　根据放样位置从一头安装一侧墙模板，就位后先用钢丝与主筋绑扎临时固定，然后再安装另外一侧模板。注意使用木制多层板、竹胶板模板时，因板面较宽，安装时应考虑安装长度。

(3) **安装水平楞（坡道应顺着坡道的坡度）和竖楞**　水平楞可用方钢、钢管等制成，加工圆弧时，应放大样，可用压弯机或手工调弯，加工后应与大样对比。应根据侧压力大小等因素在模板设计时确定水平楞及竖楞的尺寸间距、穿墙螺栓的规格和间距。紧固螺栓调整模板，注意模板上口必须设一道水平楞（坡道应顺着坡道的坡度）。

(4) **安装墙模的拉杆或斜撑**　模板拉杆，应固定于事先预埋在楼板内的钢筋拉环上。用线坠控制墙体垂直度，吊线的长度不应小于 2m，或根据墙的高度吊墙体全高的垂直度。用花篮螺栓调节校核模板垂直度。拉杆（或斜撑）与楼板面夹角宜为 45°，预埋在楼板内的钢筋拉环与柱距离宜为 3/4 墙高。

(5) **办理模板预检**　将模内清理干净，封闭清理口，办理模板预检。

(6) **模板拆除**

① 先拆除穿墙螺栓等附件，再拆除斜拉杆或斜撑，用撬棍轻轻撬动模板，使模板离开墙体，即可把模板拆下。

② 墙体模板拆除时要能保证混凝土表面及棱角不因拆除而受损坏，要有拆模申请，经批准后方可拆模。

③ 拆下的模板及时清理黏结物，涂刷脱模剂。拆下的扣件及时清理、运出工作面。

4. 施工总结

① 墙模板容易产生的问题是：墙体混凝土薄厚不一致，弧线不顺，截面尺寸不准确。拼接不严，板缝过大造成跑浆。防止办法是：根据墙体高度和厚度，通过设计确定纵横龙骨的尺寸及间距，墙体的支撑方法，模板连接的形式，墙体钢筋支棍的间距、支顶位置；模板上口应加设拉结螺栓，使用钢筋双控水平定距框，控制钢筋保护层厚度和竖向钢筋间距、位置，防止上口尺寸出现偏差；发现变形立即加固，混凝土初凝前及时进行模板的校正；模板接缝处使用密封条，防止出现跑浆现象；穿墙螺栓套管尺寸要准确。

② 墙身超厚：墙身放线时误差较大，模板就位调整不认真，穿墙螺栓没有全部穿齐、拧紧。穿墙螺栓套管尺寸不准确。

③ 墙体上口过大：支模时上口卡具没按设计尺寸卡紧。

④ 混凝土墙体表面粘连：模板清理不好，涂刷隔离剂不均匀，拆模过早混凝土强度低所造成。

⑤ 模板接槎处错台：应改进墙体模板支模位置和方法，模板接槎处应另加支模，保证接槎处不出错台。

⑥ 门窗洞口混凝土变形：门窗洞口模板的组装，内支撑间距过大、缺少斜撑、与墙体模板的固定不牢固，混凝土不是对称下灰、对称振捣。必须认真进行洞口模板设计，能够保证尺寸，便于装拆。

⑦ 严格控制模板上口标高［模板高度应为楼层净高＋30～50mm，即：楼板高度＝层高－顶板厚度（或梁高）＋30～50mm］。墙顶混凝土浮浆及软弱层全部剔除后，应仍比楼板底模高 3～5mm。

⑧ 墙体支模垂直度不好，造成上下接槎错台。

五、基础模板的安装与拆除

1. 施工示意图和现场照片

基础模板的安装施工示意图和现场照片如图 5-13 和图 5-14 所示。

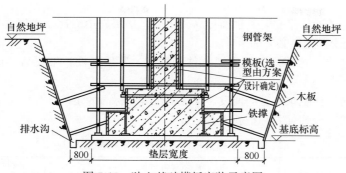

图 5-13 独立基础模板安装示意图

2. 注意事项

① 模板及其支架必须具有足够的强度、刚度和稳定性；其支架的支承部分必须有足够的支承面积。如安装在基土上，基土必须坚实，并有排水措施。对湿陷性黄土，必须有防水措施；对冻胀性土，必须有防冻融措施。

② 拆除模板时，要轻轻撬动，使模板脱离混凝土表面，禁止猛砸狠敲，防止碰坏混凝土。

③ 拆除下的模板应及时清理干净，涂刷脱模剂。暂时不用时应遮荫覆盖，防止暴晒。

图 5-14 独立基础模板安装现场

3. 施工做法详解

施工工艺流程 >>>> ....

独立基础模板安装→条形基础模板安装→独立基础模板拆除→条形基础模板拆除。

（1）独立基础模板安装 要在基坑底垫层上弹出基础中线。把截好尺寸的木板加钉木档拼成侧板，在侧板内表面弹出中线，再将各阶和 4 块侧板组拼成方框，并校正尺寸及角部方正。安装时，先把下阶模板放在基坑底，两者中线互相对准，用水平尺校正其标高；在模板周围钉上木桩，用平撑与斜撑支撑顶牢；然后把上台阶模板放在下阶模板上，两者中线互相对准，并用斜撑与平撑加以钉牢。

对于杯形独立基础模板，在上阶模板安装好并校正标高之后，将杯芯模板的轿杠搁置在上阶模板上，对准中线，加设木档予以固定。

（2）条形基础模板安装 先在基槽底弹出基础边线，再把侧板对准边线垂直竖立，用水平尺校正侧板顶面水平后，再用斜撑和平撑钉牢。如基础较长，应先安装基础两端的端模板，校正后，再在侧板上口拉通线，依照通线再安装侧板。

为防止在浇筑混凝土时模板变形，保证基础宽度的准确，在侧板上口每隔一定距离钉上搭头木。

（3）独立基础模板拆除 杯形独立基础模板的拆除顺序：先拆除杯口芯模，再拆上阶模板。杯芯模在基础混凝土初凝后拆除，整体式杯芯模可借助倒链拔出，装配式杯芯模拆模时，先抽出活动抽板，再拆除 4 个角模。阶形模板拆除时，先拆除斜撑、平撑，然后用撬杠、钉锤等工具拆下 4 块侧板。

（4）条形基础模板拆除 条形基础模板拆除时，先拆下搭头木，再拆除斜撑与平撑，最后拆除侧板及端模板。

4. 施工总结

① 垫层混凝土表面要平整，其顶面标高要正确，垫层周边应比基础底部尺寸放大 100mm，为基础放线、正确支模提供必要的条件。

② 必须正确放线。尤其是现场环视条件不好时，要反复校核轴线后，再放模板边线和标高线。

③ 基础支模时，注意预埋管的留设，保证其位置与标高的正确。

④ 基础模板施工允许偏差和检验方法见表 5-3。

表 5-3　基础模板施工允许偏差和检验方法

项目	允许偏差/mm	检验方法
轴线位移	5	尺量检查
标高	±5	水准仪或拉线和尺量
截面尺寸	±10	尺量检查

六、大模板安装与拆除

1. 施工示意图和现场照片

大模板施工示意图和现场照片如图 5-15 和图 5-16 所示。

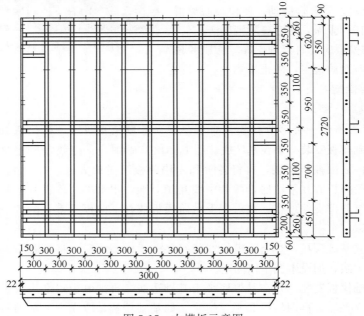

图 5-15　大模板示意图

2. 注意事项

① 大模板吊至存放地点时，应一次放稳，保持自稳角为 70°～75°。在高空安放过夜时，应将相邻两块大模板拉结。遇有 6 级以上大风，应停止作业，并将大模板与建筑物固定。

② 起吊大模板之前，应将吊装机械调整适当，吊装时稳起稳落、就位准确，严禁大幅度摆动。

③ 大模板操作平台的上人梯道、栏杆等防护设施应完好无损，保证安全作业。

④ 大模板拆除时，禁止用大锤砸，禁止用撬杠撬动大模板上口，防止损坏模板。

⑤ 大模板拆下后，应立即清除黏附的水泥浆，将模板清理干净。支撑架调整螺栓、穿墙螺

栓、上口卡具等进行清理保养。

⑥ 大模板吊装时，应注意防止碰撞已浇筑的墙体。

⑦ 安装外墙外侧大模板时，必须确保三角挂架及平台板安装牢固。大模板安装后，立即上紧穿墙螺栓。安装三角挂架及外侧模板的操作人员必须系好安全带。

⑧ 施工至三层以上应沿建筑物外围满挂安全网，并随施工逐层上移，在第五层设置第一道永久安全网，然后逐层安设上移，第十层设置第二道永久性安全网。

图 5-16　大模板安装现场

⑨ 大模板安装就位后，要采取防止触电保护措施，将大模板加以串联，并同避雷网接通，防止漏电伤人。

⑩ 拆模后应认真检查所有连接件是否已全部拆除，在确保模板与墙体已完全脱离后方准起吊。

⑪ 在楼层或地面临时堆放的大模板，应面对面放置，中间留出人行通道便于清理模板及刷脱模剂。

⑫ 走廊挑梁、阳台梁下面应设支柱；拆除墙模板时，支柱不拆（应保持 3 层）。

3. 施工做法详解

施工工艺流程 >>>>>

内墙大模板安装→外墙大模板安装→大模板的拆除。

(1) 内墙大模板安装

① 大模板就位前，在已弹线的墙身位置旋转混凝土导墙块，间距 1.5m 左右（每块大模板不少于 2 块）。

② 每一楼层从第二间开始，先安装第二轴线的一侧横墙模板，调整垂直度，穿上穿墙螺栓及塑料套管，再安装另一侧模板，调整好两个方向的垂直度，上紧穿墙螺栓。横墙模板安装后，再安装内纵墙模板，依次类推，安装一间固定一间。第二间横墙模板安装是整个楼层模板安装的基准，安装时必须特别认真，确保其位置及垂直度的准确。

③ 门洞口模板的安装：用方木加工成带有斜度（10～20mm）的门框套模，夹在已安装就位的门框两侧，其总厚度比墙厚大 1～3mm，然后用两侧大模板将其夹紧，用螺栓固定。门框内横向水平支撑加固。

(2) 外墙大模板安装

① 先在下层外墙上安装三角挂架，铺设操作平台，并挂好安全网。利用外墙上的穿墙螺栓孔，插入 L 形连接螺栓，里侧旋紧螺母，将三角挂架钩挂在 L 形螺栓上，再安装平台。

② 在外侧大模板底面 100mm 处的外墙面上，弹出楼层水平线，用以控制内外墙模板安装以及楼梯、阳台、楼板等预制构件的安装。

③ 外侧大模板安装就位经校正固定后，再安装内侧大模板，校正垂直度后，上紧穿墙螺栓及上口卡具。为防止模板发生位移，用钢丝绳与倒链将内侧大模板与内墙模板拉结固定，拉结点设置于穿墙螺栓位置处。

④ 外墙门窗洞口模板支模时，先将各片侧模与角模按洞口尺寸组装好，然后将其与大模板上的洞口角钢边框连接固定。

⑤ 为了保证相邻模板平整一致，防止浇筑混凝土时漏浆及上下楼层出现错台，在外墙外侧

大模板上下端各固定一条硬塑料板，并在底部设置⊏12槽钢，槽钢上固定一条橡胶板。浇筑混凝土后，在外墙面上形成上下两道腰线，也是外墙装饰线。

（3）大模板的拆除

① 墙体混凝土强度达到 $1.2N/mm^2$ 后，方可拆除大模板。

② 内墙大模板拆除顺序：内纵墙模板→横墙模板→门洞模板。拆模时，先拆除所有连接件（穿墙螺栓、上口卡具、花篮螺栓等），再松动调整螺栓，使大模板逐渐脱离墙面，如脱模困难，可在模板底板底部用撬杠轻轻撬动，使模板脱开。拆除门洞模板时，对于固定于大模板上的门洞边框，一定要当边框离开墙面后，再行吊出。

③ 外墙大模板拆除顺序：拆除外墙内侧模板的连接装置（倒链、钢丝绳等）→拆除穿墙螺栓、上口卡具→拆除相邻模板连接件→拆除门窗洞口模板与大模板的连接件→用撬杠撬动外侧大模板，使之脱离墙面→松动调整螺栓，外侧大模向外倾→拆除内侧模板→拆除门窗洞口模板→拆除三角挂架及平台板。

④ 拆除外墙门窗洞口框模时，先拆除窗台模板并加设临时支撑，再拆除角模及侧模。洞口上口模板，待墙体混凝土达到规定强度之后再予拆除。

4. 施工总结

① 支模时大模板的支承面应特别注意找平。

② 外墙外侧大模板、预留门窗洞位、内墙楼梯位等，应预先做好模板支承，确保大模板安装位置准确。

③ 穿墙螺栓套管的长度尺寸下料要准确，两端切口齐整，预防浇筑混凝土时灰浆进入套管内。穿墙螺栓上紧后，螺栓宜露出螺母外 2～3 扣。

④ 每块大模板设置 2 个吊环。吊环采用未经过冷拉的Ⅰ级钢筋加工。吊环应焊在大模板的竖向骨架上。

⑤ 大模板安装允许偏差及检验方法见表 5-4。

表 5-4　大模板安装允许偏差及检验方法

项目	允许偏差/mm	检验方法
模板标高	±5	用水准仪或拉线和尺量检查
模板垂直	3	2m 靠尺检查
模板位置	2	钢尺量、验线
上口宽度	+2,0	钢尺量、验线
先立口垂直	5	2m 靠尺检查
先立口对角线	7	钢尺检查

第二节 ▶ 钢筋工程

一、钢筋加工

1. 施工示意图和现场照片

钢筋弯钩加工施工示意图和现场照片如图 5-17 和图 5-18 所示。

2. 注意事项

① 箍筋加工合格后，按照部位、规格分类码放，并做好标识，利于检查。

② 加工好的半成品，按指定地点堆放，地面搭设存放架，并标明规格、尺寸、使用部位、简图、数量等内容，堆放应整齐。

③ 对于加工好的半成品钢筋如长时间不使用，应在钢筋上采用苫布进行苫盖，防止加工好的钢筋由于日晒、雨淋等原因造成钢筋锈蚀、污染。

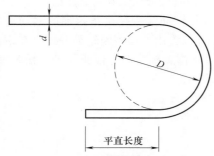

图 5-17　钢筋弯钩加工示意图

图 5-18　钢筋弯钩加工现场

3. 施工做法详解

施工工艺流程

钢筋除锈→钢筋调直→钢筋切断→钢筋弯曲成型→预检→分类堆放。

（1）钢筋除锈

① 对钢筋表面的油渍、漆污和用铁锤敲击时能剥落的浮皮、铁锈等应在使用前清除干净。

② 光圆盘条钢筋表面的浮锈、陈锈等采用在冷拉或钢筋调直过程中除锈，操作方法见③条。

③ 对直条钢筋采用电动除锈机进行除锈，操作时应将钢筋放平握紧，操作人员必须侧身送料，钢筋与钢丝刷松紧程度要适当，保证除锈效果。

④ 对于局部少量的钢筋除锈采用人工除锈方法，直接用钢丝刷清刷干净。

⑤ 经除锈后的钢筋应尽早绑扎就位。

（2）钢筋调直

① 对于光圆盘条钢筋和直径不大于 14mm 的直条细钢筋需要进行调直处理，可采用调直机调直和卷扬机拉伸调直。

② 调直机调直：对冷拔钢丝和细钢筋可采用调直机调直（图 5-19）。

采用调直机时，要根据钢筋的直径选用调直模和传送压辊，并要正确掌握调直模的偏移量和压辊的压紧程度。

调直模的偏移量根据其磨损程度及钢筋品种通过试验确定；调直筒两端的调直模一定要在调直前后导孔的轴心线上。

压辊的槽宽，在钢筋穿入压辊之后，上下压辊间宜有 3mm 以内的间隙。压辊的压紧程度要做到既保证钢筋能顺利地被牵引前进，看不出钢筋有明显的转动，而又要保证在被切断的瞬时，钢筋和压辊间不允许打滑。

图 5-19　钢筋调直

③ 卷扬机冷拉方法调直。根据现场场地情况安装好卷扬机、地锚、滑轮和钢筋夹具，分固定端和张拉端。安装时，首先应确定张拉距离 L_0（即钢筋张拉前的长度），在现场条件许可时

张拉距离尽量越长越好，以提高工作效率。根据张拉距离和钢筋的冷拉率确定拉伸总长度（即张拉后的长度）L，从而确定卷扬机、地锚、滑轮和钢筋夹具的位置。

拉伸设备安装完成后，用标牌在钢筋张拉前和张拉后位置处分别做好明显标记。

张拉时，先将整盘钢筋放在钢筋转盘上，用人工拽住钢筋端头拉至张拉端的钢筋夹具上（此夹具应事先放在张拉前标牌位置处），在固定端确定好位置用大钳剪断钢筋并锁固在钢筋夹具上。然后启动卷扬机进行拉伸，当钢筋夹具到达张拉后位置标牌时，停止拉伸，松开夹具，取下钢筋，并将钢筋夹具退回到张拉前位置，进行下次张拉。

采用卷扬机调直钢筋示意图见图 5-20（图中数字仅为示例）。

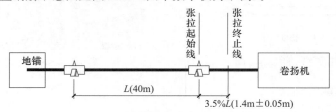

图 5-20　采用卷扬机调直钢筋示意图

④ 对于直径大于等于 14mm 的粗钢筋，有局部弯曲时，采用人工手扳调直即可。

⑤ 钢筋调直后应平直、无局部弯曲。

（3）钢筋切断

扫码看视频

钢筋切断

① 将同规格钢筋根据不同长度长短搭配，统筹配料，先断长料，后断短料，减少短头，减少损耗。

② 钢筋切断时应核对配料单，并进行钢筋试弯，检查下料表尺寸与实际成型的尺寸是否相符，无误后方可大量切断成型。

③ 钢筋切断主要采用钢筋切断机机械切断。根据下料单的尺寸用尺量出断料长度，用石笔做好标记，然后用切断机从标记处切断。对同一尺寸量多的钢筋切断，应在工作台上设置控制下料长度的限位挡板，精确控制钢筋的下料长度。

断料时，必须将被切断钢筋握紧，应在活动刀片向后退时将钢筋垂直送入刀口，切断后，及时将钢筋取下。切短钢筋时，须用钳子夹住送料。

一次切断钢筋根数宜控制在表 5-5 要求内（表 5-5 仅做参考，对于不同型号切断机，应按照机械使用说明使用）。

表 5-5　钢筋切断机一次断料量

钢筋直径/mm	5.5～8	9～10	13～16	18～20	20 以上
可切断根数	12～8	6～4	3	2	1

④ 机械连接、定位用钢筋应采用无齿锯锯断，保证端头平直，无变形，顶端切口无有碍于套丝质量的斜口、马蹄口或扁头。用于绑扎接头、机械连接、电弧焊、电渣压力焊等接头部位及非接头部位的钢筋，均应将钢筋端头的热轧弯头或劈裂头切除。

⑤ 对零星小直径钢筋的切断，可采用手工切断，用断线钳直接切断钢筋即可。

⑥ 用于机械连接以外钢筋切断后的断口，应尽量减少马蹄形或起弯等现象。

扫码看视频

钢筋弯曲成型

（4）钢筋弯曲成型

① 划线：钢筋弯曲前，根据钢筋标识牌上标明的尺寸，用石笔在钢筋

上标示出各弯曲点的位置。划线工作宜从钢筋中线开始向两边进行，两边不对称的钢筋，也可以从钢筋的一端开始划线，当划到另一端有出入时，则应重新调整。

② 机械弯曲成型：对受力钢筋的成型一般采用弯曲机机械成型。

首先安装芯轴、成型轴和挡轴。选择芯轴时，芯轴直径的选择跟钢筋的直径和弯曲角度有关，用于普通混凝土结构的钢筋成型按不小于规定要求直径选用芯轴（钢筋弯曲最小内直径）。

成型轴的位置应根据成型钢筋的形状确定，成型轴宜加偏心轴套，以调节芯轴、钢筋和成型轴三者之间的间隙，使钢筋在芯轴与成型轴之间的空隙应大于 2mm。弯曲钢筋时，为了使弯弧一侧的钢筋保持平直，挡铁轴宜做成可变挡架。

操作时先将钢筋放在芯轴与成型轴之间，将弯曲点线约与芯轴内边缘齐，然后开动弯曲机使工作盘转动，当转动达到要求时，停止转动，用倒顺开关使工作盘反转，成型轴回到初始位置，再重新弯曲另一根钢筋。在放置钢筋时，若弯180°，弯曲点线距芯轴内边缘为 1.0～1.5 倍钢筋直径，见图 5-21。

③ 手工弯曲成型：对小直径的光圆钢筋、箍筋等的成型通常采用手工弯曲。

对Φ6～Φ10 的钢筋采用带有底座的手摇扳手进行弯曲成型，先将底座固定在操作平台上，将扳手直接套在底座上即可使用。进行弯曲时，先在底座上划好常用的弯曲角度，然后将钢筋放在转轴和扳手挡板之间，将钢筋上的划线与转轴外缘对齐，转动扳手弯折钢筋到要求位置。

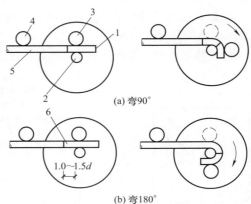

(a) 弯90°

(b) 弯180°

图 5-21 弯曲点线与芯轴关系

1—工作盘；2—芯轴；3—成型轴；4—固定挡铁；5—钢筋；6—弯曲点线

④ 螺旋形钢筋成型：螺旋形钢筋可用手摇滚筒成型，也可用机械传动的滚筒。由于钢筋有弹性，滚筒直径应比螺旋筋内径略小，滚筒直径与螺旋筋直径关系见表 5-6。

表 5-6 滚筒直径与螺旋直径关系

螺旋筋内径/mm	Φ6	288	360	418	485	575	630	700	760	845	—	—	—
	Φ8	270	325	390	440	500	565	640	690	765	820	885	965
滚筒外径/mm		260	310	365	410	460	510	555	600	660	710	760	810

⑤ 受力钢筋的弯钩或弯折要求：

a. HPB300 级钢筋末端需要做 180°弯钩，其圆弧弯曲直径 D 不应小于钢筋直径 d 的 2.5 倍，弯钩的弯后平直部分长度不应小于钢筋直径 d 的 3 倍；用于轻骨料混凝土结构时，其弯曲直径不应小于钢筋直径 d 的 3.5 倍。

b. HRB335、HRB400 级钢筋末端需做 90°或 135°弯折时，HRB335 级钢筋的弯曲直径 D 不宜小于钢筋直径 d 的 4 倍；HRB400 级钢筋的弯曲直径不宜小于钢筋直径 d 的 5 倍（图 5-22），平直部分长度应按设计要求确定。

c. 弯起钢筋中间部位弯折处的弯曲直径 D，不应小于钢筋直径 d 的 5 倍（图 5-23）。

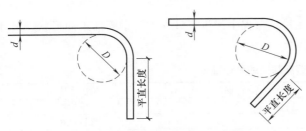

图 5-22 钢筋末端 90°或 135°弯折

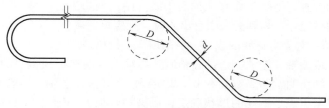

图 5-23　弯起钢筋中间部位弯折

d. 钢筋做不大于 90°的弯折时，弯折处的弯弧内直径不应小于钢筋直径的 5 倍。

⑥ 除焊接封闭环形箍筋外，箍筋的末端应做弯钩，弯钩形式应符合设计要求。当设计无具体要求时，应符合下列规定。

a. 箍筋弯钩的弯弧内直径除应满足上述⑤条规定，尚应不小于受力钢筋直径。

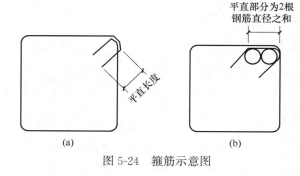

图 5-24　箍筋示意图

b. 箍筋弯钩的弯折角度：对有抗震要求的结构，应为 135°。

c. 箍筋弯后平直部分长度：对有抗震要求的结构，不应小于箍筋直径的 10 倍；对有抗震要求和受扭的结构，可按图 5-24（a）加工；对于柱、梁钢筋绑扎接头范围内的箍筋可按图 5-24（b）加工。

（5）**预检**　同一部位、规格的一批钢筋加工成型后，应立即进行预检，对不合格的产品进行调整或重新加工成型。

（6）**分类堆放**

① 打捆：同一部位、规格的一批钢筋加工成型并通过预检验收后，应及时打捆。用火烧丝绑扎成捆，至少应绑扎两道，绑扎时应将标识牌穿在火烧丝上。

② 分类堆放：绑扎好的成捆钢筋运至成型钢筋堆放场地按顺序堆放整齐，并做好总标识。箍筋加工合格后，按照部位、规格分类码放，并做好标识。

4. 施工总结

① 在除锈过程中发现钢筋表面的氧化铁皮鳞落现象严重并已损伤钢筋截面，或在除锈后钢筋表面有严重的麻坑、斑点锈蚀截面时，应将钢筋降级使用或剔除不用。

② 在切断过程中，如发现钢筋有劈裂、锁头或严重的弯头等必须切除；如发现钢筋的硬度与该钢种有较大的出入，应及时向有关技术人员反映，查明情况。

③ 用于在墙体模板内起顶模作用的顶棍，长度应为墙体厚度减 2mm，端头用无齿锯切割并刷防锈漆，防锈漆应由端头往里刷 10mm。

④ 当加工过程中发生脆断或力学性能显著不正常等现象时，应对该批钢筋进行化学成分检验或其他专项检验。

⑤ 断料时应避免用短尺量长料，防止在量料过程中产生累计误差，钢筋加工的形状、尺寸应符合设计要求，其偏差应符合表 5-7 的规定。

表 5-7　钢筋加工的允许偏差

项　　　目	允许偏差/mm	检验方法
受力钢筋顺长度方向全长的净尺寸	±10	尺量检查
弯起钢筋的弯折位置	±20	尺量检查
箍筋内净尺寸	±5	尺量检查

二、底板钢筋绑扎施工

1. 施工示意图和现场照片

底板钢筋绑扎施工如图 5-25 和图 5-26 所示。

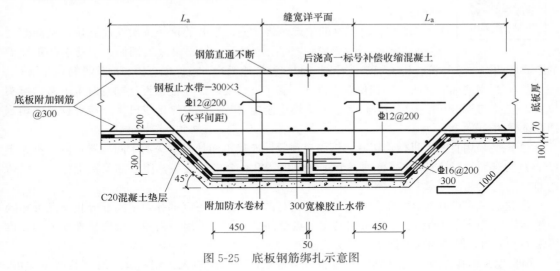

图 5-25　底板钢筋绑扎示意图

2. 注意事项

① 成型钢筋应按指定地点堆放，用垫木垫放整齐，防止钢筋变形、锈蚀、油浊。

② 妥善保护基础四周外露的防水层，以免被钢筋碰破。

③ 底板上、下层钢筋绑扎时，支撑马凳要绑牢靠，防止操作时踩变形。

④ 基础底板在浇筑混凝土前，基础底板的墙、柱插筋套好塑料管保护或用彩条布条、塑料条包裹严密，防止在浇混凝土时污染墙、柱插筋。

⑤ 严禁任意隔断钢筋，在钢筋上进行电弧点

图 5-26　底板钢筋绑扎现场

焊。当设备管线安装施工与结构钢筋有影响时，必须征求设计的同意，有正确的处理措施。

3. 施工做法详解

施工工艺流程 ⟫⟫⟫⟫⟫⟫ ·····

弹钢筋位置线→绑扎绑紧设置垫块→水电工种预留施工→设置马凳→插墙、柱预留钢筋。

（1）**弹钢筋位置线**　按图纸标明的钢筋间距，算出底板实际需用的钢筋根数，靠近底板模板边的钢筋离模板边为 50mm，满足迎水面钢筋保护层厚度不应小于 50mm 的要求。在垫层上弹出钢筋位置线（包括基础梁钢筋位置线）和插筋位置线。插筋位置线包含剪力墙、框架柱和暗柱等竖向筋插筋位置，谨防遗漏。剪力墙竖向起步筋距柱或暗柱为 50mm，中间插筋按设计图纸标明的竖向筋间距分档，当分到边不到一个整间距时，可按根数均分，以达到间距偏差不大于 10mm。

（2）**运钢筋到使用部位**　按照钢筋绑扎使用的先后顺序，分段进行钢筋吊运。吊运前，应根据弹线情况算出实际需要的钢筋根数。

（3）绑底板下层及地梁钢筋

① 先铺底板下层钢筋，根据设计、规范和下料单要求，决定下层钢筋哪个方向钢筋在下面，一般先铺短向钢筋，再铺长向钢筋（如果底板有集水坑、设备基坑，在铺底板下层钢筋前，先铺集水坑、设备基坑的下层钢筋）。

② 根据已弹好的位置线将横向、纵向的钢筋依次摆放到位，钢筋弯钩应垂直向上。平行地梁方向在地梁下一般不设底板钢筋，钢筋端部距导墙的距离应两端一致并符合相关规定，特别是两端设有地梁时，应保证弯钩和地梁纵筋相互错开。

③ 底板钢筋如有接头，搭接位置应错开，满足设计要求或在征得设计同意时可不考虑接头位置，按照25％错开接头。当采用焊接或机械连接接头时，应按焊接或机械连接规程规定确定抽取试样的位置。

④ 钢筋采用直螺纹机械连接时，钢筋应顶紧，连接钢筋处于接头的中间位置，偏差不大于1P（P为螺距），外露螺纹不超过一个完整螺纹，检查合格的接头，用红油漆做上标记，以防遗漏。

⑤ 进行钢筋绑扎时，如单向板靠近外围两行的相交点应逐点绑扎，中间部分相交点可相隔交错绑扎，双向受力的钢筋必须将钢筋交叉点全部绑扎，如采用一面顺扣应交错变换方向，也可采用八字扣，但必须保证钢筋不产生位移。

（4）地梁绑扎

对于短基础梁、门洞口下地梁，可采用事先预制，施工时吊装就位即可，对于较长、较大基础梁采用现场绑扎。

① 绑扎地梁时，应先搭设绑扎基础梁的钢管临时支撑架，临时支架的高度达到能够将主跨基础梁支离基础底板下层钢筋50mm即可，如果两个方向的基础梁同时绑扎，后绑的次跨基础梁的临时支架高度要比先绑基础梁的临时支架高50～100mm（以保证后绑的次跨基础梁在绑扎钢筋穿筋时方便为宜）。

② 基础梁的绑扎先排放主跨基础梁的上层钢筋，根据设计的基础梁的间距，在基础梁的上层钢筋上用粉笔画出箍筋的间距，按照画出的箍筋间距安装箍筋并绑扎（基础底板门洞口地梁箍筋应满布，洞口处箍筋距离暗柱边50mm）。如果基础梁上层钢筋有两排钢筋，穿上层钢筋的下排钢筋（先不绑扎，等次跨基础梁上层钢筋绑扎完毕再绑扎），下排钢筋的临时支架以使得下排钢筋距上排钢筋50～100mm为宜，以便后绑的次跨基础梁穿上层钢筋的下排钢筋。

③ 穿主跨基础梁的下层钢筋的下排钢筋并绑扎，穿主跨基础梁的下层钢筋的上排钢筋（先不绑扎，等次跨基础梁下层钢筋下排钢筋绑扎完毕再绑扎），下层钢筋的上排钢筋的临时支架以使得上排钢筋距下排钢筋50～100mm为宜，以便后绑的次跨基础梁穿下层钢筋的下排钢筋。

④ 排放次跨基础梁的上层钢筋的上排筋，根据设计的次跨基础梁箍筋的间距，在次跨基础梁的上层钢筋上用粉笔画出箍筋的间距，按照画出的箍筋间距安装箍筋并绑扎。如果基础梁上层钢筋有两排钢筋，穿上层钢筋的下排钢筋并绑扎。

⑤ 穿次跨基础梁的下层钢筋的下排钢筋并绑扎，穿次跨基础梁的下层钢筋的上排钢筋（先不绑扎，等主跨基础梁的下层钢筋的上排钢筋绑扎完毕后再绑扎）。

⑥ 将主跨基础梁的临时支架拆除，使得主跨基础梁平稳放置在基础底板的下层钢筋上，并进行适当的固定以保证主跨基础梁不变形，再将次跨基础梁的临时支架拆除，使得次跨基础梁平稳放置在主跨基础梁上，并进行适当的固定以保证次跨基础梁不变形，接着按次序分别绑扎次跨基础梁的上层钢筋的下排筋、主跨基础梁的上层钢筋的下排筋、主跨基础梁的下层钢筋的上排筋、次跨基础梁的下层钢筋的上排筋。

⑦ 绑扎基础梁钢筋（图5-27）时，梁纵向钢筋超过两排的，纵向钢筋中间要加短钢筋梁

垫，保证纵向钢筋间距大于 25mm（且大于纵向钢筋直径）。基础梁上下纵筋之间要加可靠支撑，保证梁钢筋的截面尺寸；基础梁的箍筋接头位置应按照规范要求相互错开。

（5）**设置垫块**　检查底板下层钢筋施工合格后，放置底板混凝土保护层用垫块，垫块的厚度等于钢筋保护层厚度，按照 1m 左右距离梅花形摆放。如基础底板或基础梁用钢量较大，摆放距离可缩小。

（6）**水电工序插入**　在底板和地梁钢筋绑扎完成后，方可进行水电工序插入。

（7）**设置马凳**　基础底板采用双层钢筋时，绑完下层钢筋后，摆放钢筋马凳（图 5-28）。马凳的摆放按施工方案的规定确定间距。马凳宜支撑在下层钢筋上，并应垂直于底板上层筋的下筋摆放，摆放要稳固。

图 5-27　基础梁钢筋绑扎

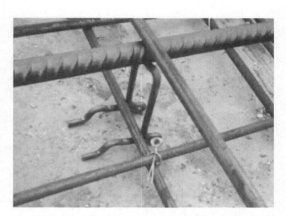
图 5-28　钢筋马凳安装

（8）**绑底板上层钢筋**　在马凳上摆放纵横两个方向的上层钢筋，上层钢筋的弯钩朝下，进行连接后绑扎。绑扎时上层钢筋和下层钢筋的位置应对正，钢筋的上下次序及绑扣方法同底板下层钢筋。

（9）**插墙、柱预埋钢筋**

① 将墙、柱预埋筋伸入底板内下层钢筋上，拐尺的方向要正确，将插筋的拐尺与下层筋绑扎牢固，将其上部与底板上层筋或地梁绑扎牢固，必要时可将附加钢筋电焊焊牢，并在主筋上绑一道定位筋。插筋上部与定位框固定牢靠。

② 墙插筋两边距暗柱 50mm，插入基础深度应符合设计和规范锚固长度要求，甩出的长度和甩头错开百分比及错开长度应符合本工程设计和规范的要求。其上端应采取措施保证筋垂直、不歪斜、倾倒、变位，同时要考虑搭接长度，相邻钢筋错开距离。

4. 施工总结

① 墙、柱预埋钢筋位移：墙、柱主筋的插筋与底板上下筋要加固定框进行固定，绑扎固定，确保位置准确；必要时可将附加钢筋电焊焊牢；混凝土浇筑时应有专人检查修整。

② 搭接长度不够：绑扎时对每个接头进行尺量，检查搭接长度是否符合本工程的设计要求；浇筑混凝土前应仔细检查绑扣是否牢靠，防止混凝土振捣造成钢筋下沉使上层甩筋长度不够。

③ 绑扎对焊接头未错开：经闪光对焊加工的钢筋，在现场进行绑扎时，对焊接头要求按 50% 并 $\geq 35d$（d 为钢筋直径）错开接头位置。

④ 所有埋件不得和受力钢筋直接进行电弧点焊。

三、剪力墙钢筋安装及要求

1. 施工示意图和现场照片

剪力墙钢筋安装施工示意图和现场照片如图 5-29 和图 5-30 所示。

2. 注意事项

① 绑扎钢筋时严禁碰撞预埋件，如碰动应按设计位置重新固定牢靠。

② 应保证预埋电线管的位置准确，如发生冲突，可将竖向钢筋沿平面左右弯曲，横向钢筋上下弯曲，绕开预埋管。但一定要保证保护层的厚度，严禁任意切割钢筋。

③ 大模板板面刷隔离剂时，严禁污染钢筋。

④ 各工种操作人员不准任意蹬踩、改动及切割钢筋。

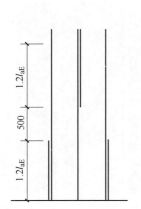
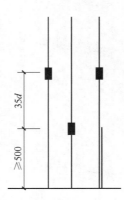

图 5-29 剪力墙钢筋接头示意图

图 5-30 剪力墙钢筋施工现场

⑤ 为防止浇筑混凝土时顶部主筋钢筋位移，在墙模板顶端部位设置水平定位筋，并在其上再绑扎不少于两道水平筋。

3. 施工做法详解

施工工艺流程

弹线→调整钢筋位置→绑扎钢筋→设置拉钩及垫块→设置拉钩及水平筋→验收检查。

（1）**弹线** 在顶板上弹墙体外皮线和模板控制线。将墙根浮浆清理干净到露出石子，用墨斗在钢筋两侧弹出墙体外皮线和模板控制线。

（2）**调整竖向钢筋位置** 根据墙体外皮线和墙体保护层厚度检查预埋筋的位置是否正确，竖筋间距是否符合要求，当有位移时，应按 1∶6 的比例将其调整到位。当有位移偏大时，应按技术洽商要求认真处理。

（3）**接长竖向钢筋** 预埋筋调整合适后，开始接长竖向钢筋。按照既定的连接方法连接竖向筋，当采用绑扎搭接时，搭接段绑扣不小于 3 个。采用焊接或机械连接时，连接方法详见相关施工工艺标准。

（4）**绑竖向梯子筋**

① 根据预留钢筋上的水平控制线安装预制的竖向梯子筋，应保证方正、水平。一道墙设置 2 至 3 个竖向梯子筋为宜。

② 梯子筋如代替墙体竖向钢筋，应大于墙体竖向钢筋一个规格，梯子筋中控制墙厚度的横档钢筋的长度比墙厚小 2mm，端头用无齿锯锯平后刷防锈漆，根据不同墙厚画出梯子筋一览表。竖向梯子筋做法如图 5-31 所示。

（5）绑扎暗柱及门窗过梁钢筋

① 暗柱钢筋绑扎。绑扎暗柱钢筋时先在暗柱竖筋上根据箍筋间距划出箍筋位置线，起步筋距地 30mm（在每一根墙体水平筋下面）。将箍筋从上面套入暗柱，并按位置线顺序进行绑扎，箍筋的弯钩叠合处应相互错开。暗柱钢筋绑扎应方正，箍筋应水平，弯钩平直段应相互平行。

② 窗过梁钢筋绑扎。为保证门窗洞口标高位置正确，在洞口竖筋上划出标高线。门窗洞口要按设计和规范要求绑扎过梁钢筋，锚入墙内长度要符合设计和规范要求，过梁箍筋两端各进入暗柱一个，第一个过梁箍筋距暗柱边 50mm，顶层过梁入支座全部锚固长度范围内均要加设箍筋，间距为 150mm。

（6）绑墙体水平钢筋

① 暗柱和过梁钢筋绑扎完成后，可以进行墙体水平筋绑扎。水平筋应绑在墙体竖向筋外侧，按竖向梯子筋的间距从下到上顺序进行绑扎，水平筋第一根起步筋距地应为 50mm。

② 绑扎时将水平筋调整水平后，先与竖向梯子筋绑扎牢固，再与竖向立筋绑扎，注意将竖筋调整竖直。墙筋为双向受力钢筋，所有钢筋交叉点应逐点绑扎，绑扣采用顺扣时应交错进行，确保钢筋网绑扎稳固，不发生位移。

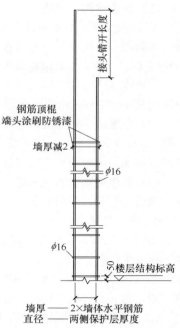

图 5-31　竖向梯子筋做法

③ 绑扎时，水平筋的搭接长度及错开距离要符合设计图纸及施工规范的要求。

④ 剪力墙的水平钢筋在端部锚固应按设计和规范要求施工，做成暗柱或加 U 形钢筋（图 5-32）。

⑤ 剪力墙的水平钢筋在"丁"字节点及转角节点的绑扎锚固（图 5-33）。

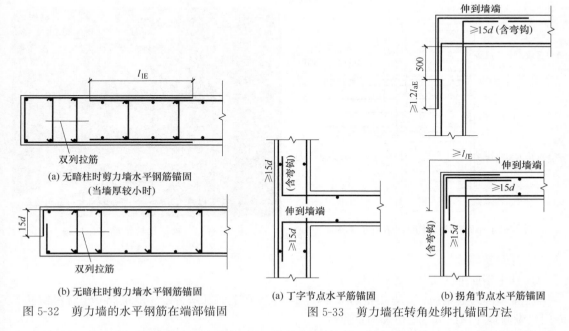

图 5-32　剪力墙的水平钢筋在端部锚固　　　图 5-33　剪力墙在转角处绑扎锚固方法

⑥ 剪力墙钢筋与外墙连接：先绑外墙，绑内墙钢筋时，先将外墙预留Φ6拉结筋理顺，然后再与内墙钢筋搭接绑牢，内墙水平筋间距及锚固按专项工程图纸施工。

（7）设置拉钩和垫块

① 拉钩设置：双排钢筋在水平筋绑扎完成后，应按设计要求间距设置拉钩，以固定双排钢筋骨架间距。拉钩应呈梅花形设置，应卡在钢筋的十字交叉点上。注意用扳手将拉钩弯钩角度调整到 135°，并应注意拉钩设置后不应改变钢筋排距。

② 设置垫块：在墙体水平筋外侧应绑上带有钢丝的砂浆或塑料卡，以保证保护层的厚度，垫块间距 1m 左右，梅花形布置。注意钢筋保护层垫块不要绑在钢筋十字交叉点上。

（8）设置墙体钢筋上口水平梯子筋 对绑扎完成后的钢筋板墙进行调整，并在上口距混凝土面 150mm 处设置水平梯子筋，以控制竖向筋的位置和固定伸出筋的间距，水平梯子筋应与竖筋固定牢靠。同时在模板上口加扁铁与水平梯子筋一起控制墙体竖向钢筋的位置。

（9）墙体钢筋验收 对墙体钢筋进行自检，对不到位处进行修整，并将墙脚内杂物清理干净，报请工长和质检员验收。

4. 施工总结

① 水平筋位置、间距不符合要求：墙体绑扎钢筋时应搭设工具式高凳或简易脚手架，以免水平筋发生位移。

② 下层伸出的墙体钢筋和竖直钢筋绑扎不符合要求：绑扎时应先将下层墙体伸出的钢筋调直理顺，然后再绑扎或焊接。如果下层伸出的钢筋位移大，应征得设计同意按 1:6 进行调整。

③ 门窗洞口加强筋位置尺寸不符合要求：认真学习图纸，在拐角、十字节点、墙端、连梁等部位钢筋的锚固应符合设计和规范要求。

④ 箍筋的抗震加密、接头加密。

四、现浇框架结构钢筋绑扎施工

1. 施工示意图和现场照片

框架结构中间层节点示意图和钢筋绑扎现场照片如图 5-34 和图 5-35 所示。

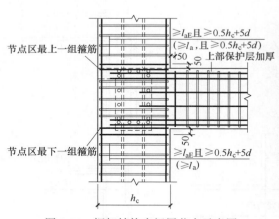

图 5-34　框架结构中间层节点示意图

图 5-35　框架结构钢筋绑扎现场

2. 注意事项

① 柱子钢筋绑扎后，不准踩踏。

② 楼板的弯起钢筋、负弯矩钢筋绑扎好后，不准在上面踩踏行走。浇筑混凝土时派钢筋工专门负责修理，保证负弯矩位置的正确性。

③ 绑扎钢筋时禁止碰动预埋件及洞口模板。

④ 钢模板内面涂隔离剂时不要污染钢筋。

⑤ 安装电线管、暖卫管线或其他设施时，不得任意在主筋上引弧或焊接，不得切断和移动钢筋。

3. 施工做法详解

施工工艺流程 ▶▶▶▶

柱钢筋绑扎→梁钢筋绑扎→板钢筋绑扎→楼梯钢筋绑扎。

（1）柱钢筋绑扎

① 弹柱位置线、模板控制线。

② 清理柱筋污渍、柱根浮架。

③ 根据柱皮位置线向柱内偏移5mm弹出控制线，将控制线内的柱根混凝土浮浆用剁斧清理到全部露出石子，用水冲洗干净，但不得留有明水。

④ 修整底层伸出的柱预留钢筋。根据柱外皮位置线和柱竖筋保护层厚度大小，检查柱预留钢筋位置是否符合设计要求及施工规范的规定，如柱筋位移过大，应按1：6的比例将其调整到位。

⑤ 在预留钢筋上套柱子箍筋。按图纸要求间距及柱箍筋加密区情况，计算好每根柱箍筋数量，先将箍筋套在下层伸出的搭接筋上。

⑥ 绑扎（焊接或机械连接）柱子竖向钢筋：

连接柱子竖向钢筋时，相邻钢筋的接头应相互错开，错开距离符合有关施工规范、图集及图纸要求。并且接头距柱根起始面的距离要符合施工方案的要求。

⑦ 采用绑扎形式立柱子钢筋：

在搭接长度内，绑扣不少于3个，绑扣要向柱中心，如果柱子主筋采用光圆钢筋搭接，角部弯钩应与模板成45°，中间钢筋的弯钩应与模板成90°。

⑧ 标识箍筋间距线。在立好的柱子竖向钢筋上，按图纸要求用粉笔画出箍筋间距线（或使用皮数杆控制箍筋间距）。柱上下两端及柱筋搭接区箍筋应加密，加密区长度及加密区箍筋间距应符合设计图纸和规范要求。

⑨ 在柱顶绑定距框。为控制柱子竖向主筋的位置，一般在柱子预留筋的上口设置一个定距框，定距框距混凝土面上150mm设置，定距框用Φ14以上的钢筋焊制，可做成"井"字形，卡口的尺寸大于柱子竖向主筋直径2mm即可。

⑩ 保护层垫块设置。钢筋保护层厚度应符合设计要求，垫块应绑扎在柱筋外皮上，间距一般为1000mm（或用塑料卡卡在外竖筋上），以保证主筋保护层厚度准确。

（2）梁钢筋绑扎

① 画主次梁箍筋间距。框架梁底模支设完成后，在梁底模板上按箍筋间距画出位置线，箍筋起始筋距柱边为50mm，梁两端应按设计、规范的要求进行加密。

② 放主次梁箍筋。根据箍筋位置线，算出每道梁箍筋数量，将箍筋放在底模上。

扫码看视频

梁钢筋安装

③ 穿主梁底层纵筋及弯起筋。先穿主梁的下部纵向受力钢筋及弯起钢筋，梁筋应放在柱竖筋内侧，底层纵筋弯钩应朝上，端头距柱边的距离应符合设计及有关图集、规范的要求；梁下部纵向钢筋伸入中间节点锚固长度及伸过中心线的长度要符合设计、规范及施工方案要求。框架梁纵向钢筋在端节点内的锚固长度也要符合设计、规范及施工方案要求。

④ 穿次梁底层纵筋。在主、次梁所有接头末端与钢筋弯折处的距离，不得小于钢筋直径的10倍。接头不宜位于构件最大弯矩处。受拉区域内Ⅰ级钢筋绑扎接头的末端应做弯钩；Ⅱ级钢筋可不做弯钩。搭接处应在中心和两端扎牢。接头位置应相互错开，当采用绑扎搭接接头时，

同一连接区段内，纵向钢筋搭接接头面积百分率不大于25%。

⑤ 穿主梁上层纵筋及架立筋。底层纵筋放置完成后，按顺序穿上层纵筋和架立筋，上层纵筋弯钩应朝下，一般应在下层筋弯钩的外侧，端头距柱边的距离应符合设计图纸的要求。框架梁上部纵向钢筋应贯穿中间节点，支座负筋的根数及长度应符合设计、规范的要求。框架梁纵向钢筋在端节点内的锚固长度也要符合设计、规范及施工方案要求。

⑥ 绑主梁箍筋。主梁纵筋穿好后，将箍筋按已画好的间距逐个分开，隔一定间距将架立筋与箍筋绑扎牢固。调整好箍筋位置，应与梁保持垂直，绑架立筋，再绑主筋。箍筋在叠合处的弯钩，在梁中应交错绑扎，箍筋弯钩为135°，平直部分长度为10d，如做成封闭箍，单面焊缝长度为10d。

⑦ 穿次梁上层纵向钢筋。按相同的方法穿次梁上层纵向钢筋，次梁的上层纵筋一般在主梁上层纵筋上面。当次梁钢筋锚固在主梁内时，应注意使主筋的铺固位置和长度符合要求。

⑧ 拉筋设置。当设计要求梁设有拉筋时，拉筋应钩住箍筋与腰筋的交叉点。

⑨ 保护层垫块设置。框架梁绑扎完成后，在梁底放置砂浆垫块（也可采用塑料卡），垫块应设在箍筋下面，间距一般1m左右。

扫码看视频
楼板钢筋绑扎

（3）板钢筋绑扎

① 模板上弹线。清理模板上面的杂物，按板筋的间距用墨线在模板上弹出下层筋的位置线。板筋起始筋距梁边为50mm。

② 绑板下层钢筋。按弹好的钢筋位置线，按顺序摆放纵横向钢筋。板下层钢筋的弯钩应竖直向上，下层筋应伸入到梁内，其长度应符合设计的要求。

③ 水电工序插入。预埋件、电气管线、水暖设备预留孔洞等及时配合安装。

④ 绑板上层钢筋。按上层筋的间距摆放好钢筋，上层筋通常为支座负弯矩钢筋，应横跨梁上部，并与梁筋绑扎牢固；上层筋的直钩应垂直朝下，不能直接落在模板上；上层筋为负弯矩钢筋，每个相交点均要绑扎，绑扎方法同下层筋。

⑤ 设置马凳及保护层垫块。如板为双层钢筋，两层筋之间必须加钢筋马凳，以确保上部钢筋的位置。钢筋马凳应设在下层筋上，并与上层筋绑扎牢靠，间距800mm左右，呈梅花形布置；在钢筋的下面垫好砂浆垫块（或塑料卡），间距1000mm，梅花形布置。垫块厚度等于保护层厚度，应满足设计要求。

（4）楼梯钢筋绑扎

① 绑扎楼梯梁。对于梁式楼梯，先绑扎楼梯梁，再绑扎楼梯踏步板钢筋，最后绑扎楼梯平台板钢筋，钢筋绑扎要注意楼梯踏步板和楼梯平台板负弯矩筋的位置；楼梯梁的绑扎同框架梁的绑扎方法。

② 画钢筋位置线。根据下层筋间距，在楼梯底板上画出主筋和分布筋的位置线。

③ 绑下层筋。板筋要锚固到梁内。板筋每个交点均应绑扎，绑扎方法同板钢筋绑扎（图5-36）。

④ 绑上层筋。绑扎方法同板钢筋绑扎。

⑤ 设置马凳及保护层垫块。上下层钢筋之间要设置马凳以保证上层钢筋的位置。板底应设置保护层垫块保证下层钢筋的位置。

4. 施工总结

① 浇筑混凝土前检查钢筋位置是否正确，振捣混凝土时防止碰动钢筋，浇完混凝土后立即修整甩筋的位置，防止柱筋、墙筋位移。

② 梁钢筋骨架尺寸小于设计尺寸：配制箍筋时应按内皮尺寸计算。

③ 梁柱端、柱核心区箍筋应加密，熟悉图纸按要求施工。

④ 箍筋末端应弯成135°，平直部分长度为10d。

⑤ 梁柱主筋进支座长度要符合设计和规范要求，弯起钢筋位置应准确。

⑥ 板的弯起钢筋和负弯矩钢筋位置应准确，施工时不应踩到下面。

⑦ 绑板的钢筋时用尺杆划线，绑扎时随时找正调直，防止板筋不顺直。

图 5-36　楼梯下层钢筋绑扎

⑧ 绑纵向受力筋时要吊正，搭接部位绑3个扣，绑扣不能用同一方向的顺扣。层高超过4m时，搭专用架子进行绑扎，并采取措施固定钢筋，防止柱、墙钢筋骨架不垂直。

⑨ 在钢筋配料加工时要注意，端头有对焊接头时，要避开搭接范围，防止绑扎接头内混入对焊接头。

五、地下室钢筋绑扎

1. 施工示意图和现场照片

地下室钢筋绑扎示意图和现场照片如图 5-37 和图 5-38 所示。

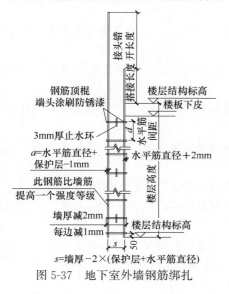

图 5-37　地下室外墙钢筋绑扎

图 5-38　地下室底板钢筋绑扎现场

2. 注意事项

① 加工好的成型钢筋，在现场应按型号、规格铺垫木整齐堆放，防止压弯变形；周围做好排水沟，避免钢筋陷入泥土中。

② 地下室设有卷材防水层时，对垫层上和底板四周外露的子防水层应妥善加以保护，以防被钢筋戳破。

③ 底板钢筋绑扎好后，支撑与马凳要绑扎牢固，避免其他工种操作时踩踏，造成钢筋变形。

④ 绑扎墙钢筋时应搭设临时脚手架，不得蹬踩钢筋。

⑤ 地下水位较高时，应降水至底板下 0.5m 以上，直至地下室周围回填土完毕。

3. 施工做法详解

施工工艺流程 ·····〉〉〉〉〉 ·······························

底板钢筋绑扎→墙钢筋绑扎→顶板钢筋绑扎。

（1）底板钢筋绑扎

① 底板可分段绑扎成型或整片绑扎成型。底板上设有基础梁时，多采取分段绑扎成型，然后安放梁钢筋骨架就位。

② 绑扎前应弹好底板钢筋的分档标点线和钢筋位置线，并摆放下层钢筋。

③ 绑扎钢筋时，靠近外围两行的相交点应全部绑扎，中间部分的相交点可相隔交错绑扎，但应保证受力钢筋不发生位移。对双向受力的钢筋则不得跳扣绑扎。

④ 底板钢筋上、下层钢筋有接头时，应按规范要求错开，其位置、数量和长度均应符合设计和施工规范的要求。钢筋搭接处，应在中心和两端按规定用铁丝扎牢。

⑤ 当地下室长度较大，在中部设置后浇缝带时，底板和基础梁主钢筋仍按原设计连续安装而不切断，平行缝带钢筋可在以后浇筑缝隙带混凝土时绑扎。

⑥ 墙主筋插筋伸入基础长度要符合设计要求，根据划好的墙位置，将预留插筋绑扎牢固，以确保位置准确。必要时可附加钢筋，再用电焊固定。

⑦ 钢筋绑扎后随即垫好砂浆块，在浇灌混凝土时，由专人看管钢筋并负责修整。

（2）墙钢筋绑扎

① 地下室墙钢筋在底板浇筑混凝土后绑扎，绑扎前应放线，校正预埋插筋，位移严重的，应进行加固处理。墙模可分段间隔进行，以利钢筋绑扎。

② 一般先立 2~4 根竖筋，在其上划上水平筋间距，然后在下部及中部绑两根定位横筋，在其上划竖筋间距，接着绑其余竖筋，然后绑其余横筋。

③ 墙钢筋应逐点绑扎，两侧和上下应对称进行，钢筋的搭接长度及位置应符合设计和施工规范的要求。搭接处应在中心和两端用铁丝绑牢。

④ 双排钢筋之间应绑拉筋或支撑筋，其纵横间距不大于 600mm。在钢筋的外侧绑扎砂浆垫块，以控制保护层的厚度。

⑤ 墙上有洞口竖筋上划标高线，洞口要按设计要求加附加钢筋。洞口上下梁两端锚入墙内长度要符合设计要求。

⑥ 墙转角及各节点的抗震构造钢筋及锚固长度均应按设计要求进行绑扎。

⑦ 墙内埋设的预埋角件、管道、预留洞口，其位置及标高均应符合设计要求，切断钢筋应加绑附加钢筋补强。

⑧ 模板合龙后，应对伸出的钢筋进行一次修整，并在搭接处绑一道临时定位横筋，在混凝土浇筑时，应有专人随时检查和修整，以保证竖筋位置正确。

（3）顶板钢筋绑扎 顶板钢筋绑扎与底板钢筋绑扎大体相同。

4. 施工总结

① 墙、柱主筋插筋与底板上、下铁件需仔细绑扎固定牢固，必要时可附加辅助筋电焊固定；混凝土浇筑前，加强检查，浇筑过程中由专人负责修整。

② 底板和墙钢筋绑扎，要注意使绑扎接头与对焊接头错开。经对焊加工的钢筋，在现场进行绑扎时，对焊处要错开一个搭接长度。因此，下料加工时，凡距钢筋端头搭接 500mm 以内不应有对焊接头。再绑扎时应对每个接头进行尺量，检查搭接长度是否符合设计和施工规范的要求。同时接头应避开受力钢筋的最大弯矩处。

③ 墙、柱钢筋绑扎要保持钢筋垂直，绑竖向受力筋时，要吊正后再绑扣，搭接部位应有 3 个绑扣，同时应避免绑成同一方向的顺扣；层高 4m 以上的墙柱要在架子上进行绑扎。

④ 底板钢筋绑好后，应严禁利用上层钢筋网或负筋铺板作人行和浇筑混凝土的通道，以免将钢筋踩到下面，而影响底板的受力性能。

⑤ 底板、墙、柱钢筋每隔 1m 左右应绑带铅丝的水泥砂浆垫块（或塑料卡），混凝土浇灌中设专人看管并整修钢筋，以保证保护层厚度和钢筋位置的正确，防止露筋、钢筋错位等情况的发生。

六、大型设备基础钢筋绑扎

1. 施工现场施工照片
大型设备基础钢筋绑扎施工现场照片如图 5-39 所示。

2. 注意事项
① 大型设备基础钢筋量量大、型号多，宜在钢筋加工场集中制作，运到现场安装。加工前应仔细核对材料化验单、合格证，按编号配料，分类加工制作，并将加工好的成品编号，在钢筋上挂木牌，以便查找，避免发生混淆错乱。

② 钢筋运输一般用汽车或大板车、双轮杠杆车运到现场，按安装顺序、编号分类整齐堆放；先绑扎的放在上面，后绑扎的放在下面，由专人管理，有条不紊地确保施工正常进行。

图 5-39　大型设备基础钢筋绑扎施工现场

3. 施工做法详解
① 大型设备基础造型复杂，内埋设有大量的地脚螺栓，水、电、风、油、滑润管道，工序繁多，配套复杂。钢筋安装一般程序是：底板钢筋在侧模支设前进行安装；外侧钢筋在外壁模板安好后安装；基础内侧钢筋，在内模支高前安装或穿插进；对埋设在基础内的各种水、通风、油管、电缆管道及自动装置用管道，必须在钢筋安装前进行安装。

② 安装时钢筋要逐根清点，根据钢筋绑扎用料的先后，将成捆的成型钢筋用吊车或天车沿基坑两侧吊入基坑安装部位，再用人工按照平面总图及侧面展开图上的编号、位置，按顺序水平分散绑扎。

③ 为使绑扎后的钢筋网格方正划一，间距、尺寸正确，应采取在垫层或模板上划线，或采用 5m 长卡尺（或钢筋梳子）绑扎，先在钢筋两端用卡尺的槽口卡牢钢筋，待钢筋绑牢固后，取去卡尺，即成要求间距的网片；对墙（立）壁钢筋则设角钢线杆控制。

④ 采用 M20 水泥砂浆制成不同厚度的带铁丝预制垫子块，在钢筋底部或立壁钢筋侧面按一定距离绑扎垫块，以控制钢筋的保护层，避免下挠，保证平整。

⑤ 基础上层水平钢筋网，常悬空搁置，标高多，高差大，形状复杂，且单根钢筋重量大，一般多直接绑扎。当高度在 1.0m 以内，可用"几"形钢筋铁马支承固定层次和位置；当高度在 2m 以上，则采用型号钢焊制的支架或利用基础内钢管脚手架、螺栓固定架，在适当标高焊上型钢横担，来支承上层钢筋网片的重量和上部操作平台的施工荷载。支架、立柱之间设斜向支撑。

⑥ 为节省劳力，加快安装速度，对钢筋规格较粗、制作外形简单的部位，如底板、立壁和大梁，在起重设备条件具备的情况下，可在基础近旁先绑扎成大块钢筋网片或立体钢筋骨架，

用起重机或天车一次整体吊入基坑内进行整体安装。钢筋网片刚度不够时，可在适当部位焊接或增设临时加固筋加强。

⑦ 对基础受动力荷载影响很大的部位，基础顶部常设多层钢筋网片，上下层网片孔格要求对齐，施工时如需开上下人孔或放置串筒浇灌孔，其位置应选择在钢筋网受力的次要部位，浇筑混凝土至底部，再补钢筋修复，其搭接长度应不少于 35d（d 为钢筋直径）。

⑧ 钢筋安装完后，应将底板及钢筋上杂物、泥渣清理干净，提出自检记录，经专检检查，最后做必要的修整，办好交接手续，即可进行下一工序混凝土灌筑。

4. 施工总结

① 钢筋安放必须研究好安装程序、安装方法及前后工序的交叉配合，特别是与安装模板、固定架及地脚螺栓预埋管道等工序之间的配合关系，绘出安装图，按程序进行施工，以免造成钢筋安装困难、各工种互相干扰的情况，影响安装顺利进行。

② 钢筋绑扎完后，应对钢筋进行一次全面、细致的总检查，发现错漏或间距不符，安装绑扎不牢，应及时修整；基坑内积水、污泥、垃圾及沾在钢筋上的泥土，应清除干净。在混凝土浇筑全过程中，应由专人负责钢筋的修理。

七、冷轧带肋钢筋焊接网施工

1. 施工示意图和现场照片

冷轧带肋钢筋焊接网的竖向搭接和施工现场照片如图 5-40 和图 5-41 所示。

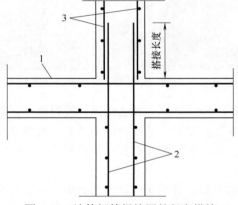

图 5-40　墙体钢筋焊接网的竖向搭接
1—楼板；2—下层焊接网；3—上层焊接网

图 5-41　钢筋焊接网施工现场

2. 注意事项

① 钢筋网片及成型钢筋应按指定地点堆放，用木方垫整齐，再覆盖塑料布，防止钢筋变形、粘油污或淋雨锈蚀。

② 浇筑混凝土时设专业人员随时校正钢筋网片的位置。

③ 水电预埋管盒要方正准确，且不得破坏已绑扎成形的钢筋。

④ 楼板混凝土浇筑前应搭设马道，防止踩踏钢筋。

⑤ 钢筋网片需采用 4 点吊运，以防止变形或开焊。

3. 施工做法详解

施工工艺流程 ▶▶▶▶▶ ....

剪力墙冷轧带肋钢筋焊接网绑扎→楼板冷轧带肋钢筋焊接网施工。

(1) 剪力墙冷轧带肋钢筋焊接网绑扎

① 修理预留搭接筋。按一楼层为一个竖向单元，将墙身处预留钢筋调直理顺，并将表面杂物清理干净。

② 临时固定钢筋焊接网。按图纸要求将网片就位，网片立起后用木方或钢管临时固定支牢。

③ 绑扎根部钢筋。临时固定完钢筋网片后逐根绑扎根部搭接钢筋，竖向搭接可设置在楼面之上，搭接长度应符合《钢筋焊接网混凝土结构技术规程》（JGJ 114—2014）的规定且不应小于400mm或40d（d为竖向分布钢筋直径）。钢筋在搭接区域的中心和两端绑3个扣。在搭接范围内，搭接时应将下层网的竖向钢筋与上层网的钢筋绑扎牢固。

④ 水平方向网片连接。当墙体中钢筋焊接网在水平方向的搭接用平搭法或扣搭法时，其搭接长度应符合设计图纸及《钢筋混凝土用钢筋焊接网　试验方法》（GB/T 33365—2016）、《钢筋焊接网混凝土结构技术规程》（JGJ 114—2014）的相关要求。

⑤ 绑扎墙体端部钢筋。

a. 当墙体端部无暗柱或端柱时，可用现场绑扎的"U"形附加钢筋连接。附加钢筋的间距宜与钢筋焊接网水平钢筋的间距相同，其直径可按等强度设计原则确定［图 5-42（a）］，附加钢筋的锚固长度不应小于最小锚固长度。焊接网水平分布钢筋末端宜有垂直于墙面的90°直钩，直钩长度为5d～10d，且不小于50mm。

b. 当墙体端部设有暗柱时，焊接网的水平钢筋可伸入暗柱内锚固，该伸入部分可不焊接竖向钢筋，或将焊接网设在暗柱外侧，并将水平分布钢筋弯成直钩（直钩长度为5d～10d，且不小于50mm）锚入暗柱内［图 5-42（b）］；对于相交墙体［图 5-42（c）和图 5-42（d）］及设有端柱［图5-42（e）］的情况，可将焊接网的水平钢筋直接伸入墙体相交处的暗柱或端柱中。

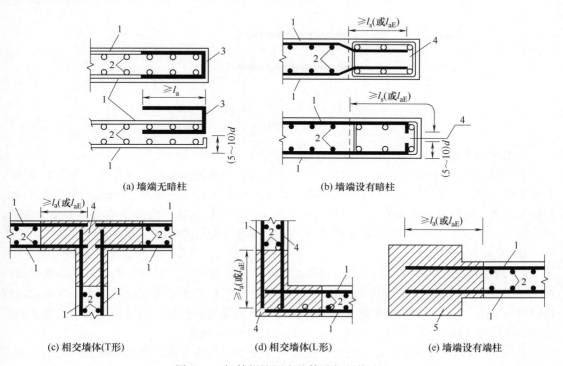

图 5-42　钢筋焊接网在墙体端部的构造

1—焊接网水平钢筋；2—焊接网竖向钢筋；3—附加连接钢筋；4—暗柱（墙）；5—端柱

钢筋焊接网在暗柱或端柱中的锚固长度，应符合《钢筋焊接网混凝土结构技术规程》（JGJ 114—2014）的规定。

⑥ 绑门窗洞口加筋。绑扎门、窗、洞口处加固筋，要求位置准确。当门窗洞口处预留筋有位移时，应做成缓弯（1∶6）理顺，使门窗洞口处的附加筋位置符合设计图纸要求。

⑦ 绑拉筋或支撑筋。墙体内双排钢筋焊接网之间设置拉筋连接，其直径不小于6mm，间距不大于700mm；对于重要部位的剪力墙应适当增加拉筋的数量。

⑧ 设置保护层垫块。在墙体两侧水平筋外绑扎塑料卡子（或保护层垫块），梅花形布置，间距不大于1000mm。

（2）楼板冷轧带肋钢筋焊接网施工。

① 吊运网片。钢筋焊接网运至现场，用塔吊吊运至各层分区集中堆放，注意吊装时应尽量避免1点吊装，防止受力不均导致焊点开焊。

② 在模板上弹钢筋位置线。在顶板模板上按图纸要求间距弹出位置线。

③ 铺下铁（下层网片）。

a. 应严格按布置图的网片编号进行安装，否则由于安装位置不对，导致返工时很难拆除。

b. 钢筋焊接网在非受力方向的搭接有叠搭法［图 5-43（a）］、扣搭法［图 5-43（b）］、平搭法［图 5-43（c）］。

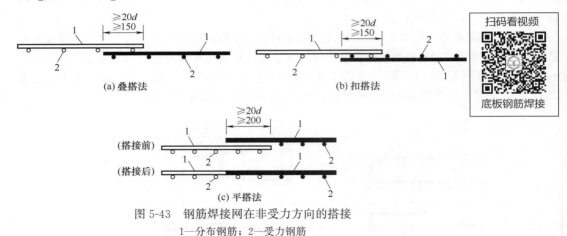

图 5-43　钢筋焊接网在非受力方向的搭接
1—分布钢筋；2—受力钢筋

c. 底网的布置方法。

Ⅰ. 单向板：一般采用叠搭法。即一张网片叠在另一张网片上的搭接方法。受力主筋伸入支座不设置搭接，伸入长度不小于10d（d 为受力钢筋直径），且不小于100mm。分布筋方向支座处加垫网，底网和垫网如需设置搭接接头，每个网片在搭接范围内至少应有一根受力主筋，搭接长度不应小于20d（d 为分布筋直径），且不应小于150mm。

Ⅱ. 双向板。

ⅰ. 现浇双向板短跨方向的下部钢筋焊接网不设置搭接接头；长跨方向的底部钢筋焊接网可按《钢筋焊接网混凝土结构技术规程》（JGJ 114—2014）的规定设置搭接接头，并将钢筋焊接网伸入支座，必要时可用附加网片搭接；或用绑扎钢筋伸入支座，搭接长度及构造要求应符合《钢筋焊接网混凝土结构技术规程》（JGJ 114—2014）的规定。

ⅱ. 现浇双向板带肋钢筋焊接网的底网亦可采用下列布网方式。将双向板的纵向钢筋和横向钢筋分别与非受力筋焊成纵向网和横向网，安装时分别插入相应的梁中［图 5-44（a）］。

将纵向钢筋和横向钢筋分别采用2倍原配筋间距焊成纵向底网和横向底网，安装时（宜用扣搭法）分别插入相应的梁中［图 5-44（b）］。受力筋伸入支座不小于 $10d$（d 为纵向受力钢筋直径），且不小于 100mm。网片最外侧钢筋距梁边的距离不应大于该方向钢筋间距的 1/2，且不宜大于 100mm。

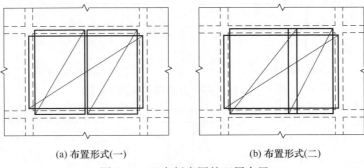

(a) 布置形式(一) (b) 布置形式(二)

图 5-44 双向板底网的双层布置

f. 铺设底网时应先铺短跨方向网片，再铺长跨方向网片。铺设网片时，应先铺比标高低的梁垂直方向的网片，再铺比标高高的梁垂直方向的网片。

e. 柱角处底网的安装。楼板底网与柱连接时，板伸入支座的下部纵向受力钢筋，其间距不应大于 400mm，伸入支座的锚固长度不小于 $10d$（d 为纵向受力钢筋直径），且不小于 100mm。网片最外侧钢筋距梁边的距离不应大于该方向钢筋间距的 1/2，且不宜大于 100mm。当网片分布筋与柱子预留筋发生冲突时，可将分布筋剪断且不必补筋。

f. 两网片搭接时，在搭接区中心和两端应采用铁丝绑扎牢固，钢筋网片的搭接采用叠搭法、扣搭法或平搭法，操作应符合要求。

④ 土建及水电预留、预埋。安装完下铁钢筋网片后进行土建及水电预留、预埋。

⑤ 马凳及保护层垫块设置。为保证混凝土保护层厚度，底网应设置与保护层厚度相当的水泥砂浆垫块或塑料卡。同时沿长向钢筋的方向设置适量的马凳。

⑥ 铺上铁（上层网片）。

a. 面网布置按位置分为以下两种。

Ⅰ. 跨中：支座面网沿梁长方向铺设，分布筋搭接长度为 250mm，受力钢筋不需搭接；对于通长布置的面网，分纵横双向铺设网片，分布筋方向上不存在搭接。为了保证钢筋的有效长度和保护层，铺设面网时，网片的横向分布筋在受力筋的下方。

Ⅱ. 边跨：边梁处负弯矩面网安装时，其钢筋伸入梁内的长度应符合以下要求。

ⅰ. 对钢筋混凝土框架梁，边跨面网入梁锚固不足 $30d$，将入梁端钢筋弯折，弯钩安装在梁外侧第一根钢筋之内。

ⅱ. 对钢结构和剪力墙，边跨面网入梁锚固应符合《钢筋焊接网混凝土结构技术规程》（JGJ 114—2014）要求。

ⅲ. 对嵌固在承重砌体墙内的结构，面网的钢筋伸入支座的长度不小于 110mm，并在网端应有一根横向钢筋［图 5-45（a）］或将上部受力钢筋弯折［图 5-45（b）］。

b. 遇洞口处理：遇到楼板开洞时，可将通过洞口的钢筋剪断。设计图纸有节点做法时，按原图进行加筋，加筋应设置在上下网片之间；没有特殊要求时，对洞口尺寸小于 1000mm 的，洞口应增设加强筋，加强筋强度不小于被切断的钢筋，且不少于 2 根，加强筋与网片的搭接长度满足要求；对洞口尺寸大于 1000mm 的，增设附加绑扎长钢筋加强（长钢筋即钢筋两端均入梁锚固，锚固长度满足要求）。

c. 柱角处面网的安装：考虑到安装的方便，面网已预先进行抽筋处理，但要注意安装完毕

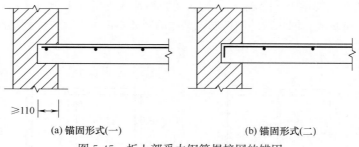

(a) 锚固形式(一)　　　　　　　(b) 锚固形式(二)

图 5-45　板上部受力钢筋焊接网的锚固

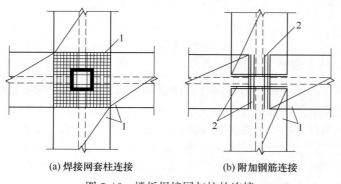

(a) 焊接网套柱连接　　　　(b) 附加钢筋连接

图 5-46　楼板焊接网与柱的连接

1—焊接网的面网；2—附加锚固筋

后应补齐相应抽筋。楼板面网与柱的连接可采用整张网片套在柱上 [图 5-46 (a)]，然后再与其他网片搭接；也可将面网在两个方向铺至柱边，其余部分按等强度设计原则用附加钢筋补足 [图 5-46 (b)]。楼板面网与钢柱的连接可采用附加钢筋连接方式，钢筋的锚固长度应符合规定。

d. 对两端须插入梁内锚固的焊接网，当网片纵向钢筋较细时，可利用网片的弯曲变形性能，先将焊接网中部向上弯曲，使两端能先后插入梁内，然后铺平网片；当钢筋较粗焊接网不能弯曲时，可将焊接网的一端少焊 1～2 根横向钢筋，先插入该端，然后退插另一端，必要时可采用绑扎方法补回所减少的横向钢筋。

e. 面网跨梁布置时，先铺主受力筋标高较低的梁上的网片，后铺主受力筋标高较高的梁上的网片；钢网满铺布置时，两个方向上的搭接宜用平接法。

f. 当梁两侧楼板存在高差且高差大于 30mm 时，两侧的网片应分别布置，在高标高处梁上的网片端部钢筋须作 90°弯钩，并满足锚固长度，低标高处网片直接插入梁中（图 5-47）。

g. 当梁突出于板的上表面（反梁）时，梁两侧的带肋钢筋焊接网的面网和底网均应分别布置（图 5-48）。面网伸入梁中的长度应符合锚固长度的规定。

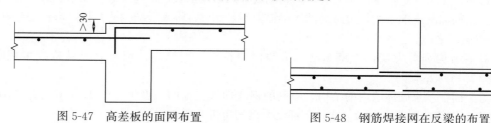

图 5-47　高差板的面网布置　　　　　　图 5-48　钢筋焊接网在反梁的布置

h. 对设计要求需设置加强网的，应在混凝土浇筑之前铺设加强网。对于后浇带处，加强网片主筋方向应与后浇带长度方向垂直。当面网主筋与后浇带长度方向垂直时，加强网片放在面网上面，当面网主筋与后浇带长度方向平行时，加强网片应放在面网下面。

⑦ 验收。冷轧带肋钢筋焊接网施工完毕后，应对其整体进行修整，并应在网片上设置马道用于浇筑混凝土，同时进行钢筋隐蔽工程验收。

4. 施工总结

① 钢筋接头位置错误：应严格按布置图的网片编号进行安装，否则由于安装位置不对，返工时很难拆除。

② 楼板网片钢筋焊点处开焊：顶板浇筑混凝土时应搭设马道，防止踩踏钢筋造成焊点处开焊。

③ 楼板网片钢筋伸入支座处的锚固长度及两块钢筋网片的搭接长度必须符合设计要求及施工规范的规定。

④ 浇筑混凝土前检查钢筋位置是否正确，浇筑完混凝土后立即修整甩筋的位置，防止钢筋位移。

⑤ 墙体绑扎钢筋时应搭设高凳或简易脚手架，禁止人直接踩在骨架上施工，避免骨架焊点开焊。

⑥ 搭接长度不够：绑扎时应对接头进行尺量，检查搭接长度是否符合设计要求及施工规范的规定。

⑦ 所有埋件不得和钢筋网片上的钢筋直接进行焊接。

⑧ 焊接网几何尺寸的允许偏差应符合表 5-8 的规定，且在一张网片中纵、横向钢筋的数量应符合设计要求。

表 5-8   焊接网几何尺寸允许偏差

项目	允许偏差
网片的长度、宽度/mm	±25
网格的长度、宽度/mm	±10
对角线差/%	±1

八、钢筋闪光对焊连接施工

1. 施工示意图和现场照片

钢筋闪光对焊连接施工示意图和现场照片如图 5-49 和图 5-50 所示。

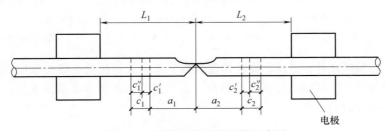

图 5-49   钢筋闪光对焊连接示意图

L_1、L_2—调伸长度；$a_1 + a_2$—烧化留量；$c_1 + c_2$—顶锻留量；$c_1' + c_2'$—有电顶锻留量；$c_1'' + c_2''$—无电顶锻留量

2. 注意事项

① 焊接后稍冷却才能松开电极钳口，取出钢筋时必须平稳，以免接头弯折。

② 电源应符合要求，当电源电压下降大于 5%、小于 8% 时，应采取提高焊接变压器级数的措施；当大于或等于 8% 时，不得进行焊接。

图 5-50   闪光对焊施工现场

3. 施工做法详解

检查设备→选择焊接工艺及参数→试焊、作模拟试件、送试、确定焊接参数→焊接→质量检查。

(1) 检查设备

① 全面彻底地检查设备、电源，确保始终处于正常状态，严禁超负荷工作。

② 检查电源、对焊机及对焊平台、地下铺放的绝缘橡胶垫、冷却水、压缩空气等，一切必须处于安全可靠的状态。

(2) 选择焊接工艺及参数

① 当钢筋直径较小，钢筋级别较低，可采用连续闪光焊；当钢筋直径较大，端面较平整，宜采用预热闪光焊；当断面不够平整，则应采用闪光-预热闪光焊。

② HRB500 级钢筋焊接时，无论直径大小，均应采取预热闪光焊或闪光-预热闪光焊工艺。当接头拉伸试验结果发生脆性断裂，或弯曲试验不能达到规定要求时，尚应在焊机上进行焊后热处理。

③ 焊接参数选择：闪光对焊时，应合理选择调伸长度、烧化留量、顶锻留量以及变压器级数等焊接参数。闪光-预热闪光焊时的留量如图 5-51 所示。

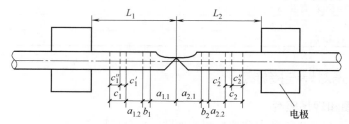

图 5-51　钢筋闪光-预热闪光焊

L_1、L_2—调伸长度；$a_{1.1}+a_{2.1}$——一次烧化留量；$a_{1.2}+a_{2.2}$—二次烧化留量；

b_1+b_2—预热留量；c_1+c_2—顶锻留量；$c_1'+c_2'$—有电顶锻留量；$c_1''+c_2''$—无电顶锻留量

(3) 试焊、作模拟试件、送试、确定焊接参数　在正式焊接前，参加该项施焊的焊工应进行现场条件下的焊接工艺试验，经试验合格后，方可按确定的焊接参数成批生产。试验结果应符合质量检验与验收时的要求。

(4) 焊接

① 焊接前和施焊过程中，应检查和调整电极位置，拧紧夹具丝杆。钢筋在电极内必须夹紧，若电极钳口变形应立即调换和修理。

② 钢筋端头如有起弯或成"马蹄"形时不得进行焊接，必须调直或切除。

③ 钢筋端头 120mm 范围内的铁锈、油污，必须清除干净。

④ 焊接过程中，黏附在电极上的氧化铁要随时清除干净。

⑤ 封闭环式箍筋采用闪光对焊时，钢筋端料宜采用无齿锯切割，断面应平整。当箍筋直径为 12mm 及以上时，宜采用 UN1-75 型对焊机和连续闪光焊工艺；当箍筋直径为 6～10mm 时，可使用 UN1-40 型对焊机，并应选择较大变压器级数。

⑥ 当螺丝端杆与预应力钢筋对焊时，宜事先对螺丝端杆进行预热，并减小调伸长度；钢筋一侧的电极应垫高，确保两者轴线一致。

⑦ 连续闪光对焊。

a. 工艺流程：

闭合电路 → 闪光 / 两钢筋端面轻微接触 → 连续闪光加热到将近熔点 / 两钢筋端面徐徐移动接触 → 带电顶锻 → 无电顶锻

b. 连续闪光焊：通电后，应借助操作杆使两钢筋端面轻微接触，使其产生电阻热，并使钢筋端面的凸出部分互相熔化，并将熔化的金属微粒向外喷射形成火光闪光，再徐徐不断地移动钢筋形成连续闪光，待预定的烧化留量消失后，以适当压力迅速进行顶锻，即完成整个连续闪光焊接。

⑧ 预热闪光对焊。

a. 工艺流程：

闭合电路 → 断续闪光预热 / 两钢筋端面交替接触和分开 → 连续闪光加热到将近熔点 / 两钢筋端面徐徐移动接触 → 带电顶锻 → 无电顶锻

b. 预热闪光焊：通电后，应使两根钢筋端面交替接触和分开，使钢筋端面之间发生断续闪光，形成烧化预热过程。当预热过程完成，应立即转入连续闪光和顶锻。

⑨ 闪光-预热闪光对焊。

a. 工艺流程：

闭合电路 → 一次闪光闪平端面 / 两钢筋端面轻微徐徐接触 → 断续闪光预热 / 两钢筋端面交替接触和分开 → 二次连续闪光加热近熔点 / 两钢筋端面徐徐移动接触 → 带电顶锻 → 无电顶锻

b. 闪光-预热闪光焊：通电后，应首先进行闪光，当钢筋端面已平整时，应立即进行预热、闪光及顶锻过程。

⑩ 接近焊接接头区段应有适当均匀的镦粗塑性变形，端面不应氧化。

⑪ 焊接后须经稍微冷却才能松开电极钳口，取出钢筋时必须平稳，以免接头弯折。

⑫ Ⅳ级钢筋焊接时，应采用预热闪光焊或闪光-预热闪光焊工艺，余热处理Ⅳ级钢筋。闪光对焊时，与普通热轧钢筋比较，应减小调伸长度，提高焊接变压器级数，缩短加热时间，快速顶锻，形成快热快冷条件，使热影响区长度控制在钢筋直径 0.6 倍范围之内。

（5）**质量检查** 在钢筋对焊生产中，焊工应认真进行自检，若发现接头处轴线偏移较大、弯折、烧伤、裂缝等缺陷，应切除接头重焊，并查找原因，及时消除。

4. 施工总结

① 需采用冷拉方法调直钢筋的焊接应在冷拉之前进行。冷拉过程中，当在接头部位发生断裂时，可在切除热影响区（离焊缝中心约为 0.7 倍钢筋直径）后再焊再拉，但不得多于两次。

② 闪光对焊可在负温条件下进行，但当环境温度低于 -20℃ 时，不宜进行施焊。

③ 在环境温度低于 -5℃ 时，宜采用预热闪光焊或闪光-预热闪光焊工艺，焊接参数的选择与常温相比，可采取下列措施调整：

a. 增加调伸长度；

b. 采用降低焊接变压器级数；

c. 增加预热次数和间歇时间。

九、钢筋电渣压力焊连接施工

1. 施工示意图和现场照片

钢筋电渣压力焊接头示意图和现场施工照片如图 5-52 和图 5-53 所示。

2. 注意事项

接头焊毕应停歇 20～30s 后才能卸下夹具，以免接头弯折或发生冷脆变化。

扫码看视频
电渣压力焊

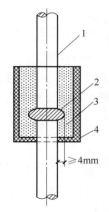

图 5-52　电渣压力焊接头示意图
1—钢筋；2—压力焊接头；3—焊剂；4—焊剂盒

图 5-53　电渣压力焊现场施工

3. 施工做法详解

施工工艺流程

检查设备→钢筋端头制备→选择焊接参数→安装焊接夹具和钢筋→试焊、做试块→施焊→质量检查。

（1）**检查设备、电源**　全面彻底地检查设备、电源，确保始终处于正常状态，严禁超负荷工作。

（2）**钢筋端头制备**　钢筋安装之前，应将钢筋焊接部位和电极钳口接触（150mm 区段内）位置的锈斑、油污、杂物等清除干净，钢筋端部若有弯折、扭曲，应予以矫直或切除，但不得用锤击矫直。

（3）**选择焊接参数**　钢筋电渣压力焊的焊接参数主要包括：焊接电流、焊接电压和焊接通电时间，当采用 HJ431 焊剂时应符合表 5-9 的要求。不同直径钢筋焊接时，按较小直径钢筋选择参数，焊接通电时间延长约 10％。

表 5-9　钢筋电渣压力焊焊接参数

钢筋直径/mm	焊接电流/A	焊接电压/V		焊接通电时间/s	
		电弧过程	电渣过程	电弧过程	电渣过程
14	200～220	35～45	18～22	12	3
16	200～250	35～45	18～22	14	4
18	250～300	35～45	18～22	15	5
20	300～350	35～45	18～22	17	5
22	350～400	35～45	18～22	18	6
25	400～450	35～45	18～22	21	6
28	500～550	35～45	18～22	24	6
32	600～650	35～45	18～22	27	7

（4）**安装焊接夹具和钢筋**

① 夹具的下钳口应夹紧于下钢筋端部的适当位置，一般为 1/2 焊剂罐高度偏下 5～10mm，以确保焊接处的焊剂有足够的掩埋深度。

② 上钢筋放入夹具钳口后，调准动夹头的起始点，使上下钢筋的焊接部位位于同轴状态，方可夹紧钢筋。

③ 钢筋一经夹紧，严防晃动，以免引起上下钢筋错位和夹具变形。

（5）**安放引弧用的钢丝圈（也可省去）**　安放焊剂罐并填装焊剂。

（6）**试焊、做试件、确定焊接参数**

① 在正式进行钢筋电渣压力焊之前，参与施焊的焊工必须进行现场条件下的焊接工艺试验，以便确定合理的焊接参数。

② 试验合格后，方可正式生产。

③ 当采用半自动、自动控制焊接设备时，应按照确定的参数设定好设备的各项控制数据，以确保焊接接头质量可靠。

（7）**施焊**

① 闭合电路、引弧：通过操作杆或操纵盒上的开关，先后接通焊机的焊接电流回路和电源的输入回路，在钢筋端面之间引燃电弧，开始焊接。

② 电弧过程：引燃电弧后，应控制电压值。借助操纵杆使上下钢筋端面之间保持一定的间距，进行电弧过程的延时，使焊剂不断熔化而形成必要深度的渣池。

③ 电渣过程：逐渐下送钢筋，使上钢筋端部插入渣池，电弧熄灭，进入电渣过程的延时，使钢筋全断面加速熔化。

④ 挤压断电：电渣过程结束，迅速下送上钢筋，使其断面与下钢筋端面相互接触，趁热排出熔渣和熔化金属，同时切断焊接电源。

（8）**回收焊剂及卸下夹具**　接头焊毕，应停歇 20～30s 后（在寒冷地区施焊时，停歇时间应适当延长），才可回收焊剂并卸下焊接夹具。

（9）**质量检查**　在钢筋电渣压力焊的焊接生产中，焊工应认真进行自检，若发现偏心、弯折、烧伤、焊包不饱满等焊接缺陷，应切除接头重焊，并查找原因，及时消除。切除接头时，应切除热影响区的钢筋，即离焊缝中心约为 1.1 倍钢筋直径的长度范围内的部分应切除。

4. 施工总结

① 在钢筋电渣压力焊生产中，应重视焊接全过程中的任何一个环节。接头部位应清理干净；钢筋安装应上下同轴；夹具紧固，严防晃动；引弧过程，力求可靠；电弧过程，延时充分；电渣过程，短而稳定；挤压过程，压力适当。

② 电渣压力焊可在负温条件下进行，但当环境温度低于－20℃时，则不宜施焊；雨天、雪天不宜进行施焊，必须施焊时，应采取有效的遮蔽措施，焊后未冷却的接头，应避免碰到冰雪。

③ 电渣压力焊接头外观质量检查应符合表 5-10 的要求。

表 5-10　电渣压力焊接头外观质量检查

项目	质量标准	检查方法
接头焊缝外观	四周焊包凸出钢筋表面的高度不得小于 4mm	用小锤、放大镜、钢板尺和焊缝量规检查
电极接触处钢筋表面	无烧伤缺陷	
接头处的弯折角	不大于 3°	
接头处	应不大于 0.1 倍钢筋直径,同时不大于 2mm	

注：外观检查不合格的接头应切除重焊，或采取补救措施。

十、钢筋直螺纹连接施工

1. 施工示意图和现场照片

钢筋直螺纹连接示意图和现场照片如图 5-54 和图 5-55 所示。

2. 注意事项

① 锁母与套筒在运输和储存时应防止锈蚀和污染，套筒应有保护盖，盖上应标明套筒的规格。现场分批验收，并按不同规格分别堆放。

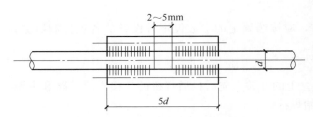

图 5-54 钢筋直螺纹连接示意图

图 5-55 钢筋直螺纹连接现场施工

② 对加工好的螺纹，应用专用的保护帽或连接套筒将钢筋螺纹进行保护，防止螺纹被磕碰或被污染。

③ 钢筋应按规格分别堆放，底部用木方垫好，在雨季要采取防锈措施。

④ 施工作业时，要搭设临时架子，不得随意蹬踩接头或连接钢筋。

3. 施工做法详解

施工工艺流程 ▶▶▶▶▶

钢筋下料→冷镦扩粗→切削螺纹→螺纹检查并加塑料保护帽→运送至现场→钢筋接头工艺检验→连接施工→质量检查。

(1) **钢筋下料** 钢筋下料时，应采用砂轮切割机，切口的端面应与轴线垂直，不得有马蹄形或挠曲。

(2) **冷镦扩粗** 钢筋下料后，在钢筋镦粗机上将钢筋镦粗，按不同规格检验冷镦后的尺寸。

(3) **切削螺纹** 钢筋冷镦后，在钢筋套丝机上切削加工螺纹。钢筋端头螺纹规格应与连接套筒的型号匹配。

(4) **螺纹检查并加塑料保护帽** 钢筋螺纹加工后，随即用配置的量规逐根检测，合格后，再由专职质检员按一个工作班10%的比例抽样校验。如发现有不合格螺纹，应全部逐个检查，并切除所有不合格的螺纹，重新镦粗和加工螺纹。对检验合格的螺纹加塑料帽进行保护。

(5) **运送至现场** 运送过程中注意螺纹的保护，虽然已经加上塑料帽，但由于塑料帽的保护有限，所以仍要注意螺纹的保护，不得与其他物体发生撞击，造成螺纹的损伤。

(6) **钢筋接头工艺检验** 钢筋连接工程开始前及施工过程中，应对每批进场钢筋进行接头工艺检验，工艺检验应符合下列要求：

① 每种规格钢筋的接头试件不应少于3根；

② 对接头试件的钢筋母材应进行抗拉强度试验。

(7) **连接施工**

① 钢筋连接时，连接套规格与钢筋规格必须一致，连接之前应检查钢筋螺纹及连接套螺纹是否完好无损，钢筋螺纹上如发现杂物或锈蚀，可用钢丝刷清除。

② 标准型和异型接头连接：首先用工作扳手将连接套与一端的钢筋拧到位，然后再将另一端的钢筋拧到位。

③ 活连接型接头连接：先对两端钢筋向连接套方向加力，使连接套与两端钢筋螺纹挂扣，然后用工作扳手旋转连接套，并拧紧到位。在水平钢筋连接时，一定要将钢筋托平对正后，再用工作扳手拧紧。

④ 被连接的两钢筋端面应处于连接套的中间位置，偏差不大于一个螺距，并用工作扳手拧

紧，使两钢筋端面顶紧。

⑤ 每连接完 1 个接头必须立即用油漆做上标记，防止漏拧。

（8）质量检查

① 外观质量检查（图 5-56）：在钢筋连接生产中，操作人员应对接头数量的 10% 进行外观质量检查。应满足钢筋与连接套的规格一致，外露螺纹不得超过 1 个完整扣，并

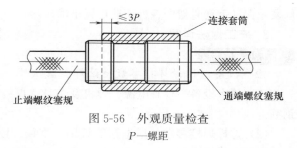

图 5-56　外观质量检查
P—螺距

填写检查记录。如发现外露螺纹超过 1 个完整扣，应重拧并查找原因及时消除，并用工作扳手抽检接头的拧紧程度。若有不合格品，应全数进行检查。

② 单向拉伸试验：接头的现场检验应按批进行。同一施工条件下采用同一批材料的同等级、同型式、同规格接头、以 500 个为一个验收批进行检验和验收，不足 500 个也作为一批；对接头的每一验收批，必须在工程中随机截取 3 个试件做拉伸试验；当 3 个试件单向拉伸试验结果均符合国家现行标准《钢筋机械连接通用技术规程》（JGJ 107—2016）的规定时，该验收批评为合格。

4. 施工总结

① 钢筋在套螺纹前，必须对钢筋规格及外观质量进行检查。如发现钢筋端头弯曲，必须先进行调直处理。

② 钢筋套螺纹前，应根据钢筋直径先调整好套丝机定位尺寸的位置，并按照钢筋规格配以相对应的滚丝轮。

③ 钢筋镦粗时要保证镦粗头与钢筋轴线不得大于 4° 的倾斜，不得出现与钢筋轴线相垂直的横向表面裂缝。发现外观质量不符合要求时，应及时割除，重新镦粗。

④ 现场截取抽样试件后，原接头位置的钢筋允许采用同等规格的钢筋进行搭接连接，或采用焊接及机械连接方法补接。

十一、钢筋电弧焊连接施工

1. 施工示意图和现场照片

钢筋电弧焊焊缝尺寸示意图和现场照片如图 5-57 和图 5-58 所示。

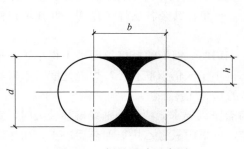

图 5-57　焊缝尺寸示意图
b—两钢筋之间的间隙；d—钢筋直径；h—余高

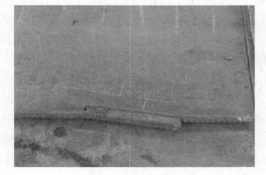

图 5-58　电弧焊施工

2. 注意事项

注意对已绑扎好的钢筋骨架的保护，不乱踩乱拆，不粘油污，在施工中拆乱的骨架要认真

修复，保证钢筋骨架中各种钢筋位置正确。

3. 施工做法详解

施工工艺流程

检查设备→选择焊接参数→试焊、做试件→施焊→质量检查。

(1) 检查设备 检查电源、焊机及工具。焊接地线应与钢筋接触良好，防止因起弧而烧伤钢筋。

(2) 选择焊接参数 根据钢筋级别、直径、接头形式和焊接位置，选择适宜的焊条直径、焊接层数和焊接电流，保证焊缝与钢筋熔合良好。

(3) 试焊、做模拟试件（送试/确定焊接参数） 在每批钢筋正式焊接前，应焊接 3 个模拟试件做拉力试验，经试验合格后，方可按确定的焊接参数成批生产。

(4) 施焊

① 引弧：带有垫板或帮条的接头，引弧应在钢板或帮条上进行；无钢筋垫板或无帮条的接头，引弧应在形成焊缝的部位，防止烧伤主筋。

② 定位：焊接时应先焊定位点再施焊。

③ 运条：运条时的直线前进、横向摆动和送进焊条三个动作要协调平稳。

④ 收弧：收弧时，应将熔池填满，拉灭电弧时，应将熔池填满，注意不要在工作表面造成电弧擦伤。

⑤ 多层焊：当钢筋直径较大，需要进行多层施焊时，应分层间断施焊，每焊一层后，应清渣再焊接下一层；应保证焊缝的高度和长度。

⑥ 熔合：焊接过程中应有足够的熔深；主焊缝与定位焊缝应结合良好，避免气孔、夹渣和烧伤缺陷，并防止产生裂缝。

⑦ 平焊：平焊时要注意熔渣和铁水混合不清的现象，防止熔渣流到铁水前面；熔池也应控制成椭圆形，一般采用右焊法，焊条与工作表面成 70°。

⑧ 立焊：立焊时，铁水与熔渣易分离；要防止熔池温度过高，铁水下坠形成焊瘤，操作时焊条与垂直面形成 60°～80°角使电弧略向上，吹向熔池中心；焊第一道时，应压住电弧向上运条，同时作较小的横向摆动，其余各层用半圆形横向摆动加挑弧法向上焊接。

⑨ 横焊：焊条倾斜 70°～80°，防止铁水受自重作用坠到下坡口上；运条到上坡口处不作运弧停顿，迅速带到下坡口根部，作微小横拉稳弧动作，依次匀速进行焊接。

⑩ 仰焊：仰焊时宜用小电流短弧焊接，熔池宜薄，且应确保与母材熔合良好；第一层焊缝用短电弧作前后推拉动作，焊条与焊接方向成 80°～90°角；其余各层焊条横摆，并在坡口侧略停顿稳弧，保证两侧熔合。

⑪ 钢筋与钢板搭接焊：钢筋与钢板搭接焊时，HPB300 钢筋的搭接长度 l 不得小于 4 倍钢筋直径。HRB335 和 HRB400 钢筋的搭接长度 L 不得小于 5 倍钢筋直径，焊缝宽度 b 不得小于钢筋直径的 0.6 倍，焊缝厚度 S 不得小于钢筋直径的 0.35 倍。

⑫ 在装配式框架结构的安装中，钢筋焊接应符合下列要求：两钢筋轴线偏移较大时，宜采用冷弯矫正，但不得用锤敲击。如冷弯矫正有困难，可采用氧气乙炔焰加热后矫正，加热温度不得超过 85℃，避免烧伤钢筋。

⑬ 钢筋低温焊接：在环境温度低于 −5℃ 的条件下进行焊接时，为钢筋低温焊接。低温焊接时，除遵守常温焊接的有关规定外，应调整焊接工艺参数，使焊缝和热影响区缓慢冷却。当环境温度低于 −20℃ 时，不宜施焊。风力超过 4 级时，焊接应有挡风措施。焊后未冷却的接头应避免碰到冰雪。

4. 施工总结

① 检查帮条尺寸、坡口角度、钢筋端头间隙、钢筋轴线偏移，以及钢材表面质量情况，不符合要求时不得焊接。

② 搭接线应与钢筋接触良好，不得随意乱搭，防止打弧。

③ 带有钢板或帮条的接头，引弧应在钢板或帮条上进行。无钢板或无帮条的接头，引弧应在形成焊缝部位，不得随意引弧，防止烧伤主筋。

④ 根据钢筋级别、直径、接头形式和焊接位置，选择适宜的焊条直径和焊接电流，保证焊缝与钢筋熔合良好。

⑤ 焊接过程中及时清渣，焊缝表面光滑平整，焊缝美观，加强焊缝应平缓过渡，弧坑应填满。

第三节 ▶ 混凝土工程

一、混凝土的运输

1. 混凝土运输照片

混凝土运输照片如图 5-59 和图 5-60 所示。

图 5-59　混凝土运输照片（一）　　　　图 5-60　混凝土运输照片（二）

2. 注意事项

① 运输混凝土的容器应严密、不漏浆，容器内壁应平整光洁，不吸水。

② 混凝土要以最少的转运次数，最短的运输时间，从搅拌地点运至浇筑地点。

③ 混凝土运至浇筑地点，如出现离析或初凝现象，必须在建筑前进行二次搅拌后，方可入模。

④ 同时运输两种以上混凝土时，应在运输设备上设置标志，以免混淆。

3. 施工做法详解

施工工艺流程 ◢◢◢◢◢

确定运距、数量→运至现场。

① 从搅拌机鼓筒卸出来的混凝土拌合料，是介于固体与液体之间的弹塑性物体，极易产生分层离析；且受初凝时间限制和施工和易性要求，对混凝土在运输过程中应予以重视。

② 运送混凝土，宜采用搅拌运输车，如果运距不远，也可采用翻斗车，运量少也可采用手推车。运送的容器应严密，其内壁应平整光洁。黏附的混凝土残渣应经常清除。冬期施工，混凝土罐车必须有保温措施，防止混凝土热量散失。

4. 施工总结

① 混凝土在装入容器前应先用水将容器湿润，气候炎热时应覆盖，以防水分蒸发。冬期施工时，在寒冷地区应采取保温措施，以防在运输途中冻结。

② 混凝土运输必须保证其浇筑过程能连续进行。若因故停歇过久，混凝土发现初凝时，应作废料处理，不得再用于浇筑过程中。

③ 混凝土在运输后如发现离析，必须进行二次搅拌。当坍落度损失后没有满足施工要求时，应加入原水胶比的水泥砂浆或二次加入减水剂进行搅拌，事先应经实验室验证，严禁直接加水。

④ 混凝土垂直运输自由落差高度以不小于 2m 为宜，超过 2m 时应采取缓降措施，或用皮带机运输。

二、混凝土泵送施工

1. 施工示意图和现场照片

混凝土泵送支设示意图和现场照片如图 5-61 和图 5-62 所示。

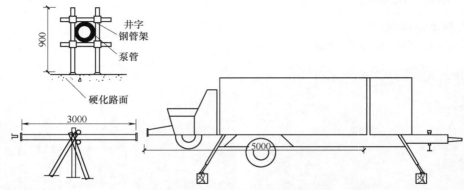

图 5-61　混凝土泵送支设示意图

图 5-62　混凝土泵送现场

2. 注意事项

① 混凝土输送管安装完毕后，不得碰撞泵管，以免泵管发生变形。

② 泵管在使用过程中不得随意拆卸泵管。

③ 凡穿过楼板处应用钢管固定，并有木楔固定等防滑措施。垂直管下端的弯管不能作为上部管道的支撑点，应设置钢支撑承受垂直重量。

3. 施工做法详解

施工工艺流程

泵送设备布置→泵送设备的安装及固定→泵送→浇筑混凝土。

(1) 泵送设备平、立面布置

① 泵设置位置应场地平整，道路通畅，供料方便，距离浇筑地点近，便于配管、供电、供水、排水便利。

② 作业范围内不得有高压线等障碍物。

③ 泵送管布置宜缩短管路长度，尽量少用弯管和软管。输送管的铺设应保证施工安全，便于清洗管道、排除故障和维修。

④ 在同一管路中应选择管径相同的混凝土输送管，输送管的新、旧程度应尽量相同；新管与旧管连接使用时，新管应布置在泵送压力较大处，管路要布置得横平竖直。

⑤ 管路布置应先安排浇筑最远处，由远向近依次后退进行浇筑，避免泵送过程中接管。

⑥ 布料设备应覆盖整个施工面，并能均匀、迅速地进行布料。

(2) 泵送设备的安装、固定

① 泵管安装、固定前应进行泵送设备设计，画出平面布置图和竖向布置图。

② 高层建筑采用接力泵泵送时，接力泵的设置位置使上、下泵送能力匹配，对设置接力泵的楼面应进行结构受力验算，当强度和刚度不能满足要求时应采取加固措施。

③ 输送管路必须保证连接牢固、稳定，弯管处加设牢固的嵌固点，以避免泵送时管路摇晃。

④ 各管卡要紧到位，保证接头密封严密，不漏浆、不漏气。各管、卡与地面或支撑物不应有硬接触，要保留一定间隙，便于拆装。

⑤ 与泵机出口锥管直接相连的输送管必须加以固定，便于清理管路时拆装方便。

⑥ 输送泵管方向改变处应设置嵌固点。输送管接头应严密，卡箍处有足够强度，不漏浆，并能快速拆装。

⑦ 垂直向上配管时，凡穿过楼板处宜用木楔子嵌固在每层楼板预留孔处。垂直管固定在墙、柱上时每节管不得少于 1 个固定点。垂直管下端的弯管不能作为上部管道的支撑点，应设置刚性支撑承受垂直重量。

⑧ 垂直向上配管时，地面水平管长度不宜小于 15m，且不宜小于垂直管长度的 1/4，在混凝土泵机 Y 形出料口 3～6m 处的输送管根部应设置截止阀，防止混凝土拌合物反流。固定水平管的支架应靠近管的接头处，以便拆除、清洗管道。

⑨ 倾斜向下配管时，应在斜管上端设置排气阀，当高差大于 20m 时，在斜管下端设置 5 倍高差长度的水平管，或采取增加弯管与环形管，以满足 5 倍高差长度要求。

⑩ 泵送地下结构的混凝土时，地上水平管轴线应与 Y 形出料口轴线垂直。

⑪ 布料设备应安设牢固和稳定，并不得碰撞或直接搁置在模板或钢筋骨架上，手动布料杆下的模板和支架应加固。

(3) 泵送

① 泵送混凝土前，先把储料斗内清水从管道泵出，达到湿润和清洁管道的目的，然后向料斗内加入与混凝土内除粗骨料外的其他成分相同配合比的水泥砂浆（或 1∶2 水泥砂浆或水泥浆），润滑用的水泥浆或水泥砂浆应分散布料，不得集中浇筑在一处。润滑管道后即可开始泵送混凝土。

② 开始泵送时，泵送速度宜放慢，油压变化应在允许范围内，待泵送顺利后，才用正常速度进行泵送。采用多泵同时进行大体积混凝土浇筑施工时，应每台泵依顺序逐一启动，待泵送顺利后，启动下一台泵，以防意外。

③ 泵送期间，料斗内的混凝土量应以保持不低于缸筒口上 10mm 到料斗口下 150mm 之间为宜。太少吸入效率低，容易吸入空气而造成塞管，太多则反抽时会溢出并加大搅拌轴负荷。

④ 混凝土泵送应连续作业。混凝土泵送、浇筑及间歇的全部时间不应超过混凝土的初凝时间。如必须中断，其中断时间不得超过混凝土从搅拌至浇筑完毕所允许的延续时间。在混凝土泵送过程中，有计划中断时，应在预先确定的中断部位停止泵送，且中断时间不宜超过 1h。

⑤ 泵送中途若停歇时间超过 20min 且管道又较长，应每隔 5min 开泵一次，泵送少量混凝土，管道较短时，可采用每隔 5min 正反转 2～3 个行程，使管内混凝土蠕动，防止泌水离析。长时间停泵（超过 45min）、气温高、混凝土坍落度小时可能造成塞管，宜将混凝土从泵和输送管中清除。

⑥ 泵送先远后近，在浇筑中逐渐拆管。

⑦ 泵送将结束时，应估算混凝土管道内和料斗内储存的混凝土量及浇筑现场所需混凝土量（φ150 管径每 100mm 长有 1.75m³），以便决定供应混凝土量。

⑧ 泵送完毕清理管道时，采用空气压缩机推动清洗球，先安好专用清洗水，再启动空压机，渐进加压。清洗过程中，应随时敲击输送管，了解混凝土是否接近排空。当输送管内尚有 10m 左右混凝土时，应将压缩机缓慢减压，防止出现大喷爆和伤人。

⑨ 泵送完毕，应立即清洗混凝土泵和输送管，管道拆卸后按不同规格分类堆放。

⑩ 冬期混凝土输送管应用保温材料包裹，保证混凝土的入模温度。在高温季节泵送，宜用湿草袋覆盖管道进行降温，以降低入模温度。

(4) 混凝土浇筑

① 混凝土浇筑前，应根据工程结构特点、平面形状和几何尺寸、混凝土供应和泵送设备能力劳动力和管理能力以及周围场地大小等条件，预先划分好混凝土浇筑区域。

② 混凝土的浇筑顺序应符合下列规定：当采用输送管输送混凝土时，应由远而近浇筑；同一区域的混凝土，应按先竖向结构后水平结构的顺序，分层连续浇筑；当不允许留施工缝时，区域之间、上下层之间的混凝土浇筑间歇时间，不得超过混凝土初凝时间；当下层混凝土初凝后，浇筑上层混凝土时，应先按留预留施工缝的有关规定处理后再开始浇筑。

③ 混凝土的布料方法，应符合下列规定：在浇筑竖向结构混凝土时，布料设备的出口离模板内侧面不应小于 50mm，且不得向模板内侧面直冲布料，也不得直冲钢筋骨架；浇筑水平结构混凝土时，不得在同一处连续布料，应 2～3m 范围内水平移动布料，且宜垂直于模板布料。

④ 混凝土的分层厚度，宜为 300～500mm。水平结构的混凝土浇筑厚度超过 500mm 时，按 1：6～1：10 坡度分层浇筑，且上层混凝土，应超前覆盖下层混凝土 500mm 以上。

⑤ 振捣泵送混凝土时，振动棒移动间距宜为 400mm 左右，振捣时间宜为 15～30s，隔 20～30min 后，进行第二次复振。

⑥ 对于有预留洞、预埋件和钢筋太密的部位，应预先制订技术措施，确保顺利布料和振捣密实。在浇筑混凝土时，应经常观察，当发现混凝土有不密实等现象，应立即采取措施予以纠正。

⑦ 水平结构的混凝土表面，适时用木抹子抹平搓毛两遍以上。必要时，先用铁滚筒压两遍以上，防止产生收缩裂缝。

4. 施工总结

① 混凝土供应要连续、稳定，以保证混凝土泵能连续工作。

② 泵送前应先用适量的与混凝土内除粗骨料外其他成分相同配合比的水泥砂浆或 1：2 水泥砂浆或水泥浆润滑输送管内壁。泵送时，受料斗内应经常有足够混凝土，防止吸入空气形成阻塞。

③ 当混凝土可泵性差或混凝土出现泌水、离析而难以泵送时，应立即对配合比、混凝土

泵、配管及泵送工艺等在预拌混凝土供货方监督指导下进行研究，并采取相应措施解决。

④ 开始泵送时，混凝土泵应处于慢速、匀速运行的状态，然后逐渐加速。同时应观察混凝土泵的压力和各系统的工作情况，待各系统工作正常后方可以正常速度泵送。

⑤ 混凝土泵若出现压力过高且不稳定、油温升高、输送管明显振动及泵送困难等现象，不得强行泵送，应立即查明原因予以排除。可先用木槌敲击输送管的弯管、锥形管等部位，并进行慢速泵送或反泵，以防止堵塞。

⑥ 当混凝土泵送过程需要中断时，其中断时间不宜超过 1h。并应每隔 5~10min 进行反泵和正泵运转，以防止管道中因混凝土泌水或坍落度损失过大而堵管。

⑦ 泵送时，料斗内的混凝土存量不能低于搅拌轴位置，以避免空气进入泵管引起管道振动。

⑧ 泵送完毕后，必须认真清洗料斗及输送管道系统。混凝土缸内的残留混凝土若清除不干净，将在缸壁上固化，当活塞再次运行时，活塞密封面将直接承受缸壁上已固化的混凝土对其的冲击，导致推送活塞局部剥落。这种损坏不同于活塞密封的正常磨损，密封面无法在压力的作用下自我补偿，从而导致漏浆或吸空，引起泵送无力、堵塞等。

三、剪力墙结构普通混凝土浇筑施工

1. 施工示意图和现场照片

剪力墙结构普通混凝土浇筑施工示意图和现场照片如图 5-63 和图 5-64 所示。

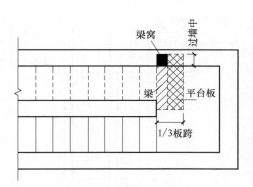

图 5-63　剪力墙结构楼梯浇筑施工缝示意图

图 5-64　剪力墙结构普通混凝土浇筑现场

2. 注意事项

① 不得任意拆改大模板的连接件及螺栓，以保证大模板的外形尺寸准确。

② 混凝土浇筑、振捣至最后完工时，要保持甩出钢筋的位置正确。

③ 留好预留洞口、预埋件及水电预埋管、盒等。

3. 施工做法详解

施工工艺流程 >>>>> ......

混凝土浇筑→顶板混凝土浇筑→楼梯混凝土浇筑→后浇带混凝土浇筑→施工缝的留置和处理→混凝土的养护。

(1) 混凝土浇筑

① 墙体浇筑混凝土前，在底部接槎处宜先浇筑 30~50mm 厚与墙体混凝土配合比相同的减石子砂浆。砂浆用铁锹均匀入模，不可用吊斗或泵管直接灌入模内，且与后续入模混凝土间隔不大于 2.5h。

② 混凝土应采用赶浆法分层浇筑、振捣，分层浇筑高度应为振捣棒有效作用部分长度的 1.25 倍。每层浇筑厚度在 400～500mm，浇筑墙体应连续进行，间隔时间不得超过混凝土初凝时间。墙、柱根部由于振捣棒影响作用不能充分发挥，可适当提高下灰高度并加密振捣和振动模板（图 5-65）。

③ 浇筑洞口混凝土时，应使洞口两侧混凝土高度大体一致，对称均匀，振捣棒应距洞边 300mm 以上为宜，为防止洞口变形或位移，振捣应从两侧同时进行。暗柱或钢筋密集部位应用振捣棒振捣，振捣棒移动间距应小于 500mm，每一振点延续时间以表面呈现浮浆、不产生气泡和不再沉落为度，振捣棒振捣上层混凝土时应插入下层混凝土内 50mm，振捣时应尽量避开预埋件。振捣棒不能直接接触模板进行振捣，以免模板变形、位移以及拼缝扩大造成漏浆。遇洞口宽度＞1.2m 时，洞口模板下口应预留振捣口。

④ 外砖内模、外板内模大角及山墙构造柱应分层浇筑，每层不超过 500mm，内外墙交界处加强振捣，保证密实。外砖内模应采取措施，防止外墙鼓胀。

⑤ 振捣棒应避免碰撞钢筋、模板、预埋件、预埋管、外墙板空腔防水构造等，发现有变形、移位等情况，各有关工种相互配合进行处理。

⑥ 墙体、柱浇筑高度及上口找平。混凝土浇筑振捣完毕，将上口甩出的钢筋加以整理，用木抹子按预定标高线，将表面找平。墙体混凝土浇筑高度控制在高处楼板下皮上 5mm＋软弱层高度 5～10mm，结构混凝土施工完后，及时剔凿软弱层（图 5-66）。

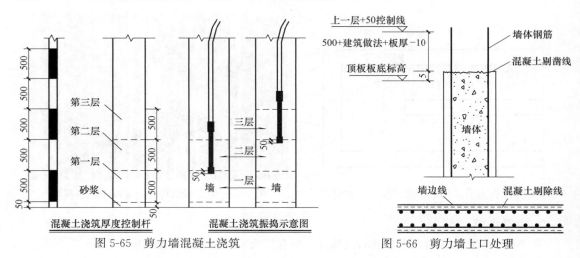

图 5-65　剪力墙混凝土浇筑　　　　　　图 5-66　剪力墙上口处理

⑦ 布料杆软管出口离模板内侧面不应小于 50mm，且不得向模板内侧面直冲布料和直冲钢筋骨架；为防止混凝土散落、浪费，应在模板上口侧面设置斜向挡灰板。混凝土下料点宜分散布置，间距控制在 2m 左右。

（2）顶板混凝土浇筑

① 顶板混凝土浇筑宜从一个角开始退进，楼板厚度≥120mm 可用插入式振捣棒振捣，楼板厚度＜120mm 可用平板振捣器振捣。振捣棒平放、插点要均匀排列，可采用"行列式"或"交错式"的移动，不应混乱（图 5-67）。

② 混凝土振捣随浇筑方向进行，随浇筑随振捣，要保证不漏振。

③ 用铁插尺检查混凝土厚度，振捣完毕后用 3m 长刮杠根据标高线刮平，然后拉通线用木抹子抹平。靠墙两侧 100mm 范围内严格找平、压光，以保证上部墙体模板下口严密。

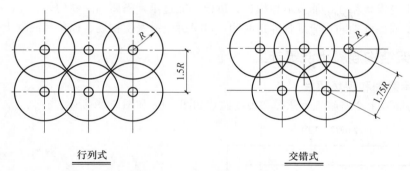

行列式   交错式

图 5-67　顶板混凝土浇筑

④ 为防止混凝土产生收缩裂缝，应进行二次压面，二次压面的时间控制在混凝土终凝前进行。

⑤ 施工缝设置应浇筑前确定，并应符合图纸或有关规范要求。

（3）楼梯混凝土浇筑

① 楼梯施工缝留在休息平台自踏步往外 1/3 的地方，楼梯梁施工缝留在≥1/2 墙厚的范围内。

② 楼梯段混凝土随顶板混凝土一起自下而上浇筑，先振实休息平台板接缝处混凝土，达到踏步位置再与踏步一起浇捣，不断连续向上推进，并随时用木抹子将踏步上表面抹平。

（4）后浇带混凝土浇筑　浇筑时间应符合图纸设计要求。图纸设计无要求时，在后浇带两侧混凝土龄期达到 42d 后，高层建筑的后浇带应在结构顶板浇筑混凝土 14d 后，用强度等级不低于两侧混凝土的补偿收缩混凝土浇筑。后浇带的养护时间不得少于 28d。

（5）施工缝的留置和处理

① 墙体水平施工缝留在顶板下皮向上约 5mm，竖向施工缝留在门窗洞口过梁中间 1/3 范围内。

② 顶板施工缝应留在顶板跨中 1/3 范围内。

③ 施工缝处理：水平施工缝应剔除软弱层，露出石子，竖向施工缝剔除松散石子和杂物，露出密实混凝土。施工缝应冲洗干净，浇筑混凝土前应浇水润湿，并浇同混凝土配合比相同的减石子砂浆。

（6）混凝土的养护　混凝土浇筑完毕后，应在 12h 内加以覆盖并保湿养护。普通硅酸盐水泥或矿渣硅酸盐水泥拌制的混凝土养护时间不得少于 7d，掺加外加剂或有抗渗要求的混凝土养护时间不得少于 14d。

4. 施工总结

① 墙体烂根：混凝土楼板浇筑后靠墙两侧 100mm 范围内严格找平、压光，以保证上部墙体模板下口严密。在距墙皮线外 3～5mm 处贴宽度≥30mm 的海绵条，保证模板下口严密。粘贴海绵条距模板线 2mm，使其模板压住后，海绵条与线齐平，防止海绵条浇入混凝土内。墙体混凝土浇筑前，在底部接槎处先浇筑 30～50mm 厚与墙体混凝土配合比相同的减石子砂浆。砂浆用铁锹均匀入模，不可用吊斗或泵管直接灌入模内。混凝土坍落度要严格控制，防止混凝土离析，底部振捣应加密操作。

② 洞口移位变形：浇筑时混凝土冲击洞口模板。洞口两侧混凝土应对称均匀进行浇筑、振捣。洞口模板两侧应采用钢筋或铁埋件顶紧，穿墙螺栓应紧固可靠。

③ 墙面气泡过多：采用高频振捣棒，每层混凝土均要振捣至泛浆、不再冒气泡、不再下沉为止。

④ 混凝土与模板粘连：注意清理模板，拆模不能过早，隔离剂涂刷均匀。

⑤ 低温期或冬施期间，应延长养护时间，过早拆模易发生粘连、掉角和混凝土受冻。

四、框架结构混凝土浇筑施工

1. 施工示意图和现场照片

框架结构混凝土浇筑施工示意图和现场照片如图 5-68 和图 5-69 所示。

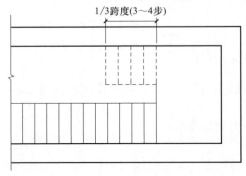

图 5-68　框架结构施工缝示意图

图 5-69　框架结构混凝土浇筑

2. 注意事项

① 要采取足够措施保证钢筋位置正确，不得踩楼板、楼梯的弯起钢筋，不碰动预埋件和插筋。

② 不用重物冲击模板，不在梁或楼梯踏步模板吊帮上蹬踩，应搭设跳板，保证模板的牢固和严密。

③ 已浇筑楼板、楼梯踏步的上表面混凝土要加以保护，必须在混凝土强度达到 1.2MPa 以后，方准在面上进行操作。安装结构用的支架和模板，应严格轻吊轻放。

④ 冬期施工在已浇的模板上覆盖或测温时，要先铺脚手板后上人操作，尽量不留脚印。

3. 施工做法详解

施工工艺流程 >>>>>

混凝土运输及进场检验→混凝土浇筑和振捣→混凝土养护。

（1）混凝土运输及进场检验

① 采用混凝土罐车进行场外运输，要求每辆罐车的运输、浇筑和间歇的时间不得超过初凝时间，混凝土从搅拌机卸出到浇筑完毕的时间不宜超过 1.5h，空泵间隔时间不得超过 45min。

② 预拌混凝土运输车应有运输途中和现场等候时间内的二次搅拌功能。混凝土运输车到达现场后，进行现场坍落度测试，一般每个工作班不少于 4 次，坍落度异常或有怀疑时，及时增加测试。从搅拌车运卸的混凝土中，分别在卸料 1/4 和 3/4 处取试样进行坍落度试验，两个试样的坍落度之差不得超过 30mm。当实测坍落度不能满足要求时，应及时通知搅拌站。严禁私自加水搅拌。

③ 运输车给混凝土泵喂料前，应中、高速旋转拌筒，使混凝土拌和均匀。

④ 根据实际施工情况及时通知混凝土搅拌站调整混凝土运输车的数量，以确保混凝土的均匀供应。

⑤ 冬期混凝土运输车罐体要进行保温，夏季混凝土运输车罐体要覆盖防晒。

（2）混凝土浇筑与振捣

① 防止混凝土散落、浪费，应在模板上口侧面设置斜向挡灰板。混凝土自吊斗口下落的自

由倾落高度不得超过2m，当浇筑高度超过2m时必须采取措施，用串桶或溜管等。

②浇筑混凝土时应分层进行，浇筑层高度应根据结构特点、钢筋疏密决定，一般为振捣器作用部分长度的1.25倍，常规 $\phi50$ 振捣棒是400~480mm。

③使用插入式振捣器应快插慢拔，插点要均匀排列，逐点移动，顺序进行，不得遗漏，做到均匀振实。移动间距不大于振捣作用半径的1.5倍（一般为300~400mm）。振捣上一层时应插入下层大于或等于50mm，以消除两层间的接缝。表面振动器（或称平板振动器）的移动间距，应保证振动器的平板能覆盖已振实部分的边缘。

④浇筑混凝土应在前层混凝土凝结之前，将次层混凝土浇筑完毕。间歇的最长时间应按所用水泥品种、气温及混凝土凝结条件确定，超过初凝时间应按施工缝处理。

⑤浇筑混凝土时应经常观察模板、钢筋、预留孔洞、预埋件和插筋等有无移动、变形或堵塞情况，发现问题应立即处理，并应在已浇筑的混凝土凝结前修正完好。

（3）柱的混凝土浇筑

①柱浇筑前底部应先填30~50mm厚与混凝土配合比相同减石子砂浆，柱混凝土应分层振捣，使用插入式振捣器时每层厚度不大于500mm，振捣棒不得触动钢筋和预埋件。除上面振捣外，下面要有人随时敲打模板。

②柱高在3m之内，可在柱顶直接下灰浇筑，超过3m时，应采取措施（用串桶）或在模板侧面开洞安装斜溜槽分段浇筑，每段高度不得超过2m，每段混凝土浇筑后将洞模板封闭严实，并用柱箍箍牢。

③柱子的浇筑高度控制在梁底向上15~30mm（含10~25mm的软弱层），待剔除软弱层后，施工缝处于梁底向上5mm处。

④柱与梁板整体浇筑时，为避免裂缝，注意在墙柱浇筑完毕后，必须停歇1~1.5h，使柱子混凝土沉实达到稳定后再浇筑梁板混凝土。

⑤浇筑完后，应随时将伸出的搭接钢筋整理到位。

扫码看视频

楼板混凝土浇筑

（4）梁、板混凝土浇筑

①梁、板应同时浇筑，浇筑方法应由一端开始用"赶浆法"，即先浇筑梁，根据梁高分层浇筑成阶梯形，当达到板底位置时再与板的混凝土一起浇筑，随着阶梯形不断延伸，梁板混凝土浇筑连续向前进行。

②与板连成整体高度大于1m的梁，允许单独浇筑，其施工缝应留在板底以上15~30mm处。浇捣时，浇筑与振捣必须紧密配合，第一层下料慢些，梁底充分振实后再下二层料，每层均应振实后再下料，梁底及梁帮部位要注意振实，振捣时不得触动钢筋及预埋件。

③梁柱节点钢筋较密时，浇筑此处混凝土宜用小直径振捣棒振捣，采用小直径振捣棒应另计分层厚度。

④梁柱节点核心区处混凝土强度等级相差2个及2个以上时，混凝土浇筑留槎按设计要求执行。该处混凝土坍落度宜控制在80~100mm。

⑤浇筑楼板混凝土的虚铺厚度应略大于板厚，用振捣器顺浇筑方向及时振捣，不允许用振捣棒铺摊混凝土。在钢筋上挂控制线，保证混凝土浇筑标高一致。顶板混凝土浇筑完毕后，在混凝土初凝前，用3m长杠刮平，再用木抹子抹平，压实刮平遍数不少于两遍，初凝时加强二次压面，保证大面平整、减少收缩裂缝。浇筑大面积楼板混凝土时，提倡使用激光铅直、扫平仪控制板面标高和平整。

⑥施工缝位置：宜沿次梁方向浇筑楼板，施工缝应留置在次梁跨度的中间1/3范围内。施工缝表面应与梁轴线或板面垂直，不得留斜槎。复杂结构施工缝留置位置应征得设计人员同意。施工缝宜用齿形模板挡牢或采用钢板网挡支牢固。也可采用快易收口网，直接进行下段混凝土

的施工。

⑦ 施工缝处应待已浇筑混凝土的抗压强度不小于 1.2MPa 时，才允许继续浇筑。在继续浇筑混凝土前，施工缝混凝土表面应凿毛，剔除浮动石子，并用水冲洗干净。模板留置清扫口，用空压机将碎渣吹净。水平施工缝可先浇筑一层 30～50mm 厚与混凝土同配合比的减石子砂浆，然后继续浇筑混凝土，应细致操作振实，使新旧混凝土紧密结合。

（5）剪力墙混凝土浇筑

① 如柱、墙的混凝土强度等级相同，可以同时浇筑，反之宜先浇筑柱混凝土，预埋剪力墙锚固筋，待拆柱模后，再绑剪力墙钢筋、支模、浇筑混凝土。

② 剪力墙浇筑混凝土前，先在底部均匀浇筑 30～50mm 厚与墙体混凝土同配比的减石子砂浆，并用铁锹入模，不应用料斗直接灌入模内。

③ 浇筑墙体混凝土应连续进行，间隔时间不应超过混凝土初凝时间，每层浇筑厚度严格按混凝土分层尺杆控制，因此必须预先安排好混凝土下料点位置和振捣器操作人员数量。

④ 振捣棒移动间距应不大于振捣作用半径的 1.5 倍，每一振点的延续时间以表面呈现浮浆为度，为使上下层混凝土结合成整体，振捣器应插入下层混凝土 50mm。振捣时注意钢筋密集及洞口部位。为防止出现漏振，须在洞口两侧同时振捣，下灰高度也要大体一致。大洞口的洞底模板应开口，并在此处浇筑振捣。竖向构件最底层混凝土容易出现烂根现象，应适当提高第一步下灰高度，振捣棒间隔加密。

⑤ 混凝土墙体浇筑完毕之后，将上口甩出的钢筋加以整理，用木抹子按标高线将墙上表面混凝土找平，墙顶高宜为楼板底标高加 30mm（预留 25mm 的浮浆层剔凿量）。

（6）楼梯混凝土浇筑

① 楼梯段混凝土自下而上浇筑，先振实底板混凝土，达到踏步位置时再与踏步混凝土一起浇捣，不断连续向上推进，并随时用木抹子（或塑料抹子）将踏步上表面抹平。

② 施工缝位置：框架结构两侧无剪力墙的楼梯施工缝宜留在楼梯段自休息平台往上 1/3 的地方，即 3～4 个踏步处。框架结构两侧有剪力墙的楼梯施工缝宜留在休息平台自踏步往外 1/3 的地方，楼梯梁应有入墙≥1/2 墙厚的梁窝。

（7）养护

① 混凝土浇筑完毕后，应在 12h 以内加以覆盖和浇水，浇水次数应能使混凝土保持足够的润湿状态。框架柱优先采用塑料薄膜包裹、在柱顶淋水的养护方法。

② 养护期一般不少于 7 昼夜。掺缓凝型外加剂的混凝土养护时间不得少于 14d。

4. 施工总结

① 蜂窝：原因是混凝土一次下料过厚，振捣不实、不及时或漏振；模板有缝隙使水泥浆流失；钢筋较密而混凝土坍落度过小或石子过大，柱、墙根部模板有缝隙，以致混凝土中的砂浆从下部涌出，从而造成蜂窝。

② 露筋：原因是钢筋垫块位移、间距过大、漏放、钢筋紧贴模板造成露筋；或梁、板底部振捣不实，也可能出现露筋。

③ 麻面：原因是拆模过早或模板表面漏刷隔离剂或模板湿润不够，构件表面混凝土易黏附在模板上造成麻面脱皮。

④ 孔洞：原因是钢筋较密的部位混凝土被卡，未经振捣就继续浇筑上层混凝土。

⑤ 缝隙与夹渣层：施工缝处杂物清理不净或未浇底架等原因，易造成缝隙、夹渣层。

⑥ 梁、柱连接处断面尺寸偏差过大：主要原因是柱接头模板刚度差或支此部位模板时未认真控制断面尺寸。

⑦ 现浇楼板面和楼梯踏步上表面平整度偏差太大：主要原因是混凝土浇筑后，表面不用抹

图解建筑工程现场细部施工做法（第二版）

子认真抹平；冬期施工在覆盖保温层时，上人过早或未垫板进行操作。

⑧ 当梁板混凝土强度等级与墙、柱不一致时，出现梁柱接头混凝土留槎随意和漏振情况。应减小不同等级混凝土供货和浇筑时间差，开盘前必须有预控措施。

五、后浇带混凝土浇筑施工

1. 施工示意图和现场照片

后浇带混凝土浇筑施工示意图和现场照片如图 5-70 和图 5-71 所示。

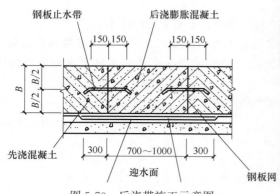

图 5-70　后浇带施工示意图　　　　图 5-71　后浇带浇筑现场

2. 注意事项

① 结构主体施工时，在后浇带两侧应采取防护措施，防止破坏防水层、钢筋及泥浆灌入底板后浇带。底板及顶板后浇带均应在混凝土浇筑完成后的养护期间内，及时用单皮砖挡墙（或砂浆围堰）及多层板加盖保护，防止泥浆及后续施工对后浇带接缝处产生污染。

② 后浇带混凝土施工前，后浇带部位和外贴式止水带（根据设计或施工方案要求选用）应予以保护，严防落入杂物和损伤外贴式止水带。

③ 后浇带混凝土剔凿、清理时，应避免损坏原有预埋管线和钢筋。

④ 对于梁、板后浇带应支顶严密，避免新浇筑混凝土污染原成型混凝土底面。

3. 施工做法详解

施工工艺流程 ▶▶▶▶▶ ·······································

后浇带的清理→后浇带浇筑→后浇带养护。

（1）后浇带两侧混凝土处理　楼板板底及立墙后浇带两侧混凝土与新鲜混凝土接触的表面，用匀石机按弹线切出剔凿范围及深度，剔除松散石子和浮浆，露出密实混凝土，并用水冲洗干净。

（2）后浇带清理　清除钢筋上的污垢及锈蚀，然后将后浇带内积水及杂物清理干净，支设模板。

（3）后浇带混凝土浇筑

① 后浇带混凝土施工时间应按设计要求确定，当设计无要求时，应在其两侧混凝土龄期达到 42d 后再施工，但高层建筑的沉降后浇带应在结构顶板浇筑混凝土 14d 后进行。

② 后浇带浇灌混凝土前，在混凝土表面涂刷水泥净浆或铺与混凝土同强度等级的水泥砂浆，并及时浇灌混凝土。

③ 混凝土浇灌时，避免直接靠近缝边下料。机械振捣宜自中央向后浇带接缝处逐渐推进，并在距缝边 80～100mm 处停止振捣。然后辅助人工抱实，使其紧密结合。

（4）混凝土养护

① 后浇带混凝土浇筑后 8～12h 以内根据具体情况采用浇水或覆盖塑料薄膜法养护。

② 后浇带混凝土的保湿养护时间应不少于 28d。

4. 施工总结

① 底板施工时，建议预先每隔 40～60m 距离设一小积水坑（600mm×600mm×600mm），便于清洗后浇带的污水、泥浆汇集和抽出。

② 施工后浇带两侧主体结构时，对落入后浇带内的混凝土应立即清理，避免经较长时间硬化后清理损坏止水带或防水层。

③ 后浇带混凝土在施工前一定要认真试配，符合各项技术要求后再施工。

④ 由于在进行后浇带混凝土的浇筑及后浇带混凝土达到强度要求前，后浇带两侧的结构处于悬臂结构状态，故其底模必须单独支承，直到后浇带部位混凝土达到强度要求后方可拆除模板。

⑤ 严禁因为抢工期而随意缩短后浇混凝土应当间隔的时间。

六、底板大体积混凝土浇筑施工

1. 施工示意图和现场照片

底板大体积混凝土测温传感器埋设示意图和浇筑现场照片如图 5-72 和图 5-73 所示。

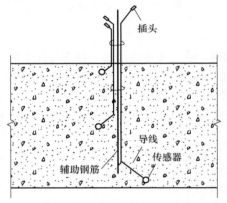

图 5-72　大体积混凝土测温传感器埋设示意图

图 5-73　底板大体积混凝土浇筑

2. 注意事项

① 跨越模板及钢筋应搭设马道。

② 泵管下应设置木方，不准直接摆放在钢筋上。

③ 混凝土浇筑振动棒不准长时间触及钢筋、埋件和测温元件。

④ 测温元件导线或测温管应妥善保护，防止损坏。

⑤ 混凝土强度达到 1.2N/mm² 之前，除浇筑人员外，他人不准踩踏。

⑥ 测温人员记录完测温值后应及时覆盖测温部位，保证各点混凝土表面覆盖严密。

3. 施工做法详解

施工工艺流程 ▸▸▸▸▸ ....

混凝土的运输与布料→混凝土浇筑→混凝土养护→测温。

（1）混凝土的场内运输与布料

① 受料斗必须配备孔径为 50mm×50mm 的振动筛防止个别大颗粒骨料流入泵管，料斗内混凝土上表面距离上口宜为 200mm 左右以防止泵入空气。

② 泵送混凝土前，先将储料斗内清水从管道泵出，以湿润和清洁管道，然后压入纯水泥浆或（1∶1）～（1∶2）水泥砂浆滑润管道后，再泵送混凝土。

③ 开始压送混凝土时速度宜慢，待混凝土送出管子端部时，速度可逐渐加快，并转入用正常速度进行连续泵送。遇到运转不正常时，可放慢泵送速度。进行抽吸往复推动数次，以防堵管。

④ 泵送混凝土浇筑入模时，端部软管均匀移动，使每层布料均匀，不应成堆浇筑。

⑤ 泵管向下倾斜输送混凝土时，应在下斜管的下端设置相当于 5 倍落差长度的水平配管，若与上水平线倾斜度大于 7°，应在斜管上端设置排气活塞。如因施工长度有限，下斜管无法按上述要求长度设置水平配管时，可用弯管或软管代替，但换算长度仍应满足 5 倍落差的要求。

⑥ 沿地面铺管，每节管两端应垫 50mm×100mm 方木，以便拆装；向下倾斜输送时，应搭设宽度不小于 1m 的斜道，上铺脚手板，管两端垫方木支承，泵管不应直接铺设在模板、钢筋上，而应搁置在马凳或临时搭设的架子上。

⑦ 泵送即将结束时，计算混凝土需要量，并通知搅拌站，避免剩余混凝土过多。

⑧ 混凝土泵送完毕，混凝土泵及管道可采用压缩空气的方法推动清洗球清洗，压力不超过 0.7MPa。方法是先安好专用清洗管，再启动空压机，渐渐加压。清洗过程中随时敲击输送管判断混凝土是否接近排空。管道拆卸后按不同规格分类堆放备用。

⑨ 泵送中途停歇时间不应长于 45min，如超过 60min 则应清管。

⑩ 泵管混凝土出口处，管端距模板应大于 500mm。

⑪ 在预留凹槽模板或预埋件处，应沿其四周均匀布料。

（2）混凝土浇筑

① 混凝土浇筑可根据面积大小和混凝土供应能力采取全面分层（适用于结构平面尺寸≤14m、厚度 1m 以上）、分段分层（适用于厚度不太大，面积或长度较大）或斜面分层（适用于结构的长度超过宽度的 3 倍）连续浇筑，分层厚度 300～500mm 且不大于振动棒长 1.25 倍。分段分层多采取踏步式分层推进，按从远至近布灰（原则上不反复拆装泵管），一般踏步宽为 1.5～2.5m。斜面分层浇灌每层厚 300～350mm，坡度一般取（1∶6）～（1∶7）（图 5-74）。

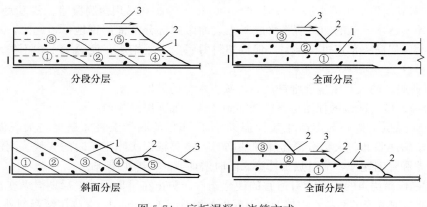

分段分层　　　　　　　全面分层

斜面分层　　　　　　　全面分层

图 5-74　底板混凝土浇筑方式
1—分层线；2—新浇灌的混凝土；3—浇灌方向；
①～⑤—混凝土浇筑步骤

② 混凝土浇筑应配备足够的混凝土输送泵，既不能造成混凝土留浆冬季受冻，也不能常温时出现混凝土冷缝（浇筑时，要在下一层混凝土初凝之前浇筑上一层混凝土，避免产生冷缝）。

③ 全面分层法是在整个基础内全面分层浇筑混凝土，第一层全面浇筑完毕回来浇筑第二层

时，第一层浇筑的混凝土还未初凝；如此逐层进行，直至浇筑好。施工时从短边开始，沿长边进行，构件长度超过20m时可分为两段，从中间向两端或两端向中间同时进行。

④ 分段分层法是从底层开始浇筑混凝土，进行一定距离后回来浇筑第二层，如此依次向前浇筑以上各分层。

⑤ 局部厚度较大时先浇深部混凝土，然后再根据混凝土的初凝时间确定上层混凝土浇筑的时间间隔。

⑥ 根据大面积基础底板混凝土浇筑速度、范围，由专一（或多台）混凝土泵提前进行邻近集水坑底、吊帮模板内泵送混凝土浇筑，并振捣密实。将集水坑混凝土浇筑至与大底板平齐，并与基础底板混凝土整体衔接。

⑦ 较深的集水坑采用间歇浇筑的方法，模板做成整体式并预先架立好，先将地坑底板浇至与模板底平，待坑底混凝土可以承受坑壁混凝土反压力时，再浇筑地坑坑壁混凝土，要注意保证坑底标高与衔接质量。间歇时间应摸索确定。

⑧ 振捣混凝土应使用高频振动器，振动器的插点间距为1.5倍振动器的作用半径，防止漏振。斜面推进时，振动棒应在坡脚与坡顶处插振。

⑨ 振动混凝土时，振动器应均匀地插拔，插入下层混凝土50mm左右，每点振动时间10～15s，以混凝土泛浆不再溢出气泡为准，不可过振。

（3）混凝土的表面处理

① 当混凝土大坡面的坡角接近顶端模板时，改变浇灌方向，从顶端往回浇灌，与原斜坡相交成一个集水坑，并有意识地加强两侧模板处的混凝土浇筑速度，使泌水逐步在中间缩小成水潭，并使其汇集在上表面，派专人用泵随时将积水抽出。

② 基础底板大体积混凝土浇筑施工中，其表面水泥浆较厚，为提高混凝土表面的抗裂性，在混凝土浇筑到底板顶标高后要认真处理，用大杠刮平混凝土表面，待混凝土收水后，再用木抹子搓平两次（墙、柱四周150mm范围内用铁抹子压光），初凝前用木抹子再搓平一遍，以闭合收缩裂缝，然后覆盖塑料薄膜进行养护。

（4）混凝土的养护

① 高温季节优先采用蓄水法（水深50～100mm）养护，后用薄膜覆盖。冬施大体积混凝土养护优先采用不透水、气的塑料薄膜将混凝土表面敞露部分全部严密地覆盖起来，塑料薄膜上面须覆盖一至两层防火草帘进行保温。保持塑料薄膜内有凝结水，使混凝土在不失水的情况下得到充分养护。

② 塑料薄膜、防火草帘应叠缝铺放，以减少水分的散发。

③ 对边缘、棱角部位的保温层厚度增加到2倍，加强保温养护。

④ 为保证混凝土核心与混凝土表面温差小于25℃及混凝土表面温度与大气温度差小于25℃，采用塑料薄膜和防火草帘覆盖养护的同时，还要根据实际施工时的气候、测温情况、混凝土内表温差和降温速率，通过热工计算来随时增加或减少养护措施。

⑤ 为了确保新浇筑的混凝土有适宜的硬化条件，防止在早期干缩、后期温差变形而产生裂缝，使用硅酸盐或普通硅酸盐水泥拌制的混凝土养护时间不少于7d，对掺用缓凝型外加剂或有抗渗要求以及使用其他品种水泥拌制的混凝土不少于14d，炎热天气还宜适当延长。

⑥ 保温层在混凝土达到强度标准值的30%后且内外温差及表面与大气最低温差均连续48h小于25℃时，方可撤除，并应继续测温监控。必要时适当恢复保温，解除保温应分层逐步进行。

（5）测温

① 测温点的布置：测温点的布置应具有代表性和可比性。沿所浇筑高度，一般应布置在底部（指梁板结构）、中部（核心）和表面；平面则应布置在温度变化敏感部位、构件的边缘与中

间，平面测点间距一般为 15～25m。深度方向测温点分布离上、下边缘部位的距离为 50～100mm，距边角和表面应大于 5mm。

② 测温点应在平面图上编号，并在现场明示编号标志，便于他人检查。在混凝土温度上升阶段每 2～4h 测一次，温度下降阶段每 8h 测一次，同时应测大气温度并与其对比，绘制温度-时间变化曲线，测温周期应不小于 14d。测温记录应及时反馈现场技术部门，当各种温差达到 20℃时应预警，25℃时应报警。

③ 使用普通玻璃温度计测温：测温管端应用软木塞封堵，只允许在放置或取出温度计时打开；温度计应系线绳垂吊到管底，停留不少于 3min 后取出并迅速查看记录温度值。

④ 使用建筑电子测温仪测温：附着于钢筋上的半导体传感器应与钢筋隔离，保护测温探头的导线接口不受污染，不受水浸；接入测温仪前应擦拭干净，保持干燥以防短路；也可事先埋管，管内插入可周转使用的传感器测温。

⑤ 测温温差控制值：内部温差（核心与表面下 100～50mm 处）不大于 25℃，表面温度（表面以下 50～100mm）与混凝土表面外 500mm 处温差不大于 25℃，补偿收缩混凝土≤30℃（蓄水养护条件下）；当欲撤除保温层时，表面与大气温差不应大于 20℃，否则夜间应恢复保温措施。

4. 施工总结

① 水泥品种应选用铝酸三钙含量较低、水化游离氧化钙、氧化镁和二氧化硫尽可能低的低收缩水泥。宜选用含碱量不大于 0.4% 的水泥。

② 混凝土坍落度不稳定：混凝土运输车到达现场后，每车混凝土的坍落度都需进行目测，对混凝土搅拌车不小于 2h 至少进行一次抽测，每工作班不少于 4 次。从搅拌车卸运的混凝土中，分别取 1/4 和 3/4 处试样进行坍落度试验，两个试样的坍落度之差不得超过 30mm。当实测坍落度不能满足要求时，应及时通知搅拌站，严禁私自加水搅拌。

③ 混凝土冷缝：浇筑时，要在下一层混凝土初凝之前浇筑上一层混凝土，避免产生冷缝。

④ 混凝土振捣不密实：浇筑时，每条泵管配备 2～4 条振捣棒。使混凝土自然缓慢流动，然后全面振捣。根据混凝土泵送时自然形成的坡度，在每步混凝土前后各布置两台振动器。第一道布置在混凝土卸料点，解决上部混凝土的振实，由于底皮钢筋间距较密，第二道布置在混凝土坡角处，解决下部混凝土的密实，随着混凝土浇筑工作的向前推进，振动器相应跟上，保证混凝土流淌处及各点不漏振。

⑤ 混凝土表面形成泌水：当混凝土大坡面的坡角接近顶端模板时，改变浇灌方向，从顶端往回浇灌，与原斜坡相交成一个集水坑，并有意识地加强两侧模板处的混凝土浇筑速度，使集水坑逐步在中间缩小成水潭，使最后一部分泌水汇集在上表面，派专人随时用泥浆泵将积水抽除，不断排除大量泌水。

⑥ 混凝土表面浮浆较厚，易发生裂缝：在混凝土浇筑到底板顶标高后要认真处理，可用铁锹铲走并按标高用大杠刮平混凝土表面，待混凝土收水后，再用木抹子搓平两次，以闭合收缩裂缝，然后覆盖塑料薄膜进行养护。

⑦ 大体积混凝土内部水泥水化热高又不容易散失，导致混凝土内部与外部温差变大，温度应力也相应变大，易造成混凝土开裂：测温中当发现混凝土核心温度与表面温度差大于 20℃时，测温人员应警惕，当发现混凝土核心温度与表面温度差大于 22℃时，测温人员应将测温数据及时上报项目技术组，由技术组会同生产、材料等部门进行协调，采取保温、苫盖、延长覆盖时间等措施保证混凝土核心温度与表面温度差不超过 25℃。

⑧ 夏季施工应采取对砂石等原材料覆盖、冰水拌制混凝土等技术措施控制混凝土入模温度低于 28℃，以降低混凝土构件核心温度。

⑨ 严冬施工可不掺防冻剂，但应适当增加混凝土输送泵数量，防止混凝土流架、留槎受冻。

七、现浇混凝土空心楼盖施工

1. 施工示意图和现场照片

示意图和现场照片如图 5-75 和图 5-76 所示。

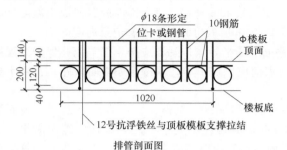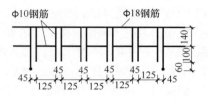

图 5-75　空心楼盖所用周转性卡具制作示意图

图 5-76　现浇混凝土空心楼盖施工现场

2. 注意事项

① 薄壁管进场经检验合格后，应按规格型号分类堆放，堆放场地应坚实平整，水平堆放时堆放层数不应超过十二层，且高度不超过 2m，两侧应做临时固定，防止坍塌造成薄壁管损坏。堆放地点应选在距汽车或建筑机械通过道路稍远的地方，以免撞坏壁管。

② 在内模安装和混凝土浇筑前，应铺设架空马道，严禁将施工机具直接放置在内模上。施工操作人员不得直接踩踏内模。

③ 水平、垂直运输及安装时避免芯管相互碰撞或外来物冲击。垂直吊装时应按芯管规格制作刚度足够的吊筐。不可用绳索直接捆绑吊运。

3. 施工做法详解

施工工艺流程

支楼板底模→弹线→绑扎板底钢筋和安装电气管线→绑扎内模管肋筋→放置内模管→绑扎板上层钢筋→安装定位卡固定内模管→用铁丝将定位卡与模板拉固→隐蔽工程验收→浇捣混凝土→取出定位卡→混凝土养护、顶板拆模。

（1）**支楼板底模**　支设楼板底模，操作工艺见普通现浇钢筋混凝土楼盖顶板模板安装工艺标准。

（2）**弹线（钢筋线及肋筋位置）**　在顶板模板上弹出板底钢筋位置线和管缝间肋筋位置线。

（3）**绑扎板底钢筋和安装电气管线（盒）**

① 绑扎板底钢筋：按照弹线的位置顺序绑扎板底钢筋，操作工艺见顶板钢筋绑扎工艺标准。

② 安装电气管线（盒）：线盒安装操作工艺见安装工艺标准。铺设电气管线（盒）时，尽量设置在内模管顺向和横向管肋处，预埋线盒与内模管无法错开时，可将内模管断开或用短管让出线盒位置，内模管断口处应用聚苯板填塞后用胶带封口，并用细铁丝绑牢，防止混凝土流

入管腔内。

（4）**绑扎内模管肋筋**　按设计要求绑扎肋间网片钢筋。绑扎时分纵横向顺序进行绑扎，并每隔 2m 左右绑几道钢筋对其位置进行临时固定。

（5）**放置内模管**

① 按设计要求的铺管方向和细化的排管图摆放薄壁内模芯管，管与管之间，管端与管端之间均不应小于设计的肋宽，并且要求每排管应对正、顺直。与梁边或墙边内皮应保持不小于 50mm 净距。

② 对于柱支承板楼盖结构须严格按照图纸大样设计或有关标准施工。

③ 内模芯管摆放时应从楼层一端开始，顺序进行。注意轻拿轻放，有损坏时，应及时进行更换。初步摆放好的内模管位置应基本正确，以便于过后调整。

（6）**绑扎板上层钢筋**

① 内模芯管放置完毕，应对其位置进行初步调整并经检查没有破损后，方能绑扎上层钢筋，其操作工艺见普通钢筋混凝土顶板钢筋绑扎工艺标准。

② 绑扎上层钢筋时，要注意楼板支座负筋的长度，施工前应根据排管图适当调整支座负筋的长度，以确保负筋的拐尺正好在内模管管肋处。

（7）**安装定位卡固定内模管**　上层钢筋绑扎完成后，可进行定位卡的安装。卡具设置应从一头开始，顺序进行，两人一组，一手扶住卡具，一手拨动空心管，将卡具放入管缝间，注意卡具插入时不要刺破薄壁管。卡具放置完毕后，拉小线从楼板一侧开始调整薄壁管的位置，应做到横平竖直，管缝间距正确。

（8）**用铁丝将定位卡与模板拉固**　卡具安装完成后，应及时对其进行固定，用手电钻在顶板模板上钻孔，用铁丝将卡具与模板下面的龙骨绑牢固定，使管顶的上表面标高符合设计要求，每平米至少设一个拉结点。

（9）**隐蔽工程验收**　对顶板的钢筋安装和内模管安装进行隐蔽工程验收，合格后进行楼板混凝土浇筑。

（10）**浇捣混凝土**

① 内模管吸水性强，浇筑前应浇水充分湿润芯管，使芯管始终保持湿润，确保芯管不会吸收混凝土中的水分，造成混凝土强度降低或失水、漏振。

② 空心楼板采用混凝土的粒径宜小不宜大，根据管间净距可选择 5～12mm 或 10～20mm 碎石。

③ 混凝土应采用泵送混凝土，一次浇筑成型。混凝土坍落度不宜小于 160mm，根据天气情况可适当加大混凝土坍落度，最好掺加一定数量的减水剂，使其具有较好流动性，以避免芯管管底出现蜂窝、孔洞等。

④ 混凝土应顺芯管方向浇筑，并应做到集中浇筑，按梁板跨度一间一间顺序浇筑，一次成型，不宜普遍铺开浇筑，施工间隙的预留时间不宜过长。

⑤ 振捣混凝土时宜采用 ϕ30mm 小直径插入式振捣器，也可根据芯管的大小采用平板振捣器配合仔细振捣。必须保证底层不漏振。对管间净距较小的，可在振捣棒端部加焊短筋，插入板底振捣，振捣时不能直接振捣薄壁管管壁，且振幅不要过大，严禁集中一点长时间振捣，否则会振破薄壁管。

⑥ 振捣时应顺筒方向顺序振捣，振捣间距不宜大于 300mm。

⑦ 空心楼板振捣时比实心板慢，因此铺灰不能太快，以便于振捣能跟上。

（11）**取出定位卡**　在浇筑混凝土时，待混凝土振捣完成并初步找平后，用钳子剪断拉结铁丝，将卡具取出运走。抽取卡具的时间不能太早，也不能太迟，必须在混凝土初凝之前拔出，并应及时将取走卡具后留下的孔洞抹压密实，当采用粗钢筋制作卡具时，留下的孔洞应用高强度砂浆填实。定位卡取出后应及时清理干净，以备重复使用。

（12）混凝土养护、顶板拆模 混凝土养护、拆模控制方法同实心楼板。

4. 施工总结

① 周转性卡具在使用后有许多残留的灰浆，每次使用后应及时清理干净，以便于下次使用时不会造成灰浆混杂在新浇筑混凝土中，影响混凝土质量。

② 施工中筒芯需要接长时，可将筒芯直接对接；对需要截断的筒芯应采取有效的封堵措施。薄壁管是薄壁结构，安装时尽量避免踏管或用钢筋击打、撬动。浇筑混凝土前将薄壁管被碰破的地方用胶带粘好，防止混凝土流入管腔中，以保证楼板的空心率以及管间混凝土的密实度。

③ 在空心管的安装过程中会产生粉末，应及时清理，以免被风吹起污染环境，严重时会造成顶板下表面拆模后起皮，观感质量不好。

④ 混凝土浇筑过程中应时刻复查顶板标高，以防止空心管抗浮措施不到位，造成空心管上浮，顶板标高上升，楼板上层钢筋保护层不够。

⑤ 混凝土浇筑过程中，应防止空心管顺向移位，造成管两端净距减小，降低楼板整体强度。

⑥ 施工中应特别注意加强对楼板下层钢筋保护层厚度的控制，应采取加密保护层垫块的办法，确保板底保护层厚度准确。

⑦ 施工中应注意对空心管的抗浮固定，保证空心管不会上浮与上层钢筋接触，以确保楼板上层钢筋上下保护层厚度足够，保证楼板强度不受影响。

八、型钢混凝土浇筑施工

1. 施工示意图和现场照片

型钢混凝土浇筑施工示意图和现场照片如图 5-77 和图 5-78 所示。

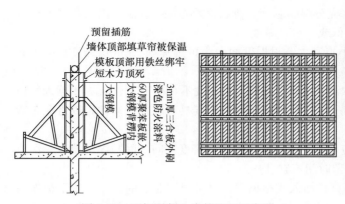

图 5-77　型钢混凝土浇筑施工示意图

图 5-78　型钢混凝土浇筑施工现场

2. 注意事项

① 为保护劲性结构、钢筋、模板尺寸位置准确，不得踩踏钢筋，并不得碰撞临时固定设施、模板和钢筋，浇筑混凝土时搭设马道或跳板。

② 固定牢并保护好穿墙管、电线管、电门盒及预埋件等，振捣时勿挤偏或使预埋件挤入混凝土内。

③ 已浇筑的楼板、楼梯踏步的上表面混凝土要加以保护，必须在混凝土强度达到 1.2MPa 以后，方准在面上进行操作。需安装结构用的支架和模板时，应采取加垫板、垫木等保护性措施。

3. 施工做法详解

施工工艺流程

作业准备→混凝土搅拌、运输→混凝土浇筑与振捣→养护。

（1）作业准备

① 浇筑前应将模板内的杂物及钢筋上的油污清除干净，并检查钢筋的垫块是否垫好。如使用木模板，应浇水使模板湿润。柱子模板的扫除口应在清除杂物及积水后再封闭。施工缝部位应按设计要求和施工方案进行处理。

② 夏季为防止混凝土核心温度过高，混凝土浇筑宜在上午进行或浇筑前采取自来水冲洗劲钢结构降温措施。

（2）混凝土搅拌、运输

① 按照与预拌混凝土搅拌站签订的技术合同，混凝土进场时进行验收。

② 混凝土运输供应保持运输均衡，夏季或运距较远可适当掺入缓凝剂。考虑运输时间和浇筑时间，确定混凝土初凝时间，并做效果试验。

③ 泵送混凝土时必须保证混凝土泵连续工作。

a. 当输送管被堵塞时，重复进行反泵和正泵，逐步吸出混凝土至料斗中，重新搅拌后泵送。或用木槌敲击等方法，查明堵塞部位，将混凝土击松后，重复进行反泵和正泵，排除堵塞。上述两种方法无效时，在混凝土卸压后，拆除堵塞部位的输送管，排出混凝土堵塞物后，方可接管。重新泵送前，先排除管内空气后，方可拧紧接头。

b. 在混凝土泵送过程中，有计划中断时，在预先确定的中断浇筑部位，停止泵送，中断时间不宜超过 1h。

c. 当混凝土泵送出现非堵塞性中断时，混凝土泵车卸料清洗后重新泵送，或利用臂架将混凝土泵入料斗，进行慢速间歇循环泵送，有配管输送混凝土时，进行慢速间歇泵送。固定式混凝土泵，可利用混凝土搅拌运输车内的料，进行慢速间歇泵送，或利用料斗内的料，进行间歇反泵和正泵。慢速间歇泵送时，每隔 4～5min 进行四个行程的正、反泵。

使用自密实混凝土时，应考虑混凝土的初凝和终凝时间，与预拌混凝土厂根据现场实际情况来确定混凝土配合比。

（3）混凝土浇筑与振捣

① 柱的混凝土浇筑。

扫码看视频

混凝土浇筑及振捣

a. 柱浇筑前底部应先填以 50～100mm 厚与混凝土配合比相同的减石子砂浆，柱混凝土应分层振捣，使用插入式振捣器时每层厚度不大于 500mm。除上表面振捣外，下面要有人随时敲打模板。若型钢结构尺寸比较大，柱根部的混凝土与原混凝土接触面较小时，也可事先将柱根浸湿，将开始浇筑时的混凝土坍落度加大 20mm。柱子高度超过 6m 时，应分段浇筑或模板中间预开洞口（门子板）下料，防止混凝土自由倾落高度过高。

b. 柱、墙与梁、板宜分次浇筑，浇筑高度大于 2m 时，建议采用串筒、溜管下料，出料管口至浇筑层的自由倾落高度不应大于 1.5m。柱与梁、板同时施工时，柱高在 3m 之内，可在柱顶直接下灰浇筑，超过 3m 时，应采取措施（用串桶）或在模板侧面开门子洞安装斜溜槽分段浇筑。每段高度不得超过 2m，每段混凝土浇筑后将门子洞模板封闭严实，与柱箍箍牢。柱和墙浇筑完毕后停歇 1～1.5h，待竖向结构混凝土充分沉实后，再继续浇筑梁与板。

c. 柱子混凝土宜一次浇筑完毕，若型钢组合结构安装工艺要求施工缝隙留置在非正常部位，应征得设计单位同意。

d. 采用自密实混凝土浇筑时，应采用小直径振捣棒进行短时间的振捣，时间应控制在普通振捣的 1/5～1/3。

e. 浇筑完后，应随时将落在型钢结构上的混凝土清理干净。

② 梁混凝土浇筑。

a. 梁浇筑时，应先浇筑型钢梁底部，再浇筑型钢梁、柱交接部位，然后再浇筑型钢梁的内部。

b. 梁浇筑普通混凝土时候，应从一侧开始浇筑，用振捣棒从该侧进行赶浆，在另一侧设置一振捣棒，同时进行振捣，同时观察型钢梁底是否灌满。若有条件，应将振捣棒斜插到型钢梁底部进行振捣。

c. 梁柱节点钢筋较密时，浇筑此处混凝土宜用小粒径石子同强度等级的混凝土浇筑，并用小直径振捣棒振捣。

d. 若型钢梁底部空间较小、钢筋密度过大或型钢梁、柱接头连接复杂，普通混凝土无法满足要求的时候，可采用自密实混凝土进行浇筑。浇筑自密实混凝土梁时应采用小振捣棒进行微振，切忌过振。

e. 施工缝位置。宜沿次梁方向浇筑楼板，施工缝应留置在次梁跨度的中间 1/3 范围内。施工缝的表面应与梁轴线或板面垂直，不得留斜槎。施工缝宜用木板或钢丝网挡牢。

f. 施工缝处须待已浇筑混凝土的抗压强度不小于 1.2MPa 时，才允许继续浇筑。在继续浇筑混凝土前，施工缝混凝土表面应凿毛，剔除浮动石子，并在用水冲洗干净后，先浇一层水泥浆，然后继续浇筑混凝土，应细致操作振实，使新旧混凝土紧密结合。

③ 型钢组合剪力墙混凝土浇筑。

a. 剪力墙浇筑混凝土前，先在底部均匀浇筑 50mm 厚与墙体混凝土成分相同的水泥砂浆，并用铁锹入模，不应用料斗直接灌入模内。

b. 浇筑墙体混凝土应连续进行，间隔时间不应超过 2h，每层浇筑厚度控制在 600mm 左右，因此必须预先安排好混凝土下料点位置和振捣器操作人员数量。

c. 振捣棒移动间距应小于 500mm，每一振点的延续时间以表面呈现浮浆为度，为使上下层混凝土结合成整体，振捣器应插入下层混凝土 50mm。振捣时注意钢筋密集及洞口部位，为防止出现漏振。须在洞口两侧同时振捣，下灰高度也要大体一致。大洞口的洞底模板应开口，并在此处浇筑振捣。

d. 混凝土墙体浇筑完毕之后，将上口甩出的钢筋加以整理，用木抹子按标高线将墙上表面混凝土找平。

(4) 养护　做好混凝土的早期养护，防止出现混凝土失水，影响其强度增长。混凝土浇筑完毕后，应在 12h 以内加以覆盖和浇水，浇水次数应能保持混凝土有足够的润湿状态，养护期一般不少于 7 昼夜。

4. 施工总结

① 保证钢筋和型钢结构的位置关系和连接可靠，与设计图纸相符并做好隐蔽验收记录。

② 在梁柱节点部位由于梁纵筋需穿越型钢柱，施工中宜采用钢筋机械连接技术，便于操作。

③ 由于柱、梁中型钢柱影响，当模板无法采用对拉螺栓时，模板外侧应采用柱箍、梁箍，间距经计算确定，柱身四周下部加斜向顶撑，防止柱身涨模及侧移。柱子根部留置清扫口，混凝土浇筑前清除残余垃圾。

④ 在梁柱接头处和梁型钢翼缘下部等混凝土不易充分填满处，要仔细浇捣，采取设置门子板、适当加大保护层厚度等措施。

⑤ 型钢结构采用的混凝土强度等级较高或混凝土流动性大，容易产生混凝土裂缝，因此应高度重视混凝土养护工作。

九、混凝土垫层一次压光施工

1. 施工现场照片

混凝土垫层一次压光施工现场照片如图 5-79 所示。

2. 注意事项

① 不得在已经做好的垫层上搅拌砂浆杂物。

② 垫层在养护期间不得上人，其他工种不得进入操作，在防水卷材层施工完毕及防水保护层施工完成前都要加强对垫层的保护。

图 5-79　混凝土垫层压光施工现场

3. 施工做法详解

施工工艺流程

基层清理→混凝土的运输→混凝土浇筑、振捣、找平→压光→混凝土养护→施工缝的处理。

（1）**基层清理**　浇筑前将地基表面的积水和杂物清除干净，基层表面平整度应符合要求，同时应对地基表面及模板浇水湿润。

（2）**混凝土的运输**　混凝土运输供应应保持运输均衡，夏季或运距较远可适当掺入缓凝剂。考虑运输时间和浇筑时间，确定混凝土初凝时间。

（3）**混凝土浇筑、振捣、找平**

① 打垫层前在地基土表面间隔不超过 8m 钉钢筋头，用油漆在钢筋上标注垫层上皮控制高度。

② 先打集水坑或电梯井的坑底，坡壁宜分次找形、浇筑，边坡用木抹子拍实，尺寸、位置应准确。

③ 混凝土浇筑时，不留或少留施工缝，浇筑时应从一端开始，混凝土浇筑应连续，间歇时间不得超过 2h。每次开盘浇筑不宜超过大，应根据抹灰工配备情况确定浇筑工作量。

④ 浇筑混凝土随浇随用长杠刮平，混凝土虚铺厚度应略高于标高，紧接着用长带型板式振捣器振捣密实，或用 30kg 重的铁滚筒纵横交错来回滚压 3～5 遍，表面塌陷处应用混凝土补平，再用长杠刮平一次，然后用木抹子搓平，直到表面出浆为止。

当厚度超过 200mm 时，应采用插入式振捣器，振捣持续时间应使混凝土表面全部泛浆、无气泡、不下沉为止。

⑤ 混凝土浇筑时严格按施工方案规定的顺序浇筑。混凝土由高处自由倾落不应大于 2m，如高度超过 2m，要采用串桶、溜槽下落。

（4）**压光**

① 采用机械抹灰用电动抹子压光：垫层混凝土浇筑后初凝前会有水泌出，对泌出的水用海绵吸走，但仍要保持面层湿润。当工人在浇筑的混凝土上行走，混凝土塌陷深度为 20～30mm 时，使用电抹子进行操作，但须将抹片换成"提浆盘"。使用"提浆盘"在湿润的混凝土上移

动，可提出水泥原浆，为 20~25mm 厚。混凝土接近初凝时将"提浆盘"换成抹片，进行反复抹压，直至混凝土表面光泽明亮。本次打抹后混凝土表面已接近平整，但仍可能有未达到预定平整度的区域（有明显的抹片痕迹），此时，可用水平光束检查。在混凝土终凝前（即人站在地面上稍有脚印但混凝土不再塌陷时），再次进行打抹，消除抹片留下的痕迹。对柱、墙边角等电抹子打磨不到的部位，用大号铁抹子人工反复抹平压光。

② 采用人工用铁抹子压光：撒水泥砂子干拌砂浆，砂子先过 3mm 筛子后，用铁锹搅拌水泥、砂干拌料（水泥∶砂子＝1∶1）或用 DPE10 干拌砂浆均匀地撒在搓平后的垫层混凝土面层上，待灰面吸水后用长木杠刮平，随即用木抹子搓平。然后用铁抹子轻轻抹压面层进行第一遍抹压，同时把脚印压平。当面层开始凝结，垫层混凝土面层上有脚印但不下陷时，用铁抹子进行第二遍抹压，尽量不留波纹，此时注意不应漏压，并将表面上的凹坑、砂眼和脚印压平。当垫层面层上人稍有脚印，而抹压不出现抹子纹时，用铁抹子进行第三遍抹压，此时抹压要用力稍大，将抹子纹抹平压光，压光的时间应控制在终凝前完成。

（5）**混凝土养护**　混凝土浇筑完成后 12h 以内应立即进行养护，要保持混凝土表面湿润，要防止过早上人踩坏混凝土表面，湿养护时间不得小于 2d。

（6）**施工缝的处理**　施工缝在浇筑混凝土前，应用云石机切割表面、取直，将混凝土软弱层全部清除，冲洗干净露出的石子，在施工缝处宜涂刷一道水灰比为 0.4~0.5 的素水泥浆，或涂刷混凝土界面剂并及时浇筑混凝土。

4. 施工总结

① 混凝土不密实：现场拌制混凝土水泥用量小、坍落度过小或基底太干燥，会造成不密实。

② 表面不平、标高不准：水平线或水平桩不准，标高点间距过大，操作时要及时认真拉线并用大杠找平。

③ 垫层表面起砂：水泥强度等级不够或使用过期水泥，水灰比太大，抹压遍数不够，养护不好或不及时。施工要严格执行工艺标准，加强养护。

④ 空鼓开裂：砂子过细，接触面基层清理不干净，撒灰面不均匀抹压不实。

⑤ 垫层表面不平或漏压：施工时要加强责任心，认真操作。

⑥ 面层振捣或滚压出浆后，应注意不得在其上直接撒干水泥面，应撒少量水泥、砂子干拌料刮平，反复抹压，以免造成面层起皮和裂纹。

⑦ 为了防止面层出现空鼓开裂，施工中应注意使用的砂子不能过细，浇筑混凝土间隔时间不能过长，抹压必须密实，不得漏压，并掌握好时间，养护应及时等。

第 六 章

屋面工程

第一节 ▶ 屋面找平层施工

一、排气道的要求和做法

1. 施工示意图和现场照片

排气道做法示意图和施工现场照片如图 6-1 和图 6-2 所示。

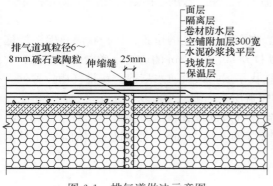

图 6-1　排气道做法示意图

图 6-2　排气道施工现场

2. 注意事项

① 排气道应留设在预制板支撑边的拼缝处，其纵横向的最大间距为 6m，宽度不宜大于 80mm。

② 屋面每 $36m^2$ 宜设置一个排气孔，排气道应与排气孔相互沟通，并与大气相通，不得堵塞，排气孔应做防腐处理。

③ 找平层分隔缝的位置应与保温层及排气道位置一致，以便兼作排气道。

3. 施工做法详解

施工工艺流程 ▷▷▷▷▷

基层处理→定位弹线→排气道施工→排气孔施工→面层施工。

（1）**基层处理**　屋面结构找平层表面的杂物、垃圾应清理干净。

（2）**定位弹线**　按设计要求及排气道、排气孔设置数量，弹线分格定位。

（3）**排气道施工**　当采用水泥膨胀蛭石及水泥膨胀珍珠岩作屋面保温层或屋面保温层和找

平层干燥有困难时，应做排气屋面。排气屋面可通过在保温层中设置排气通道实现，其施工要点如下。

① 排气道应纵横设置，排气道间距应按设计要求和面层材料种类的实际情况而定。同时必须考虑排气道整齐美观的要求。

② 排气道应纵横贯通，不得堵塞，并同与大气连通的排气孔相通。

③ 找平层设置的分隔缝可兼作排气道，铺粘卷材时宜采用条粘法或点粘法。

④ 在保温层中预留槽做排气道时，其宽度一般在 30～40mm；在保温层中埋设打孔细管（塑料管或镀锌钢管）作排气道时，管径宜为 $\phi25$，管子四周间距 30mm 打上小孔，排气道应与找平层分隔缝相重合。

(4) 排气孔施工

① 排气出口应埋设排气管，排气管应设置在结构层上，穿过保温层的管壁应设排气孔，作为通气沟的管端头应插入排气管底部与其相连，下端应与屋面结构紧密焊接或连接，上端高出屋面面层≥250mm，排气孔高度与排气帽方向应保持整齐一致。

② 为避免排气孔与找平层接触发生渗漏，其伸出屋面管子四周的找平层应做成圆锥台，管子与找平层之间应留凹槽，并填嵌密实材料，防水层收头处应用金属箍箍紧，并用密封材料封严。

(5) 面层施工

① 排气屋面防水层施工前，应检查排气道是否被堵塞，并加以清扫。然后宜在排气道上粘贴一层隔离纸或塑料薄膜，宽约 200mm，对中排气道贴好，完成后才可铺贴防水卷材（或刷防水涂料）。防水层施工时不得刺破隔离纸，以免胶黏剂（或涂料）流入排气道，造成堵塞、排气不畅。

② 当下道工序或相邻工程施工时，对排气屋面工程已完成部分应采取保护措施，防止损坏。

4. 施工总结

① 有保温层的做法：先确定排气道的位置、走向及出气孔的位置；在板状隔热保温层施工时，当粘铺板块时，应在已确定的排气道位置处拉开 80～140mm 的通缝，缝内用大粒径、大孔洞炉渣填平，中间留设 12～15mm 的通缝，再抹找平层；铺设防水层前，在排气槽位置处，找平层上部附加宽度为 300mm 的单边点粘的卷材覆盖层。

② 有找平层、无保温层屋面的做法：先确定排气道的位置、走向及出气孔的位置；分隔缝做排气道的间距以 4～5m 为宜，不宜大于 6m，缝宽度 12～15mm；铺设防水层前，缝上部附加宽度为 250mm 的单边点粘的卷材覆盖层。

二、屋面找平层分隔缝留置

1. 施工示意图和现场照片

屋面找平层分隔缝留置示意图和现场照片如图 6-3 和图 6-4 所示。

2. 注意事项

屋面找平层宜留置分隔缝，对于大面积的找平层、装配式钢筋混凝土板和加气混凝土板材轻型屋面的找平层宜留置分隔缝，缝宽宜为 20mm，待基层充分干燥后，缝槽内嵌填密封材料。

3. 施工做法详解

施工工艺流程 ⟫⟫⟫ ....

参数的确定→分隔缝施工。

分隔缝的宽度一般为 20mm；水泥砂浆或稀释混凝土找平层纵横分隔缝的最大间距不超过6m，分隔缝内应填嵌沥青砂等弹性密封材料；基层应坡度正确、平整光洁，平整度偏差不大于5mm，无空鼓裂缝；防水找平层、防水保护层、面层的分隔缝位置上下相对应，面层分隔缝预留位置应满足验收规范要求。

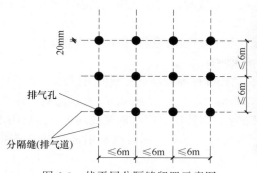

图 6-3　找平层分隔缝留置示意图　　　　　图 6-4　找平层分隔缝留置施工现场

4. 施工总结

① 找平层设置分隔缝的方法：在铺抹找平层时，格局确定的分格距离、分格的部位、分隔缝的宽度、分隔缝的深度，采用大小合适的木条按规定置于屋面板各部位后，再铺抹砂浆，待找平层已充分养护好能上人时，起掉木方，打通各路分隔缝通道即可。

② 对于有保温层的屋面，保温层和找平层干燥有困难时，宜采用排气屋面。找平层设置分隔缝兼作排气道，缝宽可调宽至 40mm，以利于排出潮气。保温层通过排气道上的设置孔与大气连通，排气道之间要纵横贯通，不得堵塞，间距宜为 6m。排气孔以不大于 36m² 设置一个为宜，待基层充分干燥（将 1m² 大小的卷材平铺于找平层上，静置 3～4h 后掀起观察，在找平层的覆盖部位及卷材底面未见水纹或水珠）后，缝槽内嵌填密封材料。

三、水泥砂浆找平层施工

1. 现场施工照片

水泥砂浆找平层施工现场照片如图 6-5 和图 6-6 所示。

图 6-5　水泥砂浆找平层施工（一）　　　图 6-6　水泥砂浆找平层施工（二）

2. 注意事项

① 基层表面应洁净湿润，但有保温层时不洒水。

② 分隔缝应与板缝对齐，缝高同找平层高度，缝宽 20mm 左右，用小木条或金属条嵌缝。

3. 施工做法详解

施工工艺流程 >>>>>>

基层处理→找标高、弹线→洒水湿润→抹灰饼和标筋→刷水泥浆结合层→铺设找平层→抹光。

（1）基层处理

① 在铺设找平层前，应将基层表面处理干净，当找平层下有松散填充层时，应铺平振实。

② 用水泥砂浆铺设找平层，其下一层为水泥混凝土垫层时，应予湿润；当表面光滑时，尚应划毛或凿毛。

（2）找标高、弹线　根据墙上的+50cm水平线，往下量测出面层标高，并弹在墙上。

（3）洒水湿润　用喷壶等工具将地面基层均匀洒水一遍。

（4）抹灰饼和标筋　测量放线、定出变形缝、分格线和标高控制点并做出灰饼。

（5）刷水泥浆结合层　铺设时先刷一道水泥浆，其水灰比宜为0.4~0.5，并应随刷随铺。

（6）铺设找平层　涂刷水泥浆之后跟着铺水泥砂浆，在灰饼之间将砂浆铺均匀，然后用木刮杠按灰饼高度刮平。铺砂浆时如果灰饼已硬化，木刮杠刮平后，同时将利用过的灰饼敲掉，并用砂浆填平。

（7）当设计要求需要压光时，采用铁抹子压光

① 第一遍抹压：木抹子抹平后，立即用铁抹子压第一遍，直到出浆为止，把脚印压平。如果砂浆过稀表面有泌水现象，可均匀撒一遍水泥和砂（1∶1）的拌合料（砂子要过3mm筛），再用木抹子用力抹压，使干拌料与砂紧密结合为一体，吸水后用铁抹子压平。

② 第二遍抹压：当面层开始凝结，地面面层上有脚印但不下陷时，用铁抹子进行第二遍抹压，注意不得漏压，并将面层的凹坑、砂眼和脚印压平。

③ 第三遍抹压：当面层上人稍有脚印，而抹压无抹子纹时，用铁抹子进行第三遍抹压，第三遍抹压要用力稍大，将抹子纹抹平压光，压光的时间应控制在初凝前完成。

4. 施工总结

① 砂浆铺缝应按由远到近、由高到低的顺序进行，最好在分隔缝内一次连续铺成，严格掌握坡度。

② 待砂浆稍收水后，用抹子压实抹平；终凝前，轻轻取出嵌缝条。

③ 一般在气温0℃以下或终凝前要下雨时，不宜施工。否则应有一定的技术措施作为保证。

四、沥青砂浆找平层施工

1. 施工示意图和现场照片

沥青砂浆找平层施工示意图和现场照片如图6-7和图6-8所示。

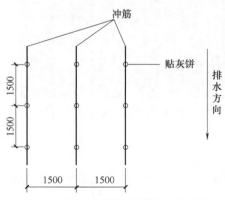

图6-7　沥青砂浆找平层施工示意图

图6-8　沥青砂浆找平层施工现场

2. 注意事项

① 倒泛水：保温层施工时须保证找坡泛水，抹找平层应检查保温层坡度泛水是否符合要求，铺抹找平层应掌握坡向及厚度。

② 抹好的找平层上，推小车运输时，应先铺脚手板车道，以防止破坏找平层表面。

③ 找平层施工完毕，未达到一定强度时不得上人踩踏。

④ 雨水口、内排雨口施工过程中，应采取临时措施封口，防止杂物进入堵塞。

3. 施工做法详解

施工工艺流程 >>>>>>

基层处理→根部封堵→抹水泥砂浆找平层→沥青砂浆找平层。

（1）**基层清理** 将结构层、保温层上表面的松散杂物清扫干净，凸出基层表面的灰渣等黏结杂物要铲平，不得影响找平层的有效厚度。

（2）**根管封堵** 大面积做找平层前，应先将出屋面的根管、变形缝、屋面暖沟墙根部处理好。

（3）**抹水泥砂浆找平层**

① 洒水湿润：抹找平层水泥砂浆前，应适当洒水湿润基层表面，主要是利于基层与找平的结合，但不可洒水过量，以免影响找平层表面的干燥，防水层施工后窝住水汽，使防水层产生空鼓。以洒水达到基层和找平层能牢固结合为宜。

② 贴点标高、冲筋：根据坡度要求，拉线找坡，一般按 1～2m 贴点标高（贴灰饼），铺抹找平砂浆时，先按流水方向以间距 1～2m 冲筋，并设置找平层分隔缝，宽度一般为 20mm，并且将缝与保温层连通，分隔缝最大间距为 6m。

③ 铺装水泥砂浆：按分格块装灰、铺平，用刮杠靠冲筋条刮平，找坡后用木抹子搓平，铁抹子压光。待浮浆沉实后，以人踏上去有脚印但不下陷为度，再用铁抹子压第二遍即可交活。找平层水泥砂浆一般配合比为 1：3，拌合稠度控制在 7cm。

④ 养护：找平层抹平、压实以后 24h 可浇水养护，一般养护期为 7d，经干燥后铺设防水层。

（4）**沥青砂浆找平层**

① 喷刷冷底子油：基层清理干净，喷涂两道均匀的冷底子油，作为沥青砂浆找平层的结合层。

② 配置沥青砂浆：先将沥青熔化脱水，预热至 120～140℃；中砂和粉料搅拌均匀，加入预热熔化的沥青搅拌，并继续加热至要求温度，但不应使升温过高，防止沥青炭化变质。

③ 铺找平、找坡饼，间距 1～1.5m。

④ 沥青砂浆铺设，按找坡、找平线拉线铺饼后，铺装沥青砂浆，用长把刮板刮平，经火辊滚压，边角处可用烙铁烫平，压实以达到表面平整、密实、无蜂窝、看不出压痕为好。

4. 施工总结

① 等冷底子油干燥后，可铺设沥青砂浆，其虚铺厚度为压实后厚度的 1.3～1.4 倍。

② 施工时沥青砂浆的温度应为：室外气温在 5℃ 以上时，拌制温度在 140～170℃，铺设温度在 90～120℃；室外气温在 5℃ 以下时，拌制温度在 160～180℃，铺设温度在 100～130℃。

③ 施工缝应留成斜槎，继续施工时，接槎处应处理干净，并刷热沥青一遍，然后铺沥青砂浆，用火滚或烙铁烫平。

④ 雨、雪天不能施工，且在 0℃ 以下施工时，应有一定的技术措施。沥青砂浆铺设后，最好及时铺设第一层卷材。

第二节 ▶ 屋面保温层施工

一、保温的基层处理

1. 施工示意图和现场照片

保温层基层施工示意图和基层处理现场照片如图 6-9 和图 6-10 所示。

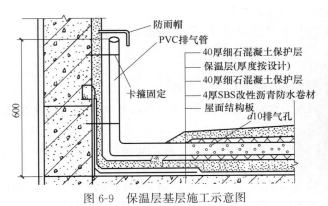

图 6-9　保温层基层施工示意图

图 6-10　保温层基层处理现场

2. 注意事项

基层表面应坚实且具有一定的强度，清洁干净，表面无浮土、砂粒等杂物，残留的砂浆块或凸起物应以铲刀铲平；伸出屋面的管道及连接件应安装牢固、接缝严密，若有铁锈、油污应用钢丝刷、砂纸、溶剂等清理干净。

3. 施工做法详解

施工工艺流程 ≫≫≫≫

确定参数→进行施工。

找平层应以水泥砂浆抹平压光，基层与凸出屋面的结构（如女儿墙、天窗、变形缝、烟囱、管道、旗杆等）相连的阳角；基层与檐口、天沟、排水口、沟脊的边缘相连的转角处应抹成光滑的圆弧形，其半径一般为 50mm。

4. 施工总结

铺设保温层前，将预埋的钢筋、架子管、吊钩、套拉绳等切割清除，残留在基层表面的痕迹要磨平，抹入砂浆层内；穿过屋面和墙体等结构层的管根部位要用细石混凝土填塞密实，将管根固定，并将基层的尘土、杂物等清理干净，保证基层干净、干燥。

二、板状保温层铺设

1. 施工示意图和现场照片

板状保温层铺设示意图和现场照片如图 6-11 和图 6-12 所示。

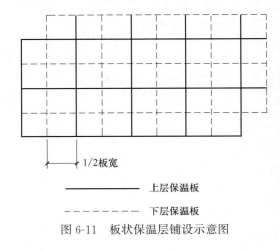

图 6-11　板状保温层铺设示意图

图 6-12　板状保温层铺设现场

2. 注意事项

① 已铺好的保温层上不得施工，应采取必要措施，保证保温层不受损坏。

② 保温层施工完成后，应及时铺抹水泥砂浆找平层，以保证保温效果。

3. 施工做法详解

施工工艺流程 >>>>>

基层处理→弹线找坡→管根固定→隔气层施工→保温层铺设。

（1）**基层清理** 现浇混凝土结构层表面，应将杂物、灰尘等清理干净。

（2）**弹线找坡** 按设计坡度及流水方向，找出屋面坡度走向，确定保温层的厚度范围。

（3）**管根固定** 穿结构的管根在保温层施工前，应用细石混凝土塞堵密实。

（4）**隔气层施工** 2~4 道工序完成后，设计有隔气层要求的屋面，应按设计做隔气层，涂刷均匀、无漏刷。

（5）**保温层铺设**

① 干铺板块状保温层：直接铺设在结构层或隔气层上，分层铺设时上下两块板块应错开，表面两块相邻的板边厚度应一致。一般在块状保温层上用松散料湿作找坡。

② 黏结铺设板块状保温层：板块状保温材料用黏结材料平粘在屋面基层上，一般聚苯板材料应用沥青胶结料粘贴。

4. 施工总结

① 保温层不良：保温材料热导率、粒径级配、含水量、铺实密度等原因；施工选用的材料是否达到技术标准，控制密度、保证保温的功能效果是否达到。

② 铺设厚度不均匀：铺设时不认真操作。应拉线找坡，铺顺平整，操作中应避免材料在屋面上堆积二次倒运，保证均质铺设。

③ 保温层边角处质量问题：边线不直，边槎不整齐，影响找坡、找平和排水。

④ 保温材料铺贴不实：影响保温、防水效果，造成找平层裂缝。应严格达到规范和验评标准的质量标准，严格验收管理。

三、倒置式保温层铺设

1. 施工示意图和现场照片

倒置式保温层铺设施工示意图和现场照片如图 6-13 和图 6-14 所示。

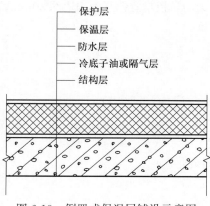

图 6-13　倒置式保温层铺设示意图

图 6-14　保温层铺设现场

2. 注意事项

① 倒置式屋面保温材料应采用吸水率小、长期浸水不腐烂的材料，找坡坡度不应小于 2%。

保温材料上应用混凝土等块材、水泥砂浆或卵石作保护层；其防水层要平整，不得有积水现象。

② 屋面施工人员必须穿软底鞋，防止刺破防水卷材和碰损保温板。

③ 吊罐、料斗等应避免冲击保温板或防水卷材。

④ 在坡屋面上施工时，应采取可靠的安全防护措施。

3. 施工做法详解

施工工艺流程 ▶▶▶▶▶

选择施工做法→进行施工。

（1）胶粘法施工 将屋面基层清扫干净，按设计配合比制水泥胶，并将水泥胶抹在防水层面及挤塑保温板上，随机将已涂抹水泥胶的保温板铺在已涂抹水泥胶的防水层面上，并用橡胶锤轻轻捶打保温板或用压辊稍用力滚压保温板，使保温板与防水层粘贴密实、平稳。保温层施工完毕应立即施工找平层砂浆，砂浆摊铺要均匀，滚压密实平整。最后按设计要求做屋面保护层。若保温板施工完毕不立即做找平层，应在保温板上做压重处理，防止保温与防水层松滑、空落。

（2）干铺法施工 干铺法一般只在平屋面保温层施工时采用。其施工工艺较胶贴法更为简单，可直接将挤塑保温板与防水层干铺连接，并只需按建筑物的屋顶风荷载要求而加以简单的压重固定，通常采用预制混凝土块或卵石，也可在挤塑保温板上直接浇筑混凝土，使之与基层成一刚性整体。

4. 施工总结

① 对胶贴法施工的挤塑保温板保温层，考虑到防水卷材搭接厚度的影响，水泥胶结层厚度应不小于 5mm。

② 用胶贴法施工挤塑保温板时，保温层施工完毕不立即施工找平层，必须在保温板上铺设压重材料，以防止保温板与基层松滑、起拱。黏结水泥胶固化前，应禁止施工人员在板上行走。

③ 当气温低于 5℃时不宜采用胶贴法施工。

④ 无论干铺法施工还是胶贴法施工，对挤塑保温板均宜按屋面形状线性试铺并裁切板材，以减少板材的浪费。

⑤ 相邻两幅板接缝应相错开半幅或 50mm 以上；若分层铺设，其上下层接缝也应相互错开。

⑥ 要求粘贴密实、平稳无滑移，拼缝严实，相邻板的板缝上下层板缝应按要求错开。对干铺法施工的板缝宜采用 50mm 宽的胶带纸封缝。

⑦ 施工挤塑保温板时一般宜铺设至女儿墙边；若遇天沟，板材宜铺至天沟边约 50mm。

⑧ 采用干铺法施工时，必须严格控制找平层的平整度。

第三节 ▶ 屋面防水层施工

一、屋面刚性防水层施工

1. 施工示意图和现场照片

刚性防水层施工示意图和现场照片如图 6-15 和图 6-16 所示。

2. 注意事项

（1）隔离层成品保护

① 隔离层施工完成后，不能随意上人践踏或码放材料物品。

② 必须通过隔离层区域的地方应铺设脚手板，避免将隔离层破坏。

③ 绑扎钢筋网片时，钢筋应轻拿轻放，不得将底下的隔离层损坏。

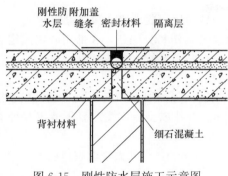

图 6-15 刚性防水层施工示意图

图 6-16 刚性防水层施工现场

(2) 钢筋网片的成品保护

① 钢筋网片成型后，应认真进行保护，不得污染钢筋或随意拖挂。

② 不能在钢筋网片上随意行走、践踏、推车或堆放物品，如必须作为运输通道时应铺设脚手板。

(3) 刚性防水层的成品保护 刚性防水层完成后，应按规定派专人进行养护，养护期不少于 7d，使混凝土表面经常保持湿润。养护期间不得随意上人踩踏、推车或堆放重物。

(4) 分隔缝的修整 分隔缝修整时，不得用锤钎剔凿。嵌填完毕的密封材料应保护，不得碰损及污染，固化前不得踩踏，可采用卷材或木板保护。

3. 施工做法详解

施工工艺流程

基层处理→做隔离层→弹线、支模板→绑扎防水层钢筋网片→浇筑细石混凝土防水层→分隔缝密封材料嵌填→细部构造施工。

(1) 基层处理、做找平层、找坡

① 基层为整体现浇钢筋混凝土板或找平层时，应为结构找坡。屋面的坡度应符合设计要求，一般为 2%～3%。

② 基层为装配式钢筋混凝土板时，板端缝应嵌填密封材料处理。

③ 基层应清理干净，表面应平整，局部缺陷应进行修补。

(2) 做隔离层

① 刚性防水屋面基层为保温层时，保温层可兼作隔离层，但保温层必须干燥。

② 隔离层可用石灰黏土砂浆、纸筋灰、麻刀灰、卷材等。

③ 石灰黏土砂浆铺设时，基层清扫干净，洒水湿润后，将石灰膏∶砂∶黏土配合比配为 1∶2.4∶3.6，铺抹厚度为 15～20mm，表面压实平整，抹光、干燥后再进行下道工序的施工。

④ 纸筋灰与麻刀灰做刚性防水层的隔离层时，纸筋灰与麻刀灰所用灰膏要彻底熟化，防止灰膏中未熟化颗粒将来发生膨胀，影响工程质量。铺设厚度 10～15mm，表面压光，待干燥后，上铺塑料布一层再绑扎钢筋浇筑细石混凝土。

⑤ 卷材做隔离层时，可在找平层上直接铺一层卷材，即可在其上浇筑细石混凝土刚性防水层。

(3) 弹分隔缝线、安装分隔缝木条、支边模板

① 弹分隔缝线。分隔缝弹线分块应按设计要求进行，如设计无明确要求，应设在屋面板的支承端，屋面转折处，防水层与凸出屋面结构的交接处，纵横分隔不应大于 6m。

② 分隔缝木条宜做成上口宽为 30mm，下口宽为 20mm，其厚度不应小于混凝土厚度的

2/3，应提前制作好并泡在水中湿润24h以上。

③ 分隔缝木条应采用水泥素灰或水泥砂浆固定于弹线位置，要求尺寸和位置准确。

④ 为便于拆除，分隔条也可采用聚苯板或定型聚氯乙烯塑料分隔条，底部用砂浆固定于弹线位置。

（4）绑扎防水层钢筋网片

① 把隔离层清扫干净，弹出分隔缝墨线，将钢筋满铺在隔离层上，钢筋网片必须置于细石混凝土中部偏上的位置，但保护层厚度不应小于10mm。绑扎成型后，按照分隔缝墨线处剪开并弯钩。

② 采用绑扎接头时应有弯钩，其搭接长度不得小于250mm。绑扎火烧丝收口应向下弯，不得露出防水层表面。

③ 混凝土浇筑时，应有专人负责钢筋的成品保护，根据混凝土的浇筑速度进行修整，确保混凝土中的钢筋网片符合要求。

（5）浇筑细石混凝土防水层

① 细石混凝土浇筑前，应将隔离层表面杂物清除干净，钢筋网片和分隔缝木条放置好并固定牢固。

② 浇筑混凝土按块进行，一个分隔板块范围内的混凝土必须一次浇捣完成，不得留置施工缝。浇筑时先远后近，先高后低，先用平板锹和木杠基本找平，再用平板振捣器进行振捣，用木杠二次刮平。

③ 用木抹子或电动抹平机基本压平，收出水光，有一定强度后，用铁抹子或电动抹光机进行二次抹光，并修补表面缺棱掉角等缺陷。

④ 终凝前进行三次人工收光，取出分隔条，再次修补缺棱掉角等缺陷，表面的平整度及光洁度在2m范围内不大于5mm。

⑤ 细石混凝土终凝并有一定强度（12～24h）以后进行养护，养护时间不少于7d。养护方法可采用淋水湿润，也可采用喷涂养护剂、覆盖塑料薄膜或锯末等方法，必须保证细石混凝土处于充分的湿润状态。养护初期屋面不允许上人。

⑥ 细石混凝土养护期过后，将分隔缝中杂物清理干净，干燥后用密封材料嵌填密实。

（6）分格缝密封材料嵌填

① 嵌填密封材料前，基层应干净、干燥，表面平整、密实，不得有蜂窝麻面、起皮起砂现象。

② 基层处理剂应配比准确，搅拌均匀，采用多组分基层处理剂时，应根据有效时间确定使用量。

③ 基层处理剂涂刷应均匀，不得漏涂，待基层处理剂表干后，应立即嵌填密封材料。

④ 采用热灌法施工时，应由下向上进行，纵横交叉处沿平行于屋脊的板缝宜先浇灌，同时在纵横交叉处沿平行于屋脊的两侧板缝各延伸浇灌150mm，并留成斜槎。

⑤ 当采用冷嵌法施工时，应先将少量密封材料批刮在缝槽两侧，再分次将密封材料填嵌在缝内，应用力压嵌密实，并与缝壁黏结牢固。嵌填时，密封材料与缝壁不得留有空隙，并防止裹入空气。接头应采用斜槎。

⑥ 当采用合成高分子密封材料嵌缝时，单组分密封材料可直接使用。多组分密封材料应根据规定的比例准确计量，搅拌均匀，其拌合量、拌合时间和拌合温度应按该材料要求严格控制。

⑦ 高分子密封材料嵌缝方法可用挤出枪和腻子刀进行，嵌缝应饱满，由底部逐渐充满整个缝槽，缝槽不得有气泡和孔洞发生。

⑧ 一次嵌填或分次嵌填应根据密封材料的性质确定。

（7）细部构造

① 刚性防水层与屋面女儿墙、出屋面的结构外墙、设备基础、管道等所有凸出屋面的结构交接处均应断开，留出 30mm 宽的缝隙，并用密封材料嵌填，泛水处应加设卷材或涂膜附加层，收头处应固定密封。

② 水落口防水构造宜采用铸铁和 PVC 制品。水落口埋设标高应考虑该处防水设防时增加的附加层和柔性密封层的厚度及排水坡度加大时的尺寸。

③ 反梁过水孔可采用防水涂料、密封材料防水，两端周围与混凝土接触处应留设凹槽，用密封材料封闭严密。

4. 施工总结

① 混凝土必须振捣密实，不得漏振，养护期内不能随意上人踩踏，更不能堆放材料器具。

② 拼装式屋面板缝应清理干净，吊模后洒水湿润，然后浇筑膨胀细石混凝土，并捣固密实。

③ 分隔缝的嵌填应认真地进行检查，柔性防水部分与刚性防水部分相接处必须确保工程质量。

二、高聚物改性沥青防水卷材屋面防水层施工

1. 施工示意图和现场照片

卷材铺贴方向示意图和现场照片如图 6-17 和图 6-18 所示。

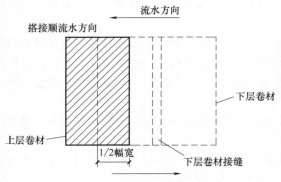

图 6-17 卷材铺贴方向示意图

图 6-18 卷材铺贴现场

2. 注意事项

① 已铺贴好的卷材防水层，应及时采取保护措施，不得损坏，以免造成隐患。

② 穿过屋面的管根，不得损伤变位。

③ 变形缝、水落口等处施工中临时堵塞的废纸、麻绳、塑料布等，完工后应及时清理干净，以保持排水畅通。

④ 防水层施工完成后，应及时做好保护层。

⑤ 施工时不得污染墙面等部位。

3. 施工做法详解

施工工艺流程

清理基层→涂刷基层处理剂→热熔铺贴卷材。

（1）清理基层 施工前将验收合格基层表面的尘土、杂物清理干净。

（2）涂刷基层处理剂 高聚物改性沥青防水卷材可选用与其配套的基层处理剂。使用前在清理好的基层表面，用长把滚刷均匀涂布于基层上，常温经过 4h 后，开始铺贴卷材。

（3）**附加层施工**　女儿墙、水落口、管根、檐口、阴阳角等细部先做附加层，一般用热熔法使用改性沥青卷材施工，必须粘贴牢固。

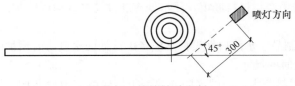

图 6-19　热熔铺贴卷材

（4）**热熔铺贴卷材**（图 6-19）　按弹好标准线的位置，在卷材的一端用火焰加热器将卷材涂盖层熔融，随即固定在基层表面，用火焰加热器对准卷材和基层表面的夹角，喷嘴距离交界处 300mm 左右，边熔融涂盖层边跟随熔融范围缓慢地滚铺改性沥青卷材，卷材下面的空气应排尽，并辊压黏结牢固，不得空鼓；卷材的搭接应符合《屋面工程技术规范》（GB 50345—2012）的规定。接缝处要用热风焊枪沿缝焊接牢固，或采用焊枪、喷灯的火焰熔焊粘牢，边缘部位必须溢出热熔的改性沥青胶。随即刮封接口，防止出现张嘴和翘边。

（5）**卷材铺贴方向应符合的规定**

① 屋面坡度小于 3% 时，卷材宜平行屋脊铺贴。

② 屋面坡度在 3% 以上或屋面受震动时，卷材可平行或垂直屋脊铺贴。

③ 上下层卷材不得相互垂直铺贴。

④ 热熔铺贴卷材时，焊枪或喷灯嘴应处在成卷卷材与基层夹角中心线上，距粘贴面 300mm 左右处。

⑤ 如采用双层铺贴防水层，第二层铺贴的卷材，必须与第一层卷材错开 1/2 幅宽，其操作方法与第一层方法相同。

⑥ 搭接缝。接缝熔焊黏结后再用火焰及抹子在接缝边缘上均匀地加热抹压一遍，然后用防水涂料进行涂刷封边处理。面部分卷材铺完经蓄水试验验收合格后，应按设计要求，做好保护层。不上人屋面一般直接铺贴背面带片石或石渣的防水卷材，或在防水层表面涂刷银色反光涂料。

⑦ 卷材末端收头：在卷材铺贴完后，应采用橡胶沥青胶黏剂或专用密封材料将末端黏结封严，防止张嘴翘边，造成渗漏隐患。

⑧ 屋面防水层完工后，应做蓄水或淋水试验。有女儿墙的平屋面做蓄水试验，蓄水 24h 无渗漏为合格。坡屋面可做淋水试验，一般淋水 24h 无渗漏为合格。

（6）**屋面防水保护层**　屋面防水保护层分为着色剂涂料、地砖铺贴、浇筑细石混凝土或用带有矿物粒（片）料、细砂等保护层的卷材。

① 着色剂涂刷：此种做法适用于非上人屋面。首先将防水层表面清擦干净，并保证表面干燥，均匀涂刷粘接剂，将用水冲洗过且晒干后的矿物片均匀撒在防水层表面，并进行适当压实，待矿物片清扫干净，有露出防水层处进行补粘。要求施工完毕后，保护层表面黏结牢固，厚度均匀一致，无透底、漏粘。

② 地砖铺贴：此种做法适用于上人屋面。在防水层表面设隔离层后，再铺摊水泥砂浆进行地砖铺贴，铺贴过程中应注意屋面的排水坡向及坡度，水落口处不得积水；也可采用干砂卧砖铺贴地砖其效果较好。

③ 在卷材防水层上铺设隔离层后，可浇筑细石混凝土保护层，并留设分隔缝，其纵横间距不宜大于 6m。

④ 防水保护层施工过程中，应加强对防水层的成品保护工作。

4. 施工总结

① 屋面不平整：找平层不平顺，造成积水，找平层施工时应拉线找坡。做到坡度符合要

求，平整无积水。

② 空鼓：卷材防水层空鼓，发生在找平层与卷材之间，且多在卷材的接缝处，其原因是找平层的含水率过大，空气排除不彻底，卷材没有粘贴牢固。施工中应控制基层含水率，并应把住各道工序的操作关。

③ 渗漏：渗水、漏水发生在穿过屋面管根、水落口、伸缩缝和卷材搭接处等部位。伸缩缝未断开，产生防水层撕裂；其他部位由于粘贴不牢、卷材松动或衬垫材料不严、有空隙等；接槎处漏水原因是甩出的卷材未保护好，出现损伤和撕裂或基层清理不干净、卷材搭接长度不够等问题。施工中应加强检查，严格执行工艺规程并认真操作。

④ 屋面防水施工中应严格按照《建设工程施工安全技术操作规程》中的有关规定做好安全防护，避免发生安全事故。

⑤ 屋面防水施工中用于溶解基层处理剂的有机溶剂属易燃品，应有专人妥善保管，特别是有机溶剂，应采取有效措施防止中毒并应做好施工现场各工种间的协调及消防安全工作。

三、合成高分子防水卷材屋面防水层施工

1. 施工示意图和现场照片

合成高分子防水卷材搭接示意图和施工现场照片如图 6-20 和图 6-21 所示。

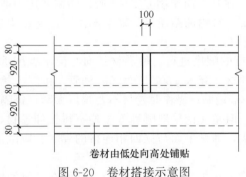

图 6-20 卷材搭接示意图

卷材由低处向高处铺贴

图 6-21 合成高分子防水卷材施工现场

2. 注意事项

① 已铺贴好的卷材防水层，应及时采取保护措施，不得损坏，以免造成隐患。

② 穿过屋面的管根，不得损伤变位。

③ 变形缝、水落口等处施工中临时堵塞的废纸、麻绳、塑料布等，完工后应及时清理干净，以确保排水畅通。

④ 防水层施工完成后，应及时做好保护层。

⑤ 施工时不得污染墙面等部位。

3. 施工做法详解

施工工艺流程 ≫≫≫

基层清理→涂刷基层处理剂→复杂部位附加层施工→铺贴卷材防水层→接缝处理→卷材末端收头→做蓄水试验→保护层施工。

（1）**基层清理** 施工防水层前将已验收合格的基层表面清扫干净。不得有灰尘、杂物等影响防水层质量的缺陷。

（2）**涂刷基层处理剂**

① 配制底胶：将聚氨酯材料按甲：乙＝1：1.5 的比例（重量比）配合搅拌均匀；配制成底胶后，即可进行涂刷。

② 涂刷底胶（相当于冷底子油）：将配制好的底胶用长把滚刷均匀涂刷在大面积基层上，厚薄要一致，不得有漏刷和白点现象；阴阳角管根等部位可用毛刷涂刷；在常温情况下，干燥4h以上，手感不粘时，即可进行下道工序。

（3）复杂部位附加层

① 增补剂配制：将聚氨酯材料按甲∶乙组分＝1∶（1～1.5）的比例（重量比）配合搅拌均匀，即可进行涂刷；配制量视需要确定，不宜一次配制过多，防止多余部分固化。

② 按上述方法配制后，用毛刷在阴角、水落口、排气孔根部等部位，涂刷均匀，作为细部附加层，厚度以1.5mm为宜，待其固化24h后，即可进行下道工序。

（4）铺贴卷材防水层

① 铺贴前在未涂胶的基层表面排好尺寸，弹出基准线，为铺卷材创造条件。卷材铺贴方向应符合下列规定：屋面坡度小于3％时，卷材宜平行屋脊铺贴；屋面坡度在3％以上时，卷材可平行或垂直屋脊铺贴；上下层卷材不得相互垂直铺贴。

② 铺贴卷材时，先将卷材摊开在平整、干净的基层上，用长把滚刷蘸CX-404胶（或其他合成高分子胶黏剂）均匀涂刷在卷材表面，在卷材接头部位应空出100mm不涂胶，涂胶厚度要均匀，不得有漏底或凝聚块存在。当胶黏剂静置10～20min，干燥至指触不粘手时，用原来卷材的纸筒再卷起来，卷时要求端头平整，不得卷成竹笋状，并要防止进入砂粒、尘土和杂物。

③ 基层涂布胶黏剂：已涂的基层底胶干燥后，在其表面涂刷CX-404胶，涂刷要用力适当，不要在一处反复涂刷，防止粘起底胶，形成凝聚块，影响铺贴质量。复杂部位可用毛刷均匀涂刷，用力要均匀，涂胶后指触不粘时，开始铺贴卷材。

④ 铺贴时从流水坡度的下坡开始，按先远后近的顺序进行，使卷材长向与流水坡度垂直，搭接顺流水方向。将已涂刷好胶黏剂预先卷好的卷材，穿入φ30、长1.5m铁管，由二人抬起，将卷材一端粘接固定，然后沿弹好的基准线向另一端铺贴；操作时卷材不要拉得太紧，每隔1m左右向基准线靠贴一下，依次顺序对准线边铺贴。但是无论采取哪种方法均不得拉伸卷材，也要防止出现皱褶。铺贴卷材时要减少阴阳角的接头，铺贴平面与立面相连接的卷材，应由下向上进行，使卷材紧贴阴阳角，不得有空鼓等现象。

⑤ 排出空气，每铺完一张卷材，应立即用干净的长把滚刷从卷材的一端开始在卷材的横方向顺序用力滚压一遍，以便将空气彻底排出。

⑥ 为使卷材粘贴牢固，用30kg重、30mm长的外包橡皮的铁辊滚压一遍，滚压粘牢。

（5）接缝处理

① 在未涂刷CX-404胶的长、短边100mm处，每隔1m左右用CX-404胶涂一下，待其基本干燥后，将接缝翻开临时固定。

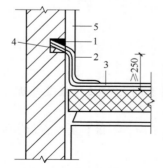

图 6-22　卷材泛水收头
1—密封材料；2—附加层；3—防水层；
4—水泥钉；5—防水处理

② 卷材接缝用丁基胶黏剂黏结，先将A、B两份按1∶1的比例（重量比）配合搅拌均匀，用毛刷均匀涂刷在翻开接缝的接缝表面，待其干燥30min后（常温15min左右），即可进行黏合。从一端开始用手一边压合一边挤出空气；粘好的搭接处，不允许有皱褶、气泡等缺陷，然后用手辊滚压一遍；最后沿卷材边缘用专用密封膏封闭。

（6）卷材末端收头

① 为使卷材末端收头黏结牢固，防止翘边和渗水漏水，应将卷材收头裁整齐后塞入预留凹槽，钉压固定后用聚氨酯密封膏等密封材料封闭严密，再涂刷一层聚氨酯涂膜防水材料（图6-22）。

② 防水层铺贴不得在雨天、雪天、大风天施工。

（7）做蓄水试验 屋面防水层完工后，应做蓄水试验。有女儿墙的平屋面做蓄水试验，蓄水 24h 无渗漏为合格。坡屋面可做淋水试验，一般淋水 2h 无渗漏为合格。

（8）保护层施工 参照高聚物改性沥青防水卷材屋面保护层做法。

4. 施工总结

① 空鼓：卷材防水层空鼓，发生在找平层与卷材之间，且多在卷材的接缝处，其原因是找平层含水率过大，空气排除不彻底，卷材没有粘贴牢固。施工中应控制基层含水率，并应把住各道工序的操作关。

② 渗漏：渗水、漏水发生在穿过屋面管根、水落口、伸缩缝和卷材搭接等部位。伸缩缝未断开，产生防水层撕裂；其他部位由于粘贴不牢、卷材松动或衬垫材料不严、有空隙等；接槎处漏水原因是甩出的卷材未保护好，出现损伤和撕裂，或基层清理不干净，卷材搭接长度不够等。施工中应加强检查，严格执行工艺规程并认真操作。

③ 积水：屋面、檐沟泛水坡度做得不顺，坡度不够，屋面平整度差。施工时找平层的泛水坡度应符合设计要求。

④ 屋面防水施工中应严格按照《建设工程施工安全技术操作规程》中的有关规定做好安全防护，避免发生安全事故。

⑤ 屋面防水施工中用于溶解基层处理剂的有机溶剂应有专人妥善保管，并应采取有效措施防止中毒。

四、聚合物水泥涂膜屋面防水层施工

1. 施工示意图和现场照片

聚合物水泥涂膜屋面防水层施工示意图和现场照片如图 6-23 和图 6-24 所示。

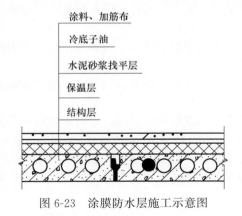

图 6-23 涂膜防水层施工示意图

图 6-24 涂膜防水层施工现场

2. 注意事项

① 已涂刷好的防水层，应及时采取保护措施，不得损坏，以免造成隐患。

② 穿过屋面的管根，不得损伤变位。

③ 变形缝、水落口等处施工中临时堵塞的废纸、麻绳、塑料布等，完工后应及时清理干净，保证其排水畅通。

④ 防水层施工完成后，应及时做好保护层。

⑤ 施工时不得污染墙面等部位。

3. 施工做法详解

施工工艺流程 ▷▷▷▷

清理基层→涂料的调配→涂膜施工→做蓄水试验→保护层施工。

（1）清理基层

先以铲刀扫帚等工具将基层表面的凸出物、砂浆疙瘩等异物铲除，并将尘土杂物彻底清扫干净。对凹凸不平处，应用高强度等级水泥砂浆修补顺平。对阴阳角、管根、地漏和水落口等部位更应认真清理。

（2）涂料的调配　涂膜防水材料的配制：按照生产厂家指定的比例分别称取适量的液料和粉料，配料时把粉料慢慢倒入液料中并充分搅拌，搅拌时间不少于 10min，至无气泡为止；搅拌时不得加水或混入上次搅拌的残液及其他杂质；配好的涂料必须在厂家规定的时间内用完。

（3）涂膜施工

① 涂刷底层涂料，将已搅拌好的底层涂料，用长板刷或圆形滚刷滚动涂刷，涂刷要横竖交叉进行，达到均匀、厚度一致、不露底的要求，待涂层干燥后，再进行下道工序。

② 细部附加层增强处理，对预制天沟、檐沟与屋面交界处，应增加一层涂有聚合物水泥防水涂料的胎体增强材料作为附加层，宽度不小于 300mm。檐口处、压顶下收头处应多遍涂刷封严，或用密封材料封严。泛水处的防水层，可直接刷至女儿墙的压顶下，收头处应多遍涂刷封严。水落口周围范围内，坡度不应小于 5%，并应用该涂料或密封材料密封，其厚度不应小于 2mm，水落口周围与基层接触处，应留宽 20mm、深 20mm 凹槽并嵌填密封材料。伸出屋面管道与找平层间应留凹槽，槽内应嵌填密封材料，防水层收头应用密封材料封严。

③ 涂刷下层涂料须待底层涂料干燥后方可涂刷。

④ 涂刷中层涂料须待下层涂料干燥后方可涂刷。

⑤ 涂刷面层涂料，待中层涂料干燥后，用滚刷均匀涂刷。可多刷一遍或几遍直至达到设计规定的涂膜厚度。

⑥ 每层涂刷完约 4h 后涂料可固结成膜，此后可进行下一层涂刷。为消除屋面因温度变化产生胀缩，应在涂刷第二层涂膜后铺无纺布同时涂刷第三层涂膜。无纺布的搭接宽度不应小于 100mm。屋面防水涂料的涂刷不得少于五遍，涂膜厚度不应小于 1.5mm。

⑦ 聚合物水泥防水涂料与卷材复合使用时，涂膜防水层宜放在下面；涂膜与刚性防水材料复合使用时，刚性防水层放在上面，涂膜放在下面。

（4）做蓄水试验　防水层完工后应做蓄水试验，蓄水 24h 无渗漏为合格。坡屋面可做淋水试验，淋水 2h 无渗漏为合格。

（5）保护层施工　涂膜防水作为屋面面层时，不宜采用着色剂保护层，一般应铺面砖等刚性保护层。

4. 施工总结

① 涂膜防水层与基层应黏结牢固，表面平整，涂刷均匀，无流淌、皱褶、脱皮、起鼓、裂缝、鼓泡、露胎体和翘边等缺陷。

② 每层涂刷必须定量取料。配好的料应在 2h 内用完。

③ 屋面防水施工中应严格按照《建设工程施工安全技术操作规程》中的有关规定做好安全防护，避免发生安全事故。

第四节 ▶ 其他做法屋面工程

一、瓦屋面施工

1. 施工示意图和现场照片

瓦屋面施工示意图和现场照片如图 6-25 和图 6-26 所示。

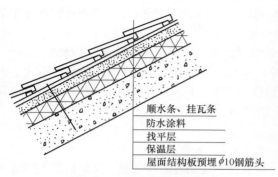

图 6-25　瓦屋面施工示意图

顺水条、挂瓦条
防水涂料
找平层
保温层
屋面结构板预埋ϕ10钢筋头

图 6-26　瓦屋面施工现场

2. 注意事项

① 各种瓦运输堆放应避免多次倒运，运输时应轻拿轻放，不得抛扔、碰撞，进入施工现场后应堆放整齐。

② 油毡瓦应在环境温度不高于 45℃ 的条件下保管，应避免雨淋、日晒、受潮，并应注意通风和避免接近火源。

③ 在施工过程中各专业工种应紧密配合，合理安排工序，尤其是安装屋面瓦的施工队伍应与做避雷和出屋面管道的施工队伍及时沟通。

④ 应禁止无关人员随意上施工完的瓦屋面。

⑤ 严禁将油漆、涂料或水泥砂浆等洒落在屋面上，并防止重物撞击屋面。

3. 施工做法详解

施工工艺流程 >>>>>> ············

基层处理→分中号垄→调正脊→调垂脊→调戗脊→铺边垄→冲垄→铺底瓦→盖筒瓦→勾抹瓦接缝。

(1) 平瓦屋面

① 施工放线：放线不仅要弹出屋脊线及檐口线、水沟线，还要根据屋面瓦的特点和屋面的实际尺寸，通过计算，得出屋面瓦所需的实际用量，并弹出每行瓦及每列瓦的位置线，便于瓦片的铺设。

② 为保证屋面达到三线标齐（水平、垂直、对角线），应在屋脊第一排瓦和最后一排瓦施工前进行预铺瓦，大面积利用平瓦扣接的 3mm 调整范围来调节瓦片。

③ 坡度大于 50% 的屋面铺设瓦片时，需用铜丝穿过瓦孔系于钢钉或加强连接筋上，钢钉或加强连接筋在浇筑屋面混凝土时预留；或用相应长度的钢钉直接固定于屋面混凝土中。对于普通屋面檐口第一排瓦、山墙处瓦片以及屋脊处的瓦片必须全部固定，其余可间隔梅花状固定，当坡度大于 50% 时，必须全部固定，檐口及屋脊处砂浆必须饱满，如图 6-27 所示。

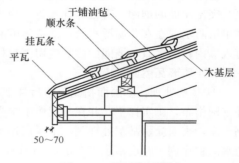

干铺油毡
顺水条
挂瓦条
平瓦
木基层
50～70

图 6-27　平瓦檐口做法

④ 挂（铺）瓦层：钢板网 1:3 水泥砂浆或 C25 防水混凝土（P6）垫层，平均厚度 35mm，随抹压实、找平，用双股 18 号镀锌钢丝将钢板网绑住，形成整网与预埋件在屋顶结构板上的

$\phi30$ 透气管，还须用涂料将连接筋和网筋根部涂刷严密以防腐防渗。挂瓦时，先挂脊瓦两侧的第一排瓦、变坡折线两侧的第一排瓦及檐部的第一排瓦，均须用双股18号镀锌钢丝绑扎在瓦条上（或水泥卧瓦）上。脊部用麻刀灰或玻璃灰卧脊瓦。

⑤ 排水沟部位的瓦片用手提切割机裁切，应切割整齐，底部空隙用砂浆封堵密实、抹平，水沟瓦可外露，也可用彩色的聚合水泥砂浆找补、封实。平瓦伸入天沟、檐沟的长度不应小于50mm。排水沟应预先在地面上制作，铺入后应包住挂瓦条，并用钢钉固定，屋檐处铝板（或其他板材）应向下折叠，以防止雨水倒灌，如图6-28所示。

（2）油毡瓦屋面

① 油毡瓦屋面坡度宜为10%～85%。

② 油毡瓦的基层必须平整。铺设时在基层上应先铺一层沥青防水垫毡，从檐口往上用油毡钉铺钉，垫毡搭接宽度不应小于50mm。

③ 油毡瓦铺设（图6-29）：油毡瓦应自檐口向上铺设，第一层瓦应与檐口平行，切槽应向上指向屋脊，用油毡钉固定。第二层油毡瓦应与第一层叠合，但切槽应向下指向檐口。第三层油毡瓦应压在第二层上，并露出切槽100mm。油毡瓦之间的对缝上下不应重合。

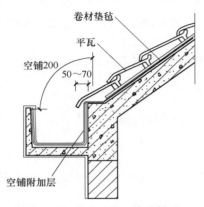

图 6-28 平瓦天沟、檐沟做法

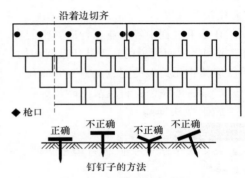

图 6-29 油毡瓦铺设示意图

④ 铺设脊瓦时，应将油毡瓦沿槽切开，分成四块作为脊瓦，并用两个油毡钉固定。脊瓦应顺主导风向搭接，并应搭盖住两坡面的油毡瓦接缝的1/3。脊瓦与脊瓦的压盖面不小于脊瓦面积的1/2，并不应小于100mm。

⑤ 屋面与凸出屋面结构的连接处，油毡瓦应铺设在立面上，其高度不应小于250mm。在屋面与突出屋面的烟囱、管道等连接处，应先做垫层，待铺瓦后，再用聚合物改性沥青防水卷材做单层防水。在女儿墙泛水处，油毡瓦可沿基层与女儿墙的八字坡铺贴，并用镀锌薄钢板覆盖，钉入墙内；泛水口与墙间的缝隙应用密封材料封严。

（3）琉璃瓦屋面

① 基层处理：基层面扫刷干净后抹25mm厚1:2.5水泥砂浆找平层，中间夹铺耐碱玻璃纤维网格布，压实抹平，并在每间檩条端头设置伸缩缝，缝宽20mm。找平层保湿养护7d后扫刷干净，表面涂刷基层处理剂，干燥后用柔性密封膏等材料嵌填伸缩缝，再对找平层用聚氨酯防水涂料涂刷，厚度不小于2mm。在涂膜未凝固前，对其表面撒上中砂1层，拍压1次，待涂膜固化后扫除没有粘牢的砂粒。必要时可淋水或在雨后对基层面检查排水，确保基层排水畅通、无凹坑和无渗漏等现象。

② 分中号垄：测量檐口长度的中点和屋脊长度的中点，从屋脊中拉线到檐口中弹出横向中线，为中垄底瓦的中线。根据瓦的大小，从中垄向两端之间赶排瓦当，底瓦瓦垄为单数。因琉

璃瓦不宜砍截,排好的瓦当要认真复核,防止差错,并将各垄盖瓦的中点用红笔画到屋脊的扎肩灰脊上。

③ 调正脊:根据排好瓦当的位置砌好各垄的底瓦,砌正吻座,并画好垂脊当沟。垂脊要卡住兽座,安装正吻,吻中要用吻锯,中间灌足灰浆;背兽套在横插的防锈铁钎上,铁钎应与兽桩十字相交绑牢,然后拉通线铺砌正脊瓦件。正脊是屋面的主要部位,各项尺寸都要准确。在画好的中垄线上放第一块正中脊瓦,再向两端铺盖脊瓦。脊瓦为单数,车脊瓦端头中穿通长钢筋连接起来,两端固定。脊瓦、瓦件、正吻等色泽要一致。

④ 调垂脊:垂脊分兽前和兽后两部分,兽前占坡长的 1/3。垂兽放在分界处,安装翘角撺头,挑出的尺寸必须符合规定。翘角之上放方眼勾头,勾孔中钉铁钎,安放仙人之后装小兽,小兽的数目符合设计要求,一般顺序为龙、凤、狮子、天马、海马、狻猊等。

⑤ 调戗脊:戗脊位于歇山屋面的四角,其做法和垂脊基本相同,不同的是戗脊的斜当沟、压当条必须与垂脊交圈。戗脊与垂脊交接处要严实,防止出现裂缝。各脊的线条要柔和、匀称,轴线和垂直度的偏差均不大于 5mm。

⑥ 铺边垄:在坡面的两边垄铺一块割角的滴水瓦和底瓦、盖瓦,两端边垄的弧度要一致,要平行。边垄的弧曲线是整个坡瓦面的标准,其质量的优劣会直接影响全部屋面外观质量。

⑦ 冲垄:将线拉在两端边垄的盖瓦背上,靠正脊拉一道齐头线,中腰拉一道愣线,檐口拉一条檐线,作为整个盖瓦的高度标准,铺砌檐头滴水底瓦和花檐盖瓦。盖瓦和线齐平,凹凸偏差不大于 4mm,盖瓦下面要放一块遮心瓦。为防止盖瓦下滑,用钉子从盖瓦头上的孔中钉牢,钉上用麻刀灰塞严,再盖上钉帽。

⑧ 铺底瓦:根据排好的檐口瓦当和画在脊上的红线拉直线,凡出现破损、裂缝的底瓦不得使用,从而杜绝底瓦出现渗漏。铺灰排底瓦时,用灰浆填塞饱满粘牢,要掌握底瓦的排列搭接长度,一般为底瓦的 1/3,并均匀一致。

⑨ 盖筒瓦:瓦的接头朝上,由下往上依次安放,上面的瓦头要压住下面瓦的接口,接头面要抹足灰浆,挤压严实;各接缝宽度要均匀,缝宽不宜大于 5mm,这是防止盖瓦榫缝不渗水的关键措施。

⑩ 勾抹瓦接缝:清扫干净瓦垄,用掺有同盖瓦相同颜色的麻刀灰等在侧面相接的地方勾抹紧密;上口与瓦的外边平齐,下面应与上口垂直。要及时将瓦面擦抹洁净,防止灰浆污染釉面。

4. 施工总结

① 瓦片的安装必须达到水平、垂直、对角线三方面对齐。

② 瓦片的安装必须牢固,挂瓦条与基层的连接必须牢固。

③ 屋面不得有渗漏现象,对天沟、檐沟、泛水及出屋面的构造物交接处,必须采取可靠的构造措施,确保封闭严密。

二、金属压型夹芯板屋面施工

1. 施工示意图和现场照片

金属压型夹芯板屋面施工示意图和现场照片如图 6-30 和图 6-31 所示。

2. 注意事项

① 屋面材料吊运应先用尼龙带兜紧,然后用钢丝绳吊挂尼龙带或用吊具起吊。不允许钢丝绳直接捆扎而勒坏金属板材。对于较长的金属板材、檐沟板宜用铁扁担多点吊运,吊点的最大间距不得大于 5m。

② 屋面施工中尽量避免利器碰伤金属板材表面涂层,一旦划伤有锈斑时,应采用相应涂料系列修补好。

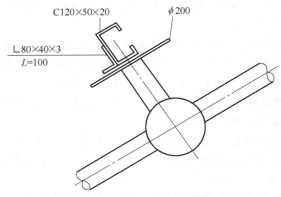

图 6-30　金属压型夹芯板檩条安装示意图

图 6-31　金属压型夹芯板屋面现场

③ 屋面施工完毕，应将残留在屋面及檐沟、天沟内的金属切屑、碎片、螺栓等杂物清理干净。

④ 在已铺好的屋面上行走必须穿软底鞋，不得直接在屋面上进行锤打和加工工作。

⑤ 屋面上应避免集中上人、堆料，以免局部变形过大，撕裂密封材料而造成渗漏。

3. 施工做法详解

施工工艺流程

测量放线→安装檩条→配板→铺钉金属板材→细部构造施工。

（1）测量放线　首先放出屋面轴线控制线，根据控制线在每个柱间钢梁上弹出用于焊接屋面檩托的控制线。认真校核主体结构偏差，确认对屋面此结构的安装有无影响。

（2）安装檩条

① 檩条的规格和间距应根据结构计算确定，除每块屋面板端应设置檩条支承外，中间也应设置一根或一根以上檩条。

② 檩条安装时（图 6-32），使用吊装设备按柱间同一坡向，分次吊装。每次成捆吊至相应屋面梁上，水平平移檩条至安装位置，檩托板与另一根檩条采用套插螺栓连接。

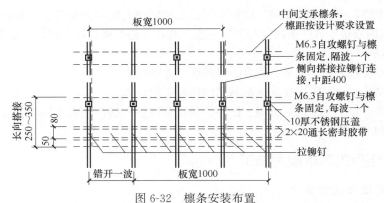

图 6-32　檩条安装布置

（3）配板

① 屋面坡度不应小于 1/20，亦不应大于 1/6；在腐蚀环境中屋面坡度不应小于 1/12。

② 铺板可采用切边铺法和不切边铺法，切边铺法应先根据板的排列切割板块搭接处金属板，并将夹芯泡沫清除干净。屋角板、包角板、泛水板均应先切割好。

（4）铺钉金属板材

① 金属板材应用专用吊具吊装，吊装时不得损伤金属板材。

② 屋面板采取切边铺法时,上下两块板的板缝应对齐;不切边铺法时,上下两块板的板缝应错开一波。铺板应挂线铺设,使纵横对齐,长向(侧向)搭接,应顺沿最大频率风向搭接,端部搭接应顺流水方向搭接,搭接长度不应小于200mm。屋面板铺设从一端开始,往另一端同时向屋脊方向进行。

③ 每块屋面板两端的支承处的板缝均应用 M6.3 自攻螺钉与檩条固定,中间支承处应每隔一个板缝用 M6.3 自攻螺钉与檩条固定。钻孔时,应垂直不偏斜将板与檩条一起钻穿,螺栓固定时,先垫好密封带,套上橡胶垫板和不锈钢压盖一起拧紧。

④ 铺板时两板长向搭接间应放置一条通长密封条,端头应放置两条密封条(包括屋脊板、泛水板、包角板等),密封条应连续不间断。螺栓拧紧后,两板的搭接口处还应用丙烯酸或硅酮(聚硅氧烷)密封膏封严。

⑤两板铺设后,两板的侧向搭接处应用拉铆钉连接,所用铆钉均应用丙烯酸或硅酮(聚硅氧烷)密封膏封严,并用金属或塑料杯盖保护。

(5)细部构造

① 金属板屋面与立墙及凸出屋面结构等交接处,均应做泛水处理。

② 天沟用金属板材制作时,伸入屋面板的金属板材不应小于100mm;当有檐沟时屋面板的金属板材应伸入檐沟内,其长度不应小于50mm;檐口应用异形金属板材做堵头封檐板;山墙应用异形金属板材的包角板和固定支架封严。

③ 每块泛水板的长度不宜大于2m,泛水板的安装应顺直;泛水板与金属板的搭接宽度应符合不同板型的要求。

4. 施工总结

① 屋面不得有渗漏水。

② 钢板的彩色涂层要完整,不得有划伤或锈斑。

③ 螺栓或拉铆钉应拧紧,不得松弛。

④ 板间密封条应连续,螺栓、拉铆钉和搭接口均应用密封材料封严。

三、单层金属板屋面施工

1. 施工示意图和现场照片

单层金属板屋面板材搭接示意图和施工现场照片如图 6-33 和图 6-34 所示。

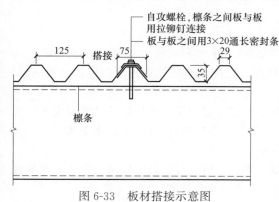

图 6-33　板材搭接示意图

图 6-34　金属板屋面施工现场

2. 注意事项

① 金属板垂直、水平运输时,所有的工具捆绑棉丝应安放牢固,严禁拖滑。堆放场地应平坦、坚实,且便于排除地面水。

② 严禁往屋面上堆放物料等重物，或抛掷砖头、水泥块等杂物，以防因碰撞、冲击引起屋面板产生较大变形而影响屋面质量。

③ 在屋面面板上必须及时清理杂物，避免工具、配件坠地，造成彩板漆膜破坏。

3. 施工做法详解

施工工艺流程

测量放线→檩托安装→主檩条安装→屋面衬板的安装→支架檩条的安装→保温棉的安装→金属屋面面板的铺设。

（1）**测量放线** 使用紧线器拉钢丝线测放出屋面轴线控制线的位置，依据轴线控制线在主体结构上弹出用于焊接檩托的控制线。

（2）**檩托安装**

① 根据设计图纸要求，在主体结构上焊接钢檩托，如是混凝土结构，应有预埋件。

② 钢檩托预制成型，并经防腐、防锈处理后严格按设计要求的位置摆放就位，保证构件中心线在同一水平面上，其误差不得超过±10mm。

③ 在焊接安装钢檩托时，必须保证焊缝成型良好，焊缝长度、焊脚高度应符合设计要求和施工规范的规定。焊缝处除渣，不平滑处打磨后进行各道防腐、防锈涂层的涂刷处理。

（3）**主檩条安装**

① 主檩条按照设计规格型号加工，檩条轧制成型后，进行喷砂除锈，涂刷防腐、防锈漆。

② 将成型的主檩条吊装到安装作业面，水平平移到安装位置，用木垫块垫好，保证檩条上表面在同一水平面上，其误差不应超过±10mm，上下水平，不平整的需用角铁等填充物垫平，其偏差不应超过±6mm。

③ 在焊接安装钢檩托时，必须保证焊缝成型良好，焊缝长度、焊脚高度应符合设计要求和施工规范的规定。焊缝处除渣，不平滑处打磨后进行各道防腐、防锈涂层的涂刷处理。

（4）**屋面衬板的安装**

① 衬板安装前，预先在板面上弹出拉铆钉的位置控制线及相邻衬板搭接位置线。衬板的横向搭接不小于一个波距，纵向搭接不小于150mm。当板与板相互接触发生较大缝隙时需用铝铆钉适当紧固。

② 用自攻螺钉固定铺设好的衬板，连接固定应锚固可靠，自攻螺钉应在一个水平线上，用1m靠尺检验，凡超过4mm误差均应重新修整固定，使外露螺钉直线时自然成为直线，曲线时自然成为曲线，圆滑过渡。

（5）**支架檩条的安装**

① 支架檩条按照设计规格型号加工，檩条轧制成型后，进行喷砂除锈，涂刷防腐、防锈漆。

② 安装支架檩条配件：按设计间距，采用自攻螺钉将配件与主檩条连接，位置必须准确，固定牢固。

③ 将成型的支架檩条吊装到安装作业面，水平平移到安装位置，准确定位摆放在安装好的支架檩条配件上，保证构件中心线在同一水平面上，其误差不应超过±10mm，上下水平，不平整的需用角铁等填充物垫平，其偏差不应超过±6mm。

④ 将支架檩条与配件焊接，保证焊缝成型良好，焊缝长度、焊脚高度应符合设计要求和施工规范的规定。焊缝处需除渣，打磨光亮、平滑后按要求补涂防锈漆。

（6）**保温棉的安装** 将保温棉依照排板图铺设，如分层铺设，上下层应错缝，错缝的宽度应≥100mm，边角部位应铺设严密，不得少铺、漏铺或不铺。

（7）**金属屋面面板的铺设**

① 根据测量所得屋面板长度，在压型机电脑控制盘上输入各部位面板加工长度数据并压制

面板。采用直立锁边式连接技术，使屋面上无螺钉外露，防水、防腐蚀性能好。

② 为防止屋面板在起吊过程中的变形，一般采用人工方式搬运。在每 6～8m 处设一人接板，通过搭设的坡道运送至屋面，存放在适宜屋面板安装时取用的位置。按屋面面板卷边大小，将其堆在屋面工作面上，以加快安装进度。遇有面板折损处做好标记，以便调整。

③ 根据设计图纸，依屋面面板排板设计，安装时每 6m 距离设一人，按立壁小卷边朝安装方向一侧，依次排列，安装在固定的支架和支架檩条之上，大小卷边扣在一起，设专人观察扣上支架的情况，以保证固定点设置得准确、固定牢固。

④ 屋面板面板铺设完毕，应及时采用专用锁边机将板咬合在一起，接口咬合紧密，板面无裂缝或孔洞，以获得必要的组合效果。

⑤ 屋面板接口的咬合方向需符合设计要求，即相邻两块板接口咬合的方向；应顺最大频率风向；在多维曲面的屋面上，雨水可能翻越屋面板的肋高横流时，咬合接口应顺水流方向。

⑥ 屋面板纵向通长一块板安装，无纵向搭接缝，使屋面系统完整，防水性能可靠。

⑦ 屋面板安装完毕，应仔细检查其各部位的咬合质量，如发现有局部拉裂或损坏，应及时作出标记，以便焊接修补完好，以防有任何漏水现象发生。

⑧ 屋面板安装完毕，檐口收边工作应尽快完成，防止遇特大风吹起屋面板发事故，收边要求泛水板、封檐板安装牢固，包封严密，棱角顺直，成型良好。

4. 施工总结

① 在安装了几块屋面板后要用仪器检查屋面板的平整度，以防止屋面凹凸不平，出现波浪。

② 注意屋顶风机风口处及水落管处的密封和紧固问题。

③ 天沟氩弧焊接不可有断点、透点。

④ 屋面施工材料必须随时捆绑固定，做好防风工作。

第五节 ▶ 屋面细部构造

一、天沟、檐口、檐沟的防水构造

1. 檐沟施工示意图和檐口现场施工照片

施工示意图和现场照片如图 6-35 和图 6-36 所示。

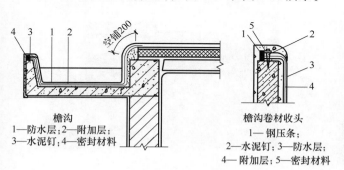

图 6-35 檐沟施工示意图

图 6-36 檐口现场施工

2. 注意事项

① 天沟、檐口应增铺附加层。当采用沥青防水卷材时应增铺一层卷材；当采用高聚物改性沥青防水卷材或合成高分子防水卷材时用防水涂膜增强层。

② 天沟、檐沟与屋面交接处的附加层宜空铺，空铺宽度为 200mm。

3. 施工做法详解

施工工艺流程

天沟施工→檐口施工→檐沟施工。

① 天沟铺设沥青瓦的方法有三种：敞开式、编织式、搭接式（切割式），其中以搭接式较为常用。

② 在铺贴完防水卷材后，先沿一坡屋面铺设沥青瓦伸过天沟并延伸到相邻屋面300mm处，用钢钉固定，钢钉应固定在排水天沟中心线外侧250mm处，并用密封胶黏结牢固。用同样方法继续铺设另一坡沥青瓦，延伸到相邻的坡屋面上。距天沟中心线50mm处弹线，将多余的沥青瓦沿线裁剪掉，用密封膏固定好，并嵌封严密。

③ 檐沟：檐口油毡瓦与卷材之间，应采用粘贴法铺贴。

4. 施工总结

① 卷材防水层应由沟底翻上至外檐顶部，天沟、檐沟卷材收头应留凹槽并用密封塑料嵌填密实。

② 高低跨内排水天沟与立墙交接处应采取适当变形的密封处理。

③ 檐口防水构造具体做法：无组织排水檐口800mm范围内卷材应采取满粘法；卷材收头应压入凹槽并用金属压条固定，密封材料封口；涂膜收头应用防水涂料多遍涂刷或用密封材料封严；檐口下端应抹出鹰嘴或滴水槽。

二、水落口及水落管构造及做法

1. 施工示意图和现场照片

水落口和水落管施工示意图和现场照片如图6-37和图6-38所示。

2. 注意事项

① 制品搬运应轻拿轻放，堆放应分品种，水落管存放地面应平整，横、竖分层码放，严禁损坏变形。

② 已涂刷的防锈层、油漆层应注意保护，防止划掉防锈层，污染油漆面。

③ 水落管安装前，对水落口应采取措施，不使水口的排水浇墙，造成墙面污染。

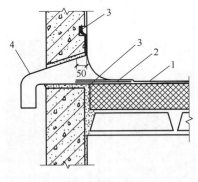

横式水落口

1—防水层；2—附加层；3—密封材料；4—水落口

图6-37 水落口施工示意图

图6-38 水落管现场

3. 施工做法详解

施工工艺流程

水落口制作与安装→找准安装位置→水落管安装。

（1）水落口制作与安装

① 画线：依照图纸尺寸、材料品种、规格进行放样画线，经与图纸复核无误后，进行裁剪；为节约材料宜合理进行套裁，先画大料，后画小料，划料形式和尺寸应准确，用料品种、规格无误。

② 画线后，先裁剪出一套样板，裁剪尺寸准确，裁口垂直平整。

③ 成型：将裁好的块料采用电焊对口焊接，焊接之后经校正符合要求。

④ 刷防锈漆：加工制作好的水落斗（包括铸铁雨水斗），应刷防锈层。铸铁雨水口应刷防锈漆，用钢丝刷刷掉锈斑，均匀涂刷防锈漆一道；镀锌白铁雨水斗，应涂刷磷化底漆。

（2）找准安装位置

① 挑檐板水落口应按设计要求，先剔出挑檐板钢筋，找好水落口位置，核对标高，装卧水落口，用 φ6 钢筋加固，支好底托模板，用与挑檐同强度等级的混凝土浇筑密实，水落口上表面，应与找平层平齐不得突出找平层表面，水落口周边应留宽和深各 20mm 凹槽，槽内应嵌填密封材料，并在完成防水层后安装活动钢筋算子。

② 横式水落口：按设计要求，在砌筑女儿墙时，预留水落口洞。将左右两侧及上口用砖和砂浆嵌固，清水砖墙缝应与大面积墙体一致，或在砌筑墙体时，弹出中线、标高，将水落口斗随墙砌入，用水泥砂浆或豆石混凝土封口，完成防水层施工后将算子安装稳固。

③ 内排直式水落口宜采用铸铁或塑料制成，埋设标高应考虑水落口防水层增加的附加层、柔性密封、保护面层及排水坡度。水落口周围半径 500mm 范围内坡度不应小于 5%，并应用防水涂料或密封材料涂封，其厚度不应小于 2mm。

④ 刷油漆：水落口安装完毕，对其外露的表面按设计要求涂刷油漆。

（3）水落管安装

① 安装水落管随抹灰架子由上往下进行，先在水斗口处吊线坠弹直线，用钢錾子在墙上打眼，按直线用水泥砂浆埋入卡子铁脚，卡子间距为1.2m，卡子露出墙面 3cm 左右，外墙水落管距外墙饰面不小于 3cm，且不宜大于 4cm，待水泥砂浆达到强度后再安装水落管；严禁用木楔固定。有马腿弯时上口必须压进水斗嘴内并在弯管与直管接

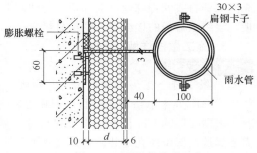

图 6-39　水落管安装

槎处加钉一个卡子（图 6-39）。

② 安装下节水落管时，套入上节水落管的长度不应小于 4cm，另一半圆卡子用螺钉拧紧；最下面一节管子要待勒脚、散水做完后才能安装，主管距散水面 15～20cm。水落管下口设 135°弯头呈马蹄形。水落管经过带形线脚、檐口等墙面突出部位处宜用直管，线脚、檐口线等处应预留缺口或孔洞；如必须采用弯管绕过，弯管的弯折角度应为钝角。

③ 雨水管不宜排在采光井上面，也不应使水落管穿过采光井罩后再排向地面，如遇采光井，应将水落管接出直接排到地面散水处。弯头处设双卡固定，水落管正面及侧面应通顺无弯曲。

4. 施工总结

① 水落管不直：安装卡子时没有吊线找垂直，产生正侧视不顺直，应弹线或拉线控制与墙的距离和垂直度。

② 水落口高于找平层：安装水落口没有剔除砂浆找平层，形成单摆浮搁。应严格控制水落口标高、位置。

③ 水落管卡子安装不牢：主要是在基层下木塞用圆钉或木螺钉固定而造成，固定点严禁下木塞，卡子孔直径应正确，填塞水泥砂浆应密实。

三、变形缝防水构造及做法

1. 施工示意图和现场照片

变形缝施工示意图和现场照片如图 6-40 和图 6-41 所示。

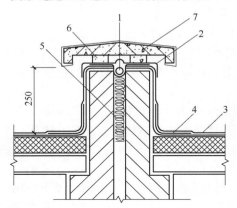

变形缝防水构造

图 6-40　变形缝防水构造示意图

1—衬垫材料；2—卷材封盖；3—防水层；4—附加层；
5—沥青麻丝；6—水泥砂浆；7—混凝土盖板

图 6-41　变形缝防水施工现场

2. 注意事项

变形缝的泛水高度不应小于 250mm，防水层应铺贴到变形缝两侧砌体的上部；变形缝内填充泡沫塑料或沥青麻丝，上部填放衬垫材料，并用卷材封盖；变形缝顶部加盖混凝土或金属盖板，混凝土盖板的接缝嵌填密封材料。

3. 施工做法详解

施工工艺流程 >>>>>> ....

　　画线下料→变形缝钢板除锈、刷漆。

① 画线下料：缝口上盖板一般用 24～26 号白铁皮制作，或按设计要求选用。依据图纸下料，根据变形缝实际长度加出搭接尺寸，做出样板，如实际需要的形状多，应分类制作样板；需要焊接的部位应在安装后量好尺寸再行焊接。

② 变形缝钢板罩制成后，先将表面铁锈等清理干净，里外满刷防锈漆一道，用镀锌薄铁板制作的罩，涂刷调和漆前应先涂刷锌磺类或磷化底漆；交活后应再涂刷铅油两道。

③ 变形缝铁板罩安装前，应检查缝口伸缩片、缝内填充的沥青麻丝、油膏嵌缝等工序完成情况，经检查无漏项时，进行安装；变形缝与外墙、变形缝与挑檐等交接处，先用 50mm 圆钉钉牢，用锡焊填充钉头，经检查合格后，刷罩面漆一道。

4. 施工总结

屋面变形缝处附加墙与屋面交接处的泛水部位，应做好附加增强层；接缝两侧的卷材防水层铺贴至缝边；然后在缝边填嵌直径略大于缝宽缝宽的衬垫材料，如聚苯乙烯泡沫塑料板（直径略大于缝宽）、聚苯乙烯泡沫板等。为了使其不掉落，在附加墙砌筑前，缝口用可伸缩卷材或金属板覆盖。附加墙砌好后，将衬垫材料填入缝内。嵌填完衬垫材料后，再在变形缝上铺贴盖缝卷材，并延伸至附加墙里面。卷材在立面上应采用满粘法，铺贴宽度不小于 100mm。卷材施工完后，在变形缝顶部加盖预制钢筋混凝土盖板或 0.55mm 厚镀锌钢板。预制钢筋混凝土盖板采用 20mm 厚 1：3 水泥砂浆坐垫。镀锌钢板在侧面采用水泥钉固定。为提高卷材适应变形的能力，卷材与附加墙顶面宜黏结。

第 七 章

钢结构与防腐工程

第一节 ▶ 钢结构施工

一、钢柱安装施工

1. 施工示意图和现场照片

钢柱校正示意图和现场施工照片如图 7-1 和图 7-2 所示。

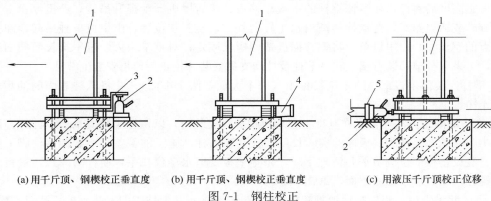

(a) 用千斤顶、钢楔校正垂直度　　　(b) 用千斤顶、钢楔校正垂直度　　　(c) 用液压千斤顶校正位移

图 7-1　钢柱校正

1—钢柱；2—小型液压千斤顶；3—工字钢顶架；4—钢楔；5—千斤顶托座

2. 注意事项

① 钢柱堆放，场地应平整、坚实，无积水。底层应垫枕木，并有足够的支承面；钢柱叠放时，上下支点应在同一垂直线上，并应有防止被压坏和变形的措施。

② 钢柱绑扎吊点处柱子的悬出部位如翼缘板等，需用硬木支撑，以防变形。棱角处必须用厚胶皮、短方木或用厚壁钢管做成的保护件将吊索与构件棱角隔开，以免损坏棱角。

③ 不得在钢柱上焊接与设计无关的锚固件或杆件。

④ 安好的钢柱不准碰撞，用低合金钢制作的钢柱不准锤击。

图 7-2　钢柱安装施工现场

⑤ 不得在已安装的钢柱上开孔或切断和焊接任何杆件。

3. 施工做法详解

施工工艺流程 ≫≫≫

现场拼装→吊装设备与绑扎、吊装。

(1) 现场拼装

① 截面高度在 1m 以上的钢柱焊接拼装时，宜在拼装台上进行。拼装台必须平整，高差不大于 3mm，拼装台应有保证构件稳定和阻止构件拼装变形的装置。

② 拼装前，应在钢柱上标注中心轴线（一个大面，两个小面）。拼装时，上下柱要垫平，用撬杠或千斤顶拨动上下柱，使上下中心线对齐，用拉通线或用经纬仪观测的方法进行检查。上下翼板的错位不得大于 1mm；缝隙处的坡口角度偏差不得大于±5°，装上安装定位连接件，然后将拼装板装上，用夹具与母材夹紧后进行点焊。

③ 焊接宜用对称焊，以减少焊接应力和变形。焊好上面和两侧面，再翻转焊另一面，最后拆除安装定位连接件。如有变形，用火焰法纠正。

(2) 吊装设备与绑扎、吊装

① 钢柱吊装设备通常采用履带式起重机、轮胎式起重机或塔式起重机。

② 钢柱的绑扎多采用一点或两点绑扎，绑扎点应在重心的上方和牛腿的下方，设有牛腿的柱，应采取防止吊索滑动措施。根据起重设备能力、构件重量、高度来确定吊装方式，如果构件重在起重机的允许范围内，则采取整体吊装，采用单机旋转或滑行法起吊就位；对重型钢柱，当超过单台起重机起重量过多时，可采用双机递送抬吊法——起吊时，双机同时将钢柱平吊起，离地面一定高度后暂停，使运输钢柱的平板车移去，然后甲机不动提升吊钩，乙机停止上升而向内侧旋转或适当跑车，使钢柱逐渐由水平转向垂直，至安装位置，由甲机单独吊起，卸去乙机下吊点的钢丝绳，由甲机单独将钢柱插进锚固螺栓固定；对重量很大、过于细长而截面很小的钢柱，可采取分节吊装方法，在下节柱及柱间支撑安装并校正后，再安装上节柱。

③ 钢柱安装前须将钢柱的定位线标出（一个大面，两个小面），并将钢柱表面的油污、泥土清除干净。

④ 钢柱的固定方法通常是在基础上预埋地脚螺。安装时，以钢柱牛腿支承面设计标高为依据，按牛腿支承面至柱脚底板面的实际长度和柱基顶面标高施工的偏差，准确调整柱脚下垫板的厚度。装设垫板部位应凿平并清理干净，每叠垫板要以水准仪找平，使标高一致，垫板应垫在地脚螺栓内侧，位于柱肢下面，每叠不超过 3 块。

⑤ 钢柱起吊索后，当柱脚距地脚螺栓 30～40cm 时扶正，使柱脚的安装螺栓栓孔对准螺栓，缓慢落钩、就位，同时将钢柱的定位线与柱基础的定位线对齐，经过初步校正，待垂直偏差在 20mm 以内，将螺栓拧紧，临时固定，即可脱钩。

⑥ 钢柱校正方法：垂直度用经纬仪或吊线坠检验，当有偏差，采用液压千斤顶或丝杠千斤顶进行校正，底部空隙用铁片或垫铁垫塞，或在柱脚和基础之间打入钢楔抬高，以增减垫板校正；位移校正可用千斤顶校正；标高校正用千斤顶将底座少许抬高，然后增减垫板厚度以达到设计要求。

⑦ 柱最后固定：柱脚校正后应立即紧固地脚螺栓，并将承重钢垫板上下点焊固定，防止走动；当吊车梁、屋盖结构安装完毕，并经整体校正检查无误后，在结构节点固定之前，再在钢柱脚底板下浇筑细石混凝土固定。

⑧ 钢柱校正固定后，随即将柱间水平、垂直支撑安装上并固定，组成稳定体系。

4. 施工总结

① 钢柱拼装时的定位点焊，应由有合格证的焊工操作。点焊的焊接材料、型号、材质

应与焊件相同。点焊的焊条直径不宜超过 4mm，焊缝的高度不宜超过设计焊缝高度的 2/3，长度不宜超过高度的 6～7 倍，间距宜为 300～400mm。点焊的质量应和设计要求相符。

② 除定位点焊外，严禁在拼装柱构件上焊其他无用的焊点，或在焊缝以外的母材上起弧、熄弧和打火。

③ 钢柱垂直度校正宜在无风天气的早晨或下午 4 点以后进行，以免因太阳照射受温差影响，柱子向阴面弯曲，出现较大水平位移数值，而影响垂直度的正确性。

④ 钢柱安装临时固定后，应及时在脚底板下浇筑细石混凝土并包柱脚，以防已校正好的柱子倾斜或移位。

二、钢吊车梁安装施工

1. 施工现场照片

钢吊车梁安装施工现场照片如图 7-3 所示。

2. 注意事项

① 对已运进现场的钢吊车梁及制动桁架按安装平面图布置要求堆放，并进行复检，其内容包括：型号、数量、规格、外观检查、连接件位置等，均应符合设计要求。

② 在钢柱牛腿上及柱侧面弹好吊车梁、制动桁架中心轴线、安装位置线及标高线；在钢吊车梁及制动桁架两端弹好中心轴线。

③ 对进场的起重设备进行保养、维修、试运转、试吊，使其保持完好状态；务必备齐吊装用工具、连接料以及电、气焊设备。

图 7-3　钢吊车梁安装施工现场

3. 施工做法详解

施工工艺流程

标出安装中心位置→吊点绑扎→起吊→校正。

（1）**标出安装中心位置**　钢吊车梁安装前，将两端的钢垫板先安装在钢柱牛腿上，并标出吊车梁安装的中心位置。

（2）**吊点绑扎**　钢吊车梁绑扎一般采用两点对称绑扎，在两端拴一根溜绳，以牵引就位并防止吊装时碰撞钢柱。

（3）**起吊**　钢吊车梁吊起后，旋转起重机臂杆使吊车梁中心对准就位中心，在距支承面 100mm 左右时，应缓慢落钩，用人工扶正使吊车梁的中心线与牛腿的定位轴线对准，并将与柱子连接的螺栓上齐后，方准卸钩。

（4）**校正**　钢吊车梁的校正，可按厂房伸缩分区分段进行校正，或在全部吊车梁安装完毕后进行一次总体校正。

校正包括：标高、垂直度、平面位置（中心轴线）和跨距。一般除标高外，应在钢柱校正和屋盖吊装完成并校正固定后进行，以免因屋架吊装校正引起钢柱跨间移位。

① 标高的校正：用水准仪对每根吊车梁两端标高进行测量，用千斤顶或倒链将吊车梁一端吊起，用调整吊车梁垫板厚度的方法，使各点标高满足设计要求。

② 平面位置的校正：平面位置的校正有以下两种方法。

a. 通线校正法：用经纬仪在吊车梁两端定出吊车梁的中心点，用一根 16～18 号钢丝在两端中心点间拉紧，钢丝两端用 20mm 小钢板垫高，松动安装螺栓，用千斤顶或撬杠拨动偏移的吊车梁，使吊车梁中心线与通线重合。

b. 仪器校正法：从柱轴线量出一定的距离，将经纬仪放在该位置上，根据吊车梁中心至轴线的距离，标出仪器放置点至吊车梁中心线距离。松动安装螺栓，用撬杠或千斤顶拨动偏移的吊车梁，使吊车梁中心线至仪器观测点的读数均为 c，平面即得到校正。

③ 垂直度的校正是在平面位置校正的同时用线坠和钢尺校正其垂直度。当一侧支承面出现空隙，应用楔形铁片塞紧，以保证支承贴紧面不少于 70%。

④ 跨距校正是在同一跨吊车梁校正好之后，用拉力计数器和钢尺检查吊车梁的跨距，其偏差值不得大于 100mm，如偏差过大，应按校正吊车梁中心轴的方法进行纠正。

吊车梁校正后，应将全部安装螺栓上紧，并将支承面垫板焊牢。

4. 施工总结

① 用低合金钢制作的钢吊车梁安装，焊接连接时，严禁在上、下翼缘板或腹板上打火或焊接其他辅助装置。

② 制动桁架采用高强螺栓与钢吊车梁连接，其摩擦面用喷砂、钢刷或电刷除锈时，摩擦面的浮锈应清除干净，并微露金属光泽。用砂轮打磨时，打磨方向应与构件受力方向垂直，以保证达到要求的摩擦系数。

③ 第一根钢吊车梁就位时，应同时落在两根钢柱的牛腿上，避免一端先落下，另一端后落下，从而产生水平分力，使处于上部自由状态的一根柱先受力，或用撬杠拨动后，影响已校正的柱子的垂直度。

④ 用高强螺栓连接制动桁架（板）时，螺杆应顺畅穿入孔内，不能强行敲打，穿入方向应一致。螺栓孔错位时，应用铰刀扩孔，旋拧时，分两次拧紧（初拧和终拧）。节点每组高强螺栓的拧紧顺序应从节点中心向边缘对称旋拧，拧紧后的高强螺栓外露螺纹不少于 2 扣。

⑤ 吊车梁的受拉翼缘或吊车桁架的受拉弦杆上，不得焊接悬挂物和卡具等。

图 7-4　钢屋架安装施工现场

三、钢屋架（盖）安装施工

1. 施工现场照片

钢屋架安装施工现场照片如图 7-4 所示。

2. 注意事项

① 安装好的钢构件不准撞击，用低合金钢制作的构件，校正时不准锤击。

② 不准随意在已安装的屋盖钢构件上开孔或切断任何杆件，不准任意割断已安好的永久螺栓。

③ 利用已安装好的钢屋盖构件悬吊其他构件和设备时，应经设计同意，并采取措施防止损坏结构。

④ 吊装损坏的防腐底漆应补涂，漆膜厚度应符合设计要求。

3. 施工做法详解

施工工艺流程 >>>>>>

安装顺序的确定→安装施工。

（1）安装顺序的确定

① 屋架（盖）安装一般采用综合安装法，从一端开始向另一端一节间一节间地安装两榀屋架间全部的构件，使其形成稳定的、具有空间刚度的单元。

② 一般安装顺序是：屋架→天窗架→垂直、水平支撑系统→檩条→压型屋面板。

（2）安装施工

① 钢屋架的绑扎通常采用两点绑扎，跨度大于 21m，多采用三点或四点绑扎，吊点应位于屋架的重心线上，并在屋架一端或两端绑溜绳。由于屋架平面外刚度差，一般在侧向绑两道杉木杆或方木进行加固；当起重机高度满足要求时，天窗架可装在屋架上同时起吊安装。

② 屋架多用高空旋转法吊装，即将屋架从排放垂直位置吊起至超过柱顶 10～20cm 后，再旋转转向安装位置，此时起重机边回转、边拉屋架的溜绳，使屋架缓慢下降，平稳地落在柱头设计位置上，使屋架端部中心线与柱头中心轴线对准。

③ 第一榀屋架安装就位并初步校正垂直度后，应在两侧设置缆风绳临时固定，方可卸钩。

④ 第二榀钢屋架用同样方法吊装就位后，先用杉杆或木方临时与第一榀屋架连接固定，卸钩后，随即安装支撑系统和部分檩条进行最后校正固定，以形成一个具有空间刚度和整体稳定的单元体系。以后安装屋架则采取在上弦绑水平杉木杆或方木的方式，与已安装的前榀屋架连系，保持稳定。

⑤ 钢屋架的校正：垂直度可用线坠、钢尺对支座和跨中进行检查；屋架的弯曲度用拉紧测绳进行检查，如不符合要求，可推动屋架上弦进行校正。

⑥ 屋架临时固定，如需用临时螺栓，则每个节点穿入数量不少于安装孔数的 1/3，且至少穿入两个临时螺栓；冲钉穿入量不宜多于临时螺栓的 30%。当屋架与钢柱的翼缘连接时，应保证屋架连接板与柱翼缘板接触紧密，否则应垫入垫板。如屋架的支承反力靠钢柱上的承托板传递，屋架端节点与承托板的接触要紧密，其接触面积应小于承压面积的 70%，边缘最大间隙不应大于 0.8mm，较大缝隙应用钢板垫塞密实。

⑦ 钢支撑系统，每吊装一榀屋架经校正后，随即将与前一榀屋架间的支撑系统吊装上，每一节的钢构件经校正、检查合格后，即可用电焊、高强螺栓或普通螺栓进行最后的固定。

⑧ 天窗架安装一般采取以下两种方式。

a. 将天窗架单榀组装，屋架吊装校正、固定后，随即将天窗架吊上，校正并固定。

b. 将单榀天窗架与单榀屋架在地面上组合（平拼或立拼），并按需要进行加固后，一次整体吊装。每吊装一榀，随即将与前一榀天窗架间的支撑系统及相应构件安装上。

⑨ 檩条重量较轻，为发挥起重机效率，多采用一钩多吊逐根就位的方式；间距用样杆顺着檩条来回移动检查，如有误差，可放松或扭紧檩条之间的拉杆螺栓进行校正；平直度用拉线和长靠尺或钢尺检查，校正后，用电焊或螺栓最后固定。

⑩ 钢屋盖构件的面漆，一般均在安装前涂刷好，以减少高空作业。安装后节点的焊接或螺栓经检查合格，应及时涂底漆和面漆。设计要求用油漆腻子封闭的缝隙，应及时封好腻子后，再涂刷油漆。高强螺栓连接的部位，经检查合格，也应及时涂漆，油漆的颜色应与被连接的构件相同。安装时构件表面被损坏的油漆涂层应补涂。

4. 施工总结

① 屋盖构件安装连接时，若螺栓孔眼不对，不得任意用气割扩孔或改为焊接。每个螺栓不得用两个以上垫圈；螺栓外露螺纹长度不得少于 2～3 扣，并应防螺母松动；更不能用螺母代替垫圈。精制螺栓孔不准使用冲钉，亦不得用气割扩孔。构件表面有斜度时，应采用相应斜度的垫圈。

② 现场焊接的焊工应有考试合格证，并应编号；焊接部位必须按编号做检查记录，安装焊缝须全数做外观检查，质量达不到要求的焊缝应补焊复验。对重要的拼装对接焊缝，应检查内部质量，Ⅰ、Ⅱ级焊缝需进行超声波探伤，且均需做出记录。

③ 安装高强螺栓，必须按规范要求先使用安装螺栓临时固定，调整紧固后，再安装高强螺栓替换。

图 7-5　高层建筑钢结构安装施工现场

④ 安装支撑系统时不得利用钢屋架、天窗架弦杆作受力支承点起吊杆件，以防损伤弦杆或造成变形。

⑤ 支撑系统安装就位后，应立即校正并固定，不得以定位点焊来代替螺栓或安装焊缝，以防遗漏，造成结构失稳。

四、高层建筑钢结构安装施工

1. 施工现场照片

高层建筑钢结构安装施工现场照片如图 7-5 所示。

扫码看视频

塔吊安装

2. 注意事项

① 钢构件存放场地应平整、坚实、无积水。钢构件应按种类、型号、安装顺序分区存放，钢构件底层垫子木应有足够的支承面；相同型号的钢构件垒放时，各层钢构件的支点应在同一垂直线上，以防止钢构件变形或被压坏。

② 构件安装吊点和绑扎方法，应保证钢构件不产生变形、不损伤涂层。

③ 不得在已安装的构件上，随意开孔和切断任何杆件或割断已安好的永久螺栓，亦不得在构件上焊接设计以外的铁件或锚环。

3. 施工做法详解

安装程序→安装机械选用→钢柱安装→钢梁和剪力板安装→构件连接固定。

（1）**安装程序**　高层钢结构安装，多采用综合吊装法，一般安装程序是：平面内从中间的一个节间开始，以一个节间的柱网（框架）为一个吊装单元，先吊装柱，后吊装梁，然后往四周扩展，垂直方向由下向上组成稳定结构后，分层安装次要构件，一节间一节间地安装钢框架，一层楼一层楼安装完成，以利于消除安装误差累积和焊接变形的影响，使误差降低到最小限度。

（2）**安装机械选用**　高层建筑安装机械一般采用 1～2 台塔式起重机作吊装主机，而配备一台履带式起重机副机，作现场钢构件卸车、堆放、递送之用。塔吊一般根据构件间单件重量、塔楼平面使用范围、工程量大小与工期要求、单机强班产量等选定；副机一般根据场地、道路情况、构件重量和一次输送距离而定。另配备 1～2 台垂直运输机（电梯），供生产工人上下及连接、焊接材料、零星工具的垂直运输，电梯随钢框架的安装进度而逐层上升。

（3）**钢柱安装**

① 钢柱多用宽翼工字形或箱形截面，前者用于高 60m 以下柱子，多用焊接 H 型钢，规格为（300mm×200mm）～（1200mm×600mm），翼缘板厚为 10～14mm，腹板厚度为 6～25mm；为允许利用吊车能力和减少连接，一般制成 3～4 层一节，节与节之间用坡口焊连接。一个节间的柱网必须安装三层的高度后，再安装相邻节间的柱子。

② 根据柱子的重量、高度，钢柱的吊装采用单机吊装或双机抬吊。单机吊装时，需在柱根部垫以垫木，用旋转法起吊，防止柱根拖地和碰撞地脚螺栓，损坏螺纹；双机抬吊多采用递送法，吊离地面后，在空中进行回直。柱子吊点在吊耳（制作时预先设置，吊装完割去），钢柱吊装前预先在地面上操作挂篮、排序梯等。

③ 钢柱就位后，立即对垂直长、轴线、牛腿面标高进行初校，安设临时螺栓，然后卸去吊

索。钢柱上下接触面间的间隙，一般不得大于 1.5mm，如间隙在 1.6～6.0mm 之间，可用低碳钢的垫片垫实间隙。柱间间距偏差可用液压千斤顶、钢楔或倒链与钢丝绳进行校正。

④ 在第一节框架安装、校正且螺栓紧固后，即应进行底层钢柱柱底灌浆。灌浆方法是先在柱脚四周立模板，将基础上表面清洗干净，清除积水，然后用高强度聚合砂浆从一侧自由灌入至密实，灌浆后，用湿草袋或麻袋护盖养护。

（4）钢梁和剪力板安装

① 吊装前对梁的型号、长度、截面尺寸和牛腿位置、标高进行检查。装上安全扶手和扶手绳（就位后拴在两端柱上），在钢梁上翼缘处适当位置开孔作为吊点。

② 吊装用塔式起重机进行，主梁一次吊一根，两点绑扎起吊。次梁和小梁可采用多头吊索一次吊装数根，以充分发挥吊车的起重能力。

③ 当一节钢框架吊装完毕，即需对已吊装的柱梁进行误差检查和校正，对于控制柱网的基准柱用线坠或激光仪观测，其他柱根据基准柱用钢卷尺量测。

④ 梁校正完毕，用高强螺栓临时固定，再进行柱校正，紧固连接高强螺栓，焊接柱节点和梁节点，进行超声波检验。

⑤ 墙剪力板的吊装在梁、柱校正固定后进行，板整体组装校正检验尺寸后，从侧面吊入，就位找正后螺栓固定。

（5）构件连接固定

① 钢柱之间常用坡口电焊连接，主梁与钢柱的连接，一般上、下翼缘用坡口电焊连接，而腹板用高强螺栓连接。次梁与主梁的连接基本上是在腹板处用高强螺栓连接，少量再在上、下翼缘处用坡口电焊连接。

② 焊接顺序（图 7-6）：上节柱和梁经校正和固定后进行接柱焊接。柱与梁的焊接顺序，先焊接顶部柱梁节点，再焊接底部柱梁节点，最后焊接中间部分的柱梁节点。

③ 坡口电焊连接应先做好准备（包括焊条烘焙，坡口检查，设电弧引入、引出板和钢垫板并点焊固定，清除焊接坡口及周边的防锈漆和杂物，焊接口预热）。柱与柱的对接焊接，采用二人同时对称焊接，柱与梁焊接也应在柱的两侧对称同时焊接，以减少焊接变形和残余应力。

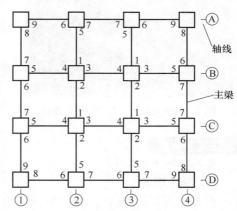

图 7-6　梁柱接头焊接顺序示意图
柱、梁焊接顺序：1→2→3→4→5→6→7→8→9

④ 对于厚板的坡口焊，打底层多用直径 4mm 焊条焊接，中间层可用直径为 5mm 或 6mm 的焊条，盖面层多用直径为 5mm 的焊条。三层应连续施焊，每一层焊完后应及时清理。盖面层焊缝搭坡口两边各 2mm，焊缝余高不超过对接焊件中较薄钢板厚的 1/10，但也不应大于 3.2mm。焊后，当气温低于 0℃ 时，用石棉布保温使焊缝缓慢冷却，焊缝质量检验均按二级检验。

⑤ 两个连接构件采用高强螺栓连接，其紧固顺序是：先主要构件，后次要构件。工字形构件的紧固顺序是：上翼缘→下翼缘→腹板。同一节柱上各梁柱上节点的紧固顺序是：柱子上部的梁柱节点→柱子下部的梁柱节点→柱子中部的梁柱节点。每一节点安设紧固高强螺栓顺序是：摩擦面处理→检查安装连接板（对孔、扩孔）→临时螺栓安装→高强螺栓安装→高强螺栓紧固→初拧→终拧。

⑥ 为保证质量，对紧固高强螺栓的电动扳手要定期检查，对终拧用电动扳手紧固的高强螺

栓，以螺栓尾部是否拧掉作为验收标准。对用测力扳手紧固的高强螺栓，仍用测力扳手检查其是否紧固到规定的终拧扭矩值。抽查率为每节点处高强螺栓量的10％，但不少于1枚，如有问题应及时返工处理。

4. 施工总结

① 钢结构安装前应注意编制好施工方案或施工组织设计，内容包括选择吊装机械、确定构件的运输设备和方法、构件堆放与布置、吊装程序、工艺方法、安装进度、劳动组织、构件和物资供应计划以及保证质量和安全有条不紊地进行。

② 钢结构焊接工作量大，质量要求严，所有参加操作的焊工均应经过严格的培训考核，取得合格证后，才允许上岗。安装高强螺栓应由经过培训的专门小组承担，以确保安装连接的质量。

③ 柱安装时，每节柱的定位轴线应从地面控制轴线直接引上，不得从下层柱的轴线引上。同一流水作业段、同一安装高度的一节柱，当各柱的全部构件安装、校正、连接完毕并验收合格，方可从地面引放上一节的定位轴线，以利消除安装误差，避免误差积累。

五、轻型钢结构安装施工

1. 施工现场照片

图 7-7　轻型钢结构安装施工现场

轻型钢结构安装施工现场照片如图7-7所示。

2. 注意事项

① 安装构件和屋面、墙面压型板时，不得碰撞已安装好的构件。

② 不得随意在已安装的构件上开孔和切断任何杆件；不得任意割断已安好的永久螺栓。

③ 吊装损坏的防腐底漆应补涂，面漆不得漏涂或欠涂。

3. 施工做法详解

施工工艺流程 ≫≫≫

施工准备→施工作业。

（1）施工准备

① 运到现场的钢结构构件，必须有出厂合格证；各类拼装连接件、垫板及螺栓、铝铆钉的规格和数量应符合安装要求。

② 柱基础施工完毕，强度达到要求；回填土完毕，并办理交接验收手续。

③ 在柱基上用砂浆找平标高，弹好安装十字轴线，检查螺栓平面位置和外露长度，应符合要求。

④ 按安装单元构件明细表核对进场构件，要求准备齐全，以保证结构安装的稳定性和连续性。

⑤ 对钢结构构件进行复查，发现制作焊缝不符合质量要求时，必须经补焊处理后，方准安装。

⑥ 需现场拼装的构件，应搭好拼装平台，要求稳固，表面平整，高差不大于3mm。

⑦ 参加拼装和安装钢结构构件的焊工，应经考试合格后方可上岗。

⑧ 在钢柱、屋架等钢构件上弹安装中心线及连接构件的位置线。

⑨ 准备好连接件，并将各有关钢构件的连接件事先焊在某一钢构件的设计位置上，以减少高空作业。

⑩ 准备好吊装起重设备、绳索、吊具及安装工具，焊接设备保持完好状态；搭设供施工人员高空作业上下用的梯子、平台、栏杆等。

（2）施工作业

① 轻型钢结构主体结构安装一般采用综合安装法，系按节间，一节间一节间，从下到上一件一件地进行安装。安装顺序是：柱→柱间墙梁、拉结条→屋架（或组合屋面梁）→屋架间水平支撑、垂直支撑→檩条、拉结条→压型屋面板→轻型墙板。

② 构件可用轮胎工式起重机或汽车式起重机，或桅杆式起重机，垂直起吊和就位。为防止构件变形，可根据情况采用辅助吊架、多点绑扎或加固措施。

③ 柱、屋架构件应随安装随吊线坠校正，校正后，构件间随用螺栓固定。檩条和墙梁间的拉杆应先预张紧，以增加屋面和墙面刚度，并传递屋面、墙面荷载，但应避免过紧而使檩条、墙梁侧向变形。层架上弦水平支撑，应在屋架与檩条安装完后拉紧，以增强屋盖的刚度。

④ 当起重机的起重高度和起重量能满足要求时，亦可采用组合安装法，可每两榀屋架一组预组装，将檩条、支撑系统、屋面压型板安上，螺栓拧紧，作为吊装单元；用起重机吊起，采取一节间隔一节间整体吊装到柱头就位，以减少高空作业，发挥起重设备的效率，加快安装进度。两组整体屋盖安装时，先组装半榀屋盖，在跨外两侧吊装。每安完两组柱子，将其间上下两根钢墙梁用滑车挂在柱头吊起安上，以保证两组柱间纵向的稳定。

⑤ 屋盖系统安装完后，应将现场焊缝接头检查一遍，点焊和漏焊的安装焊缝应补焊，或修正后，再由上而下铺设屋面压型板。压型板吊装用铁扁担吊具成捆送到屋面檐口，由人工铺设，要求卡牢、紧密不透风。

⑥ 轻型钢结构墙体结构为异型钢墙梁上挂镀锌压型钢板，板与板之间用抽芯铝铆钉（拉铆钉）铆接连接。墙梁安装系在柱头挂滑车将梁吊起就位、固定。墙板用滑车从地面吊起就位，工人站在可沿墙纵向移动的脚手操作平台上，一人在前用手电钻钻孔，一人在后用铆钉枪上铆钉，各层作业可同时进行。

4. 施工总结

① 轻型钢结构现场拼装，应注意起拱，防止构件下弯变形。

② 安装时如螺栓孔眼不对，不得任意用气焊扩孔或改为焊接，应及时报告技术负责人，经与设计单位研究后，按设计要求和规范进行处理。

③ 现场安装焊缝应由考试合格的焊工操作，焊接部位应编号，并做好记录，以避免出现质量问题。全部焊缝应进行全数外观检查，达不到要求的焊缝应补焊后应复验。

④ 安装时应注意施工荷载，不要超过设计规定。

六、手工电弧焊接

1. 施工现场照片

手工电弧焊接施工如图7-8所示。

2. 注意事项

① 钢结构在低温下焊接应采取预热缓冷措施。

② 不得随意在焊缝外母材上引弧和灭弧。

③ 低温焊接后应待焊缝冷却后方可清查。

④ 各种钢结构构件应在校正好之后方可施焊；隐蔽部位的焊接头应在办理完隐检手续后，方可进行下道工序。

图7-8　手工电弧焊接施工现场

3. 施工做法详解

焊接方法的选择→减少焊接变形措施→焊接变形的矫正。

(1) 焊接方法的选择

① 平焊焊接。

a. 平焊应先选择适合的焊接工艺、规范、焊接电流、焊接速度、焊条直径、焊接电弧长度等，通过焊接试验，验证后再正式施焊。

b. 焊接电流。根据焊件厚度、焊接层次、焊条型号、直径、焊工训练程度等，选择合适的焊接电流，一般焊条直径 3.2mm，焊接电流为 30～40A；焊条直径为 4～6mm 时，焊接电流为 150～260A。

c. 焊接速度宜保持等速，保证焊缝厚度、宽度均匀一致，从面罩内看熔池中铁水与熔渣，以保持相等距离（2～4mm）为宜。

d. 焊条直径应根据被焊件厚度确定，一般焊件厚度为 3～5mm，用直径为 3.2～4.0mm 的焊条；焊件厚度为 4～12mm，用直径为 4～5mm 的焊条；厚度大于或等于 13mm，用直径为 4～6mm 的焊条。

e. 焊接电弧长度根据所用焊条的型号而定，一般要求电弧长度稳定不变，酸性焊条以 4mm 长为宜，碱性焊条以 2～3mm 为宜。

f. 焊条角度根据两焊件的厚度而定，焊条角度有两个方向，一个方向是焊条与焊接前进方向的夹角，宜为 60°～75°；另一个方向是焊条与焊件左右的夹角。后者有两种情况：当两焊件厚度相等时，焊条与焊件的夹角均为 45°；当两焊件厚度不等时，焊条与较厚焊件一侧的夹角应大于焊条与较薄焊件一侧的夹角。

g. 平焊起焊应在焊缝起焊点前方 15～20mm 处的焊道内引燃电弧，将电弧拉长 4～5mm，对母材进行预热后带回到起焊点，把熔池填满到要求的厚度后，方可开始向前施焊。焊接过程中因换焊条等原因停弧而再行施焊时，应将熔池上的熔渣清除干净，再按以上相同方法引弧焊接。

h. 每条焊缝到末尾时，避免在末端灭弧，应将弧坑填满后，往焊接方向的相反方向带弧，使弧坑留在焊道里边，以防出现咬肉和弧坑。

i. 整条焊缝焊到末尾时，避免在末端灭弧，应将弧坑填满后，往焊接方向的相反方向带弧，使弧坑留在焊道里边，以防出现咬肉和弧坑。

② 立焊焊接。

a. 立焊操作工艺过程与平焊基本相同。在相同条件下焊接电流宜比平焊电流小 10%～15%。

b. 采用短弧焊接，电流长度宜为 2～4mm。

c. 横焊焊条角度应向下倾斜，其角度为 70°～80°，以防止铁水下坠。根据两焊件的厚度不同可适当调整焊条角度。焊条与焊接前进方向的夹角为 70°～90°。

③ 仰焊焊接。

a. 仰焊基本操作工艺过程亦与立焊、平焊相同，焊接宜用小电流短弧焊接。

b. 焊条与焊件的夹角与焊件的厚度有关。焊条与焊接前进方向成 70°～80°角。

(2) 减少焊接变形措施

① 放足电焊后的收缩余量，避免强制装配。

② 大型构件，尽可能先用小件组焊之后，再进行总装配焊接。

③ 选择合理的焊接次序，以减少变形，如桁架先焊下弦，后焊上弦；先由跨中向两侧对称施焊，后焊两端。

④ 尽量使焊缝能自由变形，大型构件焊接应由中间向四周对称进行。

⑤ 几种焊缝施焊时，先焊收缩变形较大的横缝，而后焊纵向焊缝；或先焊对接焊，而后焊角焊缝。

⑥ 对称布置的焊缝应由成双数的焊工同时对称施焊。

⑦ 焊接长焊缝时，宜采用分段（或分中）退步焊接法，或分层分段退步焊接法；为减少分层次数，可采用断续（间隔）施焊。

⑧ 对主要受力节点，采取分层分段轮流施焊，焊第一遍时适当加大电流，减缓焊速；焊第二遍时不要过热，以减少变形。

⑨ 防止随意加大焊肉，引起过量变形和应力集中；构件应经常翻动，使焊接弯曲变形相互抵消。

⑩ 对角变形采用反变形法，在焊接前将焊件在变形相反的方向加以弯曲或倾斜，以抵消焊后产生的变形；H 型钢翼缘板在焊接角缝前，预压反变形，以减少焊接后变形值。

⑪ 钢板 V 形坡口对接，焊前将对接口适量垫高，使焊后基本变平。

⑫ 焊接时在台座上或在重叠构件上设置简单的夹具、固定卡具或辅助定位板，强制焊件不产生翘曲变形或减少残余变形。

（3）焊接变形的矫正

① 火焰矫正：是利用氧乙炔对构件的变形部位进行局部加热，利用金属热胀冷缩的物理性能，钢材冷却时产生的冷缩应力来矫正变形。加热方式有点状加热、线状加热和三角形加热等，火焰加热温度一般为 700℃左右，不应超过 900℃，加热应均匀，不得有过热、过烧现象。

② 机械矫正：系用机械力的作用矫正变形。板料变形用多辊平板机矫正；型钢变形多用型钢调节器直机矫正；现场多用撑直机、千斤顶、弯轨器等矫正变形。

③ 人工矫正：系用人工锤击焊缝方法，锤子用木槌，如用铁锤时应设平垫，亦可配合火焰加热，然后放在平垫上，在凸面部位垫上平锤，再用大锤趁热敲打矫正。

4. 施工总结

① 手工焊接，当风速大于 10m/s，或相对湿度 90%，或雨雪天气，或焊接环境温度低于 −10℃时，必须采取挡风、遮雨雪、保温等有效措施，确保焊接质量，否则不得施焊。

② 焊接时应注意防止出现质量通病，例如：

a. 焊缝尺寸偏差大（焊缝长度、宽度、厚度不够，中心线偏移、弯折等）：焊接时应认真按焊接规范操作，严格控制焊接部位的相对位置，合格后方准焊接，焊接时专心操作。b. 焊缝出现裂纹：焊接时应选择合理的焊接工艺参数和焊接次序，一端焊完再焊另一端，必要时焊前预热，焊后回火处理，如发现有裂纹应铲除重新焊接。c. 焊缝出现气孔：焊接时焊条按规定温度和时间进行烘焙，焊接接头表面的油污、铁锈等清理干净；焊接过程中，可适当加大焊接电流，降低焊接速度，采用短弧，使熔池中的气体完全逸出。d. 焊缝咬边：应选用合适的电流，避免吸收光谱太大，电弧过长，控制好焊条的角度和运弧方法。e. 焊缝夹渣：多层施焊时，应层层将焊渣清除干净，操作中应注意熔渣的流动方向，使熔渣留在熔池后面。f. 焊缝未焊透：操作时应保持一定的间隙、坡口角度，不应太小，同时应使边缘整齐，且焊接电流不应太小，电弧不应太长，电压应保持稳定。

七、高强螺栓连接

1. 施工现场照片

高强螺栓连接施工现场照片如图 7-9 所示。

2. 注意事项

① 在防腐蚀和防锈蚀车间（区段）使用的高强螺栓，应在连接板、螺头、螺母、垫圈周边

图 7-9　高强螺栓连接施工现场

分别涂抹过氯乙烯腻子和快干红丹漆封闭，面层防腐和防锈处理与该车间（区段）钢结构相同。

② 高强螺栓连接副应妥加保管，放在同一包装箱中配套使用，不得混放、混用；在储存、运输和施工过程中不得重甩、重放，不得损伤螺纹或被泥土、油污粘染，同时不得受雨淋、受潮，以免生锈。

③ 安装高强螺栓时，构件的摩擦面应保持干燥，防止在雨中作业。

3. 施工做法详解

施工工艺流程　⟫⟫⟫⟫

摩擦面处理→螺栓长度值选用→接头的组装→安装临时螺栓→安装高强螺栓→高强螺栓的紧固。

（1）摩擦面处理

① 高强螺栓连接摩擦面一般在工厂处理好，当需在工地处理构件摩擦面或经工地复查不全要求需重新处理时，其摩擦系数必须符合设计要求。一般采用喷砂处理或用砂轮打磨，打磨方向应与构件受力方向垂直，打磨后的表面应呈铁色，并无眼见明显的不平。

② 经工厂处理的摩擦面上，如有氧化铁皮、毛刺、焊疤、泥土或油脂，应进行处理，至略呈赤锈时为宜。

③ 处理后的摩擦面应保持干燥，不得受潮或雨淋。

（2）螺栓长度值选用　扭剪型高强螺栓的长度，为螺头下支承面至螺尾切口处的长度。选用螺栓的长度应为被紧固连接板束的厚度加一个螺母和一个垫圈的厚度，再加上拧紧后需露出三扣螺纹的长度。对大六角高强螺栓应再加一个垫圈的高度。即加长值＝螺栓长度－板束厚度。

螺栓孔采用钻孔，孔要钻成圆柱体，孔壁与构件表面垂直，孔边无毛刺。

（3）接头的组装

① 高强螺栓连接处的钢板或型钢应平直，板边、孔边应无毛刺，以保证摩擦面紧密接触；对接头处的翘曲、变形等应予以矫正，并应避免损伤摩擦面。

② 对于因钢板厚度公差或制作偏差等产生的接触面间隙，当间隙值为 1.0mm 时，可不处理；当间隙值为 1.0～3.0mm 时，应将高出一侧磨成 1:10 的斜面，打磨方向应与受力方向垂直；当间隙值大于 3.0mm 时，应加垫板，垫板两面的处理方法应与构件相同。

（4）安装临时螺栓

① 接头拼装时，先用冲钉和临时螺栓拼装。临时螺栓穿入的数量不得少于安装孔总数的 1/3，且不少于两个螺栓；如穿入部分冲钉，则其数量不得多于临时螺栓的 30%。

② 接头组装时，应用尖头撬棒（或钢钎）及冲钉对正上下或前后连接的螺孔，在适当位置插入临时螺栓，用扳手拧紧。不得合用高强螺栓兼作或代替临时螺栓。打入冲钉时，不得造成螺栓孔损伤变形。

（5）安装高强螺栓

① 结构构件中心的位置调整完毕后，即可安装高强螺栓。安装时，高强螺栓连接副（包括一个螺栓，一个螺母和一个垫圈）应在同一包装箱中配套取用，不得互换。扭剪型高强螺栓垫圈应安装在螺母一侧，并注意螺母和垫圈的安装方向，不得装反。

② 遇有高强螺栓不能自由投入孔内时，不得强行打入，应选用铰刀进行扩孔或修孔后，再穿入，但修孔后，孔径不得大于原孔径 2mm。

③ 用铰刀扩孔时，要使板束密贴，以防铁屑挤入板缝铰孔，之后要用砂轮机清除孔边毛刺

和铁屑。螺栓穿入方向应一致，以便于操作。

④ 安装时，先在安装临时螺栓余下的螺孔中投满高强螺栓，并用扳手紧固后，再将临时普通螺栓逐一以高强螺栓替换，并用扳手拧紧。

（6）高强螺栓的紧固

① 高强螺栓的紧固，应分二次拧紧。第一次为初拧，初拧紧固到螺栓标准预拉力的 $60\%\sim80\%$；第二次紧固为终拧，紧固到标准拉力，偏差不大于 $\pm10\%$。

② 每组拧紧顺序：应从节点中心部位开始逐步向边缘（两端）施拧；整体结构的不同连接位置或同一节点的不同位置，有两低频连接构件时，应先紧主要构件，后紧次要构件。

③ 高细螺栓紧固，宜用电动扳手进行。扭剪型高强螺栓以拧掉尾部梅花卡头为终拧结束；不能使用电动扳手的部位，则用手动测力扭矩（手动测力）扳手控制其扭矩值，进行紧固。大六角头高强螺栓，用扭矩扳手控制其扭矩值。

④ 当日安装的高强螺栓，应在当天终拧完毕，以防构件摩擦面、螺纹沾污、生锈或螺栓漏拧。

⑤ 高强螺栓初拧、复拧、终拧后，应做出不同标志，以便识别，避免重拧或漏拧。

⑥ 扭剪高强度螺栓终拧结束后，应以目测尾部梅花卡头拧掉为合格；高强度大六角头螺栓终拧结束后，宜用 $0.3\sim0.5$kg 的小锤逐个敲检，且应进行扭矩检查，方法是在终拧后 $1\sim24$h 内将螺母退回 $30°\sim50°$，再拧至原位测定扭矩，该扭矩与检查扭矩的偏差应在检查扭矩的 $\pm10\%$ 以内为合格。欠拧或漏拧者应及时补拧，超拧者应更换。

4. 施工总结

① 不能把高强螺栓当作安装临时螺栓使用。这样易造成对孔不正，或强行对孔，使连接板贴合，螺栓的螺纹损伤，扭矩系数发生变化，螺栓轴力不均，或连接板产生内应力。

② 高强螺栓安装不上时，不能强行打入孔内。这样会使螺纹损伤，影响预紧效果，而且使孔壁受挤压，螺栓受剪，改变高强螺栓受力状态，而起不到高强螺栓的作用。

③ 对摩擦面不能马虎处理或来处理就安装高强螺栓，这样会使摩擦面间存在夹层；或者先喷砂再磨毛刺、焊瘤，或者不妥善保护摩擦面，任其腐蚀，都会造成摩擦面上凹陷不平，都将使摩擦系数大大下降，而降低连接强度。遇此情况，必须重新处理摩擦面，以保证质量。

④ 连接板之间不能存在空隙。安装高强螺栓时，由于施工操作上的缺陷，如用铰刀修孔，未将周围螺栓拧紧密贴，使铁屑进入摩擦面，或连接处的钢板、型钢翘曲、变形，孔边有毛刺，板间有杂物未彻底清除就安装螺栓，或施工顺序不当，采取从螺栓群外侧向中间的次序紧固等，往往导致摩擦面间大部分或局部存在空隙，以至该处摩擦系数接近于零，螺栓达不到规定的预紧轴力，而大大降低了连接强度，受力后将使连接件滑动。

⑤ 螺栓、螺母和垫圈不能随意互换使用。高强螺栓的螺母的垫圈，生产厂已经试验互相配套，使扭矩系数为定值，互换使用将会使扭矩系数发生变化，而达不到要求的预紧力，使用时松扣，使预紧力大大降低，而影响连接质量。

⑥ 不能使高强螺栓的紧固扭矩或轴力不够。安装中往往因电动、手动扳手有问题或误差较大，未进行校正就使用，使扭矩不够；或连接板不平整，未矫正就施加预紧力，使部分扭矩值消耗在克服变形上；或操作不善，扳手读数上扭矩虽达到，而实际预紧力未达到；或有的螺栓漏掉初拧或终拧，使螺栓群受力不均；或终拧未达到设计要求的预紧轴力数值，这样都影响预紧力，而降低连接强度，操作中应注意防止。

⑦ 高强螺栓切不能采取一次终拧而拧成或不按要求次序紧固。这样将使螺栓的部分轴力消耗在克服钢板的变形上，当它周围的螺栓紧固后，轴力被分摊而降低；此外，为使螺栓群各螺栓受力均匀，初拧和终拧都应按从中间向外侧紧固的顺序进行，有的违反操作采取相反次序，

从两端向中间进行，常造成中间起鼓，使部分轴力消耗在克服变形上，使预紧力不足，摩擦系数降低，而影响连接强度。

⑧ 不能出现螺栓不满扣的情况，这样将会使螺母在长期或振动荷载作用下，易于脱扣松动，降低预紧力，而使连接强度不够。这种螺栓必须进行更换。

⑨ 扭剪型高强螺栓尾部的梅花卡头不能用气焊切割。操作中由于螺栓尾部梅花损坏或磨损打滑，扳手有时难以掉，如扭矩值已经达到，可以做记号不去掉，严禁随意用气焊切割，因螺栓是经过热处理的，这样会使螺栓退火、伸长，结果使高强螺栓强度和预紧力大大降低，不能保证必需的强度。如用气焊切割，应重新更换。

图 7-10 压型钢板栓钉焊接施工

八、压型钢板栓钉焊接

1. 施工现场照片

压型钢板栓钉焊接施工现场照片，如图 7-10 所示。

2. 注意事项

① 栓钉焊接后不得碰撞，不得在刚焊完的栓钉上浇水。

② 低温下焊接栓钉，宜采取预热、缓冷措施，防止受潮。

3. 施工做法详解

施工工艺流程 >>>>>>>

施工准备→施工作业。

（1）施工准备

① 楼盖主次已安装好，压型板已铺设完毕，并办理预检手续。

② 对不同材质、不同规格、不同厂家、不同批号生产的栓钉，采取不同型号的焊机及焊枪进行严格的、与现场同条件的工艺参数试验，经试验合格的工艺参数，方可在工程中使用。

③ 在已安装好的压型板上测量放线，确定栓钉位置。

④ 抽检栓钉和瓷杯，潮湿的瓷杯、焊件需进行烘干。

（2）施工作业

① 栓焊工艺流程为：栓钉试验合格→现场栓钉、瓷杯检查（受潮烘干）→压型钢板验收合格后，清理现场，放线→焊接机械运转→焊枪检查→确定焊接参数→施焊栓钉→自检→专检→隐蔽工程验收。

② 每班正式施焊前，应做两个栓钉焊试件，弯 45°检查合格后，方可正式施焊。

③ 操作时，焊枪要与工件四周呈 90°角，先瓷杯就位，然后将焊枪夹住栓钉放入瓷杯压实。

④ 施焊时，扳动焊枪开关，电流即通过引弧剂产生电弧，在控制时间内栓钉熔化，随枪下压、回弹、断弧，焊接即告完成。

⑤ 焊接后，稍停，用小锤将瓷杯敲掉。

⑥ 在楼板中进行穿透栓钉焊，常采用以下几种方法施工：a. 不帮衬镀锌的板可直接焊接；b. 镀锌板用乙炔氧焰在栓钉焊部位烘烤，敲击后双面除锌；c. 采用螺栓钻开孔后焊接栓钉。

4. 施工总结

① 母材、瓷杯等受潮或在低温焊接时，均需先进行焙烘、干燥、升温后方可开始施焊。当母材温度低于 -18℃ 时应停止作业。

② 当温度低于 0℃ 施焊时，每 100 枚应取两根做打弯试验，两根不合格再加一根，若仍不

合格，需停止作业。低温焊接后应缓慢冷却，不得立即清渣。

③ 栓钉焊如出现栓钉与母材部分未熔合，应加大电流，增加焊接时间；如焊后压型钢板或钢梁被电弧烧成缩颈，要适当调整电流不使其过大，焊接时间不应过长；如出现磁偏吹，主要是使用直流焊机电流过大造成时，应将地线对称在焊件上，或在反向放一块铁板，以改变磁力线的分布。

④ 栓钉焊接，如焊接时熔池气体未排出而出现气孔，主要是由压型板与钢梁间有间隙未压实，瓷杯排气不当、不清洁等原因造成的。应减少间隙，清理干净。如在焊接热影响区或焊肉中出现裂纹，主要是母材材质的问题或除锌不彻底、低温焊接、潮湿所致，可针对原因防治。

九、钢结构网架制作与安装

1. 施工示意图和现场照片

钢结构网架示意图和施工现场照片如图 7-11 和图 7-12 所示。

图 7-11　钢结构网架折线形起拱示意图

2. 注意事项

① 网架杆件、小拼单元的堆放场地必须平整、坚实、排水良好。下部设垫木支承，防止变形。

② 杆件、小拼单元运送及拼装的吊点应经计算，选择合理的吊点；刚度需要加强的构件，应经加固方可吊运。

③ 吊动和安装构件，吊索与构件之间应垫以麻袋或橡皮，避免损坏构件。由于吊运、安装损坏的漆膜应予补涂。

④ 不得损坏构件的安装编号及轴线、装拼标记。

⑤ 安装网架应对称进行。屋面檩条及屋面板安装时，要缓慢下降，对称铺设，材料不得集中堆放，以免引起网架变形。

图 7-12　钢结构网安装施工现场

3. 施工做法详解

施工工艺流程 >>>>

矫正、放样、下料→小拼或单元拼装→网架结构的节点和杆件。

（1）矫正、放样、下料

① 钢材应按设计和施工规范规定的变形偏差值用压力机、平板机或人工矫正，以保证平直。

② 钢材在下料前，应进行起拱的计算、杆件的下料长度计算以及节点的放样等，制成样板或样杆。

③ 钢管杆件应用机床下料，下料长度应预加收缩余量，收缩量包括杆件的焊接收缩变形量和球节点的焊接收缩量，应通过试验确定。一般加衬管时，每条焊缝放 1.5～3.5mm；当用角钢杆件时，同样应预留焊接收缩量，下料时可用剪床或割刀。

④ 焊接球节点的半圆球，应用机床剖口。焊接后的成品球表面应光滑平整，不应有局部凸起或褶皱，节点球的允许偏差：直径±2mm；不圆度±2mm；壁厚不均匀度 10%；对口错边

量 1mm。

⑤ 经检查合格的钢球，应放在专用平台上，用划线工具在球面划出杆件的装配线，并打好标记、报验。加衬管的钢球，在复查合格后加衬管并重新报验确认。

⑥ 将各杆件上的铁锈、飞刺、油污、脏物等清理干净，并按安装图编号、备用。

（2）小拼或单元拼装

① 根据网架结构的施工原则，小拼及单元拼装均宜在工厂内制作。小拼或单元拼装单元划分的原则是：尽量增大工厂焊接工作量的比例；应将所有节点都焊在小拼单元上，网架总拼时仅连接杆件。

② 网架的小拼或单元体拼装应在专用拼装模架上进行，模架可用平台型或转动型，以保证结构形状、几何尺寸的准确和互换性。

③ 单元体制的顺序为：先平面，后空间；从中间向两边，从下到上进行，尽量减小焊接应力和焊接变形。应严格控制分条或分块的网架单元的尺寸准确，以保证高空总拼时节点的吻合并减少误差积累。

④ 单元体制作完后，经测量报验，标上编号，划出安装定位线等，以备总拼。

⑤ 小拼单元体的允许偏差：空心球节点与钢管中心允许偏移为 2mm；分条或分块的网架单元，当长度小于或等于 20m 时，拉装边长度允许误差为 ±5mm；长度大于 20m 时，拼装边长度允许误差为 ±10mm。

（3）网架结构的节点和杆件 网架结构的节点和杆件在工厂内制作完成并检验合格后运至现场，拼装成整体。国内经过大量的工程实践创造了许多方法，归纳起来有以下六种施工工艺。

① 高空散装法：是把杆件和节点先在地面组装成小拼单元，然后用起重机吊装到设计位置总拼成整体；或将网架杆件和节点直接在高空设计位置总拼装成整体。

a. 拼装顺序应便于保证拼装的精度，减少误差积累。矩形网架总拼装顺序是：经建筑物一端开始向另一端以两个三角形同时堆进，待两个三角形相交后，则按人字形逐榀向前推进，最后在另一端的正中闭合。每榀块体的安装顺序，在开始两个三角形部分是由屋脊部分开始分别向两边拼装，两个三角形相交后，则由交点开始同时向两边拼装。圆形网架的总拼装顺序是：先在网架中心焊一核心单元，再往外作外环扩展，外一环点焊定位后，内一环再施焊，以尽量减少焊接应力和变形。

b. 当采取分件拼装，一般分条进行，顺序为：支架抄平、放线→放置下弦节点板→按条集资组装下弦、腹杆、上弦支座（由中间向两端，一端向另一端扩展）→连接水平系杆→撤出下弦节点垫板→总拼精度校验→油漆。每条网架组装完，经检验无误后，按拉装顺序进行下条网架的组装，直至全部完成。

c. 吊装分块（分件）用履带式或塔式起重机进行。拼装支架用钢管或木制，可局部搭设做成活动式，亦可满堂红搭设。拼装支架的支撑点应设在下弦节点处，分块拼装后在支架上分别用方木和小型液压千斤顶顶住网架中央竖杆下方，进行标高调整。

d. 网架拼装过程中，每环（条）施焊后，应及时检查基准轴线位置、标高及垂直偏差；如大于设计及施工规范允许的偏差值，应及时纠正。

e. 拼装完毕后进行拼装架拆除时，应采取分区分阶段按比例下降或用每步不大于 10mm 的等步下降方法进行，以防止拆除时因个别支撑点受力集中而引起变形。

② 分条（分块）安装法：系将网架平面分割成若干条状单元或块状单元，每个条（块）状单元在地面拼装后，再由起重机吊装到设计位置总拼成整体。

a. 分条（块）的大小视起重机吊装能力而定，但自身必须具有一定的刚度，当刚度不足时，应采取临时加固措施，防止吊动过程中产生变形。

b. 在分条分块处（一般在跨中）设置拼装支架，用千斤顶调至设计起拱标高后连接。

c. 吊装有单机跨内安装和双机跨外抬吊两种方式。

d. 分条分块安装程序为：首条或块就位→第二条或块送至安装位置→第一、二条或块连接杆件点焊定位→第三条或块送至安装位置→第二、三条或块连接杆件点焊定位→第一、二条或块连接杆焊接→第四条或块送至安装位置→重复以上工序，直至所有条或块安装完毕→复核总尺寸并做记录。

e. 拆除拼装支架，方法同高空散装法。

③ 高空滑移法：系将网架条状单元在建筑物上空事先设置的滑轨上单条滑移到设计位置拼接，或在轨道上拼接后滑移到设计位置就位总拼成整体。

a. 滑轨一般焊于建筑物天沟梁面的预埋铁件，其轨面标高应使网架支座稍高于设计标高，轨面应平整光滑。

b. 滑移点可设附加滑块、滑车或支座板进行滑移。当直接利用支座板滑移时，其两端应做成圆导角。水平导向轮设在滑轨内侧，与滑道间隙为 10～20mm。

c. 滑移平台由钢管脚手架或升降调平支撑组成，高度比网架下弦低 40cm，以便在网架下弦节点与平台之间设置千斤顶，用以调整标高，上铺安装模架。平台宽应略大于两个节点间。

d. 当跨度大于 50m 时，宜在跨中增设一条辅助支顶平台，平台上设滑轨及千斤顶，以保证分条网架的侧向稳定及条与条之间的拼接准确。

e. 先在地面上将网架杆件拼装成两球一杆或四五杆的小拼构件，然后用起重机按组合拼接顺序吊到拼装平台上进行扩大拼装，先就位点焊拼接网架下弦方格，再点焊立起横向跨度方向的角腹杆。每节间单元、网架部件点焊拼接顺序由跨中向两端对称进行，焊完后临时加固。

f. 滑移可用慢速卷扬机、手动葫芦或绞磨进行，并设减速滑轮组，牵引点应分散设置，牵引速度不应大于 1m/min，两端不同步值不得大于 50mm。

g. 当已拼装好的网架单元（一般两个节距），牵引出拼装平台后，继续在其上按已滑出部分网架拼装，拼完一段向前水平滑移一段，直至整个网架拼装完毕，并滑移至设计位置，复核总尺寸，做出记录。

④ 整体吊装法是将网架在地面总拼成整体后，用起重设备将其整体吊装就位。

a. 网架在地面错位拼装，经复核尺寸、焊接质量、吊点选定、杆件加固后，即可吊装。

b. 一般有四台起重机四侧抬吊或两侧抬吊两种吊装方法。吊点应不少于四点，吊索与网架间的夹角不宜小于 60°，每两点吊索应连通务使网架处于水平状态，采用双机抬吊不同步值不应大于 50cm。

c. 四侧抬吊为防止起重机因升降速度不一而产生不均匀荷载，每台起重机设两个吊点，每两台起重机的吊索互相用滑轮串通，使各吊点受力均匀，网架均衡上升。当网架吊离地面 20cm 后应停下进行检查，经确认无超出要求的变形且网架体平稳后，再继续起吊至比柱顶高 30cm，此时进行空中回转或平移就位。在移至设计位置上空后，四台起重机同时落钩，并通过设在网架四角的拉索和倒链拉动网架进行对线，将网架落到柱顶就位。

d. 两侧抬吊采用四台起重机将网架吊过柱顶，同时向一个方向旋转一定距离，即可就位。

e. 就位后，检查网架各轴线及支座情况，如超出设计及施工规范要求，应重新吊起、就位，禁止撬杠撬动支座，防止杆件产生弯曲。

⑤ 整体顶升法：系利用支承结构和千斤顶将网架整体顶升到设计位置。

a. 顶升用的支承结构一般多利用网架的永久性支承柱，亦可在原支点处或其附近设置临时支架。支承柱或支架缀板间距根据千斤顶的尺寸、冲程、横梁尺寸等确定，应恰为千斤顶使用行程的整数倍，其标高差不得大于 5mm。支承柱或支架应按悬臂柱验算其承载力，荷载应按施工平面布置竖向荷载加施工时的偏心荷载及风载。

b. 顶升千斤顶可采用普通液压千斤顶或丝杠千斤顶。其负荷能力，液压千斤顶取额定负荷的 0.6～0.8 倍；丝杠千斤顶取额定负荷的 0.4～0.6 倍。

c. 网架多采用伞形柱帽方式，在地面按原位整体拼装，由四根角钢组成的支承柱（临时支架）从腹杆间隙中穿过，在柱上设置缀板作为搁置横梁、千斤顶和球支座用。

d. 网架总拼装完成后，所有焊缝隙均须进行外观检查，并做出记录。对大、中跨度钢管网架的拉杆对接焊缝，应作无损伤检查，还应对网架的外形和几何尺寸进行验收并测量网架的挠度值，做出记录，符合要求后，方可顶升。

e. 顶升时应同步，要求各千斤顶的行程和起重机速度一致，各顶升点之间的差异不得大于相邻两支承柱（支架）间距的 1/1000，且不大于 30mm；在一个支承柱（支架）上设有两个或两个以上千斤顶时，不大于 10mm。当发现网架高差值过大，可采取在千斤顶下垫斜垫或有意造成反向升差逐步纠正。

f. 顶升过程中，网架支座中心对柱基轴线的水平偏移值，不得大于柱截面短边尺寸的 1/50 及柱高的 1/500，以免导致支承结构失稳。

g. 网架顶升完毕固定后，经检查合格，方可拆除千斤顶和支架，应分区、分段、按比例、对称进行。

⑥ 提升机提升法：系在结构柱上安装升板工程用的电动穿心式提升机，将地面正位拼装的网架直接整体提升到柱顶横梁就位。

a. 提升点设在网架四边的中部，每边 7～8 个点。网架提升点部位适当加固，以防变形。

b. 提升设备的组装系在柱顶加接短钢柱。上安工字钢上横梁，每一吊点安放一台 30t 电动穿心式提升机，提升机的螺杆下端连接多节长 1.8m 的吊杆，下面连接横吊梁，梁中间用钢销与网架支座钢球上的吊环相连接。在钢柱顶上的横梁处，又用螺杆连接着一个下横梁，作为拆卸吊杆时的停歇装置。

c. 网架提升时，当提升机每提升一节吊杆后（升速为 3m/min），用 U 形卡板插入下横梁上部和吊杆上端的支承法兰之间，卡住吊杆，卸去上节吊杆，将提升螺杆下降与下一节吊杆接好，再继续上升，如此循环往复，直到网架升至托梁以上，然后把预先放在柱顶牛腿的托梁移至中间部位，再将网架下降在托梁上，即告完成。

d. 网架提升时应同步，每提升 60～90cm 观测两次，控制相邻两个提升点高差不大于 25mm。

4. 施工总结

① 网架杆件加工应严格控制几何尺寸，允许误差为 ±1mm，如出现杆件安装不上，应找出原因，不允许随意截管。

② 小拼、中拼胎具尺寸必须符合高精度要求，按钢结构施工验收规范允许偏差执行，以避免出现累积误差，影响整个安装质量。

③ 网架材料的焊接应先进行焊接工艺试验，合格后，方准许大量施焊。球管对接焊缝和按设计要求的拉杆必须全部焊透；对空心球的质量应进行抽检；安装时对轴线标高要进行复核。

④ 网架杆件、小拼单元在总拼前宜先刷面漆 1～2 遍，以减少高空作业。网架完成后再刷两遍面漆。对焊接、安装碰坏或油污损伤的部位，应经磨砂处理后补涂底漆、面漆。油漆种类、性能及漆膜层数、厚度，应符合设计要求。

⑤ 钢网架采用高空滑移法或多机抬吊法安装时，吊点必须经计算确定并经试吊、检查，无变形损伤现象时，方可正式安装。

第二节 ▶ 防腐工程施工

一、水玻璃类防腐

1. 施工现场照片

水玻璃类防腐施工现场照片如图 7-13 所示。

图 7-13 水玻璃类防腐施工

2. 注意事项

① 水玻璃胶泥、砂浆、混凝土铺砌、浇筑成品不得接触碱液、氢氟酸和氟硅酸。

② 水玻璃胶泥、水玻璃砂浆补砌的砖板、条石及水玻璃砂浆抹面、水玻璃混凝土、水玻璃混凝土槽罐、基础、地面等，在养护完毕、酸化处理前，严禁与水和蒸汽接触，不得在其上踩踏或敲击，不准堆放、搅拌任何材料，也不准进行施工。

③ 水玻璃混凝土整体槽罐为承重、防腐合一设备，在拆模、吊装、运输的过程中，严防剧烈振动、碰冲，以防出现裂缝，影响使用。

3. 施工做法详解

施工工艺流程 ❯❯❯❯❯

铺砌块材→砂浆抹面→混凝土施工→养护与拆模→酸化处理。

（1）铺砌块材

① 施工前应将块材和基层表面清理干净。

② 当铺砌砖、板时，一般采用揉挤法，先在基层与块材结合面上分别涂抹一层胶泥，然后砌上轻轻揉挤，使胶泥从缝中挤出并找平，挤出的胶泥随即刮去。铺砌其他块材时，采用坐浆填缝法。为了保证灰缝的宽度且不产生裂纹，当衬砌就位下一块砖时，应将上块砖板用手压住，防止移动。

③ 立面铺砌块材时，应防止变形。在水玻璃胶泥或水玻璃砂浆终凝前，一次铺砌的高度以不变形为限，待凝固后再继续施工。平面铺砌块材时应支顶，防止滑动。

（2）砂浆抹面

① 水玻璃砂浆应分层涂抹，每层涂抹厚度为：立面不大于 5mm，平面不大于 10mm，总厚度应符合设计要求，一般为 15～30mm。

② 水玻璃砂浆涂抹时，应用力按一个方向连续抹压实，不可往复抹压。已抹好的部位不得再触动，以免产生皱皮和裂纹。

③ 每抹一层，待终凝后，检查有无脱层、空隙、皱皮和裂纹等现象，然后涂一层水玻璃稀胶泥，继续抹另一层。除表层外，其他各层用木抹子抹平，不压光，所有阴阳角均应抹成斜面或圆角。

④ 抹时如有间歇，接缝前应刷稀水玻璃胶泥一遍，稍干后再涂抹。涂抹完的面层应与基层结合牢固，不得有脱层、空鼓现象。

⑤ 为避免水玻璃砂浆抹面产生收缩裂缝，可用分块（2m×2m 或按设计要求）抹成的方法进行。分块缝可按施工缝处理，也可采用其他材料勾缝。

（3）混凝土施工

① 模板应支撑牢固，拼缝严密，表面平整，并应涂矿物油脱模剂。

② 水玻璃混凝土的搅拌、运输、浇筑等各道工序必须在初凝前完成。

③ 当采用插入式振动器振捣时，混凝土每层浇筑厚度不宜大于200mm，插点间距不应大于作用半径的1.5倍，振动器应缓慢地边振边拔，不得留有孔洞。当采用平板式振动器和工人捣实时，每层浇筑厚度不应大于100mm。

④ 当浇筑高度大的坑壁时，应分层连续浇筑，上一层应在下一层初凝前完成，避免留施工缝，但对耐酸贮槽的浇筑，必须一次浇筑完成，严禁留设施工缝。

⑤ 采用附着式振动器振捣小型槽罐时，可在连续振动下缓慢加料，并用扁头长钎插捣，防止石子卡于钢筋上。每次浇筑高度可为400～500mm。

⑥ 当混凝土浇筑超过初凝时间，应待下一层凝固后，按施工缝的施工方法处理。

⑦ 在施工缝处继续浇筑水玻璃混凝土时，应将该处打毛清理干净，薄涂一遍水玻璃稀胶泥，稍干后再继续浇筑，地面施工缝应做成斜槎。

⑧ 最上层捣实后，表面应在初凝前压实抹平。

⑨ 水玻璃混凝土地坪应在已做防腐、防渗层并涂刷水玻璃胶泥的基层上浇筑。小面积的可一次浇筑完毕，有伸缩缝的可按伸缩缝分块浇筑，不留伸缩缝的整体地面可分块交错进行浇筑，接缝按施工缝处理。

⑩ 地面浇筑自流式应由低向高处进行，随时控制平整度和坡度，边振平边压光，以免结皮抹压困难。

（4）养护与拆模

① 水玻璃类材料在不同养护温度下的养护期应符合表7-1的规定。

表 7-1　水玻璃类材料的养护期

养护温度/℃	10～20	21～30	31～35
养护时间/d	≥12	≥6	≥3

② 水玻璃类材料最佳养护条件的温度是25～30℃，相对湿度60％～80％。

③ 水玻璃类材料在施工养护期间，防止曝晒，严禁与水和蒸汽接触，并防止早期脱水过快。

④ 水玻璃混凝土在不同养护温度下的拆模时间应符合表7-2的规定。

表 7-2　水玻璃混凝土的拆模时间

环境温度/℃	10～15	16～20	21～30	31～35
拆模时间/d	≥5	≥3	≥2	≥1

⑤ 承重模板的拆除，应在混凝土抗压强度达到设计强度的70％时方可进行。拆模时应稳、轻，严防剧烈振动。拆模后不得有蜂窝、麻面、裂纹等缺陷。当有上述缺陷时，应将该处的混凝土凿去，清理干净，薄涂一层水玻璃稀胶泥，待稍干后用水玻璃胶泥或水玻璃砂浆进行修补。

（5）酸化处理

① 水玻璃类防腐蚀工程养护后，应采用浓度为20％～25％的盐酸或30％～40％硫酸或35％～40％的硝酸作表面酸化处理。一般多采用硫酸进行酸化处理。

②酸化处理次数不宜少于3次，每次间隔时间不少于8h，每次处理前应清除表面的白色析出物。

4. 施工总结

① 水玻璃类防腐蚀工程施工的环境温度，宜为15～30℃；相对湿度不宜大于80％。当环境

温度低于10℃时，应采取加热保温（如电热、热风、暖气等）措施；原材料使用时的温度，不应低于10℃。

② 水玻璃在装运及贮存直至使用时，应防止受冻。当受冻时，可通过加热并充分搅拌均匀后方可使用。

③ 配制好的水玻璃类材料不得随意添加材料，改变配合比，并自加入水玻璃算起在30min内用完。

④ 水玻璃类材料不耐碱，使用脱模剂、隔离层、预埋件涂料均应用非碱性材料。

⑤ 水玻璃材料对高浓度的硫酸、盐酸、硝酸及各种有机酸均耐腐蚀，但对氢氟酸、氟硅酸、高温磷酸、碱和碱性盐类溶液均不耐腐蚀，同时不能经受稀酸和水的长期作用，不能用作食品工业和医药工业的容器、贮罐。

二、硫黄类防腐

1. 施工现场照片

硫黄类防腐施工现场照片如图7-14所示。

2. 注意事项

（1）施工完成的硫黄防腐蚀工程不得在其上进行电、火焊作业，必须进行时，其表面应覆盖厚100mm以上的砂作隔离层。

（2）已完成的硫黄胶泥、硫黄砂浆浇灌的块材面层及硫黄混凝土，不得经受强烈冲击、碰冲。

图7-14　硫黄类防腐施工

（3）硫黄胶泥和硫黄砂浆浇灌的块材面层，经养护2h以上方可使用；硫黄混凝土浇筑的设备基础、贮槽等构筑物，必须经养护24h以上方可使用。

3. 施工做法详解

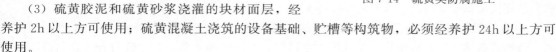
施工工艺流程

浇灌块材→硫黄混凝土施工。

（1）浇灌块材

① 浇灌块材应先弹线和试排，在基层上弹出纵横控制线，再在纵横方向安排好的尺寸和标高铺一行，以此作为基准，控制面层的平整度和坡度。如有地漏，应由四周向地漏方向做放射形拉线。

② 浇灌前，块材应干燥预热。当环境温度低于5℃时，必须预热，预热温度不应低于40℃。

③ 铺砌顺序应由低往高，先地沟后地面，最后铺砌踢脚板或墙裙。铺砌平面与立面交角接头时，阴角处立面块材应压住平面块材，阳角处平面块材应压住立面块材。将面层块材搭进管壁内缘。

④ 硫黄胶泥、砂浆一般用灌注法施工。平面铺砌时，把预热到40℃的块材按控制线和拉线空铺，块材与基层间用与结合层同厚的硫黄胶泥或陶瓷小块在四角垫平、垫稳，使缝隙互相灌通，块材面接缝平整。一般结合厚度：对砖板块材为6～8mm；对条石为10～15mm。灰缝宽度：对砖、板块材为5～8mm；对条石为8～12mm。

⑤ 面积较大的块材面层，应分段行浇灌，段、行边缘用玻璃条插入砖板缝中隔开，并留出排气孔。

⑥ 平面浇灌的顺序应沿坡度方向自低而高，由一端向另一端进行。浇灌时应设若干浇灌点，同时连续进行浇灌，至该段全部灌满为止。浇注工具用铁罐、勺即可。浇注温度宜为135～

145℃。灌注宜略高于板面，以备收缩。

⑦ 每灌完一段，待冷固后，用热刮刀将板缝表面多余的胶泥（或砂浆）削去，如灰缝不饱满或凹凸不平，可以用补灌、热熔铁烫平等方法处理。烫平温度应为140～160℃。

⑧ 灌注立面，每段以长不超过1m，高不超过五皮砖或两块板为宜。结合层垫块用水玻璃胶泥与砖板粘牢，板材外侧应用方木撑牢。砖、板缝表面用水玻璃贴玻璃带临时粘牢封严。当贴双层砖板应逐层进行，相互错开1/4～1/2块材长，先灌完内层，并冷固后再灌外层。灌注应从3～4个口同时进行，由最低一行开始，铺设一行，灌注一行，每行灌注四分之三高度。

⑨ 立面铺贴，为提高块材铺砌速度，亦可预制成大块进行铺贴，用木框来控制外部尺寸，预制块高600mm以内。方法是将块材反铺（正面向下）在平整的底板上，底板面应先薄涂矿物油脱模剂，块材间留出灰缝的高度，边缘处由木框封严。浇灌硫黄胶泥或硫黄砂浆时，不应高出块材面，高出块材面上的胶泥或砂浆应铲平（可回收重熬使用），使用时平整面向上。

⑩ 硫黄胶泥、硫黄砂浆一般灌注3～5min即可固化。施工完后，即可使用。铺贴完后，如有空鼓、裂缝，应撬开重新灌注。

（2）硫黄混凝土施工

① 硫黄混凝土灌注应先支好模板。模板应支撑牢固，拼缝严密，表面平整、干燥，并薄涂脱模剂（一般采用矿物油）。施工缝的模板不应涂脱模剂。

② 结构内如有配筋，在下料前应除锈。在绑扎之前应涂刷或浸蘸一遍硫黄胶泥或硫黄砂浆。保护层厚度一般不小于35mm，用带有细铁丝的硫黄胶泥垫块绑在钢筋上，以控制保护层厚度。

③ 粗骨料必须干燥，并应预热，然后浮铺在模板内整平，每层厚度不宜大于400mm。浇灌硫黄胶泥或硫黄砂浆时，粗骨料的温度应为40～60℃。

④ 在铺粗骨料前预埋浇灌孔，方法是将直径约50mm的钢管，按300～400mm间距预先埋入，待粗骨料铺完后，将钢管缓慢抽出。亦可埋入断续的小瓷管，孔道应对齐，管间留出间隙并垫稳，浇灌后不再取出。

⑤ 浇灌时，将温度为135～145℃的硫黄胶泥或硫黄砂浆同时向预留的各浇灌孔浇灌，至全部灌满为止，中间不得中断。

⑥ 浇灌平面时，应分块进行，每块面积2～4m²，待一块灌完并冷固收缩后（一般为2h），再浇灌相邻块。

⑦ 硫黄混凝土面层表面应露出石子，最后用硫黄胶泥找平。浇灌立面时，每层硫黄混凝土的水平施工缝，亦露出石子；垂直施工缝应相互错开。在浇灌第二层硫黄混凝土或做表面找平层前，应将下一层硫黄混凝土表面收缩孔中的针状物凿除。

⑧ 硫黄混凝土也可先制成较大的预制块，然后浇灌成整体。预制方法是：将活动侧模板放置在平整的钢底模上，钢板表面薄涂一层矿物油。在模板底部先浇灌一层约3mm厚的硫黄胶泥或硫黄砂浆，作为预制块的面层。再将干燥并预热的粗骨料浮铺在硫黄胶泥或硫黄砂浆层上，留出浇注孔，即可浇灌硫黄胶泥或硫黄砂浆，待冷固后方可拆模。硫黄混凝土预制块铺砌的操作方法同铺砌块材。为使其整体性好，宜事先在砌块与砌块的接触面用烙铁烫毛，使用时平整面向上或朝外。

4. 施工总结

① 硫黄类防腐蚀工程的施工环境温度不宜低于5℃，相对湿度不应大于80%；当施工环境温度低于5℃时，块材浇灌前应预热，预热温度不应低于40℃，熬制好的胶泥或砂浆，在运输过程中应有保温措施；对已浇灌的块材表面，应立即覆盖保温。

② 施工中使用的材料、器具以及堵缝材料，必须保持清洁、干燥，不得沾有泥土、油污、

杂质。原材料进场后应放入仓库内，防止雨淋。浇灌孔预留后要妥加保护，不得堵塞。

③ 硫黄类防腐蚀材料不得用于浓度大于40％的硝酸及强碱作用的部位；不宜用于温度高于80℃的部位；不得用于明火接触的部位；不宜用于室外温度变化较大或受机械及重力冲击作用的部位。

三、树脂类防腐

1. 施工现场照片
树脂类防腐施工现场照片如图7-15所示。

2. 注意事项
① 合理安排施工程序，避免在砖板铺砌完后，再开凿孔洞或行走，损坏面层；操作人员应穿软底鞋。

② 未经养护固化的地面，在检查验收、交付使用前，应妥加保护防止污染；不得踩踏、堆放物品，不得受到敲击或振动；不得与水、蒸汽和腐蚀介质接触。

图7-15 树脂类防腐施工

③ 未经安装和热处理的衬里设备、槽罐等，应避免受到冲击，并保持一定的环境温度，应防止受其他物质的浸蚀和污染。

④ 搬运、吊装槽罐等设备时，必须平稳，不受碰撞振动；安装时严防铁件、工具等冲击设备、槽罐，也要防止铁件、工具掉入设备、槽罐内或地面上。安装找正时，不得用撬杠撬动衬里。安装配管时，不得使配管接口弯扭，而损坏衬管和法兰面胶泥。

3. 施工做法详解

施工工艺流程
树脂玻璃钢施工→树脂材料铺砌块材、勾缝和灌缝施工→树脂材料整体面层施工。

（1）树脂玻璃钢施工 玻璃钢的施工，现场广泛采用手糊法，手糊法又分间断法和连接法两种。酚醛玻璃钢的施工必须采用间断法。

① 间断法铺贴施工。

a. 在基层表面均匀地薄薄涂刷打底料，自然固化不少于12h。酚醛玻璃钢和呋喃玻璃钢在施工时应涂两遍环氧类树脂作打底料，自然固化不宜少于24h。

b. 基层表面凹陷处，用腻子修补填平，自然固化不少于24h。酚醛玻璃钢应用环氧腻子刮平，修平表面后进行衬布施工。

c. 铺贴顺序一般为先立面后平面，先细部（如沟道、孔洞处）后大面，先上后下，先里后外，先壁后底。

d. 衬布前，要根据结构形状和尺寸进行下料剪边。平面可用整幅玻璃布一次连续成型，复杂部位应先放样编号，然后裁剪。裁剪好的玻璃布不应折叠，应平铺或成卷存放。

e. 操作时，先在基层上均匀涂刷一层衬布胶料，随即衬上一层玻璃布，用沾有胶料的毛辊在玻璃布上滚压，使玻璃布浸透胶料，与基层紧贴，并用赶泡辊将层间的气泡赶出，胶料应饱满，自然固化24h，修整表面后，再按上述衬布程序铺衬以下各层玻璃布。如此反复，直至铺衬至设计要求的层数和厚度。

f. 每间断一次，均应仔细检查衬布层的质量，如有毛刺、脱层、胶液流挂和气泡等缺陷，应进行打磨清除并修补。

g. 衬布时，同层布的搭接宽度不应小于50mm，搭接应顺物料流动方向。上下两层布的接缝互相错开，错开距离不得小于 50mm。阴阳角处应增加 1～2 层玻璃布。圆角及圆口翻边处应将玻璃布剪开贴紧。

h. 玻璃布贴衬完毕自然固化 24h 后，即可均匀涂刷第一道面层胶料，自然固化 24h 后再涂刷第二道面料。

② 连续法铺贴施工。

a. 连续法铺贴施工除衬布需连续进行外，其打底、刮腻子和涂面层胶料施工均与间断法相同。衬布应连续铺设到设计要求的层数或厚度，并应自然养护 24h，然后进行面层胶料的施工。

b. 衬布一般采用鱼鳞式搭接，即在铺完第一块布后，第二块布以半幅宽度搭铺在第一幅布上，另半幅铺在基层上，第三块布又以半幅宽搭在第二块上，另半幅铺在基层上，如此连续贴衬，即形成两层布衬里。贴第三、四、五层时，每块布与前一块布的搭接宽度分别为 2/3、3/4、4/5，一次连续铺贴层数可根据实际情况而定。

③ 当采用玻璃钢作隔离层时，其打底、刮腻子、衬布的施工与均匀间断法铺贴施工相同。在铺完最后一层布后，应涂刷一层面层胶料，同时应均匀稀撒一层粒径为 0.7～1.2mm 的石英砂。

(2) 树脂材料铺砌块材、勾缝和灌缝施工

① 在水泥砂浆、混凝土或金属基层上铺砌块材时，基层表面应均匀涂刷一遍打底料，以增强黏结。固化后再进行块材铺砌。当采用酸性固化剂配制胶泥时，应先涂刷两遍环氧树脂类打底料，以免基层受酸性腐蚀，影响黏结。当基层上有玻璃钢隔离层时，可涂刷一遍与衬砌用树脂相同的打底料，然后进行块材的铺砌。

② 块材铺砌应采用揉挤法，即先将胶泥（或砂浆，下同）按一半结合层厚度铺在基层上，随取出将刮有胶泥的板块材用力揉挤铺上，找正，并用刮刀刮去缝内挤出的胶泥。铺砌花岗岩石及其他条石块材应采用坐浆法。

③ 结合层和灰缝的胶泥应饱满密实，并应采取防止块材滑移的措施。

④ 立面块材的连续铺砌高度，应与胶泥硬化时间相适应，并应采取支撑、楔缝等措施，防止砌体受压变形。

⑤ 铺砌块材时，应在胶泥初凝前，将缝填满压实，灰缝的表面应平整光滑。

⑥ 铺砌块材需勾缝或灌缝时，可用木条预留缝隙，勾缝与灌缝必须在铺砌块材用的胶泥或砂浆养护结硬干燥后进行。灰缝应清理干净，不得沾有污垢。操作时先在缝内涂刷一遍环氧树脂打底料，干燥后用刮刀将胶泥或砂浆用力填满缝隙，并将缝内压实，表面光滑并压平整，不得留有空隙、气泡。

(3) 树脂材料整体面层施工

① 树脂稀胶泥整体地坪施工。

a. 基层应干净、干燥，并均匀涂刷一遍打底料。

b. 在打底料硬化后，将稀胶泥摊铺在基层表面上，用锯齿形刮板按设计要求厚度将稀泥刮平。间歇时施工缝应做成斜槎。继续施工时，应将斜槎清理干净，涂一层接浆料，然后继续摊铺。

c. 对要求做面层胶料的工程，待胶泥硬化干燥后，在其上再均匀涂刷面层胶料一遍或刮涂一层稀胶泥，使表面光滑密实。

② 树脂砂浆整体地坪和防腐面层施工。

a. 基层上应先均匀涂刷打底料，表干后，再涂刷一遍打底料，同时均匀稀撒一层粒径为 0.7～1.2mm 的砂粒，硬化后进行树脂砂浆的施工。

b. 将砂浆摊铺在基层的表面，摊铺时可用塑料或钢条控制摊铺的厚度。铺好的树脂砂浆，应立即压实抹光。

c. 树脂整体防腐蚀面层施工，应一次连续摊铺完成，必须留施工缝时，应留斜槎。当继续施工时，应将留槎处清理干净，边涂刷打底料，边继续摊铺施工。

d. 对要求做面层胶料的工程，应均匀涂刷面层胶料或刮涂一层稀胶料。当进行两层胶料的施工时，第一层胶料硬化后，再进行第二层胶料的施工。

4. 施工总结

① 树脂类材料施工环境及各种材料的使用温度，以 15～30℃ 为宜，相对湿度不宜大于 80%，低于 15℃ 时，应采取保温加热措施。

② 砌衬用的树脂胶泥，在使用中一般情况下不宜加入稀释剂。当树脂稠度较大时，可适当加入稀释剂，其用量一般不得超过 10%。

③ 玻璃钢施工，当使用石蜡型玻璃布时，使用前应在 300～350℃ 下烘烤 2～5min 进行脱蜡处理，以增强黏结。

④ 配制好的树脂类材料，不得随意添加材料改变配合料。

四、板块材块防腐

1. 施工现场照片

板块材块防腐施工现场照片，如图 7-16 所示。

2. 注意事项

① 配制胶泥用的各种原材料和砖材、管石材等，质量必须符合要求，规格齐全，并储备足够的数量。

② 材料堆放场地和施工场地应平整、洁净，无积水。

图 7-16　板块材块防腐施工现场

③ 砖板块材应事先清洗、干燥，经过挑选后按规格、尺寸公差分类堆放。做好原材料、砖、板、管、石材和施工场地的防雨、防潮、防晒和防寒等各项措施。

④ 备齐施工机械设备，检查并试运转，使其处于良好状态。电源、低压照明设备、通风送风加热装置以及各种工具准备齐全，并有一定的备用量。

3. 施工做法详解

工艺流程 ≫≫≫
基层表面处理→砖板加工→块材铺砌。

（1）基层表面处理

① 对混凝土基层应用钢丝刷将表面清除干净后，再刷不含酸性固化剂的稀胶泥或底漆两遍。

② 对符合要求的钢基层，可采用喷砂、机械或人工等方法除锈，除锈后应立即涂刷稀胶泥或底漆；应涂刷均匀，不得漏涂或流挂。

③ 对已做隔离层的基层，应在清理干净后刷稀胶泥或底漆。

（2）砖板加工

① 机械切割：采用人造金刚砂锯片切割，加工规整，不易破损。

② 切割器切割：采用手动瓷片切割器，亦可用电热切割器，绕在加工位置上加热切割。

③ 烧割：采用两块浸过水的石棉布包在铸石板或管上，留出一条加工线，用乙炔焰烧烧 1～2min 即断开。

④ 手工加工：用特制小锤和工具钢扁凿，对板材进行加工。

（3）块材铺砌

① 块材铺砌前应进行试排，试排时按砖的长度挑选，同一排（环）铺砌应采用相同长度的块材砌衬。平面块材铺砌，应拉线控制面层的平整度和坡度，先按纵横向各铺砌一行，作为基准，然后每行采用同宽度的砖板铺砌。

② 铺砌时，铺砌顺序应由低往高，先地坑、地沟，后地面、踢脚板或墙裙。阴角处立面块材应压住平面块材，阳角处平面块材应盖住立面块材。块材铺砌不应出现十字通缝，多层块材不得出现重叠缝。

③ 块材的结合层及灰缝应饱满密实，黏结牢固，不得有疏松、裂纹和起鼓现象，灰缝的表面应平整，灰缝的尺寸根据所采用材料面不同而不同。

4. 施工总结

铺砌基层应进行检查验收。基层应坚固、密实、平整，无蜂窝、麻面，干净、干燥，在深为 20mm 的厚度层内，含水率一般不应大于 6％；如不合要求应进行处理。坡度应符合设计要求，阴阳角应做成圆弧。钢基层表面应平整，无焊疤、毛刺、焊瘤和凹凸不平等现象，表面锈蚀应除净。

五、聚氯乙烯塑料防腐

图 7-17　聚氯乙烯塑料防腐施工

1. 施工现场照片

聚氯乙烯塑料防腐施工现场照片如图 7-17 所示。

2. 注意事项

① 防腐蚀面层施工完成后，应防止利器划破、戳穿、打凿。

② 在面层上进行设备管线安装、焊接作业，应加以保护，防止碰撞和明火灼烧。

③ 塑料面层应避免与甲苯、乙醚、脂肪酸接触。

3. 施工做法详解

施工工艺流程 >>>>>

划线→锯切、刨坡口→铺贴→整平→焊接。

（1）划线　将整张板材按需防腐结构的实际尺寸划线、排料，要求紧凑，使用合理，尽量减少接缝和边角废料。

（2）锯切、刨坡口　划好线的板材，用圆盘锯、带锯或手工锯锯切，注意控制锯切速度和方向。在板与板或管与管需焊接处应刨成坡口，粘接时坡口多做成同向顺坡，焊接时多做成"V"形坡口，要求坡口平整，角度准确。

（3）铺贴　一般由中间向四边进行，需粘合的板底先用砂纸或喷砂打成毛面。铺时基层应干燥，基层与板底上各刷涂胶黏剂两遍。一般软板用氯丁酚醛、氯丁橡胶胶黏剂或沥青橡胶、过氯乙烯胶黏剂；硬板用聚氨酯和过氯乙烯胶黏剂。两遍涂刷方向互相垂直，且在第一遍不粘手时涂刷第二遍，待第二遍略干时即可粘贴。

（4）整平　软板应用辊子滚压，赶出气泡。然后在板上铺塑料薄膜，用热砂加热压平，保持 2～4h。粘贴后表面应平整，无皱纹和隆起，接缝横竖顺直。

（5）焊接　通常采用电热空气焊枪。焊条直径根据被焊板材厚度选用，当焊件厚度为 2.0～

2.5mm 时，焊条直径用 2.0～2.5mm；当焊件厚度为 5.5～15.0mm 时，焊条直径用 2.6～3.0mm；当焊件厚度在 16mm 以上时，焊条直径用 3.0～4.0mm。但第一层焊条宜选用 2.0～2.5mm 的，使其易于挤出坡口要部。

焊接时焊接温度应控制在 200～240℃，喷嘴喷出温度一般控制在 230～270℃，焊接速度控制在 10～25cm/min，枪口距焊条和焊件表面保持 5～6mm，焊枪与焊件所成的角度一般为 30°～45°，焊条应垂直于焊缝表面。焊缝应高出母材表面 1.5～2.0mm，使其呈圆弧形，如要求表面平整，高出部分应用热烙铲铲去。用两条以上焊条的焊缝，焊条接头须错开 100mm 左右。操作时焊枪上下、左右抖动要均匀，并防止停留时间过长，出现烧焦、碳化现象。

4. 施工总结

① 聚氯乙烯塑料粘贴时的施工环境温度应保持在 15～30℃，空气相对湿度不应超过 70％；焊接时的环境温度应以不低于 15℃ 为宜。

② 塑料板焊接应注意掌握温度和速度，聚氯乙烯塑料在 180℃ 以上就处于黏流状态，附加不大的压力即可彼此黏结。如焊接温度过低、焊接速度太快，会造成焊件或焊条不能充分熔化、焊不透；如焊接温度过高，焊接速度太慢，则可能造成焊缝过火、焦化现象。焊焦后的材料耐腐性能下降，应铲除重焊。

③ 塑料粘贴完成后应进行养护，养护时间随所用胶黏剂固化期而定，硬化前不得使用或扰动。为缩短硬化时间，有条件时可采用室内加温或放置热砂袋等方法促凝。

④ 当胶黏剂达不到剥离强度指标或发生自动脱胶现象，不能满足耐腐蚀要求时，应在接缝处用焊条封焊加强。

⑤ 施工中如发现焊接不牢、未焊透，焊接处出现可见断续小裂缝，用焊枪吹烤，焊缝会自然裂开，或塑料板之间的坡口空隙未被焊条均匀填平，有的凹陷，有的凸起，宽窄不一致等缺陷时，应用焊枪边吹边用铲刀去掉疵病部位，借助热空气将修补处加工成坡口，再按尺寸裁剪新塑料板补焊。在重要防腐部位，可采用覆板补救方法，即按有缺陷部位的尺寸裁剪新塑料板条，然后用胶黏剂粘盖其上，四周再用焊条焊牢。

六、涂料类防腐

1. 施工现场照片

涂料类防腐施工现场照片，如图 7-18 所示。

2. 注意事项

① 涂料防腐蚀工程施工完后，在没有充分实干前应保持洁净，防止灰尘及其他油污污染。

② 已涂覆防腐涂料的设备及构件吊运时，涂层与钢丝绳接触的部位，应用橡皮或破布、麻袋垫好，以防损坏涂层。

③ 耐酸涂料应防止与碱性介质接触，耐碱涂料应防止与酸性介质接触。

图 7-18　防腐涂料喷头施工

3. 施工做法详解

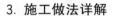

磷化底漆的配制与施工→过氯乙烯漆的配制与施工→沥青漆的配制与施工→酚醛树脂漆的配制与施工→环氧树脂漆的配制与施工。

（1）磷化底漆的配制与施工

① 磷化底漆配合比为：底漆：磷化液＝4：1（重量计）。配制时，应先将搅匀的底漆放入

非金属容器中，边搅拌边慢慢加入磷化液，混合均匀放置 30min 后方可使用，并应在 12h 内用完。

② 磷化底漆施工黏度宜为 15s。稀释剂配合比为：工业乙醇：丁醇＝3：1（重量计）。

③ 磷化底漆一般涂覆一层，厚度宜为 8～12μm，耗漆量宜为 80g/m^2，宜采用喷涂法施工。当采用刷涂时，不宜往复进行。

④ 涂覆磷化底漆 2h 后，应立即涂覆配套防腐蚀涂料的底漆，涂覆时间不得超过 24h。

（2）过氯乙烯漆的配制与施工

① 当基层为水泥砂浆、混凝土及木质基层时，应先在其上用过氯乙烯防腐清漆打底，再涂覆过氯乙烯底漆。当基层为金属基础时，喷砂处理后，应先涂覆磷化底漆，再用过氯乙烯底漆打底；人工除锈时，除锈后应用铁红醇酸底漆或铁红环氧酯底漆打底；底漆实干后，方可进行各涂层的施工。

② 过氯乙烯漆必须配套使用，按底漆、磁漆、清漆（面漆）的顺序施工，并应在底漆与磁漆或磁漆与清漆之间涂覆过渡漆，其配合比为：底漆：磁漆＝1：1 或磁漆：清漆＝1：1（重量计）。

③ 过氯乙烯漆的施工除底漆和其他配套底漆外，应连续进行。如前一层漆蜡已实干，在涂覆下层漆时，宜先用 X-3 过氯乙烯漆的稀释剂喷润一遍。

④ 过氯乙烯漆的施工，宜采用喷涂；当采用刷涂时，不宜往复进行。

⑤ 过氯乙烯漆的施工黏度：喷涂时应为 14～25s；刷涂时，底漆应为 30～40s，磁漆、清漆、过渡漆应为 20～40s；调整黏度的稀释剂应用 X-3 过氯乙烯漆稀释剂，严禁使用醇类稀释剂或汽油。

⑥ 漆膜层数一般不小于 6 道；底漆 1 道，过滤漆 1 道，磁漆 1～2 道，过渡漆 1 道，清漆 1～2 道。每道厚度：底漆 20～25μm，磁漆 20～30μm，清漆 15～20μm。

⑦ 当施工的环境湿度大于 70％时，漆膜易发白，宜减少稀释剂用量，在稀释剂内可加入 30％的 F-2 过氯乙烯漆防潮剂或醋酸丁酯。

（3）沥青漆的配制与施工

① 在水泥砂浆、混凝土及木质基层上，应先用稀释的漆酚树脂清漆打底，再刮腻子，涂刷底漆。当需衬布时，可在底漆上贴衬浸透漆酚树脂的纱布，衬布应贴紧压实，不得有气泡；在金属的基层上，应用漆酚树脂底漆或漆酚环氧漆直接打底。底漆实干后，再进行过滤漆、面漆的施工。每层漆应在前一层漆实干后涂刷，施工的间隔一般为 24h。

② 漆酚树脂漆的施工环境温度宜为 15～30℃，相对湿度宜为 75％～85％，当现场湿度低于 75％时，应采用加湿措施。当涂料干燥速度减慢时，可在涂料中添加涂料量 0.5％的醋酸铵或 0.5％的二氧化锰。当施工环境温度低于 15℃时，保养期应为 15～30d。

③ 漆膜涂刷一般不少于 4 道：底漆一道，过渡漆一道，面漆二道。每道涂层厚度为 25～30μm。

④ 漆酚树脂漆的施工黏度应为 30～50s。当黏度过大时，可用丁醇：二甲苯＝1：1（重量计）混合液或二甲苯进行稀释。

（4）酚醛树脂漆的配制与施工

① 在水泥砂浆、混凝土及木质基层上，宜先用清漆：稀释剂＝3：1 的酚醛清漆打底，再涂刷红丹酚醛防锈漆或铁红酚醛耐酸漆。每层漆应在前一层漆实干后涂刷，施工的间隔一般为 24h。酚醛耐酸漆也可不用底漆，直接涂刷在金属和木质的基层上。

② 漆膜涂层数一般不少于 3 道，底漆 1 道，面漆 2 道，每道涂层厚度为 25～30μm。

③ 刷涂时的施工黏度应为 30～50s。当黏度过大时，可用 200 号溶剂油或松节油进行稀释。

（5）环氧树脂漆的配制与施工

① 环氧树脂漆包括环氧酯底漆、胺固化环氧树脂漆和胺固化环氧沥青漆。环氧酯底漆为单组分，胺固化环氧树脂漆、胺固化环氧沥青漆均为双组分。配合比应按产品说明书，使用时将两组分按配比准确称量，混合搅匀，并放置 1h 左右预反应后方可使用，并宜在 6h 内用完。

② 在水泥砂浆、混凝土及木质的基层上，宜先用清漆：稀释剂＝5：1～7：1（重量计）的稀释清漆打底，然后再涂刷环氧酯底漆或环氧沥青底漆；在金属的基层上应用环氧酯底漆或环氧沥青底漆直接打底。底漆实干后再进行其他各层漆的施工，每层漆应在前一层漆实干后涂刷，施工的间隔一般为 6～8h。

③ 施工黏度，刷涂时应为 30～40s；喷涂时应为 18～25s。当黏度过大时，可用稀释剂稀释，环氧酯底漆、胺固化环氧树脂漆使用的稀释剂，其配合比为：二甲苯：丁醇＝7：3（重量计）；胺固化环氧沥青漆使用的稀释剂，其配合比为：甲苯：丁醇：环己酮：氯化苯＝7：1：1：1（重量计）。

4. 施工总结

① 防腐蚀涂料的配制应采用同厂、同品种牌号的涂料，不同厂家、不同品种的防腐蚀涂料，当需掺合使用时，应经试验确定，未经试验的不得掺合使用。

② 防腐蚀涂料与稀释剂在贮存、施工及干燥过程中，不得与酸、碱及水接触。严禁明火，并应防尘、防曝晒。

③ 使用防腐蚀涂料时，应先搅拌均匀，当有碎漆皮及其他杂物时，必须过筛除净后，方可使用。开桶使用的剩余涂料，必须密封保存。含有固化剂的合成树脂涂料，应根据品种随配随用，配制量以能在 30～45min 内用完为宜。

④ 防腐蚀涂料工程的施工环境温度宜为 15～30℃，相对湿度不宜大于 80%；施工时应通风良好，不得在雨、雾、雪天进行室外施工；不宜在强烈日光照射下施工。

⑤ 防腐蚀涂料刷涂、喷涂都应均匀，不得漏涂。施工的工具应保持干燥、清洁。

⑥ 防腐蚀漆涂（喷）刷，在前一遍漆未干前不得涂刷第二遍漆，全部涂层完成后，应自然干燥 7d 以后，方可交付使用。

第 八 章

装配式混凝土结构工程

第一节 ▶ 预制混凝土构件生产操作

一、模具组装

图 8-1 模具组装施工现场

1. 施工现场照片

模具组装施工现场照片如图 8-1 所示。

2. 注意事项

① 隔离剂必须采用水性隔离剂，且需时刻保证抹布（或海绵）及隔离剂干净无污染。

② 用干净抹布蘸取隔离剂，拧至不自然下滴为宜，均匀涂抹在底模和模具内腔，保证无漏涂。

3. 施工做法详解

工艺流程 >>>>>

模具清理→组装模具→涂刷界面剂→涂刷隔离剂→模具固定。

（1）**模具清理**　模具清理的操作要点如下。

① 清理模具各基准面边沿，利于抹面时保证厚度要求。

② 清理下来的混凝土残灰要及时收集到指定的垃圾桶内。

③ 用钢丝球或刮板将内腔残留混凝土及其他杂物清理干净，使用压缩空气将模具内腔吹干净，以用手擦拭手上无浮灰为准。

④ 所有模具拼接处均用刮板清理干净，保证无杂物残留。

（2）**组装模具**　装配式建筑构件模具组装要点如下。

① 选择正确型号侧板进行拼装，拼装时不许漏放紧固螺栓或磁盒。在拼接部位要粘贴密封胶条，密封胶条粘贴要平直，无间断，无褶皱，胶条不应在构件转角处搭接。

② 各部位螺丝校紧，模具拼接部位不得有间隙，确保模具所有尺寸偏差控制在误差范围以内。组模时应仔细检查模板是否有损坏、缺件现象，损坏、缺件的模板应及时维修或者更换。

（3）**涂刷界面剂**　涂刷界面剂的操作要点如下。

① 需要涂刷界面剂的模具应在绑扎钢筋笼之前涂刷，严禁界面剂涂刷到钢筋笼上。

② 涂刷厚度不少于 2mm，且需涂刷 2 次，2 次涂刷时间的间隔不少于 2min。

③ 涂刷完的模具要求涂刷面水平向上放置，20min 后方可使用。

④ 界面剂涂刷之前保证模具必须干净，无浮灰。

⑤ 涂刷界面剂必须涂刷均匀，严禁有流淌、堆积的现象。

（4）涂刷隔离剂　涂刷隔离剂如图 8-2 所示。

① 涂刷隔离剂前检查模具是否清理干净。

② 隔离剂必须采用水性隔离剂，且需时刻保证抹布（或海绵）及隔离剂干净无污染。

③ 用干净抹布蘸取隔离剂，拧至不自然下滴为宜，均匀涂抹在底模和模具内腔，保证无漏涂；涂刷隔离剂后的模具表面不准有明显痕迹。

（5）模具固定　模具固定如图 8-3 所示。模具（含门、窗洞口模具）、钢筋骨架对照划线位置微调整，控制模具组装尺寸。模具与底模紧固，下边模和底模用紧固螺栓连接固定，上边模靠花篮螺栓连接固定。模具与底模紧固，左右侧模和窗口模具采用磁盒固定。

图 8-2　模具涂刷隔离剂

图 8-3　模具固定

4. 施工总结

模具（含门、窗洞口模具）、钢筋骨架对照划线位置微调整，控制模具组装尺寸。模具与底模紧固，下边模和底模用紧固螺栓连接固定，上边模靠花篮螺栓连接固定。模具与底模紧固，左右侧模和窗口模具采用磁盒固定。

二、钢筋加工及安装

1. 施工示意图和现场照片

钢筋人工调直示意图和施工现场照片如图 8-4 和图 8-5 所示。

2. 注意事项

① 当采用冷拉法调直时，HPB300 光圆钢筋的冷拉率不宜大于 4％；HRB335、HRB400、HRB500、HRBF335、HRBF400、HRBF500 及 RRB400 带肋钢筋的冷拉率不宜大于 1％。

② 钢筋调直普遍使用慢速卷扬机拉直和用调直机调直。

③ 采用钢筋调直机调直冷拔低碳钢丝和细钢筋时，要根据钢筋的直径选用调直模和传送辊，并要恰当掌握调直模的偏移量和压紧程度。

④ 钢筋切断应合理统筹配料，将相同规格钢筋根据不同长短搭配，统筹排料；一般先断长料，后断短料，以减少短头、接头和损耗。避免用短尺量长料，以免产生累积误差；切断操作时应在工作台上标出尺寸刻度并设置控制断料尺寸用的挡板；经常性地组织相关人员对切断钢筋进行抽查。

⑤ 焊接骨架和焊接网的搭接接头，不宜位于构件和最大弯矩处，焊接网在非受力方向的搭

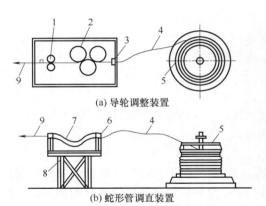

(a) 导轮调整装置

(b) 蛇形管调直装置

1—导轮；2—辊轮；3—旧拔丝模；4—细钢筋或钢丝；5—盘
条架；6—旧滚珠轴承；7—蛇形管；8—支架；9—人力牵引

图 8-4　人工调直装置示意图

图 8-5　人工调直现场操作

接长度宜为 100mm；受拉焊接骨架和焊接网在受力钢筋方向的搭接长度应符合设计规定；受压焊接骨架和焊接网在受力钢筋方向的搭接长度，可取受拉焊接骨架和焊接网在受力钢筋方向的搭接长度的 0.7 倍。

3. 施工做法详解

施工工艺流程 ≫≫≫

钢筋调直→钢筋切断→钢筋网、架焊接→钢筋网、架绑扎及安装。

(1) 钢筋调直

① 调直方法的选择。钢筋调直分人工调直和机械调直两类。人工调直可分为绞盘调直（多用于 12mm 以下的钢筋、板柱）、铁柱调直（用于直径较粗钢筋）、蛇形管调直（用于冷拔低碳钢丝）。机械调直常用的有钢筋调直机调直（用于冷拔低碳钢丝和细钢筋）、卷扬机调直（用于粗、细钢筋）。

② 手工调直。直径在 10mm 以下的盘条钢筋，在施工现场一般采用手工调直钢筋。缺乏调直设备时，粗钢筋可采用弯曲机、平直锤或用卡盘、扳手、锤击矫直；细钢筋可用绞盘（磨）拉直或用导轮、蛇形管调直装置来调直。如通过牵引过轮的钢丝还存在局部慢弯，可用小锤敲打平直。

③ 机械调直。钢筋工程中对直径小于 12mm 的线材盘条，要展开调直后才可进行加工制作；对大直径的钢筋，要在其对焊后调直后检验其焊接重量。这些工作一般都要通过冷拉设备完成。工程中，对钢筋的调直亦可通过调直机进行。工程中常用调直机的型号如表 8-1 所示。

表 8-1　钢筋调直机型号

型号	钢筋调直直径/mm	钢筋调直速度/(m/min)	电动机功率/kW
$CT_4 \times 8B$	4～8	40	3
$CT_4 \times 8$	4～8	40	3
$CT_4 \times 10$	4～10	40	3

钢筋调直操作要求：钢筋加工宜在常温状态下进行，加工过程中不应加热钢筋。钢筋调直冷拉温度不宜低于 −20℃，预应力钢筋张拉温度不宜低于 −15℃。当环境温度低于 −20℃ 时，不得对 HRB335、HRB400 钢筋进行冷弯加工。

(2) 钢筋切断

① 切断方法的选择。钢筋切断分为机械切断和人工切断两种。机械切断常用钢筋切断机，

操作时要保证断料正确，钢筋与切断机口要垂直，并严格执行操作规程，确保安全。在切断过程中，如发现钢筋有劈裂、缩头或严重的弯头，必须切除。

图 8-6　钢筋手动切断机

手工切断常采用手动切断机（图 8-6）、克子（又称踏扣，用于直径 16～32mm 的钢筋）、切断钳等工具。

② 机具的确定。目前工程中常用的切断机械的型号有 GJ5-40 型、QJ40-1 型、GJ5Y-32 型三种。施工过程中可根据施工现场的实际情况进行选择。

③ 机具的调整及准备。

a. 旋开机器前部的吊环螺栓，向机内加入 20 号机械油约 5kg，使油达到油标上线即可，加完油后，拧紧吊环螺栓。

b. 检查刀具安装是否正确牢固，两刀片侧隙是否在 0.1～1.5mm 范围内，必要时可在固定刀片侧面加垫 0.5mm 或 1mm 钢板调整。

c. 紧固各松动的螺栓，紧固防护罩，清理机器上和工作场地周围的障碍物。

d. 给针阀式油杯内加足 20 号机械油，调整好滴油次数，使其每分钟滴 3～10 次，并检查油滴是否准确地滴入齿圈和离合器体的结合面凹槽处，空运转前滴油时间不得少于 5min。

e. 空运转 10min，踩踏离合器 3～5 次，检查机器运转是否正常。如有异常现象，应立即停机，检查原因，排除故障。

④ 切断钢筋。

a. 开机前要先检查机器各部结构是否正常，刀片是否牢固，电动机、齿轮等传动机构处有无杂物，检查后认为安全正常才可开机。

b. 钢筋必须在刀片的中下部切断，以延长机器的使用寿命。

c. 钢筋只能用锋利的刀具切断。如果产生崩刃或刀口磨钝，应及时更换或修磨刀片。

d. 机器启动后，应在运转正常后开始切料。

e. 机器工作时，应避免在满负荷下连续工作，以防电机过热。

f. 切断多根钢筋时，须将钢筋上下整齐排放（图 8-7），需拧紧定尺卡板的紧固螺栓，并调整固定刀片与冲切刀片间的水平间隙，对冲切刀片做往复水平动作的剪断机，间隙以 0.5～1mm 为宜。再根据钢筋所在部位和剪断误差情况，确定是否可用或返工。

g. 切断钢筋时，应使钢筋紧贴挡料块及固定刀片。切粗料时，转动挡料块，使支承面后移，反之则前移，以达到切料正常。

h. 钢筋放入时要和切断机刀口垂直，钢筋要摆正摆直。

i. 随时检查机器轴套和轴承的发热情况（图 8-8）。一般正常情况应是手感不热，如感觉烫手，应及时停机检查，查明原因，排除故障后，再继续使用。切忌超载。不能切断超过刀片硬度的钢材。

⑤ 钢筋切断施工常用数据。工程中常用钢筋切断机的有关性能数据见表 8-2。

表 8-2　钢筋切断机性能数据

机械型号	切断直径/mm	外形尺寸/ （mm×mm×mm）	功率/kW	质量/kg
GJ5-40	6～40	1770×685×828	7.5	950
GJ40-1	6～40	1400×600×780	5.5	450
GJ5Y-32	8～32	889×396×398	3.0	145

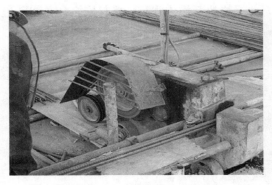

图 8-7 钢筋现场切断

图 8-8 工作中的机器

⑥ 钢筋切断安全操作要点。

a. 启动前必须检查切刀,刀体上没有裂纹;还要检查刀架螺栓是否已紧固,防护罩是否牢靠。然后用手转动带轮,检查齿轮啮合间隙,调整切刀间隙。

b. 启动后要先空运转,检查各传动部分及轴承,确认运转正常后方可作业。

c. 接送料工作台面应与切刀下部保持水平,工作台的长度可根据加工材料的长度决定。机械未达到正常转速时不得切料。切料时必须使用切刀的中下部位,紧握钢筋对准刃门迅速送入。

d. 不得剪切直径及强度超过机械铭牌规定的钢筋,也不得剪切烧红的钢筋。一次切断多根钢筋时,钢筋的总截面积应在规定范围内。

e. 在切断强度较高的低合金钢钢筋时,应换用高硬度切刀。一次切断的钢筋根数随直径大小而不同,应符合机械铭牌的规定。

f. 切断短料时,手与切刀之间的距离应保持 150mm 以上,当手握端小于 400mm 时,应使用套管或夹具将钢筋短头压住或夹牢。

(3) 钢筋网、架焊接

① 搭接方法的选择。搭接方法的具体内容见表 8-3。

表 8-3 搭接方法

方法	内容	图示
叠搭法	一张网片叠在另一张网片上的搭接方法	1—纵向钢筋;2—横向钢筋
平搭法	一张网片的钢筋镶入另一张网片,使两张网片的纵向和横向钢筋各自在同一平面内的搭接方法	(a) 搭接前 (b) 搭接后 1—纵向钢筋;2—横向钢筋

方法	内容	图示
扣搭法	一张网片扣放在另一张网片上,使横向钢筋在一个平面内、纵向钢筋在两个不同平面内的搭接方法	1—纵向钢筋;2—横向钢筋

② 钢筋网（骨架）安装。

a. 钢筋焊接网运输时应捆扎整齐、牢固,每捆质量不宜超过 2t,必要时应加刚性支撑或支架。

b. 进场的钢筋焊接网宜按施工要求堆放,并应有明显的标志。

c. 对两端须插入梁内锚固的焊接网（图8-9）,当网片纵向钢筋较细时,可利用网片的弯曲变形性能,先将焊接网中部向上弯曲,使两端能先后插入梁内,然后铺平网片。

图 8-9　焊接网的布置

当钢筋较粗,焊接网不能弯曲时,可将焊接网的一端少焊 1～2 根横向钢筋,先插入该端,然后退插另一端,必要时可采用绑扎方法补回所减少的横向钢筋。

d. 钢筋焊接网安装时,下部网片应设置与保护层厚度相当的塑料卡或水泥砂浆垫块;板的上部网片应在接近短向钢筋两端,沿长向钢筋方向每隔 600～900mm 设一钢筋支架。钢筋焊接网支墩如图 8-10 所示。

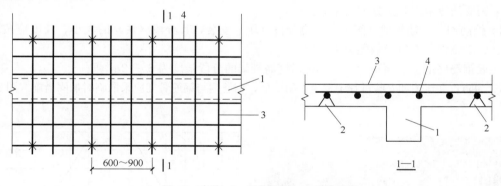

1—梁;2—支墩;3—短向钢筋;4—长向钢筋

图 8-10　钢筋焊接网支墩示意图

③ 钢筋网、架焊接施工常用数据。

a. 焊接网尺寸允许偏差的规定见表 8-4。

表 8-4　焊接网尺寸允许偏差

项目	允许偏差
网片的长度、宽度/mm	±25
网格的长度、宽度/mm	±10
对角线差/%	±1

b. 冷拔光面钢筋直径允许偏差见表 8-5。

表 8-5　冷拔光面钢筋直径允许偏差

钢筋公称直径 d/mm	≤5	5<d<10	≥10
允许偏差/mm	±0.10	±0.15	±0.20

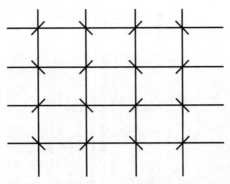

图 8-11　钢筋网片的预制绑扎示意图

（4）钢筋网、架绑扎及安装

① 钢筋网片预制绑扎。钢筋网片的预制绑扎（图 8-11）多用于小型构件。此时，钢筋网片的绑扎多在平地上或工作台上进行。一般大型钢筋网片预制绑扎的操作程序为：平地上画线—排放钢筋—绑扎—临时加固钢筋的绑扎。

钢筋网片为单向主筋时，只需将外围两行钢筋的交叉点逐点绑扎，而中间部位的交叉点可隔根呈梅花状绑扎；为双向主筋时，应将全部的交叉点绑扎牢固。相邻绑扎点的铁丝扣要成八字形，以免网片歪斜、变形。

② 钢筋骨架预制绑扎。绑扎轻型骨架（如小型过梁等）时，一般选用单面或双面悬挑的钢筋绑扎架。这种绑扎架的钢筋和钢筋骨架，在绑扎操作时要穿、取、放，绑扎都比较方便。绑扎重型钢筋骨架时，可用两个三脚架横担一根光面圆钢组成一对，并由几对三脚架组成一组钢筋绑扎架。

③ 绑扎钢筋网（骨架）安装。

a. 单片或单个的预制钢筋网（骨架）的安装比较简单，只要在钢筋入模后，按规定的保护层厚度垫好垫块，即可进行下一道工序。但当多片或多个预制的钢筋网（骨架）在一起组合使用时，则要注意节点相交处的交错和搭接。

b. 钢筋网与钢筋骨架（图 8-12）应分段（块）安装，其分段（块）的大小、长度应按结构配筋、施工条件、起重运输能力来确定。

一般钢筋网的分块面积为 6～20m²，钢筋骨架的分段长度为 6～12m。

c. 为防止在运输和安装过程中发生歪斜变形，钢筋网与钢筋骨架应采取临时加固措施（图 8-13

图 8-12　钢筋网与钢筋骨架

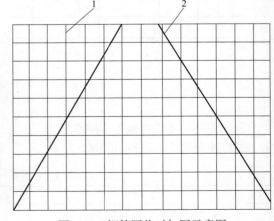

图 8-13　钢筋网临时加固示意图
1—钢筋网；2—加固钢筋

和图 8-14）。为保证吊运钢筋骨架时吊点处钩挂的钢筋不变形，在钢筋骨架内的挂吊钩处设置短钢筋，将吊钩挂在短钢筋上，这样可以不用兜吊，既有效地防止了骨架变形，又防止了骨架中局部钢筋的变形（图 8-15）。

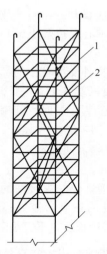

图 8-14　钢筋骨架临时加固示意图
1—钢筋骨架；2—加固筋

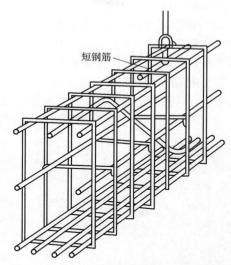

图 8-15　加短钢筋的起吊钢筋骨架示意图

d. 钢筋网与钢筋骨架的吊点，应根据其尺寸、重量及刚度而定。宽度大于 1m 的水平钢筋网宜采用四点起吊，跨度小于 6m 的钢筋骨架宜采用两点起吊（图 8-16）。跨度大、刚度差的钢筋骨架宜采用横吊梁（铁扁担）四点起吊（图 8-17）。为了防止吊点处钢筋受力变形，可采取兜底吊或加短钢筋。

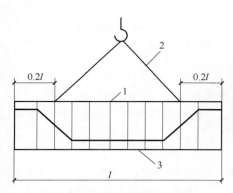

图 8-16　两点起吊示意图
1,3—构件长度；2—起吊位置

图 8-17　四点起吊现场

4. 施工总结

① 用卷扬机拉直钢筋时，应注意控制冷拉率：HPB300 级钢筋不宜大于 4％；HRB335、HRB400 级钢筋及不准采用冷拉钢筋的结构，不宜大于 1％。用调直钢丝和用锤击法平直粗钢筋时，表面伤痕不应使截面积减少 5％ 以上。

② 调直后的钢筋应平直，无局部曲折；冷拔低碳钢丝表面不得有明显擦伤。应当注意：冷拔低碳钢丝经调直机调直后，其抗拉强度一般要降低 10％～15％，使用前要加强检查，按调直

后的抗拉强度选用。

③ 在梁中，焊接骨架的搭接长度内应配置箍筋或短的槽形焊接网。箍筋或网中的横向钢筋间距不得大于 $5d$（d 为钢筋直径）。在轴心受压或偏心受压构件中的搭接长度内，箍筋或横向钢筋的间距不得大于 $10d$。

④ 在构件宽度内有若干焊接网或焊接骨架时，其接头位置应错开。在同一截面内搭接的受力钢筋的总截面面积不得超过受力钢筋总截面面积的 50%；在轴心受拉及小偏心受拉构件（板和墙除外）中，不得采用搭接接头。

⑤ 焊接网和焊接骨架沿受力钢筋方向的搭接接头，宜位于构件受力较小的部位，如对于承受均布荷载的简支受弯构件，焊接网受力钢筋接头宜放置在跨度两端各 1/4 跨长范围内。

⑥ 在绑扎骨架中非焊接的搭接接头长度范围内，当搭接钢筋为受拉时，其箍筋的间距不应大于 $5d$ 且不应大于 100mm。当搭接钢筋为受压时，其箍筋间距不应大于 $10d$，且不应大于 200mm。

图 8-18　混凝土浇筑施工现场

⑦ 焊接骨架的焊接网的搭接接头，不宜位于构件的最大弯矩处；焊接网在非受力方向的搭接长度，不宜小于 100mm。

三、混凝土浇筑及构件养护

1. 施工现场照片

混凝土浇筑施工现场照片如图 8-18 所示。

2. 注意事项

采用人工振捣方式，振捣至混凝土表面无明显气泡溢出，保证混凝土表面水平，无突出石子。

3. 施工做法详解

工艺流程 >>>>> ....

混凝土浇筑→构件养护。

（1）混凝土浇筑

① 混凝土第一次浇筑及振捣：混凝土第一次浇筑及振捣（图 8-19）的操作要点如下。

a. 浇筑前检查混凝土坍落度是否符合要求，过大或过小时不允许使用，且要料时不准超过理论用量的 2%。

b. 浇筑振捣时尽量避开埋件处，以免碰偏埋件。

② 安装连接附件：将连接件通过挤塑板预先加工好的通孔插入到混凝土中，确保混凝土对连接件握裹严实，连接件的数量及位置根据图纸工艺要求，保证位置的偏差在要求的范围内。

③ 混凝土二次浇筑及振捣：混凝土二次振捣应采用布料机自动布料，振捣时，采用振捣棒进行人工振捣至混凝土表面无明显气泡后松开底模。

④ 赶平：当二次混凝土浇筑及振捣完毕后，应采用振捣赶平机对混凝土表面进行振捣，如图 8-20 所示。在振捣的同时应对混凝表面进行刮平，根据表面质量及平整度等状况调整刮平机的相关参数。

（2）构件养护　为了使已成型的混凝土构件尽快获得脱模强度，以加速模板周转，提高劳动生产率、增加产量，需要采取加速混凝土硬化的养护措施。常用的构件养护方法及其他加速混凝土硬化的措施有以下几种。

图 8-19　混凝土第一次浇筑

图 8-20　预制构件赶平施工

① 蒸汽养护，分常压、高压、无压三类，其中常压蒸汽养护应用最广。在常压蒸汽养护中，又按养护设施的构造不同分为以下几种。

a. 养护坑（池）。它主要用于平模机组流水工艺。由于构造简单、易于管理、对构件的适应性强，它是主要的加速养护方式。它的缺点是坑内上下温差大、养护周期长、蒸汽耗量大。

b. 立式养护窑。窑内分顶升和下降两行，成型后的制品入窑后，在窑内一侧层层顶升，同时处于顶部的构件通过横移车移至另一侧，层层下降，利用高温蒸汽向上、低温空气向下流动的原理，使窑内自然形成升温、恒温、降温三个区段。立窑具有节省车间面积、便于连续作业、蒸汽耗量少等优点，但设备投资较大，维修不便。

c. 水平隧道窑和平模传送流水工艺配套使用。构件从窑的一端进入，通过升温、恒温、降温三个区段后，从另一端推出。其优点是便于进行连续流水作业，但三个区段不易分隔，温、湿度不易控制，窑门不易封闭，蒸汽有外溢现象。

② 热模养护：将底模和侧模做成加热空腔，通入蒸汽或热空气，对构件进行养护。它可用于固定或移动的钢模，也可用于长线台座。成组立模也属于热模养护型。

③ 太阳能养护：用于露天作业的养护方法。当构件成型后，用聚氯乙烯薄膜或聚酯玻璃钢等材料制成的养护罩将产品罩上，靠太阳的辐射能对构件进行养护。养护周期比自然养护可缩短 1/3～2/3，并可节省能源和养护用水，因此已在日照期较长的地区推广使用。

4. 施工总结

浇筑时控制混凝土厚度，在达到设计要求时停止下料；工具使用后清理干净，整齐放入指定工具箱内。

四、预制混凝土生产操作要点

1. 施工现场照片

预制混凝土生产操作现场照片如图 8-21 所示。

2. 注意事项

① 装配式结构的模板与支撑应根据施工过程中的各种工况进行设计，应具有足够的承载力、刚度，并应保证其整体稳固性。装配式结构的模板与支撑应根据工程结构形式、预制构件类型、

图 8-21　预制混凝土生产操作现场

荷载大小、施工设备和材料供应等条件确定，本条中所要求的各种工况应由施工单位根据工程

具体情况确定，以确保模板与支撑稳固可靠。

② 当预制构件外露钢筋影响相邻后浇混凝土中钢筋绑扎时，可在预制构件上预留钢筋接驳器，待相邻后浇混凝土结构钢筋绑扎完成后，再将锚筋旋入接驳器形成连接。可采用在预制构件上预留钢筋接驳器做法，该做法应在预制构件深化设计时完成。

③ 用于预制构件连接处的混凝土或砂浆，宜采用无收缩混凝土或砂浆，并宜采取提高混凝土或砂浆早期强度的措施；在浇筑过程中应振捣密实，并应符合有关标准和施工作业要求。

3. 施工做法详解

施工工艺流程

模板与支撑操作→钢筋连接与定位操作→混凝土浇筑操作。

（1）模板与支撑操作要点

① 模板与支撑的一般规定。

a. 模板与支撑安装应保证工程结构和构件各部分形状、尺寸和位置的准确，模板安装应牢固、严密、不漏浆，且应便于钢筋安装和混凝土浇筑、养护。

b. 预制构件应根据施工方案要求预留与模板连接用的孔洞、螺栓或长螺母，预留位置应符合设计或施工方案要求。装配式结构的模板与支撑应根据施工过程中的各种工况进行设计计算，根据荷载计算确定支撑间距和构造要求，应保证整体稳固性。

c. 预制构件接缝处宜采用与预制构件可靠连接的定型模板。定型模板与预制构件之间应粘贴密封条，在混凝土浇筑时节点处模板不应产生明显变形和漏浆。编制模板施工专项方案，预制构件根据施工方案要求预留与模板连接用的孔洞、螺栓，预留位置应与模板模数相协调并便于模板安装。预制墙板现浇节点的模板支设是施工的重点，为了保证节点区模板支设的可靠性，通常采用在预制构件上预留螺母、孔洞等连接方式，施工单位应根据节点区选用的模板形式，将构件预埋与模板固定相协调。

② 模板与支撑安装操作要点。

a. 叠合楼板施工应符合下列规定：叠合楼板的预制底板安装时，可采用龙骨及配套支撑，龙骨及配套支撑应进行设计计算；宜选用可调标高的定型独立钢支柱作为支撑，龙骨的顶面标高应符合设计要求；预制底板搁置在剪力墙墙体上时，搁置面的标高应准确控制。

当预制板支撑于现浇混凝土剪力墙时，宜在剪力墙墙体浇筑混凝土前，在钢模板上端安装控制标高的方钢或木模，按设计标高调整并固定位置（图 8-22）。根据施工工艺的选择，也可采

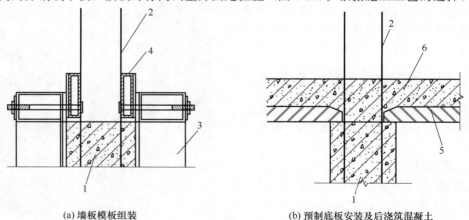

(a) 墙板模板组装　　　　　　　　(b) 预制底板安装及后浇筑混凝土

图 8-22　预制板板底标高控制

1—现浇剪力墙墙体；2—剪力墙竖向钢筋；3—钢模板；
4—控制标高方钢或木模；5—预制底板；6—后浇混凝土

用弹线切割找平的方式来保证叠合板安装标高。

浇筑上层混凝土时，预制底板上部应避免集中堆载。

b. 叠合梁施工应符合下列规定：预制梁下部的竖向支撑可采取点式支撑，支撑位置与间距应根据施工验算确定；预制梁竖向支撑宜选用可调标高的定型独立钢支架；预制梁的搁置长度及搁置面的标高应符合设计要求。

c. 安装预制墙板、预制柱等竖向构件时，应采用可调式斜支撑临时固定；斜支撑的位置应避免与模板支架、相邻支撑冲突。

d. 夹心保温外墙板竖缝采用后浇混凝土连接时，宜采用工具式定型模板支模，并应符合下列规定：定型模板应通过螺栓或预留孔洞拉结的方式与预制构件可靠连接；定型模板安装应避免遮挡预制墙板下部灌浆预留孔洞；夹心墙板的外叶板应采用螺栓拉结或夹板等加强固定；墙板接缝部位及与定型模板连接处应均应采取可靠的密封防漏浆措施。

本条对夹心保温外墙板拼接竖缝节点后浇混凝土采用定型模板做了规定（图 8-23），在模板与预制构件、预制构件与预制构件之间应采取可靠的密封防漏浆措施，使后浇混凝土与预制混凝土相接表面平整度符合验收要求。

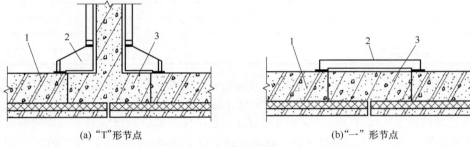

图 8-23 夹心保温外墙板拼接竖缝节点
1—夹心保温外墙板；2—定型模板；3—后浇混凝土

e. 采用预制外墙模板进行支模时，预制外墙模板的尺寸参数及与相邻外墙板之间拼缝宽度应符合设计要求。安装时，与内侧模板或相邻构件应连接牢固并采取可靠的密封防漏浆措施。

本条规定采用预制外墙模板时（图 8-24），应符合建筑与结构设计的要求，以保证预制外墙模板符合外墙装饰要求并在使用过程中保证结构安全可靠。预制外墙模板与相邻预制构件安装定位后，为防止浇筑混凝土时漏浆，需要采取有效的密封措施。

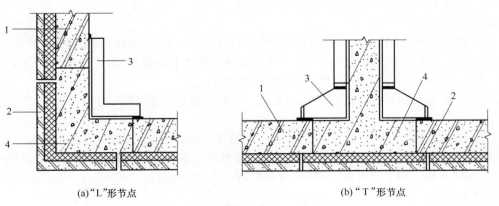

图 8-24 预制外墙模板拼接竖缝节点
1—夹心保温外墙板；2—预制外墙模板；3—定型模板；4—后浇混凝土

f. 预制梁柱节点区域后浇筑混凝土部分采用定型模板支模时，宜采用螺栓与预制构件可靠连接固定，模板与预制构件之间应采取可靠的密封防漏浆措施。

③ 模板与支撑拆除操作要点。

a. 模板拆除时，可采取先拆非承重模板、后拆承重模板的顺序。水平结构模板应由跨中向两端拆除，竖向结构模板应自上而下进行拆除。

b. 多个楼层间连续支模的底层支架拆除时间，应根据连续支模的楼层间荷载分配和后浇混凝土强度的增长情况确定。

c. 当后浇混凝土强度能保证构件表面及棱角不受损伤时，方可拆除侧模模板。

d. 叠合构件的后浇混凝土同条件立方体抗压强度达到设计要求后，方可拆除龙骨及下一层支撑；当设计无具体要求时，同条件养护的后浇混凝土立方体试件抗压强度应符合表 8-6 的规定。

表 8-6 模板与支撑拆除时的后浇混凝土强度要求

构件类型	构件跨度/m	达到设计混凝土强度等级值的百分率/%
板	≤2	≥50
	>2～8	≥75
	>8	≥100
梁	≤8	≥75
	>8	≥100
悬臂结构		≥100

受弯类叠合构件的施工要考虑两阶段受力的特点，支撑的拆除时间需要考虑现浇混凝土同条件立方体抗压强度，施工时要采取措施满足设计要求。

e. 预制墙板斜支撑和限位装置应在连接节点和连接接缝部位后浇混凝土或灌浆料强度达到设计要求后拆除；当设计无具体要求时，后浇混凝土或灌浆料应达到设计强度的 75% 以上方可拆除。

f. 预制柱斜支撑应在预制柱与结构可靠连接、连接节点部位后浇混凝土或灌浆料强度达到设计要求且上部构件吊装完成后方可拆除。

g. 预制墙板斜支撑拆除宜在现浇墙体混凝土模板拆除前进行。

本条对预制墙板斜支撑拆除与现浇墙体模板拆除顺序进行规定，以避免斜支撑与模板支架之间的施工相互干扰。

h. 拆除的模板和支撑应分散堆放并及时清运。应采取措施避免施工集中堆载。

(2) 钢筋连接与定位操作要点

① 钢筋连接操作要点。

a. 预制构件的钢筋连接可选用钢筋套筒灌浆连接接头。采用直螺纹钢筋灌浆套筒时，钢筋的直螺纹连接部分应符合现行行业标准《钢筋机械连接技术规程》（JGJ 107—2016）的规定；钢筋—套筒灌浆连接部分应符合设计要求或有关标准规定。

b. 钢筋焊接连接接头应符合现行行业标准《钢筋焊接及验收规程》（JGJ 18—2012）的有关规定。

c. 钢筋机械连接接头应符合现行行业标准《钢筋机械连接技术规程》的有关规定。机械连接接头部位的混凝土保护层厚度宜符合现行国家标准《混凝土结构设计规范》（GB 50010—2010）（2015 年版）中受力钢筋的混凝土保护层最小厚度的规定，且不得小于 15mm；接头之间的横向净距不宜小于 25mm。

d. 当钢筋采用弯钩或机械锚固措施时，钢筋锚固端的锚固长度应符合现行国家标准《混凝土结构设计规范》（GB 50010—2010）（2015 年版）的有关规定。采用钢筋锚固板时，应符合现

图解建筑工程现场细部施工做法（第二版）

行行业标准《钢筋锚固板应用技术规程》(JGJ 256—2011) 的有关规定。

e. 叠合板上部后浇混凝土中的钢筋绑扎前，应检查并校正其下部预制底板桁架钢筋的位置，并设置钢筋定位件固定钢筋的位置。绑扎过程中采取有效措施保证钢筋位置。叠合板桁架钢筋通常可作为后浇混凝土叠合层中的钢筋马凳使用，但应对其高度进行检查校正，确保上铁钢筋位置准确。

f. 对于预制墙板连接部位，宜先校正水平连接钢筋，后安装箍筋套，待墙体竖向钢筋连接完成后绑扎箍筋；连接部位加密区的箍筋宜采用封闭箍筋。本条对预制剪力墙构件之间、预制与现浇剪力墙构件之间连接节点区域的钢筋连接施工顺序做了规定，以便提高安装效率。

② 钢筋定位操作要点。

a. 装配式结构后浇混凝土内的连接钢筋应埋设准确，连接与锚固方式应符合设计和现行有关技术标准的规定。

b. 构件连接处的钢筋位置应符合设计要求。当设计无具体要求时，应保证主要受力构件和构件中主要受力方向的钢筋位置正确，并应符合下列规定：框架节点处，梁纵向受力钢筋宜置于柱纵向钢筋内侧；当主、次梁底部标高相同时，次梁下部钢筋应放在主梁下部钢筋之上；剪力墙中水平分布钢筋宜置于竖向钢筋外侧，并在墙端弯折锚固。

c. 钢筋套筒灌浆连接接头的预留钢筋应采用专用模具进行定位，并应符合下列规定：定位钢筋中心位置偏差≤1：10 时，宜采用套管方式进行调整；定位钢筋中心位置偏差＞1：10 时，应按设计单位确认的技术方案处理；应采用可靠的固定措施控制连接钢筋的外露长度，使其满足设计要求。

本条对如何保证现浇混凝土内钢筋套筒灌浆连接接头的预留钢筋定位精度做了规定。预留钢筋定位精度对预制构件的安装有重要影响，因此对预埋于现浇混凝土内的预留钢筋，采用专用定型钢模具对其中心位置进行控制，采用可靠的绑扎固定措施对连接钢筋的外露长度进行控制。

d. 对于预制构件的外露钢筋应防止弯曲变形，并在预制构件吊装完成后，对其位置进行校核与调整。

e. 安装预制梁柱节点区的钢筋时，应符合下列规定：节点区柱箍筋应在构件厂预先安装于预制柱钢筋上，随预制柱一同安装就位；预制叠合梁采用封闭箍筋时，预制梁上部纵筋应在构件厂预先穿入箍筋内临时固定，并随预制梁一同安装就位；预制叠合梁采用开口箍筋时，预制梁上部纵筋可在现场安装。

f. 叠合板上部后浇混凝土中的钢筋宜采用成型钢筋网片整体安装定位。叠合板上部后浇混凝土中的钢筋宜采用成型钢筋网片整体或分片安装定位，分片安装时，应按照设计和现行有关技术标准的规定做好接头连接处理。

g. 装配式结构后浇混凝土施工时，应采取可靠的保护措施，防止定位钢筋整体偏移及受到污染。

(3) 混凝土浇筑操作要点

① 混凝土浇筑的一般规定。

a. 装配式结构施工应采用预拌混凝土。预拌混凝土应符合现行相关标准的规定。

b. 装配式结构施工中的结合部位或接缝处混凝土的工作性应符合设计与施工规定；当采用自密实混凝土时，应符合现行相关标准的规定。

c. 装配式结构工程在浇筑混凝土前应进行隐蔽项目的现场检查与验收。

d. 装配式结构的后浇混凝土节点应根据施工方案要求的顺序浇筑施工。

e. 混凝土浇筑完毕后，应按施工技术方案要求及时采取有效的养护措施，并应符合下列规定：叠合层及构件连接处混凝土浇筑完成后，可采取洒水、覆膜、喷涂养护剂等养护方式，为保证后浇混凝土的质量，规定养护时间不应少于 14d；应在浇筑完毕后的 12h 以内对混凝土加以覆盖并养护；浇水次数应能保持混凝土处于湿润状态；采用塑料布覆盖养护的混凝土，其敞露的全部表面应覆盖严密，并应保持塑料布内有凝结水；叠合层及构件连接处后浇混凝土的养护时间不应少于 14d；混凝土强度达到 1.2N/mm² 前，不得在其上踩踏或安装模板及支架。

② 叠合构件混凝土浇筑操作要点。

a. 叠合构件混凝土浇筑前，应清除叠合面上的杂物、浮浆及松散骨料，表面干燥时应洒水润湿，洒水后不得留有积水。叠合面对于预制与现浇混凝土的结合有重要作用，因此本条对叠合构件混凝土浇筑前表面清洁与施工技术处理做了规定。

b. 叠合构件混凝土浇筑前，应检查并校正预制构件的外露钢筋。

c. 叠合构件混凝土浇筑时，应采取由中间向两边的方式。

本条规定的目的是保证在叠合构件混凝土浇筑时，下部预制底板的龙骨与支撑的受力均匀，减小施工过程中不均匀分布荷载的不利作用。

d. 叠合构件与周边现浇混凝土结构连接处，在浇筑混凝土时应加密振捣点，当采取延长振捣时间措施时，应符合有关标准和施工作业要求。

e. 叠合构件混凝土浇筑时，不应移动预埋件的位置，且不得污染预埋件外露连接部位。

③ 构件连接混凝土浇筑操作要点。

a. 装配式结构中预制构件的连接处，混凝土强度等级不应低于所连接的各预制构件混凝土强度等级中的较大值。本条规定与《混凝土结构工程施工规范》（GB 50666—2011）中对装配式结构接缝现浇混凝土的要求相一致。当预制梁、柱混凝土强度等级不同时，预制梁、柱节点区混凝土应按强度等级高的混凝土浇筑。

b. 预制构件连接节点和连接接缝部位后浇混凝土施工应符合下列规定：连接接缝混凝土应连续浇筑，竖向连接接缝可逐层浇筑，混凝土分层浇筑高度应符合现行规范要求；浇筑时应采取保证混凝土或砂浆浇筑密实的措施；同一连接接缝的混凝土应连续浇筑，并应在底层混凝土初凝之前将上一层混凝土浇筑完毕；预制构件连接节点和连接接缝部位的混凝土应加密振捣点，并适当延长振捣时间。

4. 施工总结

① 模板宜采用水性脱模剂。脱模剂应能有效减小混凝土与模板间的吸附力，并应有一定的成膜强度，且不应影响脱模后混凝土表面的后期装饰。

② 安装预制墙板用的斜支撑预埋件应在叠合板的后浇混凝土中埋设，预埋件安装定位应准确，并采取可靠的防污染措施。

③ 预制构件连接处混凝土浇筑和振捣时，应对模板及支架进行观察和维护，发生异常情况应及时进行处理；构件接缝混凝土浇筑和振捣应采取措施防止模板、相互连接构件、钢筋、预埋件及其定位件的移位。

第二节 ▶ 墙板结构安装操作

一、墙板结构安装

1. 施工现场照片

墙板结构安装施工照片如图 8-25 所示。

2. 注意事项

① 吊装机械的起重量应不小于墙板的最大重量和其中索具重量之和。

② 吊装机械的工作半径应不小于吊装机械中心到最远墙板的位置，其中包括吊装机械与建筑物之间的安全距离。若采用履带式起重机，还要考虑臂杆屋顶挑檐的最小安全距离。

图 8-25　墙板结构安装现场

3. 施工做法详解

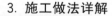 **施工工艺流程** ❯❯❯❯

施工方法的选择→吊装机械的选择→墙板结构安装→加气混凝土外墙板安装。

（1）施工方法的选择　装配式墙板的安装方法主要有直接吊装法和储存吊装法两种。

① 直接吊装法的含义及特点。

a. 直接吊装法：又称原车吊装法，将墙板由生产场地按墙板安装顺序配套运往施工场地，使用运输工具直接向建筑物上安装，如图 8-26 所示。

b. 特点：可以减少构件的堆放，减少施工场地的占用；运输工程中，所需的墙板运输车较多。

② 储存吊装法的含义及特点。

a. 储存吊装法：构件从生产场地按型号、数量配套，直接运往施工现场吊装机械工作半径范围内储存（图 8-27），然后进行安装；构件的储存数量一般为民用建筑储存 1～2 层所用的构配件。

图 8-26　直接吊装法安装墙板

图 8-27　构件储存在吊装机械工作范围内

b. 特点：使用此方法要有充分的时间做好准备工作，可以保证墙板安装连续进行；使用此方法所占的施工场地较多，为了减少施工场地的占用可使用插放（或靠放）架摆放。

（2）吊装机械的选择　墙板结构安装所使用的机械主要有塔式起重机和履带式起重机，其主要特点见表 8-7。

（3）墙板结构安装

① 外墙板进场后，先复核墙板四边的尺寸和对角线，并弹出与柱子连接的位置线，将墙板上部与柱子连接的角钢焊好。

② 外墙板安装就位后，先用木楔调整墙板的安装标高，使墙板上端与柱子连接的位置线和柱子下端与墙板连接的位置线相互对准，并在墙板下端焊上角钢，用螺栓固定。在调整墙板安装标高的同时，用倒链（图 8-28）进行临时固定。

表 8-7　吊装机械的特性

名称	图片	特点
塔式起重机		①起重高度和工作半径交底； ②转移、安装和拆除较为繁琐； ③驾驶室位置较高,司机视野宽阔
履带式起重机		①起吊高度受到一定限制； ②起重机形式和转移较为方便

图 8-28　倒链

③ 每层框架和楼板安装后，根据控制轴线在柱子上弹出墙板内侧垂直位置线和水平控制线，并根据水平控制线画出柱子下端与墙板连接的位置线，将柱子下端连接角钢焊好。

④ 待墙板下端与柱子固定后，再焊接柱子上端与墙板连接的角钢和墙板上端的角钢，用螺栓固定。

（4）加气混凝土外墙板安装

① 施工方法的选择。

a. 横向为主的布置形式：墙板沿开间方向水平布置，板材两端与柱连接。施工方法与竖向墙板类似，只是所用吊装工具不同，它可以单块吊装，也可以黏结拼装后吊装。

b. 竖向为主的布置形式：竖向为主的布置形式，即板材沿层高方向垂直布置，通过两板之间的板槽内灌浆插筋，与上下部位的楼板、梁连接。窗过梁一般均为横放，窗槛墙可以竖放，亦可横放。

施工时可采用两种形式吊装，一种是单块吊装，另一种是由两块或两块以上的板材黏结后吊装。竖墙板的施工，一般是留出门窗洞门，最后安装过梁和窗槛墙。

c. 拼装大板：由于加气混凝土板窄、吊装次数多的缺点，现已发展为将单板在工厂或现场拼装成比较大型的板材进行吊装。目前，多采用工地现场拼装的方法（组合拼装大板）。

组合拼装大板：将小块条板在拼装平台上用方木和螺栓组合锚固成大板，吊装就位后再灌缝。

② 施工工具的准备。加气混凝土外墙板施工中，经常要准备表 8-8 中的工具。

③ 墙板安装操作。

a. 板材运输吊装切勿用钢丝绳兜吊装卸，当必须用时，应在钢丝绳上套上橡胶管，以免勒坏板材。切忌用铁丝捆扎和包装板材。

b. 外墙板如采用单块吊装方式，应尽可能将板材布置在建筑物周围；如果采用现场拼装大板形式，则在现场必须设置拼装场地，可根据现场大小采取集中或分散两种形式。

表 8-8 常用施工工具

名称	特性	图例
手工锯	分为手锯和锋钢锯两种,用以局部切锯或异形构件切锯;锋钢锯专门用于锯板内钢筋	
电动台锯	能对最大厚度为 200mm 的板材进行纵横切锯。切锯 200mm 厚板材,一般用 10kW 电动机;锯片采用金刚石锯片	
钻机	钻机可采用电动慢速钻,也可采用木工手摇钻,钻头和钻杆根据不同构造要求而定,一般有三种:扩充钻、大孔钻和直孔钻	
空气压缩机	一般采用 5m³ 空气压缩机,用来清除板材表面粉末、缝隙孔内渣末	
撬棍	由于加气混凝土的强度较低,板材就位后,不能用一般撬棍调整挪动位置,此时宜采用专用撬棍	
铺浆器	用来在板材侧面水平方向铺浆	

分散设置：将总组装场地分散安排在建筑物周围，这样既是拼装部位，又能代替成品堆放的插放架，其余场地可设置在施工场地以外。

集中设置的主要内容如下：

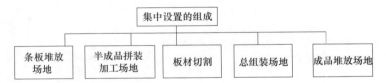

c. 竖向布置的墙板（图8-29）两端应加工灌浆槽，灌浆槽的尺寸视所用灌缝砂浆而定。

槽缝如用普通砂浆灌缝，槽不宜小于50mm×50mm；用黏结砂浆灌缝，槽不宜小于35mm×35mm。

d. 加气混凝土条板切锯中应遵循以下原则：应避免切锯在钢筋的纵断面上。高度3m以下时，施工方法采用单块墙板吊装，其墙板切锯的最小宽度不得少于150mm，并应至少保留一对钢筋；如系拼装大板左右立柱，板材最小宽度不得小于300mm，且至少保留两对钢筋。

e. 墙板吊装就位后，最好能与主体结构（如柱、梁或墙等）做临时固定。如因无法与主体结构临时固定，可采用操作平台等方法固定墙板。

f. 板缝灌浆可采用灌浆斗。对垂直安装墙板的竖缝、拼装大板（图8-30）以及水平安装墙板端头缝的灌浆必须饱满。

图8-29　竖向布置墙板

图8-30　拼装大模板灌缝

如采用水泥砂浆灌缝，事先必须对灌浆槽充分浇水湿润，以保证砂浆与板材有良好的黏结，随灌随用Φ10钢筋捣实；如采用黏结砂浆灌缝，为避免板缝和板底跑浆，可先用石膏腻子内外勾缝后再灌浆。

图8-31　装配式大板住宅建筑结构安装施工

4. 施工总结

使用倒链临时固定墙板施工技巧：倒链一端勾在外墙板的吊环上，另一端勾在楼板吊环上；用松紧倒链的方法来调整墙板的垂直度，使墙板里皮与柱子上的墙板里皮垂直线相吻合。

二、装配式大板住宅建筑结构安装

1. 施工现场照片

装配式大板住宅建筑结构安装施工现场照片如图8-31所示。

图解建筑工程现场细部施工做法（第二版）

2. 注意事项

① 吊具和索具应定期检查。吊具和索具均应验算，符合有关规定后才能使用。

② 构件起吊前应进行试吊，吊离地面30cm，应停车缓慢行驶，检查刹车灵敏度及吊具的可靠性。

③ 吊装机械的起重臂和吊运的构件，与高低压架空输电线路之间应保持一定的安全距离，可按国家有关规定执行。

④ 当两台吊装机械同时操作时，应注意两机之间保持一定的安全距离，即吊钩所悬构件之间不得小于5m。

⑤ 吊装机械在工作中，严禁重载调幅。起吊楼板时，不准在楼板面放小车。吊移操作平台时，上面严禁站人。

⑥ 墙板构件就位时，不得挤压电焊的电线，防止触电。

⑦ 墙板固定后，不准随便撬动。如需再校正，必须回钩。墙板临时固定器须待焊接完成才能撤除。

⑧ 电焊机棚的电缆，应系于安全网里侧，电焊人员要逐层将其固定好。焊把线要经常检查，要有专人拉线及清理棚内外易燃物。

3. 施工做法详解

施工工艺流程

测量放线→找平层抹灰→铺灰→起吊、就位、校正和塞灰→临时固定→焊接。

(1) 测量放线工作

① 根据规划资料或设计提供的相对关系桩引测的标准轴线和水准点，必须经过复测检验无误后方准使用，并应做好妥善保护。

② 板式建筑物（图8-32）的放线，以两道外纵墙、两道山墙及单元分界墙的轴线为控制轴线，用经纬仪在地面上测出并订立控制桩。以后每层放线均从控制轴线桩用经纬仪往上引测。

每楼层应在内墙板顶部下方10cm处设置控制楼层标高的水平线一道。

图8-32　板式建筑物

③ 塔式建筑物的放线，以纵横错动部位为单元体，引出单元体四边外框轴线为控制轴线，用经纬仪在地面上测出并钉立控制桩。以后每层放线均从控制轴线桩用经纬仪往上引测。

④ 每栋建筑物的控制轴线不得少于四条，即纵、横轴向各两条。当建筑物长度超过50m时，可增设附加横向控制线。

⑤ 楼面放线则根据引测至楼面的控制线用墨线放出分间轴线及墙板边线、门窗位置线、节点线等，并标注墙板型号。

⑥ 每栋建筑物应设置水准点1~2个。根据水准点在建筑物首层楼梯间墙面上确定控制水平线。各层水平标高，均由楼梯间控制水平线用钢尺向上引测。

(2) 找平层抹灰

① 墙板吊装前抹找平层：墙板吊装前，在墙板两侧边线内两端铺两个灰饼（遇有门洞口要增设灰饼），以控制标高。灰饼的位置可与吊点位置相对应。灰饼长约15cm，灰饼宽比墙板厚每边少1cm，灰饼厚按抄平确定。灰饼用1:3水泥砂浆，如厚度超过3cm，应改为细石混凝土。灰饼表面要平整。墙板安装时，灰饼需有一定的强度。

图 8-33　楼板吊装

② 楼板、屋面板吊装（图 8-33）前抹找平层：每层墙板安好一半以上时，配合抄平放线工作进行楼板找平层施工。

楼板吊装前应抹找平层：找平层用 1：2.5 水泥砂浆，厚度超过 3cm 时改用细石混凝土。抹找平层可用靠尺，靠尺下端对准在墙板上弹出的水平线，上端对准楼板底标高，用砂浆抹平。

（3）铺灰

① 墙板安装前的铺灰与安装相隔不宜超过一间，铺灰时注意留出墙板两侧边线以便于墙板安装就位。楼板安装前的铺灰应随铺随安装。墙板铺灰用 1：3 水泥砂浆，铺灰处事先应清除杂物、灰尘，并用水湿润。铺灰厚度大于 3cm 时，宜用细石混凝土。

② 楼板安装前要在找平层上坐浆。坐浆可用墙顶铺灰器，这种铺灰器不需要支搭脚手架，操作人员站在楼面上即可把灰浆均匀地铺在墙顶上。铺灰和坐浆必须严密饱满。

（4）起吊、就位、校正和塞灰

① 起吊（图 8-34）前应先检查墙板型号，整理预埋铁件，清除浮浆使其外露。缺棱掉角损坏严重的墙板，不得吊装。起吊前应进行试吊。

② 起吊应垂直、平稳，绳索与构件间的夹角不宜小于 60°，各吊点受力要均匀，如墙板构件存在偏重，应采取适当措施。墙板在提升、转臂、运行过程中，应避免振动和冲击。

③ 墙板就位时（图 8-35），应对准墙板边线，尽量一次就位，以减少撬动。如果就位误差较大，应将墙板重新吊起调整。尤其是外墙板，在吊装就位校正时，不准用撬棍猛撬板底，防止将墙板的构造防水线角破坏。

图 8-34　楼板起吊

图 8-35　墙板就位

墙板就位后，用间距尺杆测量墙板顶部的开间距离，用靠尺测量墙板板面和立缝的垂直度，并检查相邻两块墙板接缝处是否平整。如有误差，则调整临时固定器或用撬棍进行少许调整。

④ 校正外墙板立缝垂直度时，可采用在墙板底部垫铁楔的方法。两块一间的楼板的调平方法，可用楼板调平器调平时，将千斤顶和支柱分别支设在需要调平的楼板附近，用铁链吊钩勾住需调平部位的楼板吊环，调整千斤顶丝杆，使板面上平，调平后用薄铁垫板热平楼板底部，用水泥砂架将空隙塞严。

⑤ 建筑物的四角须用经纬仪由底线校正，以控制建筑物的位置和山墙板的垂直度。吊装第一间标准间时，要严格控制轴线和外墙板垂直度，以保证以后安装的准确性。

⑥ 墙板、楼板固定后，随即用1：2.5水泥砂浆进行墙板下部和楼板底部的塞灰工作，塞缝应凹进5mm以利装修。待砂浆干硬后，退出校正用的铁楔子或铁板以备再用。用预应力钢筋吊具的墙板，临时固定后，应缓慢放松预应力，抽出预应力钢筋吊具。

（5）临时固定 墙板临时固定有操作平台法（图8-36）和工具式斜撑法（图8-37）两种，一般多采用操作平台法。操作平台法不但适用于标准间，而且也适用于其他房间。楼梯间及不宜放置操作平台的房间，配以水平拉杆和转角固定器做临时固定。

操作平台：每条吊装线按规格最多的大、小房间尺寸各配备一台。在操作平台两侧的立柱上附设两根测距杆，平时将测距杆附在立柱上，当操作平台安放就位时，将测距杆放平对准墙板边线，即可一次安放就位。在操作平台上部栏杆上附设墙板固定器，当墙板就位后，用墙板同定器固定墙板位置，并用中间的手轮丝杠调整墙板的垂直度。

图 8-36　墙板采用操作平台临时固定　　　　图 8-37　墙板采用工具式斜撑法固定

水平拉杆有钢、木两种。木制水平拉杆中间为方木，两端为钢卡头，长度按开间尺寸确定。墙板就位后，用卡头卡住墙板，并在墙板两侧卡头空档内用木楔楔紧，通过松紧木楔来调整墙板的垂直度。钢制水平拉杆中间为钢管，两端有钢卡头，其中一端配有内套丝杠，可以自由伸缩，随间距大小而任意调整。

（6）焊接

① 墙板、楼板等构件经临时固定和校正后，随即进行焊接。焊接后方可拆除临时装置。

② 构件安装就位后，对各节点及板缝中预留的钢筋、锚环均须再次核对、剔找、调直、除锈。当遇构件伸出钢筋长度不符设计搭接要求时，必须增加连接钢筋，以保证焊接长度。

4. 施工总结

① 内墙板的轴线、垂直偏差和接缝平整二者发生矛盾时，应先以轴线为主进行调整。

② 外墙板不方正时，应以竖缝为主进行调整；内墙板不方正时，应以满足门口垂直为主进行调整。外墙板接缝不平时，应先满足外墙面平整为主；外墙板缝上下宽度不一致时，可均匀调整。

③ 相邻两块墙板错缝时，若在楼梯间与厨房、厕所间之间，应先保证楼梯间墙板平整；若在起居室与厨房、厕所间之间，应保证起居室墙面平整；若在两起居室之间，应均匀调整。

④ 内墙板吊装偏差在允许范围内连续倒向一边时，不允许超过两间，第二间必须向相反方向调整，以免误差积累。

⑤ 山墙角与相邻板立缝的偏差，以保证角的垂直为准。

三、板缝施工

1. 施工现场照片

板缝施工现场照片如图8-38所示。

图 8-38　板缝浇筑施工现场

2. 注意事项

① 板缝的防水构造（竖缝防水槽、水平缝防水台阶）必须完整，形状尺寸必须符合设计要求。如有损坏，应在墙板吊装前用 108 胶水泥砂浆修补完好。

② 板缝采取保温隔热处理时，事先将泡沫聚苯乙烯按照设计要求进行裁制。裁制长度比层高长 50mm，然后用热沥青将泡沫聚苯乙烯粘贴在油毡条上（油毡条裁制宽度比泡沫聚苯乙烯略宽一些，长度比楼层高度长 100mm），以备使用。

③ 外墙板的立槽和空腔侧壁必须平整光洁，缺棱掉角处应予以修补。立槽和空腔侧壁表面在墙板安装前，应涂刷稀释防水胶油（胶油：汽油＝7∶3）等憎水材料一道。

3. 施工做法详解

工艺流程 ≫≫≫≫≫
选用板缝混凝土浇筑模板→板缝混凝土浇筑。

（1）选用板缝混凝土浇筑模板　板缝混凝土浇筑的模板一般有木模和钢模两种形式，具体内容如下。

① 工具式钢模，如图 8-39 所示。

② 工具式木模：木模板应刨光。支模前应将板缝内部和立缝下八字角处清理干净。木模支模应和结构吊装相隔两间以上的距离，以免电焊火花飞溅伤人。模板应深入板缝 1cm。

拆模时间视气温情况而定。拆模时不允许混凝土有塌落现象，不得损坏构件。拆模后，应立即将漏出的混凝土铲除，保持墙面和楼地面的整洁。拆下的模板、铁件、木楔等要集中存放并清理干净，以备再用。

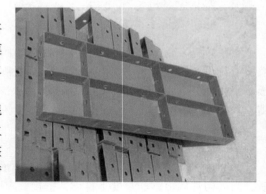
图 8-39　工具式钢模

（2）板缝混凝土浇筑

① 灌筑板缝混凝土前，应将模板的漏洞、缝隙堵塞严密，用水冲洗模板并将板缝充分浇水湿润。

② 板缝细石混凝土应按设计要求的强度等级进行试配选用。竖缝混凝土坍落度为 8～12cm；水平缝混凝土坍落度为 2～4cm。

③ 每条板缝混凝土应连续浇筑，不得有施工缝，为使混凝土振捣密实，灌筑前，可在板缝内插放一根小 ϕ30 左右的竹竿，随灌筑、随振捣、随提拔，并设专人敲击模板助捣。上下层墙板接缝处的销键与楼板接缝处的销键所构成的空间立体十字抗剪键块，必须一次浇筑完成。

④ 灌筑板缝混凝土时，不允许污染墙面，特别是外墙板的外饰面。发现漏浆要及时用清水冲净。混凝土灌筑完毕后，应由专人立即将楼层的积灰清理干净，以免黏结在楼地面上。板缝内插入的保温和防水材料，灌筑混凝土时不得使之移位或破坏。

⑤ 每一楼层的竖缝、水平缝混凝土施工时，应分别各做 3 组试块。其中，一组检测标准养护 28d 的抗压极限强度；一组检测标准养护 60d 的抗压极限强度；一组检测与施工现场同条件

养护 28d 的抗压极限强度。评定混凝土强度质量标准以 28d 标准养护的抗压极限强度为准，其他两组供参考核对用。

⑥ 常温施工时，板缝混凝土浇筑后应进行浇水养护。

4. 施工总结

① 墙板施工前做好产品的质量检查：预制墙板的加工精度和混凝土养护质量直接影响墙板的安装精度和防水情况，墙板安装前必须认真复核墙板的几何尺寸和平整度情况，检查墙板表面以及预埋窗框周围的混凝土是否密实，是否存在贯通裂缝，混凝土质量不合格的墙板严禁使用。

② 墙板施工时严格控制安装精度墙板吊装前认真做好测量放线工作。不仅要放基准线，还要把墙板的位置线都放出来以便于吊装时墙板定位。墙板精度调整一般分为粗调和精调两步，粗调是按控制线为标准使墙板就位脱钩，精调要求将墙板轴线位置和垂直度偏差调整到规范允许偏差范围内，实际施工时一般要求不超过 5mm。

③ 墙板接缝防水施工时严格按工艺流程操作，做好每道工序的质量检查。墙板接缝外侧打胶要严格按照设计流程来进行，基底层和预留空腔内必须使用高压空气清理干净。打胶前背衬深度要认真检查，打胶厚度必须符合设计要求，打胶部位的墙板要用底涂处理增强胶与混凝土墙板之间的黏结力，打胶中断时要留好施工缝，施工缝内高外低，互相搭接不能少于 5cm。

墙板内侧的连接铁件和十字接缝部位使用打聚氨酯密封处理，由于铁件部位没有橡胶止水条，施工聚氨酯前要认真做好铁件的除锈和防锈工作，聚氨酯要施打严密、不留任何缝隙，施工完毕后要进行泼水试验，确保无渗漏后才能密封盖板。

四、隔墙板安装施工

1. 施工现场照片

隔墙板安装施工现场照片如图 8-40 所示。

图 8-40　隔墙板安装施工

2. 注意事项

墙板的安装，最好使用定位木架。安装前在板的顶面和侧面刷涂 108 胶水泥砂浆，先推紧侧面，再顶牢顶面，具体方法可参见加气混凝土隔墙施工。

3. 施工做法详解

施工工艺流程 ▶▶▶▶▶ ·········

加气混凝土隔墙板安装→石膏空心条板隔墙安装。

（1）加气混凝土隔墙板安装

① 运输和堆放：由于加气混凝土隔墙板（图 8-41）的厚度较薄（一般为 90～100mm，最小为 75mm），一般均成捆包装运输，严禁用铁丝捆扎和用钢丝绳兜吊。现场堆放应侧立，不得平放。一般做法是：20 块板侧立于载重汽车内，板下垫 10 号槽钢（带吊钩），上角垫角钢并用柔软的尼龙绳绑扎牢固。

运往现场后，由吊装机械卸下存放，墙板安装时运往楼层，逐层堆放。

② 按设计要求，先在楼板底部、楼面和楼地面上弹好墙板位置线。

③ 架立靠放墙板的临时木方。临时木方应有上方和下方，中间用立柱支撑，上方可直接压线顶在上部结构底面，下方可离地面约 100mm，中间每隔 1.5m 左右立支撑木方，下方与支撑

木方之间用木楔楔紧，然后即可安装隔墙板（图8-42）。

图8-41　加气混凝土隔墙板

图8-42　隔墙板临时堆放

④ 目前较为普遍的做法是板的上端抹黏结砂浆，与梁或楼板的底部黏结，下部用木楔顶紧，最后在下部木楔空间填入细石混凝土，其安装步骤如下。

a. 先将板侧和板顶清扫干净，涂抹一层胶黏剂，厚约3mm，然后将板立于预定位置，用撬棍将板撬起，使板顶与楼板底面粘紧，板的一侧与墙面或另一块已安好的板粘紧，并在板下用木楔楔紧，撤出撬棍，板即固定。

b. 隔墙板固定后，在板下堵塞1∶2水泥砂浆，待砂浆凝固后，撤出木楔，再用1∶2水泥砂浆（或细石混凝土）堵严木楔孔。

⑤ 有门窗洞口的隔墙板（一般用后塞口），在安装隔墙板时，留出口的位置，每边比榀框多留出5mm。

当门口两侧隔墙板安装固定后，将门框两侧涂抹胶黏剂，立口后用铁钉钉牢，也可用塑料胀管及木螺钉固定。

（2）石膏空心条板隔墙安装施工

① 板材的选择：石膏空心条板隔墙，是指以石膏空心条板单板做的一般隔墙或以双层空心条板中设空气层或设矿棉等组成的防火、隔声墙。

图8-43　石膏空心条板

a. 石膏空心条板：石膏空心条板（图8-43）是以天然石膏或化学石膏为主要原料，也可掺加适量粉煤灰和水泥，加入少量增强纤维（也可加适量膨胀珍珠岩），经料浆搅拌、浇注成型、抽芯、干燥等工艺制成的轻质板材，具有重量轻、强度高、隔热、隔声、防火等性能，可锯、刨、钻加工，施工简便。

石膏空心条板按原材料分，有石膏珍珠岩空心条板、石膏粉煤灰硅酸盐空心条板、磷石膏空心条板和石膏空心条板；按性能分，有普通石膏空心条板和防潮空心条板。

b. 黏结材料：石膏空心条板安装拼装的黏结材料，主要为108胶水泥砂浆，其配合比为108胶水∶水泥∶砂＝1∶1∶3或1∶2∶4。

c. 石膏腻子：用于板缝处理材料，可采用石膏∶珍珠岩＝1∶1配制而成。

② 运输和堆放。

a. 石膏空心条板的场内外运输，宜垂直码放装车，板下距板两端500～700mm处应加垫木方，雨季运输应盖苫布。

b. 石膏空心条板的堆放，应选择地势较高且平坦的场地，板下用方木架起垫平，侧立堆放，上盖苫布。

③ 安装操作要点。

a. 墙面安装时，应按墙位线先从门口通天框旁开始进行。通天框应在墙板安装前先立好固定。

b. 在顶面顶牢后，立即在板下两侧各1/3处楔紧两组木楔，并用靠尺检查。随后在板下填塞干硬性混凝土。

c. 板缝挤出的黏结材料应及时刮净。板缝的处理，可在接缝处先刷水湿润，然后用石膏腻子抹平整。

d. 踢脚线施工前，先用稀释的108胶刷一层，再用108胶水泥浆刷至踢脚线部位，待初凝后用水泥砂浆抹实、抹光。

4. 施工总结

加气混凝土隔墙板安装允许偏差应符合表8-9的规定。

表8-9　加气混凝土隔墙板安装允许偏差

项目	允许偏差/mm	备注
墙面垂直	4	用2m靠尺检查
表面平整	4	
门、窗框余量(10mm)	±5	—

第九章

季节性施工

第一节 ▶ 冬期施工

一、土方工程冬期施工

1. 施工现场照片

图 9-1　土方工程冬期施工

土方工程冬期施工施工现场照片如图 9-1 所示。

2. 注意事项

① 施工时，对定位标准桩、轴线控制桩、标准水准点及龙门板等，填运土方时不得碰撞，也不得在龙门板上休息。并应定期复测检查这些标准桩点是否准确。

② 夜间施工时，应合理安排施工顺序，要有足够的照明设施。防止铺填超厚，严禁用汽车直接将土倒入基坑（槽）内。但大型地坪不受限制。

③ 基础或管沟的现浇混凝土应达到一定的强度，不致因回填土而受破坏时，方可回填土方。

3. 施工做法详解

施工工艺流程 >>>>>

确定参数→采取相应的措施→进行施工。

① 土方开挖在冬期机械施工时，其施工方法应按防火冻结法进行。

② 采用防火冻结法开挖土方的，可在冻结以前，用保温材料覆盖或将表层土翻耕耙松，其翻耕深度应根据当地气温条件确定，一般不小于 30cm。

③ 开挖基坑（槽）或管沟时，必须防止基础下基土受冻。应在基地标高以上预留适当厚度的松土，或用其他保温材料覆盖。如遇开挖土方引起邻近建筑物或构筑物的地基和基础暴露，应采取防冻措施，以防产生冻结破坏。

④ 填方工程在冬期施工时，其施工方法需经过技术、经济比较后确定。

⑤ 冬期填方前，应清除基底上的冰雪和保温材料；距离边坡表层 1m 以内不得用冻土填筑；填方上层应用未冻、不冻胀或透水性好的土料填筑，其厚度应符合设计要求。

⑥ 冬期施工室外平均气温在−5℃以上时，填方高度不受限制；平均气温在−5℃以下时，填方高度按照相关规范执行。但用石块和不含冰块的砂土（不包括粉砂）、碎石类土填筑时可不受相关规定的限制。

⑦ 冬期回填土方，每层铺筑厚度应比常温施工时减少20％～25％，其中冻土块体积不得超过填方总体积，逐层压（夯）实。回填土方的工作应连续进行，防止基土或已填土方受冻。并且要及时采取防冻措施。

4. 施工总结

① 未按要求测定土的干土质量密度：回填土每层都应测定夯实后的干土质量密度，符合设计要求后才能铺摊上层土。试验报告要注明涂料种类、试验日期、试验结果及试验人员签字。未到达设计要求的部位，应有处理方法和复验结果。

② 回填土下沉：因虚铺土超过规定厚度或冬期施工时有较大的冻土块，或夯实遍数不够，甚至漏夯，基底有机物或树根、落土等杂物清理不彻底等原因，造成回填土下沉。为此，在施工中应认真执行规范的有关规定，并要严格检查，发现问题及时纠正。

③ 回填土夯实不密实：应在夯压时对干土适当洒水加以湿润；如回填土太湿，同样夯实不密实呈"橡皮土"现象，这时应将"橡皮土"挖出，重新换好土再予以夯实。

④ 在地形、工程地质复杂地区内的填方，且对填方密实度要求较高时，应采取措施。（如排水暗沟、护坡桩等），以防填方土粒流失，造成不均匀下沉和坍塌等事故。

⑤ 填方土为杂填土时，应按设计要求加固地基，并要妥善处理基底下的软硬点、空洞、旧基以及暗塘等。

⑥ 回填管沟时，为防止管道中心线位移或损坏管道。应用人工先在管子周围填土夯实，并应从管道两边同时进行，直至管顶0.5m以上，在不损坏管道的情况下，方可采取机械回填和压实。在抹带接口处，防腐绝缘层或电缆周围，应使用细粒土料回填。

⑦ 填方按设计要求预留沉降量，如设计无要求，可根据工程性质、填方高度、填料种类密实要求和地基情况等，与建设单位和监理单位共同确定（沉降量一般不超过填方高度的3％）。

二、钢筋工程冬期施工

1. 施工现场照片

钢筋工程冬期施工现场照片如图9-2所示。

2. 注意事项

① 钢筋负温冷弯和冷拉，钢筋冷拉温度不宜低于−20℃。

② 钢筋负温冷拉方法采用控制应力方法或控制冷拉率方法，不能分炉批的热轧钢筋冷拉，不宜采用控制冷拉率的方法。

图9-2　钢筋工程冬期施工现场

③ 在负温条件下，当采用控制应力法冷拉钢筋时，由于伸长率随温度的降低而减少，如控制应力不变，则伸长率不足，钢筋强度将达不到设计要求，因此负温下冷拉钢筋的应力应比常温时高。

④ 钢筋负温焊接，室外焊接温度不宜低于−20℃，风力超过3级时应有挡风措施，焊接后未冷却的接头严禁碰到冰雪。

3. 施工做法详解

施工工艺流程 ➤➤➤➤➤➤ ....

钢筋冷拉→钢筋负温焊接→闪光对焊→电弧焊接→电渣压力焊接。

（1）钢筋冷拉

① 钢筋负温冷拉时，可采用控制应力法或控制冷拉效率法。对于不能分清炉批的热轧钢筋冷拉，不宜采用控制冷拉率的方法。

② 在负温条件下采用控制方法冷拉钢筋时，由于伸长率随温度降低而减少，如控制应力不变，则伸长率不足，钢筋强度将达不到设计要求，因此在负温下冷拉的控制应力较常温提高。

（2）钢筋负温焊接

① 从事钢筋焊接施工的施工人员必须持有焊工上岗证，才可上岗操作。

② 负温下钢筋焊接施工，可采用闪光对焊、电弧焊（帮条，搭接，坡焊口）及电渣压力焊等焊接方法。

③ 焊接钢筋应尽量安排在室内进行，如必须在室外焊接，则环境温度不宜太低，在风雪天气时，还应有一定的遮蔽措施。焊接未冷却的接头，严禁碰到冰雪。

（3）闪光对焊

① 负温闪光对焊，宜采用预热闪光焊或闪光—预热—闪光焊工艺。钢筋端面比较平整时，宜采用预热闪光焊；端面不平整时，宜采用闪光—预热—闪光焊工艺。

② 与常温焊接相比，应采取相应的措施，如增加调伸度 10％～20％，提高预热时的接触压力，增长预热间歇时间。

③ 施焊时选用的参数可根据焊件的钢种、直径。

（4）电弧焊接

① 焊接时必须防止产生过热，烧伤、咬肉和裂纹等缺陷，在构造上应防止在接头处产生偏心受力状态。

② 为防止接头热影响区的温度突然增大，进行帮条搭接电弧焊，应采用分层控温施焊。帮条焊时，帮条与主筋之间用四点定位焊固定。搭接焊时用两点固定，定点焊缝离帮条或搭接端部 20mm 以上。

③ 坡口焊时，焊缝根部、坡口端面以及钢筋与钢垫板之间均应熔合良好。

（5）电渣压力焊接

① 焊接电流的大小，应根据钢筋直径和施焊时的环境温度而定。

② 接头药盒拆除的时间宜延长 2min 左右；接头的渣壳宜延长 5min 后方可打渣。

4. 施工总结

① 负温闪光焊宜采用预热闪光焊或闪光—预热—闪光焊工艺，当钢筋端面平整时宜采用预热闪光焊。

② 钢筋负温气压焊焊接，室外焊接温度不宜低于－20℃，风力超过 3 级时应有挡风措施，焊接后未冷却的接头严禁碰到冰雪。气焊夹距拆卸时间比正常环境温度下延迟 3～5min。

③ 钢筋调直宜采用机械冷拉调直，Ⅰ级钢筋冷拉率不得大于 1％。

④ 进场钢筋应加强质量验收，不得有表面裂纹和局部缩颈等质量问题。

三、地基处理工程冬期施工

1. 施工照片

地基处理工程冬期施工照片如图 9-3 所示。

图 9-3　地基处理冬期施工

2. 注意事项

黏性土或粉土地基的强夯，宜在被夯土层表面铺设粗颗粒材料，并应及时清除黏结在锤底的涂料。

3. 施工做法详解

施工工艺流程 ≫≫≫

冬期施工应采取的技术措施→基底处理→浅埋基础→桩基础。

（1）冬期施工应采取的技术措施

① 冬期进行地基与基础施工的工程，除应有建筑场地的工程地质勘察资料外，根据需要尚应提出地基土的主要冻土性能指标。

② 建筑场地宜在冻结前清除地上和地下障碍物、地表积水，并应平整场地与道路。冬期及时清除积雪，春融期做好排水。

③ 对建（构）筑物的施工控制坐标点、水准点及轴线定位点的埋设应采取防止土壤冻胀、融沉变位和施工振动影响的措施，并应定期复测校正。

④ 在冻土上进行打桩和强夯等所产生的振动，对周围建筑物及各种设施有影响时，应采取隔震措施。

（2）地基处理

① 重锤夯实地基的施工，应在地基土不冻结的状态下进行。并可采取逐段开挖，逐段夯实方法施工。在开挖时宜预留土层厚度，待施夯前再挖除增留部分。对已冻结地基，施夯前应采用解冻方法，待地基土解冻后方可施夯。在砂土地基上施夯需要向基槽内加水时，宜掺入氯盐防冻剂，其浓度应根据气温条件通过试验确定。

② 不应将冻结基土或回填的冻土块夯入基础的持力层。

③ 在黏性土或粉土的地基上进行强夯，宜在被夯土层表面铺设粗颗粒材料，并应及时清除黏结在锤底上的土料。

④ 冬期施工应及时推填夯坑并平整场地，其推填料不得有冰雪及其他杂物。

（3）浅埋基础

① 浅埋基础施工时，同一建筑物的基础应坐落在同一类冻胀性土层上，不得坐落在一部分有冻土层另一部分无冻土层的情况。

② 残留冻土层厚度应符合设计要求。

③ 各部位基础施工时应同时进行，不得在同一建筑中一部分基础进行施工，一部分未施工而使地基遭到晾晒。基础施工完毕，应及时回填基侧土。

④ 在基础施工中，不得使基土被水或融化雪水浸泡。

（4）桩基础

在已冻结的地基土上施工基土桩时，当冻土层厚度超过 0.5mm 时，冻土层宜采用钻孔引桩（沉管）工艺，钻孔直径应小于桩径 50mm。也可采用挖出冻土或局部融化冻土等措施进行桩基础施工。

4. 施工总结

① 强夯技术参数应根据加固要求与地质条件在场地内经试夯确定，试夯应按现行行业标准《建筑地基处理技术规范》（JGJ 79—2012）的规定进行。

② 强夯施工时，不应将冻结基土或回填的冻土块夯入地基的持力层，回填土的质量应符合《建筑工程冬期施工规程》（JGJ/T 104—2011）的有关规定。

③ 强夯加固后的地基越冬维护，应按《建筑工程冬期施工规程》（JGJ/T 104—2011）的有关规定进行。

四、桩基础工程冬期施工

图 9-4　桩基础冬期施工现场

1. 施工现场照片

桩基础工程冬期施工现场照片如图 9-4 所示。

2. 注意事项

① 混凝土材料的加热、搅拌、运输，应按《建筑工程冬期施工规程》（JGJ/T 104—2011）的有关规定进行，混凝土浇筑温度应根据热工计算确定且不得低于 5℃。

② 地基土冻深范围内的和露出地面的桩身混凝土养护，应按《建筑工程冬期施工规程》（JGJ/T 104—2011）的有关规定进行。

③ 在膨胀性地基土上施工时，应采取防止或减小桩身与冻土之间产生切向冻胀力的防护措施。

3. 施工做法详解

施工工艺流程 ⟫⟫⟫ ·············

相关的工作采取防寒措施→在施工过程中注意保温。

① 冻土地基可采用干作业钻孔桩、挖孔灌注桩等或沉管灌注桩、预制桩等施工。

② 桩基施工时，当冻土厚度超过 500mm，冻土层直接采用钻孔机引孔，引孔直径不宜大于桩径 20mm。

③ 钻孔机的钻头宜选用锥形钻头并镶焊合金刀片。钻进冻土时应加大钻杆对土层的压力，并应防止摆动，偏位钻成的孔桩应及时覆盖保护。

④ 振动沉管成孔时，应制订保证相邻桩身混凝土质量的施工顺序。拔管时应及时清除管壁上的水泥浆和泥土。当成孔施工有间歇时，应将桩管埋入桩孔中进行保温。

⑤ 桩基静荷载试验前，应将试桩周围的冻土融化或铲除。试验期间，应对试桩周围地表土和锚桩横梁支座进行保温。

4. 施工总结

① 施工前，桩表面应保证干燥与清洁。

② 吊起前，钢丝绳索与桩基的夹具应采取防滑措施。

③ 沉桩施工应连续进行，施工完成后应采取保温材料覆盖于桩头上进行覆盖保温。

五、冬期施工中混凝土运输、浇筑及养护

1. 施工现场照片

冬期施工中混凝土运输、浇筑及养护照片如图9-5～图9-7所示。

2. 注意事项

① 为减少混凝土的热量损失，运输混凝土时间尽量缩短，并将罐车用保温套包裹。要求混凝土入模温度不得低于5℃。

图9-5　冬期混凝土运输

② 浇筑混凝土前，当环境气温偏低时，应用手持式暖风机对直径大于或等于25mm的钢筋加热至正温。混凝土灌注应分层进行，分层厚度不得小于20cm。梁面应根据混凝土灌入顺序及时进行覆盖。采用插入式振捣器时，特别注意钢筋密集的底层根部的振捣，避免波纹管道被破坏。

图9-6　冬期施工混凝土浇筑现场

图9-7　冬期混凝土养护

3. 施工做法详解

施工工艺流程

混凝土的运输→混凝土的浇筑→混凝土的保温和养护。

（1）**混凝土的运输**　泵送混凝土的管道采取保温材料包裹，保证混凝土在运输中，不得有表层冻结、混凝土离析、水泥砂浆流失、坍落度损失等现象。保证运输中混凝土降温速度不得超过5℃/h，保证混凝土的入模温度不得低于5℃。严禁使用有冻结现象的混凝土。

（2）**混凝土的浇筑**

① 入模温度验算在混凝土浇注前要对入模温度进行演算。

② 混凝土的现场浇筑。遇下雪天气绑扎钢筋，绑好钢筋的部分加盖塑料布，减少积雪清理难度。浇筑混凝土前及时将模板上的冰、雪清理干净。做好准备工作，提高混凝土的浇筑速度。在混凝土泵体料斗、泵管上包裹阻燃毡帘被。

（3）**混凝土的养护**　养护措施十分关键，正确的养护能避免混凝土产生不必要的温度收缩裂缝和受冻。在冬施条件下必须采取冬施测温，监测混凝土表面和内部温差不超过25℃。混凝土养护可以采取多种措施，如蓄热法养护和综合蓄热法养护等方法。可采用塑料薄膜加盖保温毡帘养护，防止受冻并控制混凝土表面和内部温差。综合蓄热法即采用少量防冻剂与蓄热保温相结合，以下为供参考的综合蓄热法具体实施的办法。

① 柱混凝土养护：钢柱模板在模板背楞间用50mm厚聚苯板填塞，模板支设完成后用钢丝

将阻燃毡帘固定在外侧，转角地方必须保证有搭接。

② 顶板、梁混凝土养护：顶板、梁混凝土上下部保温为在下层紧贴建筑物周围（整层高度）通过在脚手架上附加横杆满挂彩条布，楼梯口满铺跳板上绑毡帘被。在新浇筑的混凝土表面先覆盖塑料布，再覆盖两层毡帘被。对于边角等薄弱部位或迎风面，应加盖毡帘被并做好搭接。

③ 养护时注意事项：测量放线必须掀开保温材料（5℃以上）时，放完线要立即覆盖；在新浇筑混凝土表面先铺一层塑料薄膜，再严密加盖阻燃毡帘被。对墙、柱上口保温最薄弱部位先覆盖一层塑料布，再加盖两层小块毡帘被压紧填实、周圈封好。拆模后混凝土采用刷养护液养护。混凝土初期养护温度不得低于−15℃，不能满足该温度条件时，必须立即增加覆盖毡帘被保温。拆模后混凝土表面温度与外界温差大于15℃时，在混凝土表面，必须继续覆盖毡帘被；在边角等薄弱部位，必须加盖毡帘被并密封严实。

4. 施工总结

① 混凝土运输与输送机具应进行保温或有加热装置。泵送混凝土在浇筑前应对泵管进行保温，并应采用与混凝土同配比砂浆进行预热。

② 混凝土浇筑前，应清楚楼板和钢筋上的冰雪和污垢。

③ 大体积混凝土分层浇筑时，已浇筑层的混凝土在未被上一次混凝土覆盖前，温度不得低于2℃。采用热法养护混凝土时，养护前的混凝土温度也不得低于2℃。

第二节 ▶ 雨季施工

一、雨季施工的技术措施

1. 施工现场照片

雨季施工的现场照片如图9-8和图9-9所示。

图9-8 雨季施工现场（一）

图9-9 雨季施工现场（二）

2. 注意事项

（1）雨季期间电器易潮湿，使用电器时必须戴好绝缘手套、穿好绝缘鞋，防止触电。

（2）高空作业必须有防滑和防护措施。遇上风雨天气，不得进行脚手架的搭设和拆除工作，也不得进行室外高空作业。

3. 施工做法详解

施工工艺流程 ▶▶▶▶▶ ······

雨季前的施工准备工作→土方与基础工程→模板工程→钢筋工程→混凝土工程→砌筑工程→脚手架工程→屋面工程→装饰工程→钢结构制作及吊装工程→其他事项。

（1）**雨季前的施工准备工作**

① 进入雨季，应提前做好雨季施工中所需各种材料、设备的储备工作。

② 各工程队（项目部）要根据各自所承建工程项目的特点，编制有针对性的雨季施工措施，并定期检查执行情况。

③ 施工期间，施工调度要及时掌握气象情况，遇有恶劣天气，及时通知项目施工现场负责人员，以便及时采取应急措施。重大吊装、高空作业、大体积混凝土浇注等更要事先了解天气预报，确保作业安全并保证混凝土质量。

④ 施工现场道路必须平整、坚实，两侧设置排水设施，纵向坡度不得小于0.3%，主要路面铺设矿渣、砂砾等防滑材料，重要运输路线必须保证循环畅通。

a. 对不适宜雨季施工的工程要提前或暂缓安排，土方工程、基础工程、地下构筑物工程等雨季不能间断施工的，要调集人力组织快速施工，尽量缩短雨季施工时间。

b. 根据"晴外、雨内"的原则，雨天尽量缩短室外作业时间，加强劳动力调配，组织合理的工序穿插，利用各种有利条件减少防雨措施的资金消耗，保证工程质量，加快施工进度。

c. 现场临时用电线路要保证绝缘性良好，架空设置、电源开关箱要有防雨设施，施工用水管线要进入地下，不得有渗漏现象，阀门应有保护措施。

d. 配电箱、电缆线接头箱、电焊机等必须有防雨措施，防止水浸受潮造成漏电或设备事故。

e. 所有机械的操作运转，都必须严格遵守相应的安全技术操作规程，雨季施工期间应加强教育和监督检查。

f. 施工人员要注意防滑、防触电，加强自我保护，确保安全生产。

g. 各单项工程施工现场要组织防汛小组，遇有汛情应及时、有组织地进行防汛。

（2）**土方与基础工程**

① 雨季进行土方与基础工程时，各施工单位要妥善编制切实可行的施工方案、技术质量措施和安全技术措施，土方开挖前备好水泵。

② 雨季施工，人工或机械挖土时，必须严格按规定放坡，坡度应比平常施工时适当放缓，多备塑料布覆盖，必要时采取边坡喷混凝土保护。地基验槽时，基坑及边坡一起检验，基坑上口3m范围内不得有堆放物和弃土，基坑（槽）挖完后及时组织打混凝土垫层，基坑周围设排水沟和集水井，随时保护排水畅通。

③ 施工道路距基坑口不得小于5m。

④ 坑内施工随时注意边坡的稳定情况，发现裂缝和塌方及时组织撤离，采取加固措施并确认后，方可继续施工。

⑤ 基坑开挖时，应沿基坑边做小土堤，并在基坑四周设集水坑或排水沟，防止地面水灌入基坑。受水浸基坑打垫层前应将稀泥除净方可进行施工。

⑥ 回填时，基坑集水要及时排掉，回填土要分层夯实，干容重符合设计及规范要求。

⑦ 施工中，取土、运土、铺填、压实等各道工序应连续进行，雨前应及时压完已填土层，并做成一定坡势，以利排除雨水。

⑧ 混凝土基础施工时考虑随时准备遮盖挡雨和排出积水，防止雨水浸泡、冲刷，影响质量。

⑨ 桩基施工前，除整平场地外，还需碾压密实，四周做好排水沟，防止下雨时造成地表松软，致使打桩机械倾斜影响桩垂直度。钻孔桩基础要随钻、随盖、随灌混凝土。每天下班前不得留有桩孔，防止灌水塌孔。重型土方机械、挖土机械、运输机械要防止场地下面有暗沟、暗洞造成施工机械沉陷。

（3）**模板工程**

① 各施工现场模板堆放要下设垫木，上部采取防雨措施，周围不得有积水。

② 模板支撑处地基应坚实或加好垫板，雨后及时检查支撑是否牢固。

③ 拆模后，模板要及时修理并涂刷隔离剂。

（4）钢筋工程

① 钢筋应堆放在垫木或石子隔离层上，周围不得有积水，防止钢筋污染锈蚀。

② 锈蚀严重的钢筋使用前要进行除锈，并试验确定是否降级处理。

（5）混凝土工程

① 混凝土浇筑前必须清除模板内的积水。

② 混凝土浇筑前不得在中雨及以上进行，遇雨停工时应采取防雨措施。待继续浇灌前应清除表面松散的石子，施工缝应按规定要求进行处理。

③ 混凝土初凝前，应采取防雨措施，用塑料薄膜保护。

④ 浇灌混凝土时，如突然遇雨，要做好临时施工缝，方可收工。雨后继续施工时，先对接合部位进行技术处理，再进行浇注。

（6）砌筑工程

① 水泥要堆放在地势较高的地点，必须有防雨、防潮措施，筑炉用耐火材料也应有防雨、防潮措施。

② 遇中、大雨时应停止施工，砌筑表面应采取防雨措施。

（7）脚手架工程

① 各工程队雨季施工用的脚手架、龙门架、缆风绳等定期进行安全检查，对施工脚手架周围的排水设施要进行认真地清理和修复，确保排水有效，不冲不淹，不陷不沉，发现问题及时处理。

② 脚手架、龙门架地基应坚实，立杆下应设垫木或垫块。

③ 在每次大风或雨后，必须组织人员对脚手架、龙门架及基础进行复查，有松动及时处理。

扫码看视频

脚手架搭设

④ 屋面施工必须设置防护栏杆。

（8）屋面工程

① 屋面工程施工时，应掌握近期天气预报，抢晴天施工，严禁在雨中进行防水施工作业。

② 屋面保温材料在运输存放过程中，严禁雨淋并防止受潮。

③ 穿越保温层、找平层的孔洞以及预留锚钩等细部节点，应随时做好临时封闭遮盖，防止雨水侵入。

（9）装饰工程

① 室内装修最好应在屋面楼地面工程完成后再做，或采取先做地面，堵严各种孔洞、板缝，防止上层向下漏水。

② 室外抹灰应及时注意遮盖，防止突然降雨冲刷，降雨时严禁进行外墙面装修作业。

③ 安装好的门窗，应有人负责管理，降雨时应及时关闭插销，以防止风雨损坏。

（10）钢结构制作及吊装工程

① 施工所用的电焊机、氧气瓶、乙炔瓶应有防雨、防晒棚。

② 雨期塔吊使用前必须检查避雷及接地接零保护是否有效，雨后必须及时检查塔吊路基有无下沉现象，发现问题及时处理。

③ 预制构件及钢结构的材料、构件应放置在地势较高的地方，周围排水畅通，以防积水锈蚀。

④ 吊装构件应先试吊，确认无误后方可进行正式吊装作业。

⑤ 吊装作业突然遇雨时，必须对已就位的构件做好临时支撑加固。

⑥ 雨天焊接作业必须在防雨棚内进行，严禁露天冒雨作业。

⑦ 雨季结构制作应除锈后及时刷防锈漆，刷漆前确认基层干透后方可进行。

（11）其他事项

① 降水施工及地下连续墙施工期间，应将抽出的地下水及泥浆有组织排放，排放含泥量按有关规定进行，不允许随意排放。

② 降水施工及基坑开挖期间注意观察周围建（构）筑物沉降情况。

4. 施工总结

① 架子的拆装应避开阴雨天气；基础的排水系统应定期或在风雨过后进行检查，发现问题立即整改。

② 现场要配备水泵以应对紧急情况发生。

③ 现场下水道、排水沟等排水系统应定期检查、定期整理，防止排水系统堵塞，保证畅通。

二、雨季施工的安全措施

1. 施工现场照片

雨季施工现场照片如图 9-10 所示。

2. 注意事项

① 提前准备足够的雨季施工用品，如雨衣塑料布等防止混凝土施工中突然出现的雷雨天气。

② 冒雨施工时，混凝土在运输浇筑过程中，要妥善覆盖，防止增大水量影响强度，浇筑完的混凝土应覆盖。

图 9-10 雨季施工现场

③ 浇筑大面积混凝土时，应事先考虑施工缝的留置，并向操作班组交代清楚，以便在施工中遇大雨临时间断施工，雨后再继续施工。

3. 施工做法详解

施工工艺流程

雨季前的施工准备工作→土方与基础工程→模板工程→钢筋工程→混凝土工程→砌筑工程→脚手架工程→屋面工程→装饰工程。

（1）雨季前的施工准备工作

① 进入雨季，应提前做好雨季施工中所需各种材料、设备的储备工作。

② 各工程队（项目部）要根据各自所承建工程项目的特点，编制有针对性的雨季施工措施，并定期检查执行情况。

③ 施工期间，施工调度要及时掌握气象情况，遇有恶劣天气，及时通知项目施工现场负责人员，以便及时采取应急措施。重大吊装，高空作业、大体积混凝土浇注等更要事先了解天气预报，确保作业安全并保证混凝土质量。

④ 施工现场道路必须平整、坚实，两侧设置排水设施，纵向坡度不得小于 0.3%，主要路面铺设矿渣、砂砾等防滑材料，重要运输路线必须保证循环畅通。

a. 对不适宜雨季施工的工程要提前或暂缓安排，土方工程、基础工程、地下构筑物工程等雨季不能间断施工的，要调集人力组织快速施工，尽量缩短雨季施工时间。

b. 根据"晴外、雨内"的原则，雨天尽量缩短室外作业时间，加强劳动力调配，组织合理的工序穿插，利用各种有利条件减少防雨措施的资金消耗，保证工程质量，加快施工进度。

c. 现场临时用电线路要保证绝缘性良好，架空设置，电源开关箱要有防雨设施，施工用水管线要进入地下，不得有渗漏现象，阀门应有保护措施。

d. 配电箱、电缆线接头、箱、电焊机等必须有防雨措施，防止水浸受潮造成漏电或设备事故。

e. 所有机械的操作运转，都必须严格遵守相应的安全技术操作规程，雨季施工期间应加强教育和监督检查。

f. 施工人员要注意防滑、防触电，加强自我保护，确保安全生产。

g. 各单项工程施工现场要组织防汛小组，遇有汛情应及时、有组织地进行防汛。

（2）土方与基础工程

① 雨季进行土方与基础工程时，各施工单位要妥善编制切实可行的施工方案、技术质量措施和安全技术措施，土方开挖前备好水泵。

② 雨季施工，人工或机械挖土时，必须严格按规定放坡，坡度应比平常施工时适当放缓，多备塑料布覆盖，必要时采取边坡喷混凝土保护。地基验槽时，基坑及边坡一起检验，基坑上口3m范围内不得有堆放物和弃土，基坑（槽）挖完后及时组织打混凝土垫层，基坑周围设排水沟和集水井，随时保护排水畅通。

③ 施工道路距基坑口不得小于5m。

④ 坑内施工随时注意边坡的稳定情况，发现裂缝和塌方及时组织撤离，采取加固措施并确认后，方可继续施工。

⑤ 基坑开挖时，应沿基坑边做小土堤，并在基坑四周设集水坑或排水沟，防止地面水灌入基坑。受水浸基坑打垫层前应将稀泥除净方可进行施工。

⑥ 回填时，基坑集水要及时排掉，回填土要分层夯实，干容重符合设计及规范要求。

⑦ 施工中，取土、运土、铺填、压实等各道工序应连续进行，雨前应及时压完已填土层，并做成一定坡势，以利排除雨水。

⑧ 混凝土基础施工时考虑随时准备遮盖挡雨和排出积水，防止雨水浸泡、冲刷，影响质量。

⑨ 桩基施工前，除整平场地外，还需碾压密实，四周做好排水沟，防止下雨时造成地表松软，致使打桩机械倾斜影响桩垂直度。钻孔桩基础要随钻、随盖、随灌混凝土。每天下班前不得留有桩孔，防止灌水塌孔。重型土方机械、挖土机械、运输机械要防止场地下面有暗沟、暗洞造成施工机械沉陷。

（3）模板工程

① 各施工现场模板堆放要下设垫木，上部采取防雨措施，周围不得有积水。

② 模板支撑处地基应坚实或加好垫板，雨后及时检查支撑是否牢固。

③ 拆模后，模板要及时修理并涂刷隔离剂。

（4）钢筋工程

① 钢筋应堆施在垫木或石子隔离层上，周围不得有积水，防止钢筋污染锈蚀。

② 锈蚀严重的钢筋使用前要进行除锈，并试验确定是否降级处理。

（5）混凝土工程

① 混凝土浇筑前必须清除模板内的积水。

② 混凝土浇筑前不得在中雨及以上进行，遇雨停工时应采取防雨措施。待继续浇灌前应清除表面松散的石子，施工缝应按规定要求进行处理。

③ 混凝土初凝前，应采取防雨措施，用塑料薄膜保护。

④ 浇灌混凝土时，如突然遇雨，要做好临时施工缝，方可收工。雨后继续施工时，先对接

合部位进行技术处理，再进行浇注。

（6）砌筑工程

① 水泥要堆放在地势较高的地点，必须有防雨防潮措施，筑炉用耐火材料也应有防雨、防潮措施。

② 遇中、大雨时应停止施工，砌筑表面应采取防雨措施。

（7）脚手架工程

① 各工程队雨季施工用的脚手架、龙门架、缆风绳等定期进行安全检查，对施工脚手架周围的排水设施要进行认真地清理和修复，确保排水有效，不冲不淹，不陷不沉，发现问题及时处理。

② 脚手架、龙门架地基应坚实，立杆下应设垫木或垫块。

③ 在每次大风或雨后，必须组织人员对脚手架、龙门架及基础进行复查，有松动及时处理。

④ 屋面施工必须设置防护栏杆。

4. 施工总结

① 冒雨施工人员必须配备必要的雨具。

② 施工人员上下施工应设盘道，栏杆要牢固，应拉网封严，踏步设防滑条。

③ 雷雨天不宜在室外施工，大雨时应切断电源，防止雷击。

④ 高层建筑设避雷设施，塔吊及井架应检查接地电阻，雷雨天停止使用塔吊。

第三节 ▶ 高温季节施工

一、高温季节施工的技术措施

1. 施工现场照片

高温季节砌块施工时采用"浇水湿润"措施施工现场如图 9-11 所示。

2. 注意事项

① 调度车辆必须做到合理，做到调配及时、准确。

② 施工单位必须做到科学施工，及时养护板楼路面，在混凝土初凝时用麻袋、棉毡盖住混凝土体表面。

③ 切记不可在混凝土中任意加水，若遇到特殊情况须告知试验室合理添加外加剂。

图 9-11　高温季节砌块施工时采用"浇水湿润"措施

3. 施工做法详解

施工工艺流程 ⟫⟫⟫⟫

砌体施工→混凝土施工。

（1）砌体工程

① 高温季节砌砖，要特别强调砖块的加水，除利用清晨或夜间提前将堆放的砖块充分浇水湿透外，还应在临砌前适当地浇水，使砖块、片石保持湿润，防止砂浆失水过快影响砂浆强度和黏结性。

② 砌筑砂浆的稠度要适当地加大，使砂浆有较大的流动性，灰缝容易饱满，亦可在砂浆中加入塑化剂，以提高砂浆的保水性、和易性。

③ 砂浆应随拌随用，对关键部位砌体，要进行必要的遮盖、养护。

（2）混凝土施工

① 混凝土配合比设计应考虑坍落度损失。

② 混凝土宜选用水化热较低的水泥。当掺有缓凝型减水剂时，可根据气温适当增加坍落度。

③ 混凝土浇筑宜选在一天温度较低的时间内进行。

④ 混凝土浇筑前应将模板或基地喷水湿润，浇筑宜连续进行。

⑤ 应加快混凝土的修整速度。修正时，可用喷雾器喷少量水防止表面裂纹，但不准直接往混凝土表面洒水。

4. 施工总结

① 宜选用低化热水泥，合理掺用 S95 矿粉，特别是针对大体积连续墙，配合比中必须掺用矿粉。

② 宜将外加剂参量提高 1.0%～1.5%，即每立方米混凝土增加 0.4～0.6kg 用量，以便降低坍落度的损失，确保施工进度。

图 9-12　高温季节现场施工

二、高温季节施工的防护措施

1. 施工现场照片

高温季节现场施工照片如图 9-12 所示。

2. 注意事项

当室外温度达到 34～37℃时，所有室外工作的单位必须及时供应茶水等防暑降温措施，外出人员应事先做好准备工作，及时调整好自己的心态，做好防护措施，避免中暑现象的发生。

3. 施工做法详解

施工工艺流程　>>>>>

砌体工程→混凝土施工。

（1）砌体工程

① 高温季节砌砖，要特别强调砖块的加水，除利用清晨或夜间提前将堆放的砖块充分浇水湿透外，还应在临砌前适当地浇水，使砖块、片石保持湿润，防止砂浆失水过快影响砂浆强度和黏结性。

② 砌筑砂浆的稠度要适当地加大，使砂浆有较大的流动性，灰缝容易饱满，亦可在砂浆中加入塑化剂，以提高砂浆的保水性、和易性。

（2）混凝土施工

① 混凝土配合比设计应考虑坍落度损失。

② 混凝土宜选用水化热较低的水泥。当掺有缓凝型减水剂时，可根据气温适当增加坍落度。

③ 混凝土浇筑宜选在一天温度较低的时间内进行。

④ 混凝土浇筑前应将模板或基地喷水湿润，浇筑宜连续进行。

4. 施工总结

① 严格加强易燃、易爆物的管理，合理配置消防器材，防范火灾、爆炸事故的发生。

② 现场设安全员、电工负责检查电机械设备及露天架设的线路，防止由于暴晒引起过热、自燃等安全隐患。

③ 高温时段发现有身体感觉不适应的员工，及时按防暑降温知识急救方法处理或请医生诊治。

参 考 文 献

[1] GB 50300—2013. 建筑工程施工质量验收统一标准. 北京：中国建筑工业出版社，2013.
[2] GB 50202—2018. 建筑地基基础工程施工质量验收标准. 北京：中国计划出版社，2018.
[3] GB 50203—2011. 砌体结构工程施工质量验收规范. 北京：中国建筑工业出版社，2011.
[4] GB 50204—2015. 混凝土结构工程施工质量验收规范. 北京：中国建筑工业出版社，2015.
[5] GB 50207—2012. 屋面工程质量验收规范. 北京：中国建筑工业出版社，2012.
[6] GB 50208—2011. 地下防水工程质量验收规范. 北京：中国建筑工业出版社，2011.
[7] 北京建工集团有限责任公司. 建筑分项工程施工工艺标准（上、下册）. 3 版. 北京：中国建筑工业出版社，2008.